人工智能探索·实践

迁移学习导论

（第2版）

王晋东　陈益强　著

电子工业出版社
Publishing House of Electronics Industry
北京·BEIJING

内容简介

迁移学习作为机器学习和人工智能领域的重要方法，在计算机视觉、自然语言处理、语音识别等领域都得到了广泛的应用。

本书的编写目的是帮助迁移学习及机器学习相关领域的初学者快速入门。全书主要分为"迁移学习基础""现代迁移学习"和"迁移学习的应用与实践"三大部分，同时配有相关的代码、数据和论文资料，以最大限度地降低初学者的学习和使用门槛。

本书与前一版的主要区别在于新增了对迁移学习前沿关键主题的探讨，以及更多的应用实践内容。

本书适合对迁移学习感兴趣的读者阅读，也可作为相关课程的配套教材。

未经许可，不得以任何方式复制或抄袭本书之部分或全部内容。
版权所有，侵权必究。

图书在版编目(CIP)数据

迁移学习导论 / 王晋东，陈益强著. —— 2 版. —— 北京：电子工业出版社，2022.7
（人工智能探索与实践）
ISBN 978-7-121-43650-5

Ⅰ．①迁… Ⅱ．①王… ②陈… Ⅲ．①机器学习 Ⅳ．① TP181

中国版本图书馆 CIP 数据核字（2022）第 095924 号

责任编辑：刘皎
印　　刷：涿州市般润文化传播有限公司
装　　订：涿州市般润文化传播有限公司
出版发行：电子工业出版社
　　　　　北京市海淀区万寿路 173 信箱　　邮编：100036
开　　本：787×1092　1/16　　印张：25　　字数：420 千字
版　　次：2021 年 6 月第 1 版
　　　　　2022 年 7 月第 2 版
印　　次：2024 年 4 月第 5 次印刷
定　　价：119.00 元

凡所购买电子工业出版社图书有缺损问题，请向购买书店调换。若书店售缺，请与本社发行部联系，联系及邮购电话：(010) 88254888，88258888。

质量投诉请发邮件至 zlts@phei.com.cn，盗版侵权举报请发邮件至 dbqq@phei.com.cn。
本书咨询联系方式：(010) 51260888-819，faq@phei.com.cn。

好评袭来

迁移学习旨在利用已有的数据、模型和知识，通过领域相似性和"举一反三"的联想能力，把学到的通用知识适配到新的领域、场景和任务上，它使机器学习拥有更强大的泛化能力。本书作者长期和我的实验室合作，积累了丰富的科研经验，多年来辛勤地在大众媒体上普及迁移学习的相关知识。在本书中，他们保持了一贯的简明通透的写作风格，用贴近学生群体的语言，将迁移学习的发展历史、基础知识和最新进展娓娓道来。同时，本书配有用于实践的源码和数据集，增加了动手练习的环节，提高了趣味性。作为长期耕耘在迁移学习这一人工智能领域的学者和业界首本迁移学习著作（《迁移学习》）的作者，我强力推荐这本书给有志于从事迁移学习研究的同学，更快地入门和学习！

——杨强

微众银行首席人工智能官、香港科技大学讲席教授，ACM/AAAI/IEEE Fellow

迁移学习是机器学习的一个重要研究分支，有广泛的应用价值。该书叙述简洁明了、内容丰富详实，对希望了解并应用迁移学习的读者很有帮助！

——周志华

南京大学教授，ACM/AAAI/IEEE Fellow

迁移学习对于增强训练模型的适应性具有重要意义，受到很多学者的关注。这本书深入浅出、系统性地介绍了主要的迁移学习方法，并结合多个领域的应用进行示例分析，为从事相关技术的研究人员提供了非常有益的参考。

——陶建华

中国科学院自动化研究所研究员，模式识别国家重点实验室副主任

迁移学习的核心思想中国早已有之，如《周易》云："引而伸之，触类而长之，天下之能事毕矣也"。如今，迁移学习已成为人工智能的一项核心技术，在计

算机视觉、自然语言语音处理、强化学习中得到了广泛的应用。本书语言简洁、内容丰富，相信可以启发读者举一反三、触类旁通，更好地解决手头的问题。

——秦涛

微软亚洲研究院首席研究经理，中国科技大学兼职教授

  迁移学习是机器学习的一个重要领域。在计算机视觉、自然语言处理、语音识别和推荐系统等领域有非常广泛的应用。陈益强和王晋东两位老师通俗易懂地介绍了迁移学习的来龙去脉——不仅涵盖了基本的理论脉络、具体的方法和技术，还介绍了广泛的应用案例和未来的发展方向和前沿问题，为人工智能初学者提供了一份难得的、快速入门的学习和研究资料。

——汪军

伦敦大学学院计算机系教授

  迁移学习，借用面向对象编程的概念，就是模型层面的继承，是对之前训练得到的机器学习模型的高效重用，能很大程度避免资源的重复消耗，是现在和未来大模型民主化的重要途径之一。本书详细介绍了迁移学习的概念和技术及最新的预训练、知识蒸馏、元学习等研究方向，内容上可谓面面俱到。除此之外，本书的一大亮点，是对"两头"的把握：一是源头，抓问题和场景，做到"师出有名"，讲清楚针对什么问题、用在哪里；二是笔头，抓代码与实践，做到"落地结果"，在实战中巩固和深化对技术的理解。相信这本书能带给读者思考与实践的双重乐趣，在算力爆炸的时代反思机器学习的高效之道！

——陈光

北京邮电大学副教授，新浪微博@爱可可-爱生活

致谢

　　笔者在撰写本书过程中得到了许多人的帮助，在此对他们表示感谢。

　　内容撰写：感谢微软亚洲研究院研究员刘畅博士编写"基于因果关系的迁移学习"一节、南京大学博士生杜云涛协助编写"迁移学习理论分析"和"在线迁移学习"两节、中科院计算所博士生朱勇椿协助编写"多源迁移学习"一节内容、中科院计算所博士生卢旺协助编写"联邦迁移学习"与领域泛化相关代码、微软公司侯汶昕协助编写"跨语言的语音识别"一节。

　　全书修改意见：感谢微众银行首席人工智能官、香港科技大学讲席教授杨强教授，南京大学周志华教授，新加坡南洋理工大学 Sinno Pan 教授，新加坡国立大学的 Reseach Fellow 冯文杰博士，北京建筑大学的段然博士，微软公司主管研究员孙宝臣博士、黄磊博士，大连理工大学的博士生王维，笔者博士实验室的博士生秦欣、卢旺、张宇欣、李啸海、于超辉等，提供的宝贵修改意见。

　　感谢电子工业出版社提供的专业出版意见和支持。

　　最后，在撰写本书的过程中，笔者得到了家人的大力鼓励和支持，在此特别表示深深的谢意。

第 2 版前言

《迁移学习导论》的初版于 2021 年初夏时节问世。看到本书受到众多读者的喜爱，笔者亦觉十分欣喜和感激。显然，这并不是结束，而是另一个开始。我们持续秉承精益求精、事无巨细的态度，在微信群、微信公众号、知乎、GitHub等平台解答读者的疑问；同时，我们也一直倾听读者的反馈，务求使本书变得更好。经过将近一年的总结、思考和倾听，我们意识到有必要对本书重新进行整理，以求读者能看到更加完美的版本。

在此新版中，我们基于初版读者的反馈对初版进行了大刀阔斧的修改：添加了新的内容、调整了内容结构使其更易阅读、加入了新的应用实践代码使其更易上手、重新整理修改了所有代码从而保证了可复现性。

新版对比初版有诸多不同。从大的方面讲，新版只包括三部分：第 1 章到第 7 章为"迁移学习基础"部分，第 8 章到第 14 章为"现代迁移学习"部分，第 15 章到第 19 章为"迁移学习的应用与实践"部分。简单来说，新版比初版有着更好的结构、更多的内容、更精炼的语言、更多的实例。

具体而言，新版和初版的不同之处主要有：

- 新增："安全和鲁棒的迁移学习"一章，包括安全迁移学习、无需源数据的迁移学习等新主题和联邦学习等更丰富的内容，在新版第 12 章；
- 新增："复杂环境中的迁移学习"一章，包括类别非均衡的迁移学习、多源迁移学习等内容，在新版第 13 章；
- 新增："低资源学习"一章，包括新增的迁移学习模型压缩、半监督学习、自监督学习等主题，并修改了初版"元学习"一章的内容，在新版第 14 章；
- 新增：迁移学习在计算机视觉、自然语言处理、语音识别、行为识别、医疗健康五个方面的代码实践，在新版第 15 章至第 19 章。
- 新增：迁移学习模型选择，在新版第 7 章；
- 新增：迁移学习中的正则，在新版第 8 章；
- 新增：基于最大分类器差异的对抗迁移方法，在新版第 10 章；

第 2 版前言

- 新增：更全面的领域泛化的方法，在新版第 11 章；
- 新增：领域泛化的理论介绍，在新版第 11 章；
- 调整：全新整理的每章代码和数据集仓库，更好地上手实践复现；
- 调整：将初版的第 2 章、第 3 章、第 4 章部分内容合并为一章，在新版第 2 章；
- 调整：将初版的第 15 章调整到第 1 章的应用部分；
- 调整：将初版第 4 章"迁移学习理论"部分与第 14 章"迁移学习模型选择"部分合并为一章，在新版第 7 章；
- 调整：为方便参考，将每章的参考文献单独放在章节之后；
- 修改：修改了所有之前的内容表述和存在的错误。

我们衷心地希望新版《迁移学习导论》能够成为每一个对迁移学习感兴趣的人最喜欢的读物。愿"导论如解意，陪你上青云"。

作者
2022 年 3 月

微信扫码回复：43650
- 获取本书链接及相关代码
- 加入本书读者交流群，与作者互动
- 获取【百场业界大咖直播合集】（持续更新），仅需 1 元

第 1 版前言

机器学习作为人工智能领域的重要分支，在近几年取得了飞速的发展。机器学习使计算机能够从大量的训练数据和经验中学习，并将此能力应用于未知的问题和环境。迁移学习是机器学习的一种重要学习范式，旨在研究如何让已有的算法、模型、参数能够快速适用到新的问题中。

随着人工智能和机器学习的发展，迁移学习的原理、算法、模型也经历了井喷式的大发展，相关的研究工作如汗牛充栋。在海量的资料面前，这一领域的研究者、特别是初学者，难以发掘最有启发性的、本质的内容，就好比雾里看花、水中望月一般。迁移学习领域迫切需要一本能够由浅入深、由表及里阐述已有研究工作的读物，以帮助领域研究人员快速建立起这一学科的知识体系。因此，笔者在 2018 年开源了《迁移学习简明手册》，初衷便是希望用通俗易懂的内容帮助读者快速入门这一领域——这成为本书的缘起之一。

2020 年，新冠肺炎疫情打乱了每个人的工作和学习计划，也带给我们更多的思考。在此期间，适逢杨强教授《迁移学习》专著出版，笔者得以从中学习更多知识，并做了更深入的思考和总结。在电子工业出版社的邀请与帮助下，笔者启动了写书计划，写作过程几乎耗尽了笔者 2020 年所有的周末和公共假期。

本书建立在笔者近几年在中国科学院大学开设的普适计算课程相关课件及笔者前期开源的《迁移学习简明手册》的基础上，重点考虑如何从学生入门的角度循序渐进地引入迁移学习的相关概念、问题、方法和应用。更重要的是，和其他参考书着重介绍某种方法不同，本书不再侧重阐述某类特定的方法或某篇特定的论文，而是试图从学生学习的视角，归纳、总结不同类型的迁移学习方法，并结合笔者自己的理解和实践，总结成相关的文字材料。笔者希望这种"讲课"而非"学术报告"的方式能够让更多有志于迁移学习的同学更快地了解此领域，并将其应用于解决自己的问题。

当然，与国内外诸多专家学者相比，笔者深感自己能力之不足。书中如有错误和疏忽之处，恳请广大读者批评指正。

作者

2021 年 3 月

符号表

x	变量
$\boldsymbol{x}$	向量
$\boldsymbol{A}$	矩阵
$\boldsymbol{I}$	单位阵
$\mathcal{X}$	输入空间
$\mathcal{Y}$	输出空间
$\mathcal{D}$	数据领域、数据集
$\mathcal{N}$	正态分布
$\mathcal{H}$	假设空间，或希尔伯特空间
$P(\cdot)$	概率密度函数
$P(\cdot\|\cdot)$	条件概率密度函数
$k(\cdot,\cdot)$	核函数
$\mathbb{E}_{\cdot\sim\mathcal{D}}[f(\cdot)]$	函数 $f(\cdot)$ 在数据集 $\mathcal{D}$ 上的期望
$\ell(\cdot,\cdot)$	损失函数
$\mathbb{I}(\cdot)$	指示函数，当 $\cdot$ 为真时取值为 1，否则为 0
$\{\cdots\}$	集合
$\boldsymbol{A}^{\mathrm{T}}$	矩阵 $\boldsymbol{A}$ 的转置
$\mathrm{tr}(\boldsymbol{A})$	矩阵 $\boldsymbol{A}$ 的迹
$\max f(\cdot), \min f(\cdot)$	函数 $f(\cdot)$ 的最大值、最小值
$\arg\max f(\cdot), \arg\min f(\cdot)$	函数 $f(\cdot)$ 取最大（最小）值时对应参数的取值
$\|\|\cdot\|\|_p$	p-范式 (Norm)
$\sum_{i=1}^{n} i$	求和

术语表

简称	英文全称	中文全称
AutoML	Automated Machine Learning	自动机器学习
BN	Batch Normalization	批归一化
CNN	Convolutional Neural Networks	卷积神经网络
CV	Computer Vision	计算机视觉
DA	Domain Adaptation	领域自适应
DG	Domain Generalization	领域泛化
EM	Expectation Maximization	期望最大化算法
ERM	Empirical Risk Minimization	经验风险最小化
GAN	Generative Adversarial Networks	生成对抗网络
KD	Knowledge Distillation	知识蒸馏
MAP	Maximum A Posteriori	最大后验估计
ML	Machine Learning	机器学习
MLE	Maximum Likelihood Estimation	最大似然估计
MLP	Multi-layer Perceptron	多层感知机
MMD	Maximum Mean Discrepancy	最大均值差异
NLP	Natural Language Processing	自然语言处理
NMT	Neural Machine Translation	神经机器翻译
NT	Negative Transfer	负迁移
OT	Optimal Transport	最优传输
PTM	Pre-trained Model	预训练模型
RKHS	Reproducing Kernel Hilbert Space	可再生核希尔伯特空间
RL	Reinforcement Learning	强化学习
RNN	Recurrent Neural Networks	循环神经网络
SGD	Stochastic Gradient Descent	随机梯度下降
SRM	Structural Risk Minimization	结构风险最小化
SVM	Support Vector Machine	支持向量机
TL	Transfer Learning	迁移学习
TTS	Text-to-Speech	语音合成、文字转语音

目录

第 I 部分　迁移学习基础

1 绪论 ····· 3
　1.1 迁移学习 ····· 3
　1.2 相关研究领域 ····· 7
　1.3 迁移学习的必要性 ····· 8
　　1.3.1 大数据与少标注之间的矛盾 ····· 9
　　1.3.2 大数据与弱计算能力的矛盾 ····· 9
　　1.3.3 有限数据与模型泛化能力的矛盾 ····· 10
　　1.3.4 普适化模型与个性化需求的矛盾 ····· 11
　　1.3.5 特定应用的需求 ····· 11
　1.4 迁移学习的研究领域 ····· 12
　　1.4.1 按特征空间分类 ····· 13
　　1.4.2 按目标域有无标签分类 ····· 13
　　1.4.3 按学习方法分类 ····· 13
　　1.4.4 按离线与在线形式分类 ····· 14
　1.5 学术界和工业界中的迁移学习 ····· 15
　1.6 迁移学习的应用 ····· 18
　　1.6.1 计算机视觉 ····· 19
　　1.6.2 自然语言处理 ····· 21
　　1.6.3 语音识别与合成 ····· 23
　　1.6.4 普适计算与人机交互 ····· 25
　　1.6.5 医疗健康 ····· 28
　　1.6.6 其他应用领域 ····· 30
　参考文献 ····· 32

2 从机器学习到迁移学习 ··· 48
2.1 机器学习基础 ··· 48
2.1.1 机器学习概念 ··· 48
2.1.2 结构风险最小化 ··· 49
2.1.3 数据的概率分布 ··· 50
2.2 迁移学习定义 ··· 52
2.3 迁移学习基本问题 ··· 55
2.3.1 何时迁移 ··· 55
2.3.2 何处迁移 ··· 56
2.3.3 如何迁移 ··· 58
2.4 失败的迁移：负迁移 ··· 58
2.5 一个完整的迁移学习过程 ··· 60
参考文献 ··· 61

3 迁移学习方法总览 ··· 63
3.1 分布差异的度量 ··· 63
3.2 分布差异的统一表征 ··· 66
3.3 迁移学习方法统一表征 ··· 68
3.3.1 样本权重迁移法 ··· 70
3.3.2 特征变换迁移法 ··· 70
3.3.3 模型预训练迁移法 ··· 71
3.4 上手实践 ··· 72
3.4.1 数据准备 ··· 73
3.4.2 基准模型构建：KNN ··· 75
参考文献 ··· 76

4 样本权重迁移法 ··· 78
4.1 问题定义 ··· 78
4.2 基于样本选择的方法 ··· 80
4.2.1 基于非强化学习的样本选择法 ··· 81
4.2.2 基于强化学习的样本选择法 ··· 82

4.3 基于权重自适应的方法 · · · · · · · · · 83
4.4 上手实践 · · · · · · · · · 85
4.5 小结 · · · · · · · · · 88
参考文献 · · · · · · · · · 88

5 统计特征变换迁移法 93
5.1 问题定义 · · · · · · · · · 93
5.2 最大均值差异法 · · · · · · · · · 94
5.2.1 基本概念 · · · · · · · · · 94
5.2.2 基于最大均值差异的迁移学习 · · · · · · · · · 96
5.2.3 求解与计算 · · · · · · · · · 99
5.2.4 应用与扩展 · · · · · · · · · 101
5.3 度量学习法 · · · · · · · · · 102
5.3.1 度量学习 · · · · · · · · · 102
5.3.2 基于度量学习的迁移学习 · · · · · · · · · 104
5.4 上手实践 · · · · · · · · · 105
5.5 小结 · · · · · · · · · 108
参考文献 · · · · · · · · · 108

6 几何特征变换迁移法 111
6.1 子空间变换法 · · · · · · · · · 111
6.1.1 子空间对齐法 · · · · · · · · · 112
6.1.2 协方差对齐法 · · · · · · · · · 113
6.2 流形空间变换法 · · · · · · · · · 114
6.2.1 流形学习 · · · · · · · · · 114
6.2.2 基于流形学习的迁移学习方法 · · · · · · · · · 115
6.3 最优传输法 · · · · · · · · · 118
6.3.1 最优传输 · · · · · · · · · 118
6.3.2 基于最优传输法的迁移学习方法 · · · · · · · · · 119
6.4 上手实践 · · · · · · · · · 121
6.5 小结 · · · · · · · · · 122

参考文献 ········· 123

7 迁移学习理论、评测与模型选择 ········· 125

7.1 迁移学习理论 ········· 125
7.1.1 基于 $\mathcal{H}$-divergence 的理论分析 ········· 126
7.1.2 基于 $\mathcal{H}\Delta\mathcal{H}$-distance 的理论分析 ········· 128
7.1.3 基于差异距离的理论分析 ········· 129
7.1.4 结合标签函数差异的理论分析 ········· 130

7.2 迁移学习评测 ········· 131

7.3 迁移学习模型选择 ········· 132
7.3.1 基于密度估计的模型选择 ········· 133
7.3.2 迁移交叉验证 ········· 133

7.4 小结 ········· 134

参考文献 ········· 135

第 II 部分 现代迁移学习

8 预训练–微调 ········· 139

8.1 深度神经网络的可迁移性 ········· 140
8.2 预训练–微调 ········· 143
8.3 迁移学习中的正则 ········· 145
8.4 预训练模型用于特征提取 ········· 148
8.5 学习如何微调 ········· 149
8.6 上手实践 ········· 151
8.7 小结 ········· 155

参考文献 ········· 155

9 深度迁移学习 ········· 158

9.1 总体思路 ········· 159
9.2 深度迁移学习的网络结构 ········· 160
9.2.1 单流结构 ········· 161

9.2.2 双流结构 ·· 161
9.3 数据分布自适应方法 ··· 163
9.4 结构自适应的深度迁移学习方法 ··· 165
    9.4.1 基于批归一化的迁移学习 ·· 165
    9.4.2 基于多表示学习的迁移网络结构 ·· 166
    9.4.3 基于解耦的深度迁移方法 ·· 168
9.5 知识蒸馏 ·· 169
9.6 上手实践 ·· 170
    9.6.1 网络结构 ·· 171
    9.6.2 迁移损失 ·· 174
    9.6.3 训练和测试 ··· 179
9.7 小结 ·· 183
参考文献 ·· 184

10 对抗迁移学习 187

10.1 生成对抗网络与迁移学习 ·· 187
10.2 数据分布自适应的对抗迁移方法 ·· 189
10.3 基于最大分类器差异的对抗迁移方法 ······································ 192
10.4 基于数据生成的对抗迁移方法 ··· 194
10.5 上手实践 ··· 195
    10.5.1 领域判别器 ·· 195
    10.5.2 分布差异计算 ··· 196
    10.5.3 梯度反转层 ·· 197
10.6 小结 ··· 198
参考文献 ·· 198

11 迁移学习的泛化 200

11.1 领域泛化 ··· 200
11.2 基于数据操作的领域泛化方法 ··· 203
    11.2.1 数据增强和生成方法 ·· 203
    11.2.2 基于 Mixup 的数据生成方法 ·· 205

- 11.3 领域不变特征学习 ································· 206
  - 11.3.1 核方法：领域不变成分分析 ····················· 206
  - 11.3.2 深度领域泛化方法 ··························· 208
  - 11.3.3 特征解耦 ································· 210
- 11.4 用于领域泛化的不同学习策略 ························ 212
  - 11.4.1 基于集成学习的方法 ·························· 212
  - 11.4.2 基于元学习的方法 ···························· 213
  - 11.4.3 用于领域泛化的其他学习范式 ···················· 215
- 11.5 领域泛化理论 ···································· 215
  - 11.5.1 平均风险预估误差上界 ························· 215
  - 11.5.2 泛化风险上界 ······························· 217
- 11.6 上手实践 ······································· 217
  - 11.6.1 数据加载 ··································· 218
  - 11.6.2 训练和测试 ································ 220
  - 11.6.3 示例方法：ERM 和 CORAL ····················· 222
- 11.7 小结 ··· 225
- 参考文献 ·· 225

12 安全和鲁棒的迁移学习 ······························· 232

- 12.1 安全迁移学习 ···································· 232
  - 12.1.1 迁移学习模型可以被攻击吗 ······················ 233
  - 12.1.2 抵制攻击的方法 ······························ 233
  - 12.1.3 ReMoS：一种新的安全迁移学习方法 ··············· 235
- 12.2 联邦学习和迁移学习 ······························· 238
  - 12.2.1 联邦学习 ··································· 238
  - 12.2.2 面向非独立同分布数据的个性化联邦学习 ············· 241
  - 12.2.3 模型自适应的个性化迁移学习 ···················· 242
  - 12.2.4 基于相似度的个性化联邦学习 ···················· 243
- 12.3 无需源数据的迁移学习 ····························· 244
  - 12.3.1 信息最大化方法 ······························ 246
  - 12.3.2 特征匹配方法 ································ 247

- 12.4 基于因果关系的迁移学习 · 248
  - 12.4.1 什么是因果关系 · 248
  - 12.4.2 因果关系与迁移学习 · 250
- 12.5 小结 · 254
- 参考文献 · 254

13 复杂环境中的迁移学习 · 260

- 13.1 类别非均衡的迁移学习 · 260
- 13.2 多源迁移学习 · 263
- 13.3 开放集迁移学习 · 265
- 13.4 时间序列迁移学习 · 267
  - 13.4.1 AdaRNN：用于时间序列预测的迁移学习 · 269
  - 13.4.2 DIVERSIFY：用于时间序列分类的迁移学习 · · · · · · · · · · · · · · · · · 271
- 13.5 在线迁移学习 · 273
- 13.6 小结 · 276
- 参考文献 · 276

14 低资源学习 · 281

- 14.1 迁移学习模型压缩 · 281
- 14.2 半监督学习 · 284
  - 14.2.1 一致性正则化方法 · 285
  - 14.2.2 伪标签和阈值法 · 287
- 14.3 元学习 · 290
  - 14.3.1 基于模型的元学习方法 · 292
  - 14.3.2 基于度量的元学习方法 · 293
  - 14.3.3 基于优化的元学习方法 · 295
- 14.4 自监督学习 · 297
  - 14.4.1 构造辅助任务 · 298
  - 14.4.2 对比自监督学习 · 299
- 14.5 小结 · 300

参考文献 ·· 301

第 III 部分 迁移学习的应用与实践

15 计算机视觉中的迁移学习实践 ······································ 309
15.1 目标检测 ··· 309
15.1.1 任务与数据 ··· 309
15.1.2 加载数据 ··· 310
15.1.3 模型 ·· 313
15.1.4 训练和测试 ··· 313
15.2 神经风格迁移 ··· 315
15.2.1 数据加载 ··· 315
15.2.2 模型 ·· 316
15.2.3 训练 ·· 317
参考文献 ·· 319

16 自然语言处理中的迁移学习实践 ································ 320
16.1 情绪分类任务及数据集 ··· 320
16.2 模型 ·· 322
16.3 训练和测试 ·· 323
16.4 预训练 – 微调 ··· 324
参考文献 ·· 325

17 语音识别中的迁移学习实践 ······································· 326
17.1 跨领域语音识别 ·· 326
17.1.1 语音识别中的迁移损失 ·································· 327
17.1.2 CMatch 算法实现 ·· 328
17.1.3 实验及结果 ··· 332
17.2 跨语言语音识别 ·· 333
17.2.1 适配器模块 ··· 334
17.2.2 基于适配器进行跨语言语音识别 ····················· 335
17.2.3 算法：MetaAdapter 和 SimAdapter ················ 336

17.2.4　结果与讨论 337
参考文献 339

18　行为识别中的迁移学习实践 340
18.1　任务与数据集 340
18.2　特征提取 341
18.3　源域选择 342
18.4　使用 TCA 方法进行非深度迁移学习 344
18.5　深度迁移学习用于跨位置行为识别 345
参考文献 350

19　医疗健康中的联邦迁移学习实践 351
19.1　任务与数据集 351
19.2　联邦学习基础算法 FedAvg 356
19.2.1　客户端更新 357
19.2.2　服务器端更新 357
19.2.3　结果 358
19.3　个性化联邦学习算法 FedAP 359
19.3.1　相似度矩阵计算 359
19.3.2　服务器端通信 361
19.3.3　结果 362
参考文献 362

20　回顾与展望 364
参考文献 367

附录 368
常用度量准则 368
常见的几种距离 368
余弦相似度 369
互信息 369

相关系数	369
KL 散度与 JS 距离	370
最大均值差异 MMD	370
Principal Angle	371
$\mathcal{A}$-distance	371
Hilbert-Schmidt Independence Criterion	371
Wasserstein Distance	372
常用数据集	**372**
手写体识别图像数据集	373
对象识别数据集	374
图像分类数据集	374
通用文本分类数据集	375
行为识别公开数据集	375
相关期刊会议	**376**
迁移学习资源汇总	**377**
参考文献	**378**

第 I 部分

迁移学习基础

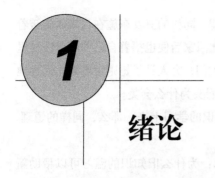

绪论

本章主要对迁移学习的背景进行通俗而全面的介绍，目的是使读者、尤其是之前从未接触过迁移学习的读者对此概念有基本的认识。因此，本章的内容与后续其他章节是独立的：有迁移学习经验的读者可以跳过本章直接阅读后续章节。

本章内容的组织结构如下。首先，我们在 1.1 节引入迁移学习的概念。接着，我们在 1.2 节介绍与迁移学习相关的若干研究领域。迁移学习的必要性在 1.3 节中进行介绍。然后，1.4 节简要讨论了迁移学习的一些研究领域。1.5 节介绍迁移学习在学术界和工业界的发展历史与现状。最后，我们用较大篇幅在 1.6 节中介绍迁移学习的常见应用。

1.1 迁移学习

《论语·为政》中有一句家喻户晓的关于学习的句子：

温故而知新，可以为师矣。

此句子含义为：我们在学习新知识之前如果能先对旧知识加以温习，便可以获得新的理解与体会；更进一步，凭借此能力便可以成为老师。此名言说明人们的新知识和新能力往往都是由过去所学的旧知识发展变化而来的。在学习新知识时如果能从旧知识中寻找到与新知识的连接点和相似之处便可事半功倍。

《庄子·天运》中有这样一则故事：

故西施病心而颦其里，其里之丑人见而美之，归亦捧心而颦其里。其里之富人见之，坚闭门而不出；贫人见之，挈妻子而去之走。彼知颦美，而不知颦之所以美。

此即为我们非常熟悉的"东施效颦"的故事。西施由于患有胸口痛的病，病痛发作时便捂着心口、皱着眉头地走在村子里。同村的丑女东施在目睹西施皱着眉头的样子之后，觉得她这样做很漂亮，因此回家后便也捂着自己的心口在村里行走。然而，村里的富人在看见她以后紧闭大门；穷人见了她则带着妻儿远远地躲开。东施只知皱着眉头会很美，却不知皱眉头为什么会美。

旧的知识可以提炼升华、迁移到新的知识的学习上来。那么，同样的道理，为什么东施效颦以失败告终？

其中的关键问题在于两者之间的相似性：为什么旧知识的温习可以帮助新知识的学习？因为旧知识和新知识之间存在某种关联，正是此关联给二者建立了桥梁；而在东施效颦的故事中，东施本来就很丑、与四大美女之一的西施之间根本没有可比性。故其虽然模仿其皱眉，最终也只能贻笑大方。

那么，如何有效地利用事物之间的相似性来帮助我们解决新问题、学习新能力呢？

这便引出了本书的主题：**迁移学习**。顾名思义，迁移学习就是要通过知识的迁移进行学习，以达到事半功倍的效果。

迁移学习的概念最早出现于上世纪 20 年代的心理学和教育学领域[12]。彼时，心理学家将迁移学习称为学习迁移，意在强调一种学习对另一种学习的影响。例如，我们如果已经学会了面向对象的 Java 语言，便可以类比学习 C# 语言；我们如果已经会下中国象棋，便可以类比着下国际象棋；我们如果已经学会骑自行车，就可以类比着学习骑摩托车等。我们惊讶地发现：两种事物间的相似性可以构建出一条由旧知识到新知识的迁移桥梁，帮助我们更快更好地完成对新知识的学习。

在日常生活中，人类迁移学习的能力是与生俱来的。生活中常用的"举一反三""他山之石、可以攻玉"等就很好地体现了迁移学习的思想。图 1.1 给出了生活中常见的迁移学习的例子[1]。在图 1.1(a) 中，由于打羽毛球和打网球在运动方式、场地布置等方面有一定的相似性，因此可以类比进行学习；在图 1.1(b) 中，中国象棋与国际象棋的规则之间也存在一定的相似性。因此，两种棋类也可以进行类比学习。

在人工智能和机器学习范畴，迁移学习则是一种特定的学习思想和模式。

机器学习作为人工智能的一大类重要方法，在过去几十年尤其是最近十年中获得了飞速发展。机器学习使机器自主地从数据中学习知识并应用于新问题

---

[1]这些免费图像来源：链接 1-1。

(a) 打羽毛球与打网球

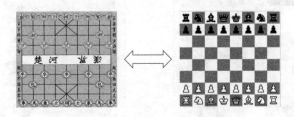

(b) 下中国象棋与国际象棋

图 1.1　日常生活中常见的迁移学习例子

的求解成为了可能。而迁移学习作为机器学习的一个重要分支，侧重于将已经学习过的知识迁移应用于新的问题中以增强解决新问题的能力、提高解决新问题的速度。图 1.2 展示了机器学习和迁移学习的关系。

图 1.2　机器学习和迁移学习的关系

具体而言，在机器学习范畴，迁移学习可以被进行如下的非正式定义：

迁移学习可以利用数据、任务或模型之间的相似性，将在旧领域学习过的模型和知识应用于新的领域。

与上述定义相符，图 1.3 是一个基于传感器进行人体行为识别的例子。人体行为识别旨在利用不同的传感器读数捕获运动时产生的信号，然后可以利用这些信号构建机器学习模型进而识别人体行为。此图展示了在生活中，不同用户、不同设备、不同穿戴位置等形成的不同穿戴式传感器信号。那么，如何才能利用这些用户、设备、位置的相似性构建个性化的机器学习模型从而可以识别每个用户的日常行为？

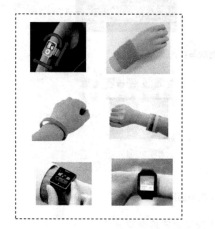
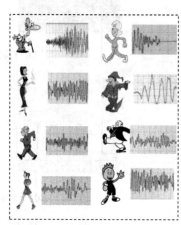

图 1.3　不同用户、不同设备、不同穿戴位置形成的不同传感器信号

针对上述问题，图 1.4 简要表示了一个迁移学习过程。以不同设备为例，我们可以将设备 A 和设备 B 分别构建的模型 A 和 B 通过一些迁移的方法进行融合（这些方法将在后续章节中进行介绍），使它们互通有无。然后，将迁移融合后的模型应用于新的设备 C，从而完成设备 C 上的行为识别。相同的例子可以推广到不同用户和不同穿戴位置上。

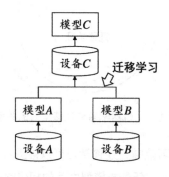

图 1.4　迁移学习示意图

值得一提的是，2016 年，新华社以"迁移学习：中国人工智能赶超的机会来了"为题对迁移学习进行了报道[2]。该报道指出，迁移学习是中国领先于世界

---
[2]请见链接 1-2。

的少数几个人工智能领域之一。杨强教授及其团队在 2020 年出版了第一本迁移学习专著[159]，全面覆盖了迁移学习的理论和应用案例。与其相比，本书的重要区别是囊括了众多最新最经典的算法介绍与配套的应用代码实践，让读者更加轻松地入门、学习和实践。

1.2 相关研究领域

迁移学习并非一个横空出世的概念，其与许多已有概念均有紧密联系。表 1.1 汇总了迁移学习与传统的有监督机器学习之间的区别和联系。

表 1.1 迁移学习与传统的有监督机器学习

项目	传统的有监督机器学习	迁移学习
数据分布	训练和测试数据服从相同的分布	训练和测试数据服从不同的分布
数据标注	需要足够的数据标注来训练模型	不需要足够的数据标注
模型	每个任务分别建模	模型可以在不同任务之间迁移

首先，传统的有监督机器学习通常假设训练和测试数据来自相同的数据分布，即独立同分布（Independently and Identically Distributed，I.I.D.），然而，在现实生活中，此假设往往难以满足。迁移学习则假设训练和测试数据来自不同的数据分布（即 Non-I.I.D.）。相比之下，迁移学习的假设更加一般、更加符合现实世界的场景。

其次，传统的有监督机器学习依赖于大量有标注的训练数据来进行模型的训练。此依赖在现实生活中往往也难以满足：因为现实世界有着大量的无标注数据，而给数据打标签这一操作是昂贵且费时的。迁移学习则放松了对大量有标注数据的依赖：其可以从现有的数据和模型中迁移知识到无标注的数据中。因此，迁移学习并不需要大量有标注数据才能进行模型训练。

第三，对于一个新任务，传统的有监督机器学习通常会从头训练一个新模型（Train from scratch），这种处理方式对大量任务而言可能会非常耗时耗力。迁移学习通过在不同的任务之间进行模型的迁移，避免了对每一个任务都从头开始训练模型的问题，因此，其更为经济高效。

除此之外，我们在表 1.2 中也总结了迁移学习与其他已有的机器学习范式之间的区别和联系。

表 1.2 迁移学习与一些已有的机器学习范式的区别和联系

研究领域	相同点	不同点
多任务学习（Multi-task Learning）	多个相关的任务可以协同学习、共享知识；二者的一些学习框架是相似的	多任务学习的目标是所有任务都得到提升，迁移学习则侧重目标任务的提升；多任务学习的多个任务往往都有标签，迁移学习则侧重于解决目标领域无标签或少标签的学习问题
终身学习（Lifelong Learning）	学习目标均是提升未来的新任务表现	终身学习强调在线、持续的学习和更新，迁移学习则偏重一个阶段的学习
增量学习（Incremental Learning）	学习目标均是提升未来的新任务表现	增量学习也强调在线更新的过程，模型只需要存储少量的历史数据便可进行学习；迁移学习则侧重整个阶段的学习更新
自变量漂移（Covariate Shift）	在训练和测试数据分布不同的情况下学习	自变量漂移指的是数据的边缘分布发生变化，迁移学习包括自变量漂移，但还可处理条件、联合分布变化的更一般情形
领域自适应（Domain Adaptation）	在训练和测试数据分布不同的情况下学习	领域自适应特指数据分布发生变化、任务标签不变的情况，迁移学习包括领域自适应，也包括其他变化的情形
元学习（Meta-learning）	学习目标均是提升未来的新任务表现	元学习侧重于从历史数据中归纳出一般规律应用于新数据，没有显式的源域和目标域；迁移学习则侧重于给定源域和目标域的情况
小样本学习（Few-shot Learning）	从少量标注样本中学习通用的知识和模型	小样本学习侧重在每个类别给定少量标记数据的情况下进行学习；迁移学习则可以处理更为一般的分类、回归等任务

1.3 迁移学习的必要性

了解迁移学习的概念之后，现在来回答：为什么要使用迁移学习？我们将原因概括为如下的五个方面。

1.3.1 大数据与少标注之间的矛盾

我们正处在一个大数据时代。每天、每时，社交网络、智能交通、视频监控、行业物流等领域都产生着海量的图像、文本、语音、语言等各类数据。这些海量的数据使得机器学习和深度学习模型可以持续不断地进行训练和更新。然而，这些大数据也带来了严重的问题：它们总是缺乏完善的数据标注。

众所周知，传统有监督机器学习模型的训练和更新均依赖于数据的标注。然而，尽管可以获取海量的数据，这些数据往往是很初级的原始形态，很少有数据被加以正确的人工标注。数据的标注是一个耗时且昂贵的操作。到目前为止，尚未有行之有效的方式来解决这一问题。这给机器学习和深度学习的模型训练和更新带来了挑战。反过来说，特定的领域因为没有足够的标定数据用来学习，则一直得不到很好的发展。单纯地凭借少量的标注数据无法准确地训练高可用的模型。我们可以利用迁移学习的思想寻找一些与目标数据相近的有标注的数据，进而利用这些数据构建模型，以此来增加目标数据的标注。

1.3.2 大数据与弱计算能力的矛盾

大数据需要强计算能力的设备来进行存储和计算。然而，大数据的大计算能力却是那些科技巨头才能拥有的资源：如 Google、Microsoft、Meta、腾讯、阿里巴巴等巨无霸公司有着雄厚的计算能力进行建模[38,113]。例如，计算机视觉领域的经典数据集 ImageNet[37] 在普通显卡上的训练就相当耗时；在自然语言处理领域，从头训练一个普通的 BERT 模型[38] 也是仅拥有一般硬件设备的研究人员所无法承受的。在漫长的科学研究之旅中，我们如何期望普通研究人员能够以普通的计算设备来做出研究上的突破？

图 1.5 展示了近几年自然语言处理领域预训练模型的发展。我们清楚地看到，这些模型正变得越来越庞大，因此也需要越来越多的计算设备进行训练。

迁移学习提供了一种基于大数据"预训练"的模型在自己的特定数据集上进行"微调"的技术，大大降低了训练难度和成本，并且可以保证在自己的任务上取得优良的表现。

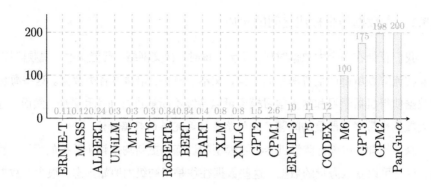

图 1.5　自然语言处理领域日渐庞大的预训练模型 [84]

1.3.3 有限数据与模型泛化能力的矛盾

机器学习要求我们基于给定的训练数据训练出精准的模型以便对未知的新数据、新场景、新应用等做出正确的预测。这种在未知数据上的精确预测被称为分布外泛化/领域泛化（Out-of-distribution Generalization，或 Domain Generalization）[111]。于是，我们面临第三个矛盾：有限的数据与模型强泛化能力的矛盾。尽管可以尽可能地收集更多的训练数据，这些数据也只能如数据汪洋大海中的一叶扁舟。我们的模型仍然可能在新的环境、更复杂的任务、更多样性的需求面前一败涂地。

举一个较现实的例子。在一些医疗场景的研究中，由于病例少、实验复杂度高、成本难以控制、失败率高等原因，医疗数据往往都极其缺乏。而这些疾病通常具有特殊性，无法通过普通的机器学习来建模。此时，如果能够基于现有的数据运用更复杂的迁移学习方法，则有可能学习到一个泛化能力强的模型，从而能够对新病例和新情况进行良好的适配。

模型的泛化能力一直以来是机器学习领域研究的重点方向之一。迁移学习是解决机器学习模型泛化问题的一种有效手段，包括领域自适应（Domain Adaptation）[102]（本书主要针对的问题）、领域泛化（Domain Generalization）[146]（将在第 11 章介绍）以及相关的元学习 [141]（将在 14.3 节介绍）等领域。

1.3.4 普适化模型与个性化需求的矛盾

机器学习的目标是构建一个尽可能通用的模型使其能很好地适应不同用户、不同设备、不同环境、不同需求。基于此愿望，我们构建了多种多样的普适化模型服务于现实应用。然而，人们的个性化需求五花八门，短期内根本无法用一个通用的模型去满足。如用户在使用导航模型时不同的人有不同的个性化需求：有人喜欢走高速，有人则喜欢走偏僻小路；并且，不同的用户通常都有不同的隐私需求。如图 1.6 所示，对于同一云端模型而言，不同用户（女性、男性、中老年人等）有不同的兴趣和习惯，这也是构建应用需要着重考虑的因素。

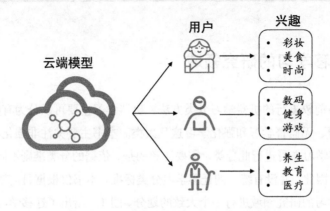

图 1.6 普适化模型与个性化需求

因此，给每个通用的任务构建一个通用的模型可以解决绝大多数的公共问题。由于每个个体、每项需求的唯一性和特异性，普适化的通用模型力不从心。那么，能否将通用的模型加以改造和适配使其更好地服务于人们的个性化需求？

解决个性化需求的挑战要求利用迁移学习的思想进行自适应学习。考虑到不同用户之间的相似性和差异性，需要灵活地调整普适化模型以便完成相应的任务。

1.3.5 特定应用的需求

机器学习已经被广泛应用于现实生活中。如推荐系统的冷启动问题：一个新的推荐系统，没有足够的用户数据如何进行精准的推荐？一个崭新的图片标注系统，没有足够的标签如何提供精准的服务？现实世界中的应用驱动着我们开发更加便捷高效的机器学习方法。

表 1.3 概括地描述了迁移学习的必要性。

表 1.3 迁移学习的必要性

矛盾	传统机器学习	迁移学习
大数据与少标注	增加人工标注，但是昂贵且耗时	数据的迁移标注
大数据与弱计算	只能依赖强大计算能力，但是受众少	模型迁移
有限数据与模型泛化能力	无法满足泛化要求	领域泛化、元学习等
普适化模型与个性化需求	通用模型无法满足个性化需求	模型自适应调整
特定应用	无法解决冷启动问题	数据迁移

1.4 迁移学习的研究领域

依据目前较流行的机器学习分类方法，机器学习主要可以分为有监督学习、半监督学习、无监督学习和强化学习这几大类。本书主要关注非强化学习部分。同理，迁移学习亦可进行此分类。需要注意的是，依据的分类准则不同，分类结果也不同。因此，并没有统一的迁移学习分类标准。本书仅根据目前较流行的方法对迁移学习的研究领域进行一个大致的划分。图 1.7 给出了迁移学习的常用分类方法总结。

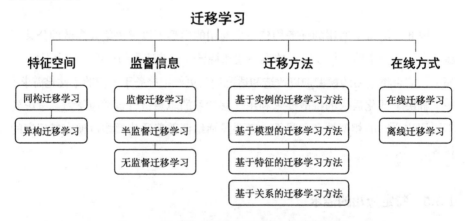

图 1.7 迁移学习的研究领域与研究方法分类

不失一般性，迁移学习可以按照如下四个准则进行分类：

- 待学习的目标领域是否有标注？

- 不同学习领域的特征空间是否相同？
- 不同的学习方法和策略。
- 学习是发生在在线还是离线环境中？

不同的准则可以区分不同的迁移学习情形。当然，即使是同一个分类下的研究领域也可能同时处于另一个分类下。我们简单描述这些分类方法及相应的领域。

1.4.1 按特征空间分类

按照特征的属性进行分类是一种常用的分类方法。迁移学习可以分为两个大类：

（1）同构迁移学习（Homogeneous Transfer Learning）

（2）异构迁移学习（Heterogeneous Transfer Learning）

此分类相对直观：如果特征语义和维度都相同则为同构；反之则为异构。例如，不同图片的迁移就可以认为是同构的；而图片到文本的迁移则是异构的。

1.4.2 按目标域有无标签分类

类比机器学习，按照目标领域有无标签，迁移学习可以分为以下三个大类：

（1）有监督迁移学习（Supervised Transfer Learning）

（2）半监督迁移学习（Semi-Supervised Transfer Learning）

（3）无监督迁移学习（Unsupervised Transfer Learning）

显然，少标签或无标签的问题（半监督和无监督迁移学习）是研究的热点和难点，亦是本书重点关注的领域。

1.4.3 按学习方法分类

尽管迁移学习方法根据不同的分类准则可以有不同的分类结果，我们并不打算另起炉灶对其进行分类。根据迁移学习综述文章 [103]，迁移学习方法可以分为以下四个大类：

（1）基于实例的迁移学习方法（Instance-based Transfer Learning）

（2）基于模型的迁移学习方法（Model-based Transfer Learning）

（3）基于特征的迁移学习方法（Feature-based Transfer Learning）

（4）基于关系的迁移学习方法（Relation-based Transfer Learning）

此分类按照实例、特征、模型的机器学习逻辑进行区分。另外，不同领域之间的高层关系也可以被用来进行分类。

基于实例的迁移学习方法通过权重重用对源域和目标域的样例进行迁移。通过给不同的样本赋予不同权重，例如给相似的样本更高的权重来完成迁移。此类方法非常简单和直接。

基于特征的迁移学习方法通过对特征进行变换来完成迁移。我们假设源域和目标域的特征不在同一个空间或在原空间上不相似，则为了进行迁移学习，我们需要通过特征变换学习的方式将其变换到同一个空间里。在此空间中，特征服从同样的概率分布。目前，此类方法被学术界进行了广泛的研究，在工业界也得到了大规模的应用。

基于模型的迁移学习方法通过在不同模型间进行参数的迁移来进行迁移学习。例如，SVM 的权重参数和神经网络的参数等均可以进行共享。由于神经网络的结构可以直接进行迁移，因此其使用频率非常高。例如，神经网络最经典的预训练 – 微调（Pre-train and fine-tune，将在第 8 章进行介绍）便是模型参数迁移的很好的体现。

基于关系的迁移学习方法通过挖掘和利用领域和实体间的关系来进行迁移学习。比如老师上课、学生听课的模式便可以类比为公司开会的场景以进行关系迁移。注意，此类方法在近年的迁移学习研究中较不流行，因此本书不对其进行介绍。

1.4.4 按离线与在线形式分类

按照离线学习与在线学习的方式，迁移学习还可以被分为：

（1）离线迁移学习（Offline Transfer Learning）

（2）在线迁移学习（Online Transfer Learning）

目前，绝大多数的迁移学习方法均采用了离线方式，即源域和目标域均给定、迁移一次即可。这种方式的缺点是显而易见的：算法无法对新加入的数据进行学习，模型也无法更新。与之相对的是在线的方式：随着数据的动态加入，迁移学习算法也可以不断更新。本书的绝大部分将介绍离线迁移学习，13.5 节介绍在线迁移学习的有关内容。

1.5 学术界和工业界中的迁移学习

迁移学习是机器学习中重要的研究领域。近年来，ICML（International Conference on Machine Learning）[3]、NeurIPS（Advances in Neural Information Processing Systems）[4]，以及 ICLR（International Conference on Learning Representations）[5] 等国际机器学习顶会上不断推出迁移学习相关主题的研讨会。

图 1.8 和图 1.9 简要展示了迁移学习在部分人工智能顶会和学术界的发展历程。我们可以清晰地看到，迁移学习也是这些顶会中非常受关注的方向。并且，人们对于迁移学习的定义、研究内容、研究边界等的认知也一直在不断深化。甚至在 100 多年前的 1901 年，当计算机还是天方夜谭之时，国际心理学相关会议就在探究个体如何将其在一个情境中的行为迁移到另一个相似情境的课题[152]。随着机器学习技术的日新月异，最早在 1995 年的人工智能顶会 NeurIPS 上就出现了学习如何学习：在归纳系统中的知识强化和迁移的研讨会[6]。随后的 2005 年，美国国防部高级研究计划局（DARPA）启动了一项关于迁移学习的研究，旨在探讨一个系统认知和将之前学过的知识应用于新任务的能力[7]。接下来，在机器学习顶级会议 ICML 2006 上，研究者们举办了结构知识迁移的研讨会[8]。接着，在另一个人工智能顶会——2008 年的美国人工智能会议 AAAI 上，研究者们又举行了对于复杂任务的迁移学习这一研讨会[9]。2009 年，杨强教授团队在数据挖掘顶级会议 ICDM 上组织了第一届迁移学习的 workshop。在 2011 年的机器学习顶会 ICML 上，召开了无监督和迁移学习的研讨会[10]。2011 年，国际权威神经网络会议 IJCNN 举办了无监督和迁移学习的挑战赛[11]。随后，NeurIPS 又在 2013 年的研讨会上探究迁移学习和多任务学习的新方向[12]。2017 年[13] 到 2019 年[14]，计算机视觉顶会 ICCV 和 ECCV 出现了相关的研讨会和国际比赛。2019

---

[3] 请见链接 1-3。
[4] 请见链接 1-4。
[5] 请见链接 1-5。
[6] 请见链接 1-6。
[7] 请见链接 1-7。
[8] 请见链接 1-8。
[9] 请见链接 1-9。
[10] 请见链接 1-10。
[11] 请见链接 1-11。
[12] 请见链接 1-12。
[13] 请见链接 1-13。
[14] 请见链接 1-14。

1　绪论

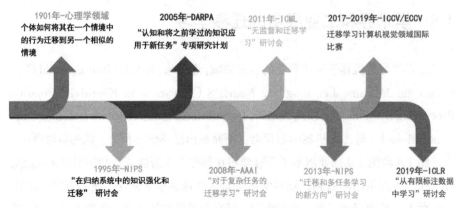

图 1.8　迁移学习在部分人工智能顶会上的发展历程

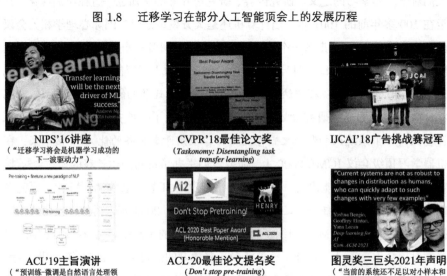

图 1.9　迁移学习在学术界最新进展

年，ICML 大会上来自 UC Berkeley 的学者做了关于元学习的讲座，另一顶会 ICLR 也在研讨会上探索从有限的标注数据中学习的新技术[15]。

此外，迁移学习技术驱动的模型方法也多次获得顶级学术会议重量级奖项。2007 年，ICDM 室内定位大赛一等奖的方案来自迁移学习[16]。2018 年，计算机视觉顶级学术会议 CVPR 将最佳论文奖颁给了以探究迁移学习中任务之间联系的论文 *Taskonomy: Disentangling Task Transfer Learning*[167]。同样是在 2018

---

[15]请见链接 1-15。
[16]请见链接 1-16。

年，在另一国际人工智能顶级会议 IJCAI 的国际广告算法大赛上，冠军方案由迁移学习技术驱动[17]。2019 年数据挖掘领域权威会议 PAKDD 的最佳论文颁给了迁移学习相关的研究 *Parameter Transfer Unit for Deep Neural Networks* [173]。2019 年，在国际语言学顶级会议 ACL 的开幕演讲上，ACL 主席周明博士强调了基于预训练模型的迁移学习方法在语言学领域的重要价值[18]。一年后的 2020 年，同样是在 ACL 会议上，一篇探索预训练在语言模型中的应用的论文 *Don't Stop Pretraining: Adapt Language Models to Domains and Tasks* [52] 获得了会议最佳论文荣誉提名奖。2021 年，图灵奖获得者"三巨头" Yoshua Bengio, Yann Lecun 和 Geoffrey Hinton 在一份 ACM 通讯会刊中证明当前的系统对变化的分布的适配性并不好，我们应该重点关注其在小样本上如何快速进行自适应学习[7]。迁移学习在国际顶级学术会议上的发展势头良好。可以预见的是，未来还会有更多的迁移学习话题出现在这些人工智能和机器学习顶会上，迁移学习技术一定会发展得更好。

特别地，杨强教授及其团队在 2020 年出版了第一本迁移学习专著[159]，全面覆盖了迁移学习的理论和应用案例。与其相比，本书的重要区别是囊括了众多最新最经典的算法介绍与配套的应用代码实践，让读者更加轻松地入门、学习、和实践。

迁移学习这一研究领域不仅在学术上持续获得顶级会议的青睐，也受到了众多企业的重视。2017 年，由前海征信主办、科赛网承办的"好信杯"大数据算法大赛落下帷幕，共吸引了 242 支队伍共 600 多位选手参赛，来自第四范式的团队利用迁移学习获得了冠军[19]。2019 年，平安科技举行了医疗科技疾病问答迁移学习比赛[20]。2020 年，微软研究团队使用仿真环境到真实环境中的迁移学习训练现实世界中的无人机[21]，随后，微软发布了史上最大的基于预训练的自然语言处理模型 Turing-NLG[22]。OpenAI 启动了一项强化迁移学习的比赛，针对"刺猬索尼克"游戏要求选手开发虚拟到现实环境的强化迁移学习算法，使得模型能够迁移到不同环境中[23]。谷歌和 OpenAI 也分别开发了基于自监督预训练的语言

---

[17]请见链接 1-17。
[18]请见链接 1-18。
[19]请见链接 1-19。
[20]请见链接 1-20。
[21]请见链接 1-21。
[22]请见链接 1-22。
[23]请见链接 1-23。

模型 BERT[38]、T5[114] 和 GPT[13] 系列，将迁移学习在自然语言处理中的作用发挥到极致。NVIDIA 发布迁移学习工具包，用于特定领域深度学习模型快速训练的高级 SDK[24]。阿里巴巴则利用迁移学习和元学习为其小样本数据的学习和系统安全保驾护航[25]。亚马逊的语音助手 Alexa 利用迁移学习迅速学会第二门语言，并且大大减少了训练数据量[26]。

本小节所列举的迁移学习在学术会议和工业界中的例子仅是少数。期待未来会有更多的迁移学习学术研究和应用成果出现。

1.6 迁移学习的应用

迁移学习是机器学习领域的一个重要分支，其应用并不局限于特定的领域。凡是符合迁移学习问题情景的应用，迁移学习均可发挥作用。这些领域包括但不限于计算机视觉、文本分类、行为识别、自然语言处理、室内定位、视频监控、舆情分析、人机交互等。图 1.10 展示了迁移学习已经被广泛应用的领域。下面我们选择几个研究热点，简单介绍迁移学习在这些领域的应用场景。

语料匮乏条件下不同语言的相互翻译学习

不同视角、不同背景、不同光照的图像识别

不同用户、不同设备、不同位置的行为识别

不同领域、不同背景下的文本翻译、舆情分析

不同用户、不同接口、不同情境的人机交互

不同场景、不同设备、不同时间的室内定位

图 1.10　迁移学习的应用领域概览

需要指出的是：本小节的应用只是简单举例，其目的是为读者说明迁移学习

---
[24]请见链接 1-24。
[25]请见链接 1-25。
[26]请见链接 1-26。

潜在的应用问题。有关更多不同应用中的迁移学习代码实践，请读者移步第 15 到第 19 章。

1.6.1 计算机视觉

迁移学习已被广泛地应用于计算机视觉的研究中，例如图片分类、风格迁移等。图 1.11 展示了不同的迁移学习图片分类任务，即在视觉领域的应用。对同一类图片而言，不同的拍摄角度、不同光照、不同背景，均会造成特征分布发生改变。因此使用迁移学习构建跨领域的鲁棒分类器十分必要。图 1.11(a) 中的手写体数据分别来自经典数据集 MNIST 和 USPS，图 1.11(b) 中的图像数据则来自迁移学习公开数据集 Office-Home [143]。

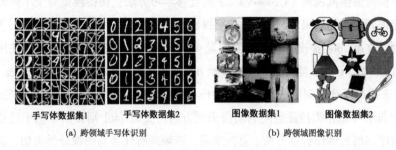

图 1.11 迁移学习在视觉领域的应用

我们以研究工作 [156] 为例说明迁移学习的作用。在此项工作中，研究人员利用迁移学习来帮助预测非洲的贫困情况。具体而言，研究者使用卫星获取非洲大陆上空的夜间影像，而夜间影像的光照强度可以通过标签的映射与贫困情况发生联系。研究人员利用 ImageNet [37] 为源数据，经过细致的训练和微调后，其模型便可以精准地对非洲的贫困状况进行预测。实验结果表明其与联合国实地调查的数据非常接近。

在目标检测任务中，文献 [28,64,116,128] 等利用迁移学习解决了源域和目标域的数据分布不匹配的问题。这些工作将领域自适应、弱监督学习等技术引入目标检测中，使得训练与测试数据之间的特征分布得到对齐，大大强化了在测试数据上的任务表现。对于训练数据不足、特征表示单一的问题，文献 [80] 提出从相关任务中迁移知识到目标任务的迁移学习方案。文献 [126] 提出了一种基于排序的迁移学习方法来解决目标检测问题。文献 [23] 针对目标检测中的小样本问题提出了迁移学习的适配方案。

语义分割中也存在着迁移学习的应用场景。文献 [78,138,170] 等对城市道路街景的语义分割进行了研究，提出不同的跨领域分割适配方法。文献 [70,178] 则针对脑部医学图像的分割进行了迁移学习，解决了医学图像数据匮乏的问题。文献 [124] 则提出了基于生成对抗网络的迁移学习分割算法。文献 [87] 则从类别-类别的迁移学习分布适配中进行更加细粒度的场景分割。

在视频理解任务中，迁移学习同样有用武之地。例如，自动驾驶中车辆的状态受不同天气的影响也会发生变化，而不同天气的数据又很难完全收集。在此方面，文献 [151] 对自动驾驶任务中跨天气的车辆控制提出一种基于生成对抗网络的迁移学习算法。对于视频分类任务，文献 [39,168] 等提出了不同的蒸馏和迁移学习方法，提高了视频分类的精度。对于视频中的人体动作识别，文献 [82] 提出一种跨摄像机视角（Cross-view）的迁移学习方法，使得模型对于不同的视角都能得到很好的效果。文献 [115] 则提出一种非线性的跨视角迁移方法用于动作识别。文献 [66] 提出一种基于隐张量（Latent Tensor）的迁移学习方法用于RGB-D 的动作识别。除跨视角外，文献 [9] 提出一种跨领域的动作识别方法。文献 [125] 提出了基于深度迁移表征的动作识别方法。文献 [155,175] 则分别提出基于字典学习和异构特征空间的动作识别方法。文献 [46] 则提出了基于迁移学习和时序网络的动作识别方法。总的来看，视频理解任务与图像分类类似，也存在跨领域、跨视角、跨状态等任务，均需要迁移学习扮演重要角色。

场景文字识别（Scene Text Recognition）也是一类很重要的视觉任务。在此问题上，文献 [171] 提出了一种基于注意力机制的鲁棒场景文字识别方法，对于跨领域的数据有很好的效果。文献 [135] 则探索了卷积神经网络在中文文字识别任务上的效果。文献 [47] 使用迁移决策森林算法实现了光学字符识别。

在图像生成方面，文献 [169] 从解耦（Disentangle）角度出发，构建了基于生成对抗网络的妆容迁移方法。基于迁移学习的图像生成涉及了另一个火热的领域：风格迁移（Style Transfer），如文献 [44,61,77,86] 等。此应用几乎都围绕迁移学习展开，相关工作汗牛充栋，不再赘述。

计算机视觉任务众多，无法一一列举。由于计算机视觉得到了长足的发展，因此，几乎各类任务中都有迁移学习的身影。从数据标注不足到跨领域、跨视角、跨状态等任务，迁移学习均在其中发挥着重要的作用。感兴趣的读者或者承担计算机视觉具体任务的同学可以根据自己的需求再调研更多相关文献，将迁移学习用于自己的任务中，使其发光发热。

本书第 15 章提供了利用迁移学习实现目标检测和风格迁移的上手实践。

1.6.2 自然语言处理

语言是人类区别于动物的本质特性。计算机视觉让人类认识世界，而语言让人与人、人与动物、人与机器之间的沟通和交互成为了可能。自然语言处理（Natural Language Processing，NLP）技术将计算机、人工智能与语言学的知识联系起来，让我们可以更好地理解彼此。何为语言？从狭义上讲，涉及文字的都属于语言。但如果我们对语言的理解超越文字的范畴，那么从广义上讲，任何可以传达意义的图片、语音、数据等媒介均属于语言。因此语言的含义也千变万化。本节主要关注文字类语言，下一小节将会介绍语音识别和合成方面迁移学习的应用研究。

自然语言处理是一个非常庞大的研究领域，其主要由自然语言理解（Natural Language Understanding，NLU）和自然语言生成（Natural Language Generation，NLG）两类任务构成。自然语言理解负责让机器"听得懂"人类的语言，即从二进制语言数据中提取重要的信息；而自然语言生成则负责让机器"说得出"人类的语言，即把二进制计算机数据转化成人类能听得懂的语言。与此对应，自然语言处理的任务也十分复杂多样，常见的任务如文本分类（Text categorization）、信息检索（Information retrieval）、信息抽取（Information extraction）、聊天机器人（ChatBot）、对话系统（Dialogue system）、机器翻译（Machine translation）、序列标注（Sequence tagging）等等。在这些重要的应用中迁移学习也发挥着应有的作用。

自然语言处理中存在着大量数据不足、分布不一致的问题，因此很多工作利用迁移学习与领域自适应和多任务学习等方法构建跨领域学习模型以解决相应的序列标记问题[48,105,160]、语法分析问题[92]、情感分析问题[33,121,154]、文本分类问题[83,149]、关系分类问题[42]，以及文本挖掘问题[110]。在这些领域中，由于训练数据和测试数据的分布存在不一致性，因此这些工作利用了相应的迁移学习方法来解决这些挑战，取得了很好的效果。

以文本分类为例。由于文本数据有其领域特殊性，因此，在一个领域上训练的分类器，不能直接拿来作用到另一个领域上。图 1.12 是一个由电子产品评论迁移到 DVD 评论的迁移学习任务（文本分类任务）。在此问题中，在电子产品评论文本数据集上训练好的分类器不能直接用于 DVD 评论的预测。因此，我们需要在两种领域上进行迁移学习。

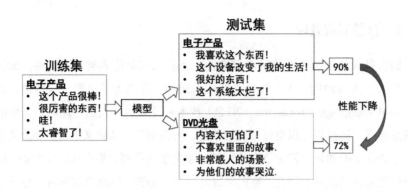

图 1.12　迁移学习文本分类任务

在机器翻译问题中迁移学习变得尤其重要。首先，翻译问题本身就至少涉及两个语言领域：源语言和目标语言；而任意两种不同的语言之间本身就存在着数据分布的差异。其次，翻译问题的另一重大挑战是源语言和目标语言这种语言对（Pair）的有标签数据非常难于收集，需要大量的专业人员作出标记，因此如何在低资源的条件下进行高质量的翻译本身就是一个重大研究问题。一系列研究工作利用迁移学习来应对这些挑战。比较早期的工作如文献 [10] 提出了 Structural Correspondence Learning 的方法，利用不同语言之间共享的某些"枢轴（Pivot）"特征（即在不同语言下意义相近的词）来进行跨领域的翻译。文献 [8] 则提出了以隐马尔可夫模型驱动的领域自适应统计翻译系统。[18, 68, 108, 148] 等工作则利用了源域权重学习的迁移方式构建跨领域翻译系统。文献 [19] 针对低资源情况下的机器翻译提出一种基于半监督领域自适应的迁移方法。

最近几年，围绕语言模型的预训练（Pre-training）展开的研究异常火热。研究人员发现，如果收集大量的训练数据，则不管这些数据有没有标注，均可以用一较大模型进行有监督/半监督/无监督（自监督）的预训练；与计算机视觉领域类似，预训练后的模型可以被很好地应用于一系列下游任务中，大幅提升下游任务的性能表现。这方面的研究以 Google 公司提出的 BERT（Bidirectional Encoder Representations of Transformers）模型[38] 为代表，衍生出了一大批基于 BERT 进行预训练、微调、迁移适配的成果。BERT 通过构建自监督的预训练任务对大量的自然语言数据进行预训练，从而可以从大数据中学习通用的知识，因此在包括文本分类、情感分析、语言生成、序列标注等大量下游任务中均可以获得非常好的表现。BERT 本身足够优秀，但也存在模型庞大复杂、计算量大的问题。因此，如何压缩 BERT 模型也成了近几年的研究热点之一。除了 BERT，OpenAI 也出品了更庞大的 GPT 系列预训练模型[13,112,113]，将自然语言理解与生成任务推向新的高峰。

自然语言的任务还有很多，我们不可能一一列举。读者在进行自己的自然语言处理任务时，遇到小样本、分布不一致等问题时均可考虑用迁移学习的相关思想去解决。

第 16 章提供了基于迁移学习进行跨领域情绪识别的上手实践。

1.6.3 语音识别与合成

声音也是人类的语言之一，是我们沟通和传递信息的媒介。语音识别，也叫做自动语音识别（Automatic Speech Recognition，ASR），指的是计算机能够将人类语音的音频数据转化成对应的文字的过程。而语音合成（Speech Synthesis）则是一相反过程，指的是计算机自动合成出人类的声音。语音合成领域常用的范式是文字转语音（Text-to-Speech, TTS），特指输入一段文字，计算机产生将这些文字"读出来"以产生人类语音的过程。当然，语音的研究不局限于这两个领域，还包括说话人验证（Speaker Verification）、语音转换 (Voice Conversion) 等领域。

语音识别与合成是计算机和人工智能、声学、信号处理、语言学、统计学、概率学等多学科交叉的研究领域，有着很长的研究历史。伴随着深度学习的发展，语音识别与合成也经历了传统的从统计模型到深度模型的飞跃，取得了越来越好的效果。现在市场上已经有包括微软 Azure 语音合成、百度语音合成、Google 语音合成、讯飞语音合成等多种成熟稳定的语音产品。

深度学习模型的成功依赖于大量的训练数据。而语音相关的数据与普通图像数据相比，其获取成本更高、对数据采集者的要求也更高。因此，语音数据天然存在着获取难、数据标注耗时昂贵的问题。另一方面，语音数据的来源是人本身，并非图像、文本等具有相对客观的来源，因此语音数据本身便充满着不确定性和波动性。我们听到的声音，包含音色、频率、音调等描绘声音的关键信息，而这些声音特征决定了世界上没有两个人的声音会完全相同。不同人的方言、口音、说话方式也有所不同。受限于此，采集到的语音数据绝大多数会面临模型漂移、标注数据不足等问题。因此，迁移学习、多任务学习、领域自适应等技术，对于语音数据非常重要。

图 1.13 中展示了一个跨语言语音识别的例子：源领域的语言有足够的训练数据（rich-resource），而目标语言则为低资源的语言（low-resource），其训练数据不足。文献 [55] 针对此问题设计了一种利用适配器进行迁移学习的语音识别方法。

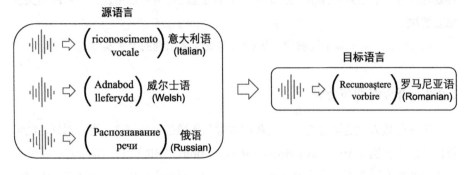

图 1.13 跨语言语音识别的示例

从语音合成、特别是 TTS 系统的角度来看，语音数据又有不同视角。我们知道，TTS 系统的输入是客观文字，输出是能让人听懂的语音数据。而"让人听懂、听得舒服自然"这个标准太过主观、模糊，远不如分类、回归、检测等任务的精度、误差等评价指标来得客观。因此，TTS 系统的评价也无形中为语音合成增加了难度。并且，TTS 系统的一种流行的服务模式是让用户用自己的声音念出一些文字，系统则根据这些仅有的用户声音数据完成对用户声音的"克隆"，使得计算机能够模仿用户的声音"说"出用户从未说过的话。从这个角度讲，TTS 系统天然就面临着用户数据不足的问题（因为系统要求用户能自己输入的声音越少越好），或者说，它是一个小样本学习的问题。而如何将训练好的 TTS 模型迁移适配到新用户数据上则是 TTS 系统当前的一个重大挑战。

为了解决语音识别领域的小样本问题，文献 [74] 把为普通话训练的语音识别模型迁移到广东话的语音识别上，获得了很好的识别效果。文献 [51,161,164] 等也系统研究了不同语音模型的自适应技术。文献 [158] 基于用户辨识码提出一种将深度语音识别模型快速适配到新用户上的迁移学习方法。文献 [153] 则从多任务学习的角度提出一种多基点（Multi-basis）自适应的快速迁移网络。文献 [130] 提出了一种深度领域自适应的语音识别技术。文献 [1,56] 基于迁移变分自编码器、卷积神经网络提出了鲁棒的语音识别方法。对于特定群体的语音识别，文献 [127] 利用发音的相似性提出了声音的自适应方法用于儿童语音识别。文献 [72] 针对构音障碍人群的语音识别，提出一种基于 KL-HMM 的自适应迁移学习方法。文献 [79] 提出了基于说话人自适应的上下文迁移方法。文献 [62] 则提出了一整套基于深度迁移学习的语音识别方法与系统。

在语音合成，特别是 TTS 系统中，迁移学习同样发挥着重要作用。文献 [31] 提出了一种由多个说话人的 TTS 系统迁移到零样本（Zero-shot）新用户的 TTS 方案。文献 [27] 也利用说话人的特征嵌入（Speaker embedding）相关性，提出了小样本情况下的 TTS 适配系统。文献 [67] 为了更精准地捕捉说话人之间的相似性，从说话人验证系统的特征嵌入模式中学习通用特征，然后迁移到新用户的 TTS 系统中。文献 [35] 针对语音转换任务提出了基于生成对抗网络的转换系统。在语音转换（Voice Conversion）应用中，迁移学习也有着重要应用。文献 [129] 提出了一种不需成对训练数据的多人语音转换到单人语音的语音转换方法，文献 [85] 则基于特征解耦（Feature Disentangle）提出了一种语音转换方案。文献 [25] 利用生成对抗网络对于不成对的声音进行转换，文献 [30] 针对 One-shot 的语音转换问题，通过实例归一化（Instance Normalization，IN）实现说话人特征和内容特征的分离解耦。

除去数据获取难、数据分布不一致的问题，语音领域还存在着本地化的问题。通常来说，一种语言往往对应于不只一种口音和方言。例如，我国地大物博、人杰地灵，许多地方都有各自的方言，给语音模型的本地化带来了巨大挑战。放眼世界，即使是讲英语的国家，其口音、说话方式等也有着很大的差异。对生成的语音进行评价，在确保其准确性和自然性的同时，也要考虑本地化的问题。而新用户数据稀少的问题，无疑给这些情景雪上加霜。这些问题都给语音领域带来了新的挑战。期待未来迁移学习能够在这些领域发挥更大的作用。

第 17 章提供了跨领域与跨语言语音识别的上手实践代码。

1.6.4 普适计算与人机交互

随着时代的发展，普适计算（Ubiquitous Computing）的应用越来越广泛。智能手机、智能手表、可穿戴设备、边缘计算设备等，大大提高了人们的生活效率和生活质量。普适计算的发展体现了计算机计算架构的变迁：从上世纪的大型机、小型机、微型机，发展为今天的个人计算机、智能手机、可穿戴设备等，由此产生了越来越多的普适计算应用。普适计算已被广泛应用于日常生活中的多个领域中，如可穿戴行为识别[145]、室内定位[177]、表情识别[96] 等。研究和发展普适计算技术对人们的生活具有十分重要的意义。

普适计算针对的是我们日常生活的环境，而环境本身就充满了动态变化性。这种动态变化性给现有的机器学习方法带来了挑战。普适计算领域早期的奠基人物 Mark Weiser 对普适计算的核心场景提出了要求[150]：

普适计算就是无处不在的计算。在此模式中，人们能够在任何时间、任何地点、以任何方式访问到所需要的信息。

简而言之，这就要求机器学习模型必须能够对这些动态变化的时间、地点、方式等，进行自适应的调整和模型更新。举一个简单的例子，在可穿戴行为识别的应用中，用户已经针对智能手表采集的数据训练好了识别模型，那么显然这个模型无法识别智能手机采集到的行为数据。因为二者部署在不同的穿戴位置，并且它们的硬件信息也不完全相同，这使得数据的分布发生了变化，从而导致模型发生漂移[60]。即使是相同的硬件设备，不同用户、不同穿戴位置、不同运动模式，也严重影响着机器学习模型的泛化能力。

在可穿戴行为识别中，文献 [71,145,147,174] 等针对**跨用户**的应用场景提出了相应的方法、构建了迁移学习模型，使得模型应用在不同的用户时能得到较小的误差。文献 [145,147] 则更进一步，提出即使同一用户，当传感器放置于不同的用户身体部位时，行为识别模型也会因位置的不同而产生模型漂移，从而造成精度下降的情况。这些工作研究并提出了相应的分层和深度迁移学习方法解决了此问题［图 1.14(a)］。

室内定位（Indoor Location）与传统的室外 GPS 定位不同，它通过 WiFi、蓝牙等设备研究人在室内的位置。不同用户、不同环境、不同时刻也会使得采集的信号分布发生变化。图 1.14(b) 展示了当定位设备（Access Point，AP）处于不同地点（Research Lab、Hall、Corridors）时，由于其读数的分布发生变化，室内定位模型的误差也发生了变化。

行为识别的设备通常是各种传感器，如加速度计、陀螺仪、磁力计等。这些设备由于自身硬件差异所导致的应用条件不同，也会造成模型漂移的现象。针对这一问题，文献 [94] 设计了一系列的实验研究跨传感器的行为识别。文献 [57] 则提出了通过传感器映射的方法进行迁移学习的行为识别。文献 [22] 提出了跨模态的迁移学习方法用于行为识别。针对行为识别问题中源域和目标域类别不统一的问题，文献 [58] 提出了通过挖掘网络大数据，构建类别相似性关系，从而

1.6 迁移学习的应用

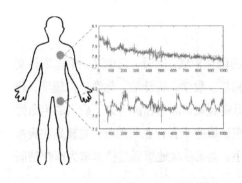
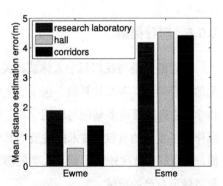

(a) 不同位置的传感器信号差异[145]　　(b) 室内定位模型由于位置的变化导致的模型性能变化[76]

图 1.14　迁移学习在普适计算与人机交互领域的应用

实现跨类别的迁移方法。从可穿戴行为识别出发，迁移学习可以针对不同用户、不同设备、不同位置的行为识别应用构建自适应的模型。

室内定位通过定位器（如 WiFi）的变化来检测用户的位置。定位模型通常都与房间的布局等有很强的相关性。因此，研究跨房间、跨环境的定位模型就势在必行。在这一方面，文献 [101,132,177] 等提出了基于 WiFi 的迁移室内定位方法，文献 [81] 提出了一种针对 3D 定位数据的迁移学习方法。在室内定位应用中，跨环境是研究的重点。

从人机交互出发，迁移学习还可以针对不同用户、不同接口、不同情境的人机交互应用进行鲁棒的人机融合感知。例如，文献 [96,97,139] 等针对表情识别任务提出了相应的迁移学习方法，使得表情识别模型针对不同的用户更加鲁棒。文献 [117] 则针对表情语言提出了一种迁移学习优化方案。文献 [53] 针对脑机接口提出了在欧氏空间中进行特征对齐的迁移方法。文献 [17] 针对跨视角的步态识别，提出一种迁移学习方法。

总体而言，迁移学习可以被应用于各种动态变化的环境。在设计构建普适计算和人机交互应用时，我们要特别注意有哪些环境、设备可能是动态变化的，然后针对不同的场景，设计更鲁棒的机器学习和迁移学习方法，使得模型在动态环境中能够维持稳定的表现。

本书在第 18 章提供了非深度和深度的方法进行跨领域行为识别的上手实践。

1.6.5 医疗健康

医疗健康是与我们每个人休戚相关的研究领域，同时，它也是一个多学科交叉的综合领域，涉及计算机、医学、生物学、数学、统计学、化学、护理学、药物学、心理学等诸多基础与应用学科。毋庸置疑，医生和护士为了病人的生命健康作出了重大的贡献。技术的发展当然应该服务于各行业的需求，尤其是在病毒面前，我们无数次地意识到了人类的渺小，也无数次地想通过技术来为医疗健康领域做出自己的贡献。

迁移学习在医疗健康领域有着广泛的应用。为了叙述上的方便，我们将此领域分为医学数据分析、医疗过程和病人管理、药物研发以及日常医疗监护这几个方面。在每一个方面，迁移学习均发挥着重要的作用。

医疗数据多种多样，包含图像、文本、语音、视频、表格等几乎所有类型。这些数据从格式上讲，与我们平时接触的同类型数据并无本质的区别，同样也可以用各种机器学习、深度学习、迁移学习方法去建模学习。然而，医疗领域的数据与普通数据相比，也有着诸多不同点：

第一个不同点是**数据的匮乏性**。深度学习可以在比较大规模的数据上学习得到好的模型和效果，但医疗数据并非自然图像和文本，往往很多病例数据极度匮乏、常常是小样本的形式。此为医疗数据的先天特点。而即使是同一种病，由于病人身体状况、营养状况、生活方式等不同，在症状和数据表现上也千差万别。这就给传统的机器学习和迁移学习带来了严峻的挑战。

第二个不同点是**数据的不可再生性**。就图像领域而言，如果待学习的图像样本太少，通常的操作是借用一些生成模型来生成一些样本以弥补样本不足的情况。然而在医学图像领域此数据生成问题本身便充满着道德、医学、科技之间的矛盾：生成的医学数据能否同生成的自然图像一样具有其语义相关性、可以用于模型训练？医学专家是否会承认这种数据？因此，医学数据不仅匮乏，而且难再生。

第三个不同点是**数据的隐私性**。今天，我们对数据和隐私的保护越来越严格。而医学数据往往涉及病人太多的隐私信息。因此，在处理医学数据时我们往往需要特别注重对隐私的保护。例如，未经允许，不能使用相似病例的数据进行迁移学习或深度学习。隐私性的特质仿佛是给技术戴上了"枷锁"，但是服务于人才是科技的本质。开发新技术的同时还要特别注意保护用户的隐私。

第四个不同点是**数据和结果的可解释性**。机器学习的可解释性目前尚未取得决定性胜利。而医学数据的可解释尤其重要，它可以帮助医生更好地做出决策，也可以帮助病人更好地了解自己的身体状况，做到"有章可循"。显然，我们在设计机器学习和迁移学习方案时要特别注重结果的可解释性。

医学数据分析的迁移学习工作，绝大多数围绕着上述的第一、第二两个问题展开。由于几乎所有各类的疾病都面临着数据匮乏和不可再生性两个挑战。因此，许多研究将迁移学习应用于特定疾病数据的分析以辅助医生进行决策。而在这一方面，医学图像数据是被研究最多的数据类型。例如，文献 [89] 通过图像迁移变换的方式给医学图像降噪，文献 [109] 利用迁移学习对角膜组织数据进行图像分析，文献 [15,59] 则利用迁移学习中的相似性关系对乳腺癌图像进行研究。类似的利用迁移学习的工作还有很多，例如肿瘤切片和存活率分析[14]、自集成迁移方法的医学图像分析[106]、利用领域自适应分析心脏切片[41]、前列腺组织[119]、脑部核磁共振成像（MRI）分析[45]、胸部 X 光片分析[20]、细胞壁硬化[140]、三维图像分析[26]、视网膜图像[165] 等。

值得一提的是，有一些学者将迁移学习应用于最新的新型冠状病毒的研究中。例如，文献 [172] 等人利用领域自适应方法，研究在新型冠状病毒胸部 X 光片图像数据不足时，从普通肺炎数据迁移到新型冠状病毒引起的肺炎数据，从而实现辅助判断是否患病。笔者及团队也利用上述数据集进行自动迁移学习[163]，在无监督情景下获得了很好的效果（图 1.15）。

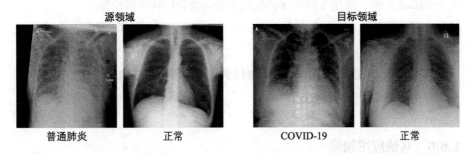

图 1.15　新冠病毒肺炎的胸部 X 光的有标注图片非常稀少。如何利用已有的普通肺炎数据来帮助建立新冠病毒肺炎诊断模型？数据来源于开源数据集 COVID-DA[172]

除图像数据外，文献 [50] 利用迁移学习进行医学时间序列数据的研究。文献 [69] 则进行基于迁移学习的心电图（Electrocardiograph，ECG）数据分析并提出基于深度迁移表征的分类方法。同理，文献 [123] 提出了基于心电图的心率不齐的诊断分类。

科学、可持续的医疗过程和病人的管理对于医疗健康也至关重要。文献 [166] 从小数据集出发，探索设计了一种基于教师-学生网络的手术阶段识别的迁移方法，帮助医生更好地对手术过程进行管理和反馈。文献 [133] 则对病人数据的管理和维护提出了一种基于多任务学习的网络结构。文献 [95] 探索了医疗自动化过程中的医学实体识别（Medical Named Entity Recognition），提出了低资源情况下的迁移识别方案。文献 [120] 则从技术角度研究医疗数据的不平衡性给我们带来的挑战，并提出对应的基于生成对抗网络的解决方案。文献 [118] 则从一些情境和系统设计中得到信息，设计一种基于领域自适应的感染预测模型。

药物研制方面，文献 [162] 利用一种集成迁移学习和多任务学习的方案探索了药物参数预测的问题。

一些疾病属于慢性病，通常没有彻底的治疗方案，因此只能依靠日常监护和管理进行有效治疗。一些神经退行性疾病如帕金森、阿尔茨海默症、小血管病等，均需要持续的日常监护。文献 [91] 提出了针对神经退行性疾病的深度迁移方法，实现了相似疾病数据的模型迁移。文献 [107] 则提出了基于深度迁移学习的睡眠监测方案，以做到更精确鲁棒的睡眠检测，从而可以更好地服务于慢性病的监护。文献 [142] 提出了一种持续领域自适应（Continuous Domain Adaptation）的健康监护方案，使得系统应对更复杂的环境和用户时能够取得良好的效果。

在数据隐私保护方面，笔者和团队提出了基于联邦迁移学习的健康监护系统 FedHealth [29]，应用于隐私保护模式下的帕金森疾病早期预警。

在可以预见的未来，一定会有更多的工作服务于医疗健康，给医生和患者提供更多的便利。

本书的第 19 章展示了一个基于联邦学习和迁移学习在隐私受限的医疗问题中的应用。

1.6.6 其他应用领域

迁移学习的应用场景众多，我们不可能一一列举。这一小节我们讨论一些迁移学习在其他领域上的应用。迁移学习在物理学、天文学、生物学、交通运输业、农业、银行、通信、金融、传染病预测、物流、软件工程、在线教育、银行安全、图网络挖掘、社区管理、能源等领域均有应用。在这些应用中，迁移学习与各种非计算机领域、交叉领域的结合，更显示出其强大的生命力。

1.6 迁移学习的应用

越来越多的物理学开始采用迁移学习方法构建学习模型，以达到跨领域、缩短学习时间的效果。文献 [5] 设计了一种仿真环境到真实环境的迁移学习领域自适应方法用于高能物理领域的实验。文献 [90] 系统研究了迁移学习在混合-经典量子神经网络中的应用。文献 [63] 用迁移学习研究惯性分离融合实验。

在金融领域，文献 [176] 通过对用户行为序列进行建模，构建了层次化可解释的网络，并利用跨领域知识迁移进行欺诈检测。

在交通运输领域，文献 [88] 针对短时间内高速公路交通流量预测问题，结合图网络和迁移学习进行精准预测。文献 [157] 针对如何更好地学习交通信号灯变换规则，设计了一种目标导向的迁移学习方法。文献 [6] 利用一种多任务的卷积神经网络对客流量进行更好地估计。文献 [93] 则利用深度加权的迁移学习方法，对行驶过程中驾驶员是否疲劳进行检测。

在能源领域，文献 [32] 针对太阳能磁场的时空预测问题采用了迁移学习方法。文献 [75] 则利用深度迁移学习方法来进行设备热量的建模。

在推荐系统领域，文献 [122] 对离线的推荐系统引入了领域自适应方法，使得推荐模型对不同领域的数据更加鲁棒。文献 [21] 针对冷启动问题设计了一种多任务学习方法，获得了良好的效果。

在传染病预测方面，文献 [4] 从用户在社交媒体上发表的言论建立模型，帮助更好地训练传染病早期预测和预警模型。

在社区管理领域，文献 [65] 针对停车位的预测问题，提出了一种从有监控区域到无监控区域的迁移预测模型。

在农业领域，文献 [98] 针对棉花产量预测问题，提出了一种时空多任务迁移学习方法。文献 [131] 基于迁移学习技术，针对玉米是否患病进行更精准的建模预测。

在通信领域，文献 [3] 提出一种迁移元学习方法，针对通信领域的用户量波动，设计了更好的预测模型。由于移动通信用户量庞大，因此迁移学习是一种很好的小样本学习方法。

在天文学领域，文献 [144] 对超新星分类（Supernova Ia classification）和火星地貌鉴别（Mars landforms identification），设计了更好的基于相似度的迁移学习方法。文献 [2] 则利用迁移学习来检测银河系的星系合并（Galaxy Merger）问题。

在软件工程领域，文献 [24] 提出一种基于领域自适应的静态恶意软件检测

1 绪论

方法。

迁移学习在强化学习领域也有着广泛的应用。文献 [16] 将领域自适应应用于强化学习中的雅达利（Atari）游戏中。文献 [137] 则在 2009 年对迁移学习在强化学习中的应用给出了系统的综述，请感兴趣的读者进行关注。文献 [104] 提出了一种 Actor-mimic 的深度多任务和迁移强化学习方法。文献 [136] 提出了跨领域的迁移强化学习方法。文献 [11] 研究了迁移学习在多智能体（Multi-agent）系统中的学习问题。文献 [43] 通过图像到图像的翻译，利用迁移学习实现强化学习任务。文献 [49] 则提出了通过学习隐藏不变特征空间，进而实现知识迁移的强化学习方法。文献 [34] 则在 2019 年给出了一篇更新的迁移学习用于多智能体系统的文章。

在在线教育方面，文献 [40] 针对大规模在线公开课程（MOOC）使用表征迁移学习的方法对学生行为进行建模分析。

在银行安全方面，文献 [99] 针对银行安全系统，提出一种跨领域深度脸部匹配的方法，增强了人脸识别系统的安全性。

在图网络的数据挖掘方面，也有大量的工作应用了迁移学习[73]。文献 [54] 研究和探索了基于图网络的迁移学习框架和方法。文献 [134] 通过迁移学习实现了鲁棒的图神经网络对攻击的防御。文献 [36] 使用对抗领域自适应和图卷积实现了网络迁移学习。文献 [100] 利用迁移学习实现知识图谱的规则挖掘。文献 [59] 将主动学习和迁移学习进行结合并应用于图网络中。

上述列举的只是迁移学习众多应用中的部分成果。由于迁移学习针对小样本、数据分布不一致等问题具有很好的效果，而这些问题几乎存在于机器学习的每个应用领域中，因此，迁移学习呈现出一种"万金油"式的存在。我们很期待这些领域能够在迁移学习的帮助下取得更好的效果，也期待迁移学习能够被应用于更多的领域中以解决实际问题。

更多应用请关注笔者在 GitHub 上的更新[27]。

参考文献

[1] Abdel-Hamid, O. and Jiang, H. (2013). Rapid and effective speaker adaptation of convolutional neural network based models for speech recognition. In *INTER-*

---

[27]请见链接 1-27。

SPEECH, pages 1248–1252.

[2] Ackermann, S., Schawinski, K., Zhang, C., Weigel, A. K., and Turp, M. D. (2018). Using transfer learning to detect galaxy mergers. *Monthly Notices of the Royal Astronomical Society*, 479(1): 415–425.

[3] Ahmed, U., Khan, A., Khan, S. H., Basit, A., Haq, I. U., and Lee, Y. S. (2019). Transfer learning and meta classification based deep churn prediction system for telecom industry. *arXiv preprint arXiv:1901.06091*.

[4] Appelgren, M., Schrempf, P., Falis, M., Ikeda, S., and O'Neil, A. Q. (2019). Language transfer for early warning of epidemics from social media. *arXiv preprint arXiv:1910.04519*.

[5] Baalouch, M., Defurne, M., Poli, J.-P., and Cherrier, N. (2019). Sim-to-real domain adaptation for high energy physics. *arXiv preprint arXiv:1912.08001*.

[6] Bai, L., Yao, L., Kanhere, S. S., Yang, Z., Chu, J., and Wang, X. (2019). Passenger demand forecasting with multi-task convolutional recurrent neural networks. In *Pacific-Asia Conference on Knowledge Discovery and Data Mining*, pages 29–42. Springer.

[7] Bengio, Y., Lecun, Y., and Hinton, G. (2021). Deep learning for ai. *Communications of the ACM*, 64(7): 58–65.

[8] Bertoldi, N. and Federico, M. (2009). Domain adaptation for statistical machine translation with monolingual resources. In *Proceedings of the fourth workshop on statistical machine translation*, pages 182–189.

[9] Bian, W., Tao, D., and Rui, Y. (2011). Cross-domain human action recognition. *IEEE Transactions on Systems, Man, and Cybernetics, Part B (Cybernetics)*, 42(2): 298–307.

[10] Blitzer, J., McDonald, R., and Pereira, F. (2006). Domain adaptation with structural correspondence learning. In *EMNLP*, pages 120–128.

[11] Boutsioukis, G., Partalas, I., and Vlahavas, I. (2011). Transfer learning in multi-agent reinforcement learning domains. In *European Workshop on Reinforcement Learning*, pages 249–260. Springer.

[12] Bray, C. W. (1928). Transfer of learning. *Journal of Experimental Psychology*, 11(6): 443.

[13] Brown, T. B., Mann, B., Ryder, N., Subbiah, M., Kaplan, J., Dhariwal, P., Neelakantan, A., Shyam, P., Sastry, G., Askell, A., et al. (2020). Language models are few-shot learners. In *NeurIPS*.

[14] Cabezas, M., Valverde, S., González-Villà, S., Clérigues, A., Salem, M., Kushibar, K., Bernal, J., Oliver, A., and Lladó, X. (2018). Survival prediction using ensemble tumor segmentation and transfer learning. *arXiv preprint arXiv:1810.04274*.

[15] Cao, H., Bernard, S., Heutte, L., and Sabourin, R. (2018). Improve the performance of transfer learning without fine-tuning using dissimilarity-based multi-view learning for breast cancer histology images. In *International conference image analysis and recognition*, pages 779–787. Springer.

[16] Carr, T., Chli, M., and Vogiatzis, G. (2018). Domain adaptation for reinforcement learning on the atari. *arXiv preprint arXiv:1812.07452*.

[17] Chao, H., He, Y., Zhang, J., and Feng, J. (2019). Gaitset: Regarding gait as a set for cross-view gait recognition. In *Proceedings of the AAAI Conference on Artificial Intelligence*, volume 33, pages 8126–8133.

[18] Chen, B., Cherry, C., Foster, G., and Larkin, S. (2017a). Cost weighting for neural machine translation domain adaptation. In *Proceedings of the First Workshop on Neural Machine Translation*, pages 40–46.

[19] Chen, B. and Huang, F. (2016). Semi-supervised convolutional networks for translation adaptation with tiny amount of in-domain data. In *Proceedings of The 20th SIGNLL Conference on Computational Natural Language Learning*, pages 314–323.

[20] Chen, C., Dou, Q., Chen, H., and Heng, P.-A. (2018a). Semantic-aware generative adversarial nets for unsupervised domain adaptation in chest x-ray segmentation. In *International workshop on machine learning in medical imaging*, pages 143–151. Springer.

[21] Chen, D., Ong, C. S., and Menon, A. K. (2019a). Cold-start playlist recommendation with multitask learning. *arXiv preprint arXiv:1901.06125*.

[22] Chen, H., Cui, S., and Li, S. (2017b). Application of transfer learning approaches in multimodal wearable human activity recognition. *arXiv preprint arXiv:1707.02412*.

[23] Chen, H., Wang, Y., Wang, G., and Qiao, Y. (2018b). Lstd: A low-shot transfer detector for object detection. In *Thirty-Second AAAI Conference on Artificial Intelligence*.

[24] Chen, L. (2018). Deep transfer learning for static malware classification. *arXiv preprint arXiv:1812.07606*.

[25] Chen, L.-W., Lee, H.-Y., and Tsao, Y. (2018c). Generative adversarial networks for unpaired voice transformation on impaired speech. *arXiv preprint arXiv:1810.12656*.

[26] Chen, S., Ma, K., and Zheng, Y. (2019b). Med3d: Transfer learning for 3d medical image analysis. *arXiv preprint arXiv:1904.00625*.

[27] Chen, Y., Assael, Y., Shillingford, B., Budden, D., Reed, S., Zen, H., Wang, Q., Cobo, L. C., Trask, A., Laurie, B., et al. (2018d). Sample efficient adaptive text-to-speech. *arXiv preprint arXiv:1809.10460*.

[28] Chen, Y., Li, W., Sakaridis, C., Dai, D., and Van Gool, L. (2018e). Domain adaptive faster r-cnn for object detection in the wild. In *Proceedings of the IEEE conference on computer vision and pattern recognition*, pages 3339–3348.

[29] Chen, Y., Qin, X., Wang, J., Yu, C., and Gao, W. (2020). Fedhealth: A federated transfer learning framework for wearable healthcare. *IEEE Intelligent Systems*, 35(4): 83–93.

[30] Chou, J.-c., Yeh, C.-c., and Lee, H.-y. (2019). One-shot voice conversion by separating speaker and content representations with instance normalization. *arXiv preprint arXiv:1904.05742*.

[31] Cooper, E., Lai, C.-I., Yasuda, Y., Fang, F., Wang, X., Chen, N., and Yamagishi, J. (2020). Zero-shot multi-speaker text-to-speech with state-of-the-art neural speaker embeddings. In *ICASSP 2020-2020 IEEE International Conference on Acoustics, Speech and Signal Processing (ICASSP)*, pages 6184–6188. IEEE.

[32] Covas, E. (2020). Transfer learning in spatial–temporal forecasting of the solar magnetic field. *Astronomische Nachrichten*.

[33] Cui, W., Zheng, G., Shen, Z., Jiang, S., and Wang, W. (2019). Transfer learning for sequences via learning to collocate. *arXiv preprint arXiv:1902.09092*.

[34] Da Silva, F. L. and Costa, A. H. R. (2019). A survey on transfer learning for multiagent reinforcement learning systems. *Journal of Artificial Intelligence Research*, 64: 645–703.

[35] Daher, R., Zein, M. K., Zini, J. E., Awad, M., and Asmar, D. (2019). Change your singer: a transfer learning generative adversarial framework for song to song conversion. *arXiv preprint arXiv:1911.02933*.

[36] Dai, Q., Shen, X., Wu, X.-M., and Wang, D. (2019). Network transfer learning via adversarial domain adaptation with graph convolution. *arXiv preprint arXiv:1909.01541*.

[37] Deng, J., Dong, W., Socher, R., Li, L.-J., Li, K., and Fei-Fei, L. (2009). Imagenet: A large-scale hierarchical image database. In *2009 IEEE conference on computer vision and pattern recognition*, pages 248–255. Ieee.

[38] Devlin, J., Chang, M.-W., Lee, K., and Toutanova, K. (2018). Bert: Pre-training of deep bidirectional transformers for language understanding. In *NAACL*.

[39] Diba, A., Fayyaz, M., Sharma, V., Karami, A. H., Arzani, M. M., Yousefzadeh, R., and Van Gool, L. (2017). Temporal 3d convnets: New architecture and transfer learning for video classification. *arXiv preprint arXiv:1711.08200*.

[40] Ding, M., Wang, Y., Hemberg, E., and O'Reilly, U.-M. (2019). Transfer learning using representation learning in massive open online courses. In *Proceedings of the 9th International Conference on Learning Analytics & Knowledge*, pages 145–154.

[41] Dou, Q., Ouyang, C., Chen, C., Chen, H., Glocker, B., Zhuang, X., and Heng, P.-A. (2018). Pnp-adanet: Plug-and-play adversarial domain adaptation network with a benchmark at cross-modality cardiac segmentation. *arXiv preprint arXiv:1812.07907*.

[42] Feng, J., Huang, M., Zhao, L., Yang, Y., and Zhu, X. (2018). Reinforcement learning for relation classification from noisy data. In *Thirty-Second AAAI Conference on Artificial Intelligence*.

[43] Gamrian, S. and Goldberg, Y. (2019). Transfer learning for related reinforcement learning tasks via image-to-image translation. In *International Conference on Machine Learning*, pages 2063–2072.

[44] Gatys, L. A., Ecker, A. S., and Bethge, M. (2016). Image style transfer using convolutional neural networks. In *Proceedings of the IEEE conference on computer vision and pattern recognition*, pages 2414–2423.

[45] Giacomello, E., Loiacono, D., and Mainardi, L. (2019). Transfer brain mri tumor segmentation models across modalities with adversarial networks. *arXiv preprint arXiv:1910.02717*.

[46] Giel, A. and Diaz, R. (2015). Recurrent neural networks and transfer learning for action recognition.

[47] Goussies, N. A., Ubalde, S., Fernández, F. G., and Mejail, M. E. (2014). Optical character recognition using transfer learning decision forests. In *2014 IEEE International Conference on Image Processing (ICIP)*, pages 4309–4313. IEEE.

[48] Grave, E., Obozinski, G., and Bach, F. (2013). Domain adaptation for sequence labeling using hidden markov models. *arXiv preprint arXiv:1312.4092*.

[49] Gupta, A., Devin, C., Liu, Y., Abbeel, P., and Levine, S. (2017). Learning invariant feature spaces to transfer skills with reinforcement learning. *arXiv preprint arXiv:1703.02949*.

[50] Gupta, P., Malhotra, P., Narwariya, J., Vig, L., and Shroff, G. (2020). Transfer learning for clinical time series analysis using deep neural networks. *Journal of Healthcare Informatics Research*, 4(2):112–137.

[51] Gupta, S. and Raghavan, P. (2004). Adaptation of speech models in speech recognition. US Patent App. 10/447,906.

[52] Gururangan, S., Marasović, A., Swayamdipta, S., Lo, K., Beltagy, I., Downey, D., and Smith, N. A. (2020). Don't stop pretraining: Adapt language models to domains and tasks. *arXiv preprint arXiv:2004.10964*.

[53] He, H. and Wu, D. (2019). Transfer learning for brain–computer interfaces: A euclidean space data alignment approach. *IEEE Transactions on Biomedical Engineering*, 67(2): 399–410.

[54] He, J., Lawrence, R. D., and Liu, Y. (2016). Graph-based transfer learning. US Patent 9,477,929.

[55] Hou, W., Zhu, H., Wang, Y., Wang, J., Qin, T., Xu, R., and Shinozaki, T. (2022). Exploiting adapters for cross-lingual low-resource speech recognition. *IEEE Transactions on Audio, Speech and Language Processing (TASLP)*.

[56] Hsu, W.-N., Zhang, Y., and Glass, J. (2017). Unsupervised domain adaptation for robust speech recognition via variational autoencoder-based data augmentation. In *2017 IEEE Automatic Speech Recognition and Understanding Workshop (ASRU)*, pages 16–23. IEEE.

[57] Hu, D. H. and Yang, Q. (2011). Transfer learning for activity recognition via sensor mapping. In *IJCAI Proceedings-International Joint Conference on Artificial Intelligence*, volume 22, page 1962, Barcelona, Catalonia, Spain. IJCAI.

[58] Hu, D. H., Zheng, V. W., and Yang, Q. (2011). Cross-domain activity recognition via transfer learning. *Pervasive and Mobile Computing*, 7(3):344–358.

[59] Hu, Q., Whitney, H. M., and Giger, M. L. (2019). Transfer learning in 4d for breast cancer diagnosis using dynamic contrast-enhanced magnetic resonance imaging. *arXiv preprint arXiv:1911.03022*.

[60] Huang, J., Smola, A. J., Gretton, A., Borgwardt, K. M., Schölkopf, B., et al. (2007). Correcting sample selection bias by unlabeled data. *Advances in neural information processing systems*, 19: 601.

[61] Huang, X. and Belongie, S. (2017). Arbitrary style transfer in real-time with adaptive instance normalization. In *ICCV*, pages 1501–1510.

[62] Huang, Z., Siniscalchi, S. M., and Lee, C.-H. (2016). A unified approach to transfer learning of deep neural networks with applications to speaker adaptation in automatic speech recognition. *Neurocomputing*, 218: 448–459.

[63] Humbird, K. D., Peterson, J. L., Spears, B., and McClarren, R. (2019). Transfer learning to model inertial confinement fusion experiments. *IEEE Transactions on Plasma Science*, 48(1): 61–70.

[64] Inoue, N., Furuta, R., Yamasaki, T., and Aizawa, K. (2018). Cross-domain weakly-supervised object detection through progressive domain adaptation. In *Proceedings of the IEEE conference on computer vision and pattern recognition*, pages 5001–5009.

[65] Ionita, A., Pomp, A., Cochez, M., Meisen, T., and Decker, S. (2019). Transferring knowledge from monitored to unmonitored areas for forecasting parking spaces. *International Journal on Artificial Intelligence Tools*, 28(06): 1960003.

[66] Jia, C., Kong, Y., Ding, Z., and Fu, Y. R. (2014). Latent tensor transfer learning for rgb-d action recognition. In *Proceedings of the 22nd ACM international conference on Multimedia*, pages 87–96.

[67] Jia, Y., Zhang, Y., Weiss, R., Wang, Q., Shen, J., Ren, F., Nguyen, P., Pang, R., Moreno, I. L., Wu, Y., et al. (2018). Transfer learning from speaker verification to multispeaker text-to-speech synthesis. In *Advances in neural information processing systems*, pages 4480–4490.

[68] Jiang, J. and Zhai, C. (2007). Instance weighting for domain adaptation in nlp. In *Proceedings of the 45th annual meeting of the association of computational linguistics*, pages 264–271.

[69] Kachuee, M., Fazeli, S., and Sarrafzadeh, M. (2018). Ecg heartbeat classification: A deep transferable representation. In *2018 IEEE International Conference on Healthcare Informatics (ICHI)*, pages 443–444. IEEE.

[70] Kamnitsas, K., Baumgartner, C., Ledig, C., Newcombe, V., Simpson, J., Kane, A., Menon, D., Nori, A., Criminisi, A., Rueckert, D., et al. (2017). Unsupervised domain adaptation in brain lesion segmentation with adversarial networks. In *International conference on information processing in medical imaging*, pages 597–609. Springer.

[71] Khan, M. A. A. H. and Roy, N. (2017). Transact: Transfer learning enabled activity recognition. In *2017 IEEE International Conference on Pervasive Computing and Communications Workshops (PerCom Workshops)*, pages 545–550. IEEE.

[72] Kim, M., Kim, Y., Yoo, J., Wang, J., and Kim, H. (2017). Regularized speaker adaptation of kl-hmm for dysarthric speech recognition. *IEEE Transactions on Neural Systems and Rehabilitation Engineering*, 25(9): 1581–1591.

[73] Lee, J., Kim, H., Lee, J., and Yoon, S. (2017). Transfer learning for deep learning on graph-structured data. In *AAAI*, pages 2154–2160.

[74] Li, B., Wang, X., and Beigi, H. (2019a). Cantonese automatic speech recognition using transfer learning from mandarin. *arXiv preprint arXiv:1911.09271*.

[75] Li, P., Lou, P., Yan, J., and Liu, N. (2020). The thermal error modeling with deep transfer learning. In *Journal of Physics: Conference Series*, volume 1576, page 012003. IOP Publishing.

[76] Li, X., Chen, Y., Wu, Z., Peng, X., Wang, J., Hu, L., and Yu, D. (2017a). Weak multipath effect identification for indoor distance estimation. In *UIC*, pages 1–8. IEEE.

[77] Li, Y., Fang, C., Yang, J., Wang, Z., Lu, X., and Yang, M.-H. (2017b). Universal style transfer via feature transforms. In *Advances in neural information processing systems*, pages 386–396.

[78] Li, Y., Yuan, L., and Vasconcelos, N. (2019b). Bidirectional learning for domain adaptation of semantic segmentation. In *Proceedings of the IEEE Conference on Computer Vision and Pattern Recognition*, pages 6936–6945.

[79] Liao, H. (2013). Speaker adaptation of context dependent deep neural networks. In *2013 IEEE International Conference on Acoustics, Speech and Signal Processing*, pages 7947–7951. IEEE.

[80] Lim, J. J., Salakhutdinov, R. R., and Torralba, A. (2011). Transfer learning by borrowing examples for multiclass object detection. In *Advances in neural information processing systems*, pages 118–126.

[81] Liu, J., Chen, Y., and Zhang, Y. (2010). Transfer regression model for indoor 3d location estimation. In *International Conference on Multimedia Modeling*, pages 603–613. Springer.

[82] Liu, J., Shah, M., Kuipers, B., and Savarese, S. (2011). Cross-view action recognition via view knowledge transfer. In *Computer Vision and Pattern Recognition (CVPR), 2011 IEEE Conference on*, pages 3209–3216, Colorado Springs, CO, USA. IEEE.

[83] Liu, M., Song, Y., Zou, H., and Zhang, T. (2019). Reinforced training data selection for domain adaptation. In *Proceedings of the 57th Annual Meeting of the Association for Computational Linguistics*, pages 1957–1968.

[84] Liu, P., Yuan, W., Fu, J., Jiang, Z., Hayashi, H., and Neubig, G. (2021). Pretrain, prompt, and predict: A systematic survey of prompting methods in natural language processing. *arXiv preprint arXiv:2107.13586*.

[85] Liu, S., Zhong, J., Sun, L., Wu, X., Liu, X., and Meng, H. (2018). Voice conversion across arbitrary speakers based on a single target-speaker utterance. In *Interspeech*, pages 496–500.

[86] Luan, F., Paris, S., Shechtman, E., and Bala, K. (2017). Deep photo style transfer. In *Proceedings of the IEEE Conference on Computer Vision and Pattern Recognition*, pages 4990–4998.

[87] Luo, Y., Zheng, L., Guan, T., Yu, J., and Yang, Y. (2019). Taking a closer look at domain shift: Category-level adversaries for semantics consistent domain adaptation. In *Proceedings of the IEEE Conference on Computer Vision and Pattern Recognition*, pages 2507–2516.

[88] Mallick, T., Balaprakash, P., Rask, E., and Macfarlane, J. (2020). Transfer learning with graph neural networks for short-term highway traffic forecasting. *arXiv preprint arXiv:2004.08038*.

[89] Manakov, I., Rohm, M., Kern, C., Schworm, B., Kortuem, K., and Tresp, V. (2019). Noise as domain shift: Denoising medical images by unpaired image translation. In *Domain Adaptation and Representation Transfer and Medical Image Learning with Less Labels and Imperfect Data*, pages 3–10. Springer.

[90] Mari, A., Bromley, T. R., Izaac, J., Schuld, M., and Killoran, N. (2019). Transfer learning in hybrid classical-quantum neural networks. *arXiv preprint arXiv:1912.08278*.

[91] Marinescu, R. V., Lorenzi, M., Blumberg, S. B., Young, A. L., Planell-Morell, P., Oxtoby, N. P., Eshaghi, A., Yong, K. X., Crutch, S. J., Golland, P., et al. (2019). Disease knowledge transfer across neurodegenerative diseases. In *International Conference on Medical Image Computing and Computer-Assisted Intervention*, pages 860–868. Springer.

[92] McClosky, D., Charniak, E., and Johnson, M. (2010). Automatic domain adaptation for parsing. In *Human Language Technologies: The 2010 Annual Conference of the North American Chapter of the Association for Computational Linguistics*, pages 28–36. Association for Computational Linguistics.

[93] Milhomem, S., Almeida, T. d. S., da Silva, W. G., da Silva, E. M., and de Carvalho, R. L. (2019). Weightless neural network with transfer learning to detect distress in asphalt. *arXiv preprint arXiv:1901.03660*.

[94] Morales, F. J. O. and Roggen, D. (2016). Deep convolutional feature transfer across mobile activity recognition domains, sensor modalities and locations. In *Proceedings of the 2016 ACM International Symposium on Wearable Computers*, pages 92–99.

[95] Newman-Griffis, D. and Zirikly, A. (2018). Embedding transfer for low-resource medical named entity recognition: a case study on patient mobility. *arXiv preprint arXiv:1806.02814*.

[96] Nguyen, D., Nguyen, K., Sridharan, S., Abbasnejad, I., Dean, D., and Fookes, C. (2018). Meta transfer learning for facial emotion recognition. In *2018 24th International Conference on Pattern Recognition (ICPR)*, pages 3543–3548. IEEE.

[97] Nguyen, D., Sridharan, S., Nguyen, D. T., Denman, S., Tran, S. N., Zeng, R., and Fookes, C. (2020). Joint deep cross-domain transfer learning for emotion recognition. *arXiv preprint arXiv:2003.11136*.

[98] Nguyen, L. H., Zhu, J., Lin, Z., Du, H., Yang, Z., Guo, W., and Jin, F. (2019). Spatial-temporal multi-task learning for within-field cotton yield prediction. In *Pacific-Asia Conference on Knowledge Discovery and Data Mining*, pages 343–354. Springer.

[99] Oliveira, J. S., Souza, G. B., Rocha, A. R., Deus, F. E., and Marana, A. N. (2020). Cross-domain deep face matching for real banking security systems. In *2020 Seventh International Conference on eDemocracy & eGovernment (ICEDEG)*, pages 21–28. IEEE.

[100] Omran, P. G., Wang, Z., and Wang, K. (2019). Knowledge graph rule mining via transfer learning. In *Pacific-Asia Conference on Knowledge Discovery and Data Mining*, pages 489–500. Springer.

[101] Pan, S. J., Kwok, J. T., and Yang, Q. (2008). Transfer learning via dimensionality reduction. In *Proceedings of the 23rd AAAI conference on Artificial intelligence*, volume 8, pages 677–682.

[102] Pan, S. J., Tsang, I. W., Kwok, J. T., and Yang, Q. (2011). Domain adaptation via transfer component analysis. *IEEE TNN*, 22(2): 199–210.

[103] Pan, S. J. and Yang, Q. (2010). A survey on transfer learning. *IEEE TKDE*, 22(10): 1345–1359.

[104] Parisotto, E., Ba, J. L., and Salakhutdinov, R. (2015). Actor-mimic: Deep multi-task and transfer reinforcement learning. *arXiv preprint arXiv:1511.06342*.

[105] Peng, N. and Dredze, M. (2016). Multi-task domain adaptation for sequence tagging. *arXiv preprint arXiv:1608.02689*.

[106] Perone, C. S., Ballester, P., Barros, R. C., and Cohen-Adad, J. (2019). Unsupervised domain adaptation for medical imaging segmentation with self-ensembling. *NeuroImage*, 194: 1–11.

[107] Phan, H., Chén, O. Y., Koch, P., Mertins, A., and De Vos, M. (2019). Deep transfer learning for single-channel automatic sleep staging with channel mismatch. In *2019 27th European Signal Processing Conference (EUSIPCO)*, pages 1–5. IEEE.

[108] Poncelas, A., Wenniger, G. M. d. B., and Way, A. (2019). Transductive data-selection algorithms for fine-tuning neural machine translation. *arXiv preprint arXiv:1908.09532*.

[109] Prodanova, N., Stegmaier, J., Allgeier, S., Bohn, S., Stachs, O., Köhler, B., Mikut, R., and Bartschat, A. (2018). Transfer learning with human corneal tissues: An analysis of optimal cut-off layer. *arXiv preprint arXiv:1806.07073*.

[110] Qu, C., Ji, F., Qiu, M., Yang, L., Min, Z., Chen, H., Huang, J., and Croft, W. B. (2019). Learning to selectively transfer: Reinforced transfer learning for deep text matching. In *Proceedings of the Twelfth ACM International Conference on Web Search and Data Mining*, pages 699–707.

[111] Quiñonero-Candela, J., Sugiyama, M., Lawrence, N. D., and Schwaighofer, A. (2009). *Dataset shift in machine learning*. Mit Press.

[112] Radford, A., Narasimhan, K., Salimans, T., and Sutskever, I. (2018). Improving language understanding by generative pre-training.

[113] Radford, A., Wu, J., Child, R., Luan, D., Amodei, D., and Sutskever, I. (2019). Language models are unsupervised multitask learners. *OpenAI Blog*, 1(8): 9.

[114] Raffel, C., Shazeer, N., Roberts, A., Lee, K., Narang, S., Matena, M., Zhou, Y., Li, W., and Liu, P. J. (2019). Exploring the limits of transfer learning with a unified text-to-text transformer. *arXiv preprint arXiv:1910.10683*.

[115] Rahmani, H. and Mian, A. (2015). Learning a non-linear knowledge transfer model for cross-view action recognition. In *Proceedings of the IEEE conference on computer vision and pattern recognition*, pages 2458–2466.

[116] Raj, A., Namboodiri, V. P., and Tuytelaars, T. (2015). Subspace alignment based domain adaptation for rcnn detector. *arXiv preprint arXiv:1507.05578*.

[117] Rathi, D. (2018). Optimization of transfer learning for sign language recognition targeting mobile platform. *arXiv preprint arXiv:1805.06618*.

[118] Rehman, N. A., Aliapoulios, M. M., Umarwani, D., and Chunara, R. (2018). Domain adaptation for infection prediction from symptoms based on data from different study designs and contexts. *arXiv preprint arXiv:1806.08835*.

[119] Ren, J., Hacihaliloglu, I., Singer, E. A., Foran, D. J., and Qi, X. (2018). Adversarial domain adaptation for classification of prostate histopathology whole-slide images. In *International Conference on Medical Image Computing and Computer-Assisted Intervention*, pages 201–209. Springer.

[120] Rezaei, M., Yang, H., and Meinel, C. (2018). Multi-task generative adversarial network for handling imbalanced clinical data. *arXiv preprint arXiv:1811.10419*.

[121] Ruder, S. and Plank, B. (2017). Learning to select data for transfer learning with bayesian optimization. *arXiv preprint arXiv:1707.05246*.

[122] Saito, Y. (2019). Unsupervised domain adaptation meets offline recommender learning. *arXiv preprint arXiv:1910.07295*.

[123] Salem, M., Taheri, S., and Yuan, J.-S. (2018). Ecg arrhythmia classification using transfer learning from 2-dimensional deep cnn features. In *2018 IEEE Biomedical Circuits and Systems Conference (BioCAS)*, pages 1–4. IEEE.

[124] Sankaranarayanan, S., Balaji, Y., Jain, A., Lim, S. N., and Chellappa, R. (2017). Unsupervised domain adaptation for semantic segmentation with gans. *arXiv preprint arXiv:1711.06969*, 2: 2.

[125] Sargano, A. B., Wang, X., Angelov, P., and Habib, Z. (2017). Human action recognition using transfer learning with deep representations. In *2017 International joint conference on neural networks (IJCNN)*, pages 463–469. IEEE.

[126] Shi, Z., Siva, P., and Xiang, T. (2017). Transfer learning by ranking for weakly supervised object annotation. *arXiv preprint arXiv:1705.00873*.

[127] Shivakumar, P. G., Potamianos, A., Lee, S., and Narayanan, S. S. (2014). Improving speech recognition for children using acoustic adaptation and pronunciation modeling. In *WOCCI*, pages 15–19.

[128] Sun, B. and Saenko, K. (2014). From virtual to reality: Fast adaptation of virtual object detectors to real domains. In *BMVC*, volume 1, page 3.

[129] Sun, L., Li, K., Wang, H., Kang, S., and Meng, H. (2016). Phonetic posteriorgrams for many-to-one voice conversion without parallel data training. In *2016 IEEE International Conference on Multimedia and Expo (ICME)*, pages 1–6. IEEE.

[130] Sun, S., Zhang, B., Xie, L., and Zhang, Y. (2017). An unsupervised deep domain adaptation approach for robust speech recognition. *Neurocomputing*, 257:79–87.

[131] Sun, X. and Wei, J. (2020). Identification of maize disease based on transfer learning. In *Journal of Physics: Conference Series*, volume 1437, page 012080. IOP Publishing.

[132] Sun, Z., Chen, Y., Qi, J., and Liu, J. (2008). Adaptive localization through transfer learning in indoor wi-fi environment. In *2008 Seventh International Conference on Machine Learning and Applications*, pages 331–336. IEEE.

[133] Suresh, H., Gong, J. J., and Guttag, J. V. (2018). Learning tasks for multitask learning: Heterogenous patient populations in the icu. In *Proceedings of the 24th ACM SIGKDD International Conference on Knowledge Discovery & Data Mining*, pages 802–810.

[134] Tang, X., Li, Y., Sun, Y., Yao, H., Mitra, P., and Wang, S. (2019). Robust graph neural network against poisoning attacks via transfer learning. *arXiv preprint arXiv:1908.07558*.

[135] Tang, Y., Peng, L., Xu, Q., Wang, Y., and Furuhata, A. (2016). Cnn based transfer learning for historical chinese character recognition. In *2016 12th IAPR Workshop on Document Analysis Systems (DAS)*, pages 25–29. IEEE.

[136] Taylor, M. E. and Stone, P. (2007). Cross-domain transfer for reinforcement learning. In *Proceedings of the 24th international conference on Machine learning*, pages 879–886.

[137] Taylor, M. E. and Stone, P. (2009). Transfer learning for reinforcement learning domains: A survey. *Journal of Machine Learning Research*, 10(Jul): 1633–1685.

[138] Tsai, Y.-H., Hung, W.-C., Schulter, S., Sohn, K., Yang, M.-H., and Chandraker, M. (2018). Learning to adapt structured output space for semantic segmentation. In *Proceedings of the IEEE Conference on Computer Vision and Pattern Recognition*, pages 7472–7481.

[139] Tu, G., Fu, Y., Li, B., Gao, J., Jiang, Y.-G., and Xue, X. (2019). A multi-task neural approach for emotion attribution, classification, and summarization. *IEEE Transactions on Multimedia*, 22(1): 148–159.

[140] Valverde, S., Salem, M., Cabezas, M., Pareto, D., Vilanova, J. C., Ramió-Torrentà, L., Rovira, À., Salvi, J., Oliver, A., and Lladó, X. (2019). One-shot domain adaptation in multiple sclerosis lesion segmentation using convolutional neural networks. *NeuroImage: Clinical*, 21:101638.

[141] Vanschoren, J. (2018). Meta-learning: A survey. *arXiv preprint arXiv:1810.03548*.

[142] Venkataramani, R., Ravishankar, H., and Anamandra, S. (2018). Towards continuous domain adaptation for healthcare. *arXiv preprint arXiv:1812.01281*.

[143] Venkateswara, H., Eusebio, J., Chakraborty, S., and Panchanathan, S. (2017). Deep hashing network for unsupervised domain adaptation. In *Proceedings of the IEEE Conference on Computer Vision and Pattern Recognition*, pages 5018–5027.

[144] Vilalta, R., Gupta, K. D., Boumber, D., and Meskhi, M. M. (2019). A general approach to domain adaptation with applications in astronomy. *Publications of the Astronomical Society of the Pacific*, 131(1004): 108008.

[145] Wang, J., Chen, Y., Hu, L., Peng, X., and Yu, P. S. (2018a). Stratified transfer learning for cross-domain activity recognition. In *2018 IEEE International Conference on Pervasive Computing and Communications (PerCom)*.

[146] Wang, J., Lan, C., Liu, C., Ouyang, Y., Zeng, W., and Qin, T. (2021). Generalizing to unseen domains: A survey on domain generalization. In *IJCAI Survey Track*.

[147] Wang, J., Zheng, V. W., Chen, Y., and Huang, M. (2018b). Deep transfer learning for cross-domain activity recognition. In *proceedings of the 3rd International Conference on Crowd Science and Engineering*, pages 1–8.

[148] Wang, R., Utiyama, M., Liu, L., Chen, K., and Sumita, E. (2017). Instance weighting for neural machine translation domain adaptation. In *Proceedings of the 2017 Conference on Empirical Methods in Natural Language Processing*, pages 1482–1488.

[149] Wang, Z., Bi, W., Wang, Y., and Liu, X. (2019). Better fine-tuning via instance weighting for text classification. In *Proceedings of the AAAI Conference on Artificial Intelligence*, volume 33, pages 7241–7248.

[150] Weiser, M. (1991). The computer for the 21 st century. *Scientific american*, 265(3): 94–105.

[151] Wenzel, P., Khan, Q., Cremers, D., and Leal-Taixé, L. (2018). Modular vehicle control for transferring semantic information between weather conditions using gans. *arXiv preprint arXiv:1807.01001*.

[152] Woodworth, R. S. and Thorndike, E. (1901). The influence of improvement in one mental function upon the efficiency of other functions. (i). *Psychological review*, 8(3): 247.

[153] Wu, C. and Gales, M. J. (2015). Multi-basis adaptive neural network for rapid adaptation in speech recognition. In *2015 IEEE International Conference on Acoustics, Speech and Signal Processing (ICASSP)*, pages 4315–4319. IEEE.

[154] Wu, F. and Huang, Y. (2016). Sentiment domain adaptation with multiple sources. In *Proceedings of the 54th Annual Meeting of the Association for Computational Linguistics (Volume 1: Long Papers)*, pages 301–310.

[155] Wu, X., Wang, H., Liu, C., and Jia, Y. (2013). Cross-view action recognition over heterogeneous feature spaces. In *Proceedings of the IEEE International Conference on Computer Vision*, pages 609–616.

[156] Xie, M., Jean, N., Burke, M., Lobell, D., and Ermon, S. (2016). Transfer learning from deep features for remote sensing and poverty mapping. In *Thirtieth AAAI Conference on Artificial Intelligence*.

[157] Xu, N., Zheng, G., Xu, K., Zhu, Y., and Li, Z. (2019). Targeted knowledge transfer for learning traffic signal plans. In *Pacific-Asia Conference on Knowledge Discovery and Data Mining*, pages 175–187. Springer.

[158] Xue, S., Abdel-Hamid, O., Jiang, H., Dai, L., and Liu, Q. (2014). Fast adaptation of deep neural network based on discriminant codes for speech recognition. *IEEE/ACM Transactions on Audio, Speech, and Language Processing*, 22(12): 1713–1725.

[159] Yang, Q., Zhang, Y., Dai, W., and Pan, S. J. (2020). *Transfer learning*. Cambridge University Press.

[160] Yang, Z., Salakhutdinov, R., and Cohen, W. W. (2017). Transfer learning for sequence tagging with hierarchical recurrent networks. *arXiv preprint arXiv:1703.06345*.

[161] Yao, K., Yu, D., Seide, F., Su, H., Deng, L., and Gong, Y. (2012). Adaptation of context-dependent deep neural networks for automatic speech recognition. In *2012 IEEE Spoken Language Technology Workshop (SLT)*, pages 366–369. IEEE.

[162] Ye, Z., Yang, Y., Li, X., Cao, D., and Ouyang, D. (2018). An integrated transfer learning and multitask learning approach for pharmacokinetic parameter prediction. *Molecular pharmaceutics*, 16(2): 533–541.

[163] Yu, C., Wang, J., Liu, C., Qin, T., Xu, R., Feng, W., Chen, Y., and Liu, T.-Y. (2020). Learning to match distributions for domain adaptation. *arXiv preprint arXiv:2007.10791*.

[164] Yu, D., Yao, K., Su, H., Li, G., and Seide, F. (2013). Kl-divergence regularized deep neural network adaptation for improved large vocabulary speech recognition. In *2013 IEEE International Conference on Acoustics, Speech and Signal Processing*, pages 7893–7897. IEEE.

[165] Yu, F., Zhao, J., Gong, Y., Wang, Z., Li, Y., Yang, F., Dong, B., Li, Q., and Zhang, L. (2019). Annotation-free cardiac vessel segmentation via knowledge transfer from retinal images. In *International Conference on Medical Image Computing and Computer-Assisted Intervention*, pages 714–722. Springer.

[166] Yu, T., Mutter, D., Marescaux, J., and Padoy, N. (2018). Learning from a tiny dataset of manual annotations: a teacher/student approach for surgical phase recognition. *arXiv preprint arXiv:1812.00033*.

[167] Zamir, A. R., Sax, A., Shen, W., Guibas, L. J., Malik, J., and Savarese, S. (2018). Taskonomy: Disentangling task transfer learning. In *Proceedings of the IEEE conference on computer vision and pattern recognition*, pages 3712–3722.

[168] Zhang, C. and Peng, Y. (2018). Better and faster: knowledge transfer from multiple self-supervised learning tasks via graph distillation for video classification. *arXiv preprint arXiv:1804.10069*.

[169] Zhang, H., Chen, W., He, H., and Jin, Y. (2019a). Disentangled makeup transfer with generative adversarial network. *arXiv preprint arXiv:1907.01144*.

[170] Zhang, Y., David, P., and Gong, B. (2017). Curriculum domain adaptation for semantic segmentation of urban scenes. In *Proceedings of the IEEE International Conference on Computer Vision*, pages 2020–2030.

[171] Zhang, Y., Nie, S., Liu, W., Xu, X., Zhang, D., and Shen, H. T. (2019b). Sequence-to-sequence domain adaptation network for robust text image recognition. In *Proceedings of the IEEE Conference on Computer Vision and Pattern Recognition*, pages 2740–2749.

[172] Zhang, Y., Niu, S., Qiu, Z., Wei, Y., Zhao, P., Yao, J., Huang, J., Wu, Q., and Tan, M. (2020). Covid-da: Deep domain adaptation from typical pneumonia to covid-19. *arXiv preprint arXiv:2005.01577*.

[173] Zhang, Y., Zhang, Y., and Yang, Q. (2019c). Parameter transfer unit for deep neural networks. In *Pacific-Asia Conference on Knowledge Discovery and Data Mining (PAKDD)*.

[174] Zhao, Z., Chen, Y., Liu, J., Shen, Z., and Liu, M. (2011). Cross-people mobile-phone based activity recognition. In *Proceedings of the Twenty-Second international joint conference on Artificial Intelligence (IJCAI)*, volume 11, pages 2545–2550. Citeseer.

[175] Zheng, J., Jiang, Z., and Chellappa, R. (2016). Cross-view action recognition via transferable dictionary learning. *IEEE Transactions on Image Processing*, 25(6): 2542–2556.

[176] Zhu, Y., Xi, D., Song, B., Zhuang, F., Chen, S., Gu, X., and He, Q. (2020). Modeling users' behavior sequences with hierarchical explainable network for cross-domain fraud detection. In *Proceedings of The Web Conference 2020*, pages 928–938.

[177] Zou, H., Zhou, Y., Jiang, H., Huang, B., Xie, L., and Spanos, C. (2017). Adaptive localization in dynamic indoor environments by transfer kernel learning. In *2017 IEEE wireless communications and networking conference (WCNC)*, pages 1–6. IEEE.

[178] Zou, Y., Yu, Z., Vijaya Kumar, B., and Wang, J. (2018). Unsupervised domain adaptation for semantic segmentation via class-balanced self-training. In *Proceedings of the European conference on computer vision (ECCV)*, pages 289–305.

2 从机器学习到迁移学习

毫无疑问，迁移学习是机器学习的一个重要研究领域，二者有着千丝万缕的联系。因此，要想深入研究迁移学习，首先应对机器学习的基础知识进行系统的分析和讨论。只有基于这些知识，才能更深刻地理解机器学习和迁移学习的问题与方法，才能做到在今后迁移学习的研究应用上有的放矢。本章将介绍机器学习的一些基础知识。

本章的内容安排如下。首先，2.1 节介绍基本的机器学习概念，包括结构风险最小化、概率分布和其他基础知识。2.2 节介绍迁移学习的形式化问题定义。然后，2.3 节描述迁移学习的三个基础研究问题。随后，2.4 节描述负迁移、即失败的迁移的有关内容。最后，我们假设本节的三大迁移学习问题均得到了解决，2.5 节为读者展示一个完整的迁移学习流程。

2.1 机器学习基础

2.1.1 机器学习概念

机器学习是近几十年来迅猛发展的一个学科领域。以计算机为载体，机器学习涉及统计学、概率论、凸优化、程序设计等多个子领域。机器学习本身并没有一个严格的定义，其核心是：从已有的数据出发，让计算机归纳出一个通用的模型，此模型可以被用于预测新数据。

来自卡耐基·梅隆大学的 Tom Mitchell 教授在 1997 年给出了一个机器学习的通用定义[8]：

定义 2.1 机器学习 (非正式) 假设用 P 来评估计算机程序在某任务类 T

上的性能,若一个程序通过利用经验 E 在 T 任务上获得了性能改善,则我们就说关于 T 和 P,该程序对 E 进行了学习。

根据上述表达,我们将有监督的机器学习定义如下。

定义 2.2 机器学习 分别令 $\mathcal{X}, \mathcal{Y}$ 为样本和标签空间,令 $\mathcal{D} = \{(\boldsymbol{x}_1, y_1), (\boldsymbol{x}_2, y_2), \cdots, (\boldsymbol{x}_n, y_n)\}$ 表示训练数据,其中 $\boldsymbol{x}_i \in \mathcal{X}$ 为训练数据中的第 i 个样本,$y_i \in \mathcal{Y}$ 为其对应的数据标签。我们令 $f \in \mathcal{H}$ 为机器学习的目标函数,$\mathcal{H}$ 为其满足的假设空间,机器学习的学习目标可以表示为

$$f^* = \underset{f \in \mathcal{H}}{\arg\min} \frac{1}{n} \sum_{i=1}^{n} \ell(f(\boldsymbol{x}_i), y_i), \tag{2.1.1}$$

其中,$\ell(\cdot, \cdot)$ 为损失函数。

分类任务中通常以交叉熵损失(Cross-entropy loss)作为损失函数,回归问题则通常将最小均方误差(Mean squared error)作为损失函数。

上述机器学习的形式化定义也可以有不同的表达形式。例如,如果以最大似然估计(Maximum Likelihood Estimation,MLE)来表示学习过程,则上述定义可以表示为

$$\theta^* = \underset{\theta}{\arg\max}\, L(\theta | \boldsymbol{x}_1, \boldsymbol{x}_2, \cdots, \boldsymbol{x}_n), \tag{2.1.2}$$

其中,θ 为模型待学习参数,$L(\theta | \boldsymbol{x}_i)$ 为似然函数。似然函数可以被定义为

$$L(\theta | \boldsymbol{x}_1, \boldsymbol{x}_2, \cdots, \boldsymbol{x}_n) = f_\theta(\boldsymbol{x}_1, \boldsymbol{x}_2, \cdots, \boldsymbol{x}_n). \tag{2.1.3}$$

关于机器学习的更多知识可以参考机器学习专著,如文献 [19] 和 [3] 等。

2.1.2 结构风险最小化

对于前面给出的机器学习定义 [公式 (2.1.1)],我们可以有如下理解:机器学习就是要寻找一个最优函数 f,使得其在所有的训练数据上达到最小的损失。上述学习目标也可以称为**经验风险最小化**(Empirical Risk Minimization,ERM),其中的损失函数也称为经验风险。

这个风险可以学习到一个足够好的机器学习模型吗?

事实上,一个好的机器学习模型不仅需要对训练数据有强大的拟合能力,还

需要对未来的新数据具有足够的预测能力。**结构风险最小化**（Structural Risk Minimization，SRM）是统计机器学习中一个非常重要的概念。SRM 准则要求模型在拟合训练数据的基础上要具有相对简单的复杂性（较低的 VC 维，Vapnik-Chervonenkis dimension）[12]。通常采用正则化（Regularization）的方法来控制模型的复杂性。

VC 维是用来衡量研究对象（数据集与学习模型）可学习性的指标。VC 维是机器学习的基础性概念，更详细的介绍请读者移步文献 [19]。VC 维反映了可学习性，与数据量和模型的复杂度密切相关。因此，VC 维较低的模型，其复杂性也较低。

结构风险最小化可形式化表示为

$$f^* = \arg\min_{f \in \mathcal{H}} \frac{1}{n} \sum_{i=1}^{n} \ell(f(\boldsymbol{x}_i), y_i) + \lambda R(f), \tag{2.1.4}$$

其中，$R(f)$ 是正则化项，即模型复杂度的度量。模型 f 越复杂，$R(f)$ 的值越大；反之则越小。λ 为正则化参数。

因此，在 SRM 准则下，一个好的机器学习模型应在训练数据上取得最好的拟合能力的同时控制好模型的复杂度。常用的正则化项有：控制样本稀疏程度、筛选样本的 $L1$ 正则化，使求解简单、避免过拟合的 $L2$ 正则化，控制目标熵值的熵最小化等。

2.1.3 数据的概率分布

数据的概率分布（Probability Distribution）是统计机器学习的基础概念。数据分布，指的是数据在统计图中的形状。例如，三年级二班一共有 50 名同学，其中男生 30 名，女生 20 名，那么就可以简单地认为 30 和 20 是反映同学性别的数据分布。

概率分布在数据分布的基础上更进一步，它研究的是以概率为基础的数据分布。在介绍概率分布的概念之前，首先需要了解随机变量（Random variable）的概念。在高中阶段，我们曾经简单地学习过概率和统计的知识，其中也包括随机变量。随机变量是一种量化随机事件的函数，它给随机事件每个出现的结果赋予一个数字。随机变量包括离散型随机变量和连续型随机变量两种。例如，对于"明天是否下雪"这个问题，答案只能从"是"和"否"两个变量中选择，这就是一种离散型随机变量；然而，如果我们不仅想了解明天是否下雪，还需要知道下雪的概率是多少，那么这个值便可以取从 0 到 100% 的任意值，此时它便是一个连续型随机变量。

将概率、分布、随机事件组合，便产生了概率分布。常见的概率分布主要有二项分布、高斯分布、泊松分布、均匀分布等。通常，我们用 $P(x)$ 来表示随机变量 x 的概率分布。

为什么要研究概率分布？

机器学习是研究数据的科学，而现实生活中的数据往往是动态变化的。统计机器学习通常假设数据是由某个概率分布或某几个概率分布组合而产生的。如果数据 x 是由概率分布 $P(\mathcal{X})$[1] 生成的，或者说，数据 x 服从某一概率分布 $P(\mathcal{X})$，则数据可以被统一表示为 $x \sim P(\mathcal{X})$。

传统的机器学习假设模型的训练数据和测试数据服从同一数据分布。我们用 $\mathcal{D}_{\text{train}} = \{(x_i, y_i)\}_{i=1}^n$ 来表示训练数据，用 $\mathcal{D}_{\text{test}} = \{(x_j, y_j)\}_{j=1}^m$ 来表示测试数据，则传统机器学习的假设可以表示为

$$P_{\text{train}}(x, y) = P_{\text{test}}(x, y). \tag{2.1.5}$$

而在真实的应用中，训练数据和测试数据的数据分布往往不尽相同，即

$$P_{\text{train}}(x, y) \neq P_{\text{test}}(x, y). \tag{2.1.6}$$

在正式介绍迁移学习的问题定义之前，有必要透彻理解数据分布的不同含义。图 2.1 表示三种高斯分布：$\mathcal{N}_1(0,5), \mathcal{N}_2(0,7), \mathcal{N}_3(0,10)$。显而易见，这三种高斯分布是不同的，因为即使它们的均值 μ 均为 0，它们的方差 σ 却不同。

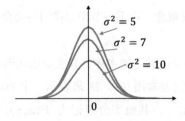

图 2.1　三种不同的高斯分布

---

[1]为与随机变量 x 区分，此处用花体 $\mathcal{X}$。

传统的机器学习假设训练和测试数据的概率分布相同。例如，当训练数据服从 $\mathcal{N}_1(0,5)$ 分布时，测试数据也服从 $\mathcal{N}_1(0,5)$ 分布。不同的数据分布意味着当训练数据服从 $\mathcal{N}_1(0,5)$ 分布时，测试数据可能服从 $\mathcal{N}_2(0,7)$ 分布或 $\mathcal{N}_3(0,10)$ 分布。

与传统机器学习不同，迁移学习重点关注的数据分布情形恰恰是公式 (2.1.6) 所示的情形。

图 2.2 形象地表示了训练数据和测试数据服从不同数据分布的情况。这正是本书所研究问题的重点。

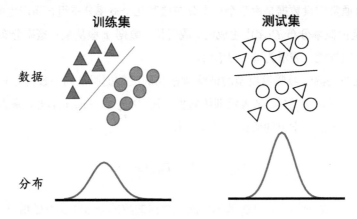

图 2.2 训练数据和测试数据服从不同数据分布

2.2 迁移学习定义

承接上述数据分布的概念，我们在这一小节的开始，引入迁移学习中一个重要的概念：领域。基于此概念，在下一节中，我们将会介绍迁移学习问题的形式化定义。

领域（Domain）是进行学习的主体，其主要由两部分构成：数据和生成这些数据的概率分布。我们通常用花体 $\mathcal{D}$ 来表示一个领域，领域上的一个样本数据包含输入 $\boldsymbol{x}$ 和输出 y，其概率分布记为 $P(\boldsymbol{x},y)$，即数据服从这一分布：$(\boldsymbol{x},y) \sim P(\boldsymbol{x},y)$。我们用大写花体 $\mathcal{X},\mathcal{Y}$ 来分别表示数据所处的特征空间和标签空间，则对于任意一个样本 $(\boldsymbol{x}_i,y_i)$，都有 $\boldsymbol{x}_i \in \mathcal{X}, y_i \in \mathcal{Y}$。因此，一个领域可以被表示为 $\mathcal{D} = \{\mathcal{X},\mathcal{Y},P(\boldsymbol{x},y)\}$。

迁移学习中至少包含两个领域：被迁移的领域和待学习的领域。在迁移学习中，被迁移的领域、含有知识的领域通常被称为**源领域**（Source domain），而待学习的领域，则通常被称为**目标领域**（Target domain）。源领域就是有知识、有大量数据标注的领域，是我们要迁移的对象；目标领域就是我们最终要赋予知识、赋予标注的对象。知识从源领域传递到目标领域，就完成了迁移。通常我们用小写下标 s 和 t 来分别指代两个领域。结合领域的表示方式，则：$\mathcal{D}_s$ 表示源领域，$\mathcal{D}_t$ 表示目标领域。当 $\mathcal{D}_s \neq \mathcal{D}_t$ 时，对应于 $\mathcal{X}_s \neq \mathcal{X}_t, \mathcal{Y}_s \neq \mathcal{Y}_t$ 或 $P_s(\boldsymbol{x},y) \neq P_t(\boldsymbol{x},y)$。[2]

下面我们对迁移学习进行形式化定义。

定义 2.3 迁移学习（Transfer Learning） 给定一个源域 $\mathcal{D}_s = \{\boldsymbol{x}_i, y_i\}_{i=1}^{N_s}$ 和目标域 $\mathcal{D}_t = \{\boldsymbol{x}_j, y_j\}_{j=1}^{N_t}$，其中 $\boldsymbol{x} \in \mathcal{X}, y \in \mathcal{Y}$。迁移学习的目标是当以下三种情形：

1. 特征空间不同，即 $\mathcal{X}_s \neq \mathcal{X}_t$；
2. 标签空间不同，即 $\mathcal{Y}_s \neq \mathcal{Y}_t$；
3. 特征和类别空间均相同、概率分布不同，即 $P_s(\boldsymbol{x},y) \neq P_t(\boldsymbol{x},y)$

至少有一种成立时，利用源域数据去学习一个目标域上的预测函数 $f: \boldsymbol{x}_t \mapsto y_t$，使得 f 在目标域上拥有最小的预测误差（用 ℓ 来衡量）：

$$f^* = \arg\min_f \mathbb{E}_{(\boldsymbol{x},y) \in \mathcal{D}_t} \ell(f(\boldsymbol{x}), y). \tag{2.2.1}$$

具体而言，特征空间不同，即 $\mathcal{X}_s \neq \mathcal{X}_t$，特指两个领域包含不同的特征或不同的特征维数。例如，当源域为 RGB 彩色图像、目标域为黑白二值图像时，我们就说它们的特征空间不同。标签空间不同，即 $\mathcal{Y}_s \neq \mathcal{Y}_t$，特指两个领域的任务空间不同。例如，在分类问题中，源域和目标域的类别不完全相同。概率分布不同，即 $P_s(\boldsymbol{x},y) \neq P_t(\boldsymbol{x},y)$，特指即使两个领域的特征空间和类别空间都相同，其联合概率分布也会存在不匹配的问题。

上述几种情形不尽相同，每种均对应了大量的研究工作。由于这些情形背后所采用的核心方法均存在一定的相似性，因此本书在余下的主体部分介绍迁移学习核心方法时不针对每种情形一一介绍，而是以**领域自适应**（Domain Adap-

---

[2]注意，本书对领域的定义与文献 [9] 和 [17] 中的定义有所不同：后者将领域定义为 $\mathcal{D} = (\mathcal{X}, P(\boldsymbol{x}))$，并单独将任务定义为 $\mathcal{T} = (\mathcal{Y}, f)$。由于本书侧重介绍领域自适应，因此从自然的数据生成角度（$(\boldsymbol{x},y) \sim P(\boldsymbol{x},y)$）给出的领域定义包含了联合概率分布。读者可以发现这两种定义的本质内容是一样的，仅形式稍有不同。

tation）这一热门研究方向为研究主题来进行讲解。领域自适应对应了上述定义中前 2 种情形均相同、第 3 种情形不同的情况，也是本书主要讲解的研究方向。领域自适应问题中的大部分方法均可以推广到其余几种情形中。

领域自适应的问题定义如下。

定义 2.4 领域自适应（Domain Adaptation） 给定一个有标记的源域 $\mathcal{D}_s = \{\boldsymbol{x}_i, y_i\}_{i=1}^{N_s}$ 和一个目标域 $\mathcal{D}_t = \{\boldsymbol{x}_j, y_j\}_{j=1}^{N_t}$，领域自适应的目标是当特征空间和类别空间均相同即 $\mathcal{X}_s = \mathcal{X}_t, \mathcal{Y}_s = \mathcal{Y}_t$ 但联合概率分布不同即 $P_s(\boldsymbol{x}, y) \neq P_t(\boldsymbol{x}, y)$ 时，利用源域数据去学习一个目标域上的预测函数 $f: \boldsymbol{x}_t \mapsto y_t$，使得 f 在目标域上拥有最小的预测误差（用 ℓ 来衡量）：

$$f^* = \arg\min_f \mathbb{E}_{(\boldsymbol{x}, y) \in \mathcal{D}_t} \ell(f(\boldsymbol{x}), y). \tag{2.2.2}$$

根据本书 1.4 节的迁移学习分类方法，根据目标域数据是否有标签，领域自适应可以被分为以下三种情形：

（1）监督领域自适应（Supervised Domain Adaptation，SDA），即目标域数据全部有标签的情形（$\mathcal{D}_t = \{\boldsymbol{x}_j, y_j\}_{j=1}^{N_t}$）；

（2）半监督领域自适应（Semi-supervised Domain Adaptation，SSDA），即目标域数据有部分标签的情形（$\mathcal{D}_t = \{\boldsymbol{x}_j, y_j\}_{j=1}^{N_{tl}} \cup \{\boldsymbol{x}_j, y_j\}_{j=1}^{N_{tu}}$，其中 N_{tu} 和 N_{tl} 分别为无标签和有标签的目标域数据个数）；

（3）无监督领域自适应（Unsupervised Domain Adaptation，UDA），即目标域数据完全没有标签的情形（$\mathcal{D}_t = \{\boldsymbol{x}_j\}_{j=1}^{N_t}$）。

显然，无监督领域自适应是三种情形中最难的一种。因此本书重点以无监督领域自适应问题为切入点介绍此种情形下的迁移学习方法。这些方法绝大多数均可以很简单地被应用于有监督和半监督的问题中。特别地，当多个任务同时进行学习（均有一定数量的数据标注）时，多任务学习（Multi-task learning）是可以直接采用的方式。本书并不打算详细介绍多任务学习，感兴趣的读者请参考相关文献[17]。

在实际的研究和应用中，读者可以针对自己的不同任务，结合上述表述灵活地给出相关的形式化定义。

2.3 迁移学习基本问题

本节介绍迁移学习的三大基本问题，使读者对即将进行的研究方法有一个全面的了解，以便在遇到新问题时抓住本质，寻找对应的解决方案。

根据杨强教授《迁移学习》专著[17]及综述文献 [9] 的描述，迁移学习主要研究以下三个基本问题，构成一个完整的迁移学习生命周期。

1. **何时迁移**（When to transfer）。何时迁移，取决于迁移学习的可能性和使用迁移学习的原因。值得注意的是，此步骤应该是迁移学习过程的第一步。给定待学习的目标，我们首先要做的便是判断该任务是否适合进行迁移学习。
2. **何处迁移**（What/Where to transfer）。判断任务适合迁移学习之后，第二步要解决的便是从何处进行迁移。这里的何处，我们用 What 和 Where 来表达。What 指的是要迁移什么知识，这些知识可以是神经网络权值、特征变换矩阵、某些参数等；Where 指的是要从哪个地方进行迁移，这些地方可以是某个源域、某个神经元、某个随机森林里的树等。
3. **如何迁移**（How to transfer）。这一步是绝大多数方法的着力点。待学习的源域和目标域均已给定的情况下，这一步则是要学习最优的迁移学习方法以达到最好的性能。

这三个基本问题贯穿迁移学习的整个生命周期。从目前的研究现状来看，何时迁移对应于一些理论、边界条件的证明，大多是一种理论上的保证。它使得我们在进行迁移时能够做到胸有成竹、有章可循。何处迁移则强调一个动态的迁移过程。在大数据时代，我们需要动态地从数据中学习出更适合迁移的领域、网络、分布等。如何迁移则旨在建立最优的迁移方法以顺利完成迁移。

另外，三个基本问题并不是完全对立的，而是在一定条件下可以互相转化的。例如，何处迁移往往是随着数据表征动态变化的，而数据表征又与如何迁移有着紧密联系。在特定的数据表征下，此三个问题可以相辅相成。

2.3.1 何时迁移

"何时迁移"对应的是迁移学习取得成功的理论保证，即应该以何种条件来判断迁移学习取得了成功（而不是取得了比不迁移还要差的结果——负迁移，在下一节中介绍)。由于理论工作的匮乏,我们在这里仅回答一个问题:为什么数据分布不同的两个领域之间,知识可以进行迁移?或者说,到底达到何种误差范围我们才认为知识可以进行迁移?

此问题非常重要。除了在实验中进行验证,我们都期待自己的研究工作能够在理论上有所保证。何时迁移部分的主要工作均属于理论分析范畴,即学习得到的模型满足某个范式时,便可以进行迁移学习。因此,这项工作从理论上决定了迁移学习能否成功。由于理论研究工作晦涩难懂,研究理论也并非本书的重点,因此,我们将在 7.1 节介绍迁移学习的理论工作,以便感兴趣的读者深入阅读,绝大多数非理论背景的读者可以根据自己研究工作的需要有选择性地阅读。

2.3.2 何处迁移

"何处迁移"是迁移学习的基本问题之一。它是寻找迁移学习中的迁移对象的根本性指导。何处迁移所研究的问题可以分为以下两个层次。

第一,数据集、数据领域层。所对应的问题是,给定若干可供选择的源域数据,如何从这些数据中找到最适合迁移学习的数据集和领域。

第二,样本层。所对应的问题是,给定一个或多个可供选择的迁移样本,如何从这些数据中选择出若干数据使其最适合进行迁移学习。

我们用"最适合"迁移学习的字眼来表达其效果,是因为在很多情况下迁移学习最终的精度也许只是衡量何处迁移的一个指标。受限于具体的环境、算法和设备,评估指标也有所不同。因此,不能只简单地看最终的学习精度。

事实上,何处迁移所研究的两大类问题在本质上是等价的:样本是构成数据集和领域的基本元素。因此,掌握样本选择方法,也会对领域的选择提供一些指导作用。我们将在 4.2 节介绍样本选择方法,这里不再赘述。

本节主要介绍迁移学习中数据集和领域的选择方法。这常常被称为**源域选择**(Source Domain Selection)问题和方法。文献 [16] 提出了一种无须显式指定源域的迁移学习方法 Source-free,聚焦于基于语义信息进行源域和样本选择。这项工作借助了一个社会化标签分享网站的数据:Delicious[3]。这个网站由用户对不同的网页给出自己的个性化标签,我们可以认为这些标签包含大量的标记信息,包括源域和目标域的标记信息。我们可以借助 Delicious 网站上的标签,构

---

[3]请见链接 2-1。

2.3 迁移学习基本问题

建源域和目标域之间的关系，然后基于拉普拉斯特征映射构建源域和目标域特征的语义相似度关系，实现自动的源域选择。

随后，文献 [7] 将源域选择应用于文本分类中。在深度网络中，文献 [5] 通过网格搜索的方法，系统地探索了深度网络中各个隐藏层的可迁移性，文献 [2] 则提出了在多个源域的场景下进行有新源域选择的贪心算法。在流形学习中，Gong 等人提出了一种基于 Principle Angle 的领域相似度度量方法[6]，其通过贪心算法逐步计算不同领域的相似度角度，最终计算出可供迁移的源域。另一种较为流行的方法是利用领域之间的 $\mathcal{A}$-distance[1]，对源域和目标域数据构建一个线性分类器，通过分类器误差来反映二者的相似程度，并得到了广泛的应用。例如，MEDA 方法[13]利用此距离计算了源域和目标域数据分布的相似性。

在具体的应用中，文献 [4] 提出了一种用于行为识别的分层源域选择（Stratified Transfer Learning）方法，将领域之间的 MMD 距离进行细粒度表征求解，取得了比传统 MMD 距离更好的源域选择结果。接着，研究者又针对行为识别问题中的源域选择提出了基于语义和度量准则的源域选择方法[14]，将行为识别中源域和目标域的相似性用身体部位传感器数据的相似性和身体部位本身的语义相关性进行融合，然后构建深度网络用于迁移学习，如图 2.3 所示。

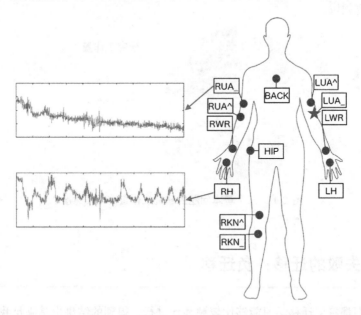

图 2.3　人体行为识别的源域选择：哪个部位与红星部位运动情况最相似

相信读者已有所察觉，在很多情况下"何处迁移"与"如何迁移"这两个问题有着高度的相关性：选择出最适合迁移的领域和样本的评价指标往往是迁移后的学习结果，这依赖于具体的迁移学习的实施。因此，并不能简单地将这两个问题区别对待，它们本质上是一个先有鸡还是先有蛋的问题。正因为如此，越来越多的研究者试图用一个统一的框架来表示这两个问题，试图将源域选择和如何迁移进行有机结合。在实际应用中，两个问题的基本方法也有着高度的交叉性，读者可根据应用背景和要求灵活选择对应的方法。

2.3.3 如何迁移

确定能否迁移（何时迁移）和要迁移的对象（何处迁移）后，下一步的工作便是"如何迁移"的问题，这也是迁移学习中研究最多的主题。这一步直接对应于众多迁移学习方法，也是本书的讲解重点。因此，我们在这一小节不再赘述。

"何时迁移""何处迁移"和"如何迁移"这三部分的研究工作量可以被表示为如图 2.4 所示的简要示意图。图中的数字比例并非精确计算，仅从大体上强调三个领域相关工作的数量之差异。需要指出的是，尽管"如何迁移"一直以来是学术界和工业界关注的重点领域，但是"何时迁移"与"何处迁移"也是非常重要的研究领域。

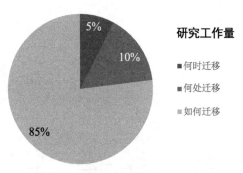

图 2.4　三个基本问题的研究工作量简要示意图

2.4　失败的迁移：负迁移

我们都希望迁移学习能够比较顺利地进行，得到的结果也是满足我们要求的——皆大欢喜。然而，事情却并不总是那么顺利。这就引入了迁移学习中的一个负面现象即所谓的**负迁移**（Negative transfer）。用我们熟悉的成语来描述：

2.4 失败的迁移：负迁移

如果说成功的迁移学习是"举一反三""他山之石、可以攻玉"，那么负迁移则是"东施效颦"。东施已经模仿西施捂着胸口皱着眉头，为什么她还是那么丑？

理解负迁移要求更深入地理解迁移学习。迁移学习利用数据之间存在的相似性关系将之前学习到的知识应用于新的未知领域，其核心问题是找到两个领域的相似性。例如，之前会骑自行车，要学习骑摩托车，这种相似性指的就是自行车和摩托车之间的相似性以及骑车体验的相似性。这种相似性在我们人类看来是可以接受的。

因此，如果两个领域之间不存在相似性，或者基本不相似，那么，迁移学习的效果便会大打折扣。例如，将骑自行车的经验借鉴到开汽车上显然是不太可能的，因为自行车和汽车之间基本不存在相似性。此时，我们认为出现了负迁移。所以，为什么东施和西施做了一样的动作，反而变得更丑了？因为东施和西施之间压根就不存在相似性。

负迁移指的是在源域上学习到的知识对于目标域上的学习产生负面作用，即使用迁移学习比不用迁移学习取得的效果更差。负迁移的形式化定义如下。

定义 2.5 负迁移（Negative Transfer） 用 $R(A(\mathcal{D}_s, \mathcal{D}_t))$ 来表示目标域 $\mathcal{D}_t$ 通过和源域 $\mathcal{D}_s$ 使用迁移学习算法 A 产生的误差（Error），用 Φ 来表示空集合，则当下列条件满足时，负迁移发生：

$$R(A(\mathcal{D}_s, \mathcal{D}_t)) > R(A'(\Phi, \mathcal{D}_t)), \tag{2.4.1}$$

其中 A' 表示另一算法，$R(A'(\Phi, \mathcal{D}_t))$ 表示不经过迁移学习的误差。

产生负迁移的原因主要有：

- 数据问题：源域和目标域压根不相似，谈何迁移？
- 方法问题：源域和目标域是相似的，但由于迁移学习方法不够好导致迁移失败。

负迁移给迁移学习的研究和应用带来了负面影响。在实际应用中，找到合理的相似性，并选择或开发合理的迁移学习方法，能够避免负迁移现象。

随着研究的深入，已经有新的研究成果在逐渐克服负迁移的影响。杨强教授团队在 2015 年的 KDD 大会上提出了传递迁移学习（Transitive transfer learning）[10]，又在 2017 年提出了远领域迁移学习（Distant domain transfer learning）[11]，可以用在人脸数据上训练的模型来识别飞机。这些研究使得迁移学习可以在两个领域存在弱相似性的情况下进行，进一步扩展了迁移学习的边界。

我们用图 2.5 的"青蛙过河"游戏来解释传递迁移学习。在正常情况下,即河流不至于过宽时,青蛙可以直接跳跃到河流对岸;而在异常情况下,即河流很宽、无法直接跳跃到河流对岸时,聪明机智的小青蛙可以利用河流中间的一些大的叶子巧妙地施展连环跳跃,最终成功到达对岸。类比迁移学习,河流两岸为源域和目标域,河流宽度即为两个领域的相似性,青蛙完成过河操作即对应着完成迁移学习。当河流不宽时,意味着两个领域相似性很大,此时可以正常地进行迁移;而当河流较宽时意味着两个领域相似性较小,此时无法通过一次迁移来完成迁移任务。因此,传递迁移学习就相当于寻找河流中这些有益的"支撑点",从而帮助我们更好地完成这种情况下的迁移学习。

图 2.5　青蛙过河、负迁移与传递迁移学习

卡耐基·梅隆大学的研究团队对负迁移进行了理论分析并提出了对应的解决方案[15]。来自华中科技大学的研究团队发表了一篇关于负迁移的综述文章[18],从负迁移产生原因、解决方案、可能的应用等方面进行了详细的探讨。该成果指出,在源域数据质量过差、目标域数据质量过差、领域分布差异过大、学习算法不够好的任一情况下,均有可能发生负迁移。由此出发,文章详细介绍了研究人员为了避免出现负迁移在这些年中所做的努力,感兴趣的读者可以进一步关注。

2.5　一个完整的迁移学习过程

对迁移学习的基本问题有了大致的了解后,一个完整的迁移学习过程可以概括为图 2.6 所示的步骤。

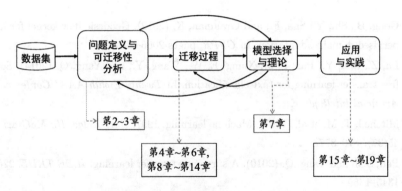

图 2.6　一个完整的迁移学习过程

获取所需的数据后，我们需要对数据进行可迁移性分析——对应于基本问题中的何时迁移与何处迁移两个基本问题。接下来便是迁移过程，此部分将在本书的余下章节中重点介绍。与机器学习流程类似，一个迁移学习过程结束后，我们需要按照特定的模型选择方法对迁移学习模型和参数进行选择。可迁移性分析、迁移过程、模型选择这三大基本过程并不是序列式的，而是互为反馈、相辅相成的。选择最好的模型后，便是模型的部署与评估。

本书将在余下的章节里（第 3 章到第 14 章）具体介绍不同的迁移过程和扩展方法。特别地，我们将在第 7 章介绍迁移学习理论和迁移学习模型评估。最后，我们将在第 15 章到第 19 章介绍迁移学习的应用与实践。

参考文献

[1] Ben-David, S., Blitzer, J., Crammer, K., Pereira, F., et al. (2007). Analysis of representations for domain adaptation. In *NIPS*, volume 19.

[2] Bhatt, H. S., Rajkumar, A., and Roy, S. (2016). Multi-source iterative adaptation for cross-domain classification. In *IJCAI*, pages 3691–3697.

[3] Bishop, C. M. (2006). *Pattern recognition and machine learning*. springer.

[4] Chen, Y., Wang, J., Huang, M., and Yu, H. (2019). Cross-position activity recognition with stratified transfer learning. *Pervasive and Mobile Computing*, 57: 1–13.

[5] Collier, E., DiBiano, R., and Mukhopadhyay, S. (2018). Cactusnets: Layer applicability as a metric for transfer learning. In *2018 International Joint Conference on Neural Networks (IJCNN)*, pages 1–8. IEEE.

[6] Gong, B., Shi, Y., Sha, F., and Grauman, K. (2012). Geodesic flow kernel for unsupervised domain adaptation. In *CVPR*, pages 2066–2073.

[7] Lu, Z., Zhu, Y., Pan, S. J., Xiang, E. W., Wang, Y., and Yang, Q. (2014). Source free transfer learning for text classification. In *Twenty-Eighth AAAI Conference on Artificial Intelligence*.

[8] Mitchell, T. M. et al. (1997). Machine learning. 1997. *Burr Ridge, IL: McGraw Hill*, 45(37): 870–877.

[9] Pan, S. J. and Yang, Q. (2010). A survey on transfer learning. *IEEE TKDE*, 22(10): 1345–1359.

[10] Tan, B., Song, Y., Zhong, E., and Yang, Q. (2015). Transitive transfer learning. In *Proceedings of the 21th ACM SIGKDD International Conference on Knowledge Discovery and Data Mining*, pages 1155–1164. ACM.

[11] Tan, B., Zhang, Y., Pan, S. J., and Yang, Q. (2017). Distant domain transfer learning. In *Thirty-First AAAI Conference on Artificial Intelligence*.

[12] Valiant, L. (1984). A theory of the learnable. *Commun. ACM*, 27: 1134–1142.

[13] Wang, J., Feng, W., Chen, Y., Yu, H., Huang, M., and Yu, P. S. (2018a). Visual domain adaptation with manifold embedded distribution alignment. In *ACMMM*, pages 402–410.

[14] Wang, J., Zheng, V. W., Chen, Y., and Huang, M. (2018b). Deep transfer learning for cross-domain activity recognition. In *proceedings of the 3rd International Conference on Crowd Science and Engineering*, pages 1–8.

[15] Wang, Z., Dai, Z., Póczos, B., and Carbonell, J. (2019). Characterizing and avoiding negative transfer. In *Proceedings of the IEEE Conference on Computer Vision and Pattern Recognition*, pages 11293–11302.

[16] Xiang, E. W., Pan, S. J., Pan, W., Su, J., and Yang, Q. (2011). Source-selection-free transfer learning. In *Twenty-Second International Joint Conference on Artificial Intelligence*.

[17] Yang, Q., Zhang, Y., Dai, W., and Pan, S. J. (2020). *Transfer learning*. Cambridge University Press.

[18] Zhang, W., Deng, L., and Wu, D. (2020). Overcoming negative transfer: A survey. *arXiv preprint arXiv:2009.00909*.

[19] 周志华 (2016). 机器学习. 清华大学出版社.

3 迁移学习方法总览

从这一章开始，我们将进入本书的"核心方法"部分。本章将以同一视角对已有的迁移学习方法进行总览、分类和统一表征，方便读者从全局进行学习和探索。在本章的统一表征基础之上，后续章节将围绕特定类型的方法进行详细阐述。本章的目的不是介绍一种具体的方法，而是提供一种分析迁移学习问题的统一思路。在今后的研究中，读者亦可借鉴相应的思路进行扩展。

本章内容的组织安排如下。3.1 节先介绍迁移学习中最重要的概念：分布差异的度量。然后，3.2 节给出分布差异的统一表征。接着，3.3 节描述用于迁移学习算法的统一框架。最后，在 3.4 节中，我们通过简单的上手实践带领读者搭建一个完整的迁移学习实验环境。

3.1 分布差异的度量

形式化定义之后，我们便可以开展迁移学习的研究。迁移学习的核心是找到源域和目标域之间的相似性，并加以合理利用。此种相似性非常普遍，比如：不同人的身体构造是相似的；自行车和摩托车的骑行方式是相似的；国际象棋和中国象棋是相似的；羽毛球和网球的打球方式是相似的。这种相似性也可以理解为不变量。以不变应万变，才能立于不败之地。举一个例子：在国内开车时，驾驶员坐在左边，靠马路右侧行驶；然而，在英国开车，驾驶员坐在右边，需要靠马路左侧行驶。那么，如果我们从国内到了英国，应该如何快速地适应他们的开车方式呢？诀窍就是找到这里的不变量：不论在哪个地区，驾驶员都是紧靠马路中间。这就是此开车问题中的不变量。

有了这种相似性后，下一步工作便是度量和利用这种相似性。度量工作的目标有两个：一是度量两个领域的相似性，不仅要定性地告诉我们它们是否相似，还要定量地给出相似程度；二是以度量为准则，通过我们所要采用的学习手段，增大两个领域之间的相似性，以完成迁移学习。

一句话总结：相似性是核心，度量准则是重要手段。那么这种相似性应该如何刻画？从迁移学习的问题定义出发，答案呼之欲出：通过对源域和目标域不同的概率分布建模来刻画二者的相似性。

在迁移学习问题中，源域和目标域的联合概率分布不同，即

$$P_s(\boldsymbol{x}, y) \neq P_t(\boldsymbol{x}, y). \tag{3.1.1}$$

数据分布的不同使得传统的机器学习方法并不能直接应用于迁移学习的问题。因此，迁移学习要解决的核心问题便是源域和目标域的联合分布差异度量。

如何度量联合分布的差异？回看已有条件：源域数据 $\mathcal{D}_s = \{(\boldsymbol{x}_i, y_i)\}_{i=1}^{N_s}$，目标域数据 $\mathcal{D}_t = \{(\boldsymbol{x}_j, ?)\}_{j=1}^{N_t}$。其中，无标记的目标域数据成了烫手山芋——无法适配其与源域的联合概率分布差异。概率学的基本知识告诉我们，联合概率和边缘概率、条件概率之间具有如下关系：

$$P(\boldsymbol{x}, y) = P(\boldsymbol{x})P(y|\boldsymbol{x}) = P(y)P(\boldsymbol{x}|y). \tag{3.1.2}$$

因此，如果能利用上述基本公式对问题加以改造、变形、近似，便可能对其进行求解。

事实亦如此。在进行迁移学习时，由于目标域没有标签使得目标域的联合数据分布难以被表征，因此大多数工作往往采用一些特定的假设来完成迁移。

根据公式 (3.1.2) 中描述的边缘概率、条件概率、联合概率的性质，按照由特殊到一般、由易到难的逻辑，我们可以大致将迁移学习的方法进行如下分类。

- 边缘分布自适应（Marginal Distribution Adaptation，MDA）
- 条件分布自适应（Conditional Distribution Adaptation，CDA）
- 联合分布自适应（Joint Distribution Adaptation，JDA）
- 动态分布自适应（Dynamic Distribution Adaptation，DDA）

看到这里，读者可能会被这些莫名其妙的名词搞得焦头烂额。这是很正常的，我们来将其一一攻破。为了便于理解，我们在图 3.1 中呈现了边缘分布、条件分布、联合分布的图示，让读者对数据分布有一个形象的认识。显然，当目标域是图 3.1 所示的目标域 I 时，源域和目标域数据整体存在较大的分布差异（即

整体不相似），因此，边缘分布的迁移更重要；而当目标域是图 3.1 所示的目标域 II 时，源域和目标域整体有较高的相似性，差异主要体现在个体差异（即整体相似、具体到每个类不太相似），因此，应该优先考虑条件概率分布上的差异。

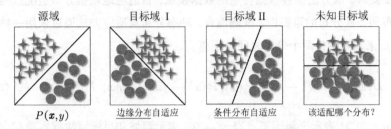

图 3.1　源域和不同分布情况的目标域图示
注意：此图仅为示意哪个分布更重要，故并未显式满足上述问题假设。

边缘分布自适应方法 [7] 的本质与自变量漂移相同，针对的是源域和目标域的边缘概率分布不同，即 $P_s(\boldsymbol{x}) \neq P_t(\boldsymbol{x})$ 的情况。自变量漂移同时假设二者的条件概率分布相同，即 $P_s(y|\boldsymbol{x}) \approx P_t(y|\boldsymbol{x})$。在此假设下，边缘分布自适应方法的目标是减小源域和目标域的边缘概率分布的距离，从而完成迁移学习。边缘分布自适应方法用源域和目标域之间的边缘分布距离来近似二者之间的联合分布距离：

$$D(P_s(\boldsymbol{x},y), P_t(\boldsymbol{x},y)) \approx D(P_s(\boldsymbol{x}), P_t(\boldsymbol{x})). \tag{3.1.3}$$

文献 [15] 从理论上证明了仅减小源域与目标域的边缘分布差异是不够的。同样的理论被 [12,16] 等工作在算法层面得到了验证。条件分布自适应方法的目标是减小源域和目标域的条件概率分布的距离，从而完成迁移学习。其与自变量漂移的假设恰好相反，即源域和目标域的边缘概率分布相同，而条件概率分布不同：$P_s(\boldsymbol{x}) \approx P_t(\boldsymbol{x}), P_s(y|\boldsymbol{x}) \neq P_t(y|\boldsymbol{x})$。在此前提下，条件分布自适应方法用源域和目标域之间的条件分布距离来近似二者之间的联合分布距离，即

$$D(P_s(\boldsymbol{x},y), P_t(\boldsymbol{x},y)) \approx D(P_s(y|\boldsymbol{x}), P_t(y|\boldsymbol{x})). \tag{3.1.4}$$

联合分布自适应方法 [6] 做出了更一般的假设，其目标是减小源域和目标域的联合概率分布的距离，从而完成迁移学习。特别地，由于联合分布无法直接进行度量，因此，联合分布自适应方法用源域和目标域之间的边缘分布距离和条件分布距离之和来近似二者之间的联合分布距离，即

$$D(P_{\mathrm{s}}(\boldsymbol{x},y),P_{\mathrm{t}}(\boldsymbol{x},y)) \approx D(P_{\mathrm{s}}(y|\boldsymbol{x}),P_{\mathrm{t}}(y|\boldsymbol{x})) + D(P_{\mathrm{s}}(\boldsymbol{x}),P_{\mathrm{t}}(\boldsymbol{x})). \qquad (3.1.5)$$

动态分布自适应方法[11,13]提出，边缘分布自适应和条件分布自适应并不是同等重要的。该方法能够根据特定的数据领域，自适应地调整分布适配过程中边缘分布和条件分布的重要性。准确而言，动态分布自适应方法通过采用一种平衡因子 μ 来动态调整两个分布之间的距离：

$$D(\mathcal{D}_{\mathrm{s}},\mathcal{D}_{\mathrm{t}}) \approx (1-\mu)D(P_{\mathrm{s}}(\boldsymbol{x}),P_{\mathrm{t}}(\boldsymbol{x})) + \mu D(P_{\mathrm{s}}(y|\boldsymbol{x}),P_{\mathrm{t}}(y|\boldsymbol{x})), \qquad (3.1.6)$$

其中 $\mu \in [0,1]$ 表示平衡因子。当 $\mu \to 0$，表示源域和目标域数据本身存在较大的差异性，因此边缘分布适配更重要；当 $\mu \to 1$ 时，表示源域和目标域数据集有较高的相似性，因此条件分布适配更重要。综合上面的分析可知，平衡因子可以根据实际数据分布的情况，动态地调节每个分布的重要性，并取得良好的分布适配效果。

3.2 分布差异的统一表征

这些方法的假设与问题退化的形式如表 3.1 所示。表中的 $D(\cdot,\cdot)$ 函数表示一个分布距离度量函数，这里我们暂时认为它是给定的。

表 3.1 迁移学习中的概率分布差异方法与假设

方法	假设	问题退化形式
边缘分布自适应	$P_{\mathrm{s}}(y\|\boldsymbol{x})=P_{\mathrm{t}}(y\|\boldsymbol{x})$	$\min D(P_{\mathrm{s}}(\boldsymbol{x}),P_{\mathrm{t}}(\boldsymbol{x}))$
条件分布自适应	$P_{\mathrm{s}}(\boldsymbol{x})=P_{\mathrm{t}}(\boldsymbol{x})$	$\min D(P_{\mathrm{s}}(y\|\boldsymbol{x}),P_{\mathrm{t}}(y\|\boldsymbol{x}))$
联合分布自适应	$P_{\mathrm{s}}(\boldsymbol{x},y)\neq P_{\mathrm{t}}(\boldsymbol{x},y)$	$\min D(P_{\mathrm{s}}(\boldsymbol{x}),P_{\mathrm{t}}(\boldsymbol{x}))+D(P_{\mathrm{s}}(y\|\boldsymbol{x}),P_{\mathrm{t}}(y\|\boldsymbol{x}))$
动态分布自适应	$P_{\mathrm{s}}(\boldsymbol{x},y)\neq P_{\mathrm{t}}(\boldsymbol{x},y)$	$\min (1-\mu)D(P_{\mathrm{s}}(\boldsymbol{x}),P_{\mathrm{t}}(\boldsymbol{x}))+\mu D(P_{\mathrm{s}}(y\|\boldsymbol{x}),P_{\mathrm{t}}(y\|\boldsymbol{x}))$

从表中可以清晰地看出，随着假设的不同，问题退化形式亦不同。从边缘分布自适应到最近的动态分布自适应，研究者们对于迁移学习中的概率分布差异的度量的认知和探索也在不断发展。显然，上述表格表明，动态分布自适应的问题退化形式更为一般，通过改变 μ 的值，动态分布自适应可以退化为其他方法。

（1）令 $\mu = 0$，则退化为边缘分布自适应方法。

（2）令 $\mu=1$，则退化为条件分布自适应方法。

（3）令 $\mu=0.5$，则退化为联合分布自适应方法。

图 3.2(a) 的结果清晰地显示出，在不同数据集构造的 5 个迁移任务上（图中的 $U \to M, B \to E$ 等 5 个任务），最优的迁移效果并不总是对应于固定的 μ 值。这清晰地说明了在不同的任务中需要通过 μ 的机制对边缘分布和条件分布进行自适应估计，从而更好地近似源域和目标域的联合概率分布差异。另外，平衡因子 μ 并没有呈现出显著的变化规律，这促使我们开发有效的方法以便对 μ 进行精确的估计。

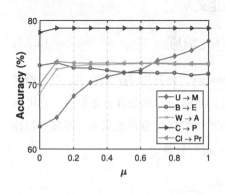
(a) 自适应因子 μ 在迁移学习中的作用

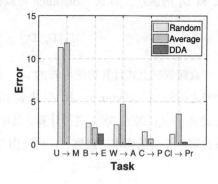
(b) 对分布自适应因子 μ 的估计

图 3.2　分布自适应因子 μ [11]

因此，我们可以基于动态分布自适应方法来研究迁移学习的分布差异问题。下一个重要问题是，参数 μ 应如何计算？

我们注意到，可以简单地将 μ 视为一个迁移过程中的参数，以通过交叉验证（cross-validation）来确定其最优的取值 μ_{opt}。然而，在本章的无监督迁移学习问题的定义中，目标域完全没有标记，故此方式不可行。有另外两种非直接的方式可以对 μ 值进行估计：随机猜测法和最大最小平均法。随机猜测法从神经网络随机调参中得到启发，指的是任意从 $[0,1]$ 区间内选择一个 μ 的值，然后进行动态迁移。这并不算是一种技术严密型的方案。如果重复此过程 t 次，记第 t 次的迁移学习结果为 r_t，则随机猜测法最终的迁移结果为 $r_{\text{rand}} = \frac{1}{t}\sum_{i=1}^{t} r_t$。最大最小平均法与随机猜测法相似，可以在 $[0,1]$ 区间内从 0 开始取 μ 的值，每次增加 0.1，得到一个集合 $[0, 0.1, \cdots, 0.9, 1.0]$，然后与随机猜测法相似，也可以得到其最终迁移结果 $r_{\text{maxmin}} = \frac{1}{11}\sum_{i=1}^{11} r_i$。其中，分母的值 11 由此区间内所有值的数量计数得出。

然而,尽管上述两种估计方案有一定的可行性,但均需大量的重复计算。另外,上述结果并不具有可解释性,其正确性也无法得到保证。

笔者及团队在 2018 年的多媒体领域顶级会议 ACM Multimedia 上提出了动态迁移方法并给出了首个对 μ 值的精确定量估计方法[11,13]。该方法利用领域的整体和局部性质来定量计算 μ(计算出的值用 $\hat{\mu}$ 来表示)。采用 $\mathcal{A}$ – distance [1] 作为基本的度量方式。$\mathcal{A}$ – distance 被定义为建立一个二分类器进行两个不同领域的分类得出的误差。形式化而言,定义 $\epsilon(h)$ 作为线性分类器 h 区分两个领域 $\mathcal{D}_\text{s}$ 和 $\mathcal{D}_\text{t}$ 的误差,则 $\mathcal{A}$ – distance 可以被定义为

$$d_A(\mathcal{D}_\text{s}, \mathcal{D}_\text{t}) = 2(1 - 2\epsilon(h)). \tag{3.2.1}$$

直接根据上式计算边缘分布的 $\mathcal{A}$ – distance,将其用 d_M 来表示。对于条件分布之间的 $\mathcal{A}$ – distance,用 d_c 来表示对应于类别 c 的条件分布距离。它可以由式 $d_c = d_A(\mathcal{D}_\text{s}^{(c)}, \mathcal{D}_\text{t}^{(c)})$ 进行计算,其中 $\mathcal{D}_\text{s}^{(c)}$ 和 $\mathcal{D}_\text{t}^{(c)}$ 分别表示来自源域和目标域的第 c 个类的样本。最终,μ 可以由下式进行计算:

$$\hat{\mu} = 1 - \frac{d_M}{d_M + \sum_{c=1}^{C} d_c}. \tag{3.2.2}$$

图 3.2(b) 的结果表明,相比其他几种估计方法,文献 [13] 所提出的对 μ 的估计达到了最优的迁移效果。由于特征的动态和渐近变化性,此估计需要在每一轮迭代中给出。边缘分布和条件分布的定量估计对于迁移学习研究具有很大的意义。当然,选择的距离不同,计算 μ 的方式也有所不同。期待未来能有更多更精确的估计方法。在后续工作中,动态分布自适应的方法又被扩展到了深度网络[11]、对抗网络[14]、人体行为识别应用[8] 中,取得了更好的效果。

3.3 迁移学习方法统一表征

得到分布差异的统一表征后,本节尝试用一个学习框架对迁移学习的基本方法进行统一的表征和解释。一个好的问题定义和表征是解决问题的前提。由于结构风险最小化的准则在机器学习中非常通用,因此,我们借鉴此准则对迁移学习问题进行形式化的统一表征。我们的期望是,在统一表征的视角下读者能够对

迁移学习的问题有着更为宏观和深刻的把控，以便用来解决特定的问题。

回到公式 (2.1.4) 表示的 SRM 准则下。在迁移学习问题中，我们期望迁移学习算法可以在目标域没有标签的情况下还可借助于源域学习到目标域上的一个最优的模型。在此过程中运用一些手段来减小源域和目标域的数据分布差异。因此，我们从 SRM 准则出发将迁移学习统一表征为下面的形式。

定义 3.1 迁移学习算法统一框架 在迁移学习中给定一个有标记的源域 $\mathcal{D}_s = \{(\boldsymbol{x}_i, y_i)\}_{i=1}^{N_s}$ 和一个无标记的目标域 $\mathcal{D}_t = \{\boldsymbol{x}_j\}_{j=1}^{N_t}$，两个领域的联合概率分布不同，即 $P_s(\boldsymbol{x}, y) \neq P_t(\boldsymbol{x}, y)$。迁移学习方法的统一表征可以被表示为

$$f^* = \arg\min_{f \in \mathcal{H}} \frac{1}{N_s} \sum_{i=1}^{N_s} \ell(f(v_i \boldsymbol{x}_i), y_i) + \lambda R(T(\mathcal{D}_s), T(\mathcal{D}_t)), \tag{3.3.1}$$

其中：

- $\boldsymbol{v} \in \mathbb{R}^{N_s}$ 为源域样本的权重，$v_i \in [0, 1]$。N_s 为源域样本的数量。
- T 为作用于源域和目标域上的特征变换函数。
- 为方便理解，我们采用 $\frac{1}{N_s}$ 来计算平均值。读者应注意，显式引入样本权重 $\boldsymbol{v}$ 后，平均值亦需更新为加权平均值。具体计算方式并不统一，需要根据问题来相应处理。

我们用 $R(T(\mathcal{D}_s), T(\mathcal{D}_t))$ 来代替 SRM 中的正则化项 $R(f)$。此替代并非等价，只是形式上的替代。事实上，由于正则化项的广泛应用，通常我们可以在模型的目标函数中加入特定的正则化项。为了强调迁移学习的特殊性，我们重点介绍 $R(\cdot, \cdot)$ 这一项。为了叙述方便，将此项称为**迁移正则化项**（Transfer Regularization）。

在统一表征下，迁移学习的问题可以被大体概括为寻找合适的迁移正则化项的问题，即，相比于传统的机器学习，迁移学习更强调发现和利用源域和目标域之间的关系，并将此表征作为学习目标中最重要的一项。

此统一表征足以概括表达所有的迁移学习方法吗？

答案是：可以。

具体而言，我们可以通过对公式 (3.3.1) 中 v_i 和 T 取不同的情况，对迁移学习的方法进行表征，由此也派生出了三大类迁移学习方法。

（1）**样本权重迁移法**。此类方法学习目标是学习源域样本的权重 v_i。

（2）**特征变换迁移法**。此类方法对应于 $v_i = 1, \forall i$，目标是学习一个特征变换 T 来减小正则化项 $R(\cdot, \cdot)$。

（3）**模型预训练迁移法**。此类方法对应于 $v_i = 1, \forall i$，$R(T(\mathcal{D}_s), T(\mathcal{D}_t)) := R(\mathcal{D}_t; f_s)$。在此类方法下，目标是如何将源域的判别函数 f_s 对目标域数据进行正则化和微调。

诚然，不同的参数设定可以同时发生。例如，如果同时学习 v_i 和 T，则对应于样本权重和特征变换同时进行的迁移方法，这显然可以被视为上述方法的扩展，因此我们不讨论这类方法。

这三大类迁移方法基本上概括了绝大多数迁移方法。我们将在后续的三个章节中系统地讲解每类迁移方法的基本形式和解决方案。在此之前，先简要叙述这几类方法。

3.3.1 样本权重迁移法

样本权重迁移法的出发点非常直接：决定迁移学习成功与否的关键是源域和目标域的相似程度，即，两个领域之间相似度越高，迁移学习的表现越好。这启发我们从源域中选择一个数据样本子集 $\mathcal{D}'_s \in \mathcal{D}_s$，使得选择后的 $\mathcal{D}'_s$ 可以足够表征源域 $\mathcal{D}_s$ 中的所有信息，并且 $\mathcal{D}'_s$ 与 $\mathcal{D}_t$ 之间的相似度达到最大。此操作可以通过对 v_i 的求解达成。

此时，并不需要显式求解特征变换函数 T。这是因为如果有一种特定的样本权重自适应方法能够选出足够有代表性的 $\mathcal{D}'_s$，便可以直接通过经验风险最小化来学习最优的迁移学习模型 f。

我们将在接下来的 3.4.2 节详细介绍样本权重迁移法。

3.3.2 特征变换迁移法

特征变换迁移法与概率分布差异的度量直接相关。如果我们假定源域和目标域中所有样本均是非常重要的（即 $v_i = 1, \forall i$），则迁移学习的目标变为：如何求解特征变换 T 使得特征变换后的源域和目标域概率分布差异达到最小。

如何求解这样的特征变换？我们将特征变换法大致分为两大类别：统计特征变换和几何特征变换。其中，统计特征变换的目标是通过显式最小化源域和目标域的分布差异来进行求解；而几何特征变换的目标则是从几何分布出发，隐式地最小化二者的分布差异。

何为显式和隐式？显式对应于直接寻找一种分布差异度量方法来计算源域和目标域的分布差异。例如欧氏距离、余弦相似度、马氏距离等，均可以充当距离函数度量。而类似于距离度量的一些方法，例如 Kullback-Leibler 散度（KL divergence）、Jensen-Shannon divergence、互信息（Mutual information）等，均可充当上述显式度量。

另一方面，如果以度量学习（metric learning）的观点来看待距离度量，则上述的距离可以看成预先定义的距离，它们在绝大多数情况下都可使用。然而，对于动态变化的数据分布而言，这种预先定义的距离往往不足以表征分布之间的差异。此时我们自然会想，有没有一种非预先定义好的距离、可以在数据中动态学习、更适合数据分布的度量？

例如，从生成对抗网络（Generative Adversarial Networks）[4] 的观点来看，网络中的判别器用来判断数据来自真实图像还是噪声，当其无法分辨真实图像和由噪声生成的图像时，则认为判别器学习到了领域不变的特征。此时，这种判别器网络就可以被看成一种隐式距离。

我们将在接下来的第 5 章和 6 章中详细介绍特征变换迁移法。

3.3.3　模型预训练迁移法

第三种比较常用的方法则是模型预训练迁移法，即如果已经有一个在源域上训练好的模型 f_s 且目标域本身有一些可供学习的有标签数据，则可以直接将 f_s 应用于目标域上进行微调。此时可以重点关注在微调过程中目标域的情况，而不用额外考虑迁移正则化项（或者一并考虑）。这种预训练-微调（Pre-training and fine-tuning）的模式已被广泛应用于计算机视觉（如 ImageNet [2] 上预训练模型）、自然语言处理（Transformer [10]、BERT [3]）等领域。

我们将在接下来的第 8 章中详细介绍预训练-微调方法。以基于深度学习的预训练方法为基础，我们还将陆续介绍基于深度学习（第 9 章）和对抗学习（第 10 章）的迁移方法。

从上面的表述中我们看到，本小节介绍的统一的迁移学习表征方法可以被应用于大多数流行的迁移学习方法中。统一表征及三大类迁移方法可以被总结为表 3.2 的形式。

表 3.2　三大类迁移方法总结

$$f^* = \arg\min_{f \in \mathcal{H}} \frac{1}{N_s} \sum_{i=1}^{N_s} \ell(f(v_i \boldsymbol{x}_i), y_i) + \lambda R(T(\mathcal{D}_s), T(\mathcal{D}_t))$$

方法大类	问题设定	求解目标
样本权重迁移法	$T(\mathcal{D}_s), T(\mathcal{D}_t) = \mathcal{D}_s, \mathcal{D}_t$	v_i
特征变换迁移法	$v_i = 1, \forall i$	T
模型预训练迁移法	$v_i = 1, \forall i, \ R(T(\mathcal{D}_s), T(\mathcal{D}_t)) := R(\mathcal{D}_t; f_s)$	SRM

值得注意的是，每大类方法与其他类别之间并不孤立。并且，这种定义方法也可以被自然地扩展到深度学习中。在之后的章节里我们将逐步揭开每种方法的面纱。

3.4　上手实践

本章对迁移学习的方法进行了总体概览。在这一小节中，我们将编写代码，建立迁移学习的基线模型，并对本教程中使用的数据集进行简要介绍，为后续章节的上手实践部分打下基础。本节的完整代码可以在以下链接[1]中找到。

本教程所有的代码实例均使用 Python[2] 作为主要编程语言。Python 作为人工智能和机器学习时代最流行的编程语言之一，其在传统机器学习和深度学习方面均有着广泛的应用。许多常用的数据科学框架，例如 NumPy[3]、Pandas[4]、Scikit-learn[5]、Scipy[6] 等均使用 Python 作为主要编程接口；一些主流深度学习框架，例如 PyTorch[7]、TensorFlow[8]、MXNet[9] 等，也为 Python 提供了丰富的支持。在余下的教程中，我们假定读者具有基本的编码能力与 Python 知识。

---

[1]请见链接 3-1。
[2]请见链接 3-2。
[3]请见链接 3-3。
[4]请见链接 3-4。
[5]请见链接 3-5。
[6]请见链接 3-6。
[7]请见链接 3-7。
[8]请见链接 3-8。
[9]请见链接 3-9。

3.4.1 数据准备

如同近十年来计算机视觉领域的基准测试数据集是 ImageNet [2] 一样，迁移学习领域的算法开发和测试，也有一些对应的主流基准测试数据集。迁移学习的主流基准测试数据集包括：

- 物体识别数据集；如 Office-31[10] 和 Office-Home[11] 等；
- 手写体识别数据集；如 MNIST[12]、USPS[13]、和 SVHN[14] 等；
- 文本情感分类数据集；如 Amazon Review dataset[15]、20Newsgroup[16]、和 Reuters-21578[17] 等；
- 人脸识别数据集；如 CMU-PIE[18] 等；
- 行为识别数据集；如 DSADS[19] 和 Opportunity[20] 等。

本书并不打算对这些主流数据集进行详细介绍。事实上，在任何特定的应用领域，只要问题设定符合迁移学习的要求，我们均可以构建出适合当前情景的数据集。例如，在 NLP 任务中，跨语言（Cross-lingual）的任务天然就是一个迁移学习任务。本书的附录中也介绍了这些常用数据集的基本信息。

为确保全书中上手实践部分的一致性，本书统一采用 Office-31 对象识别数据集作为所有上手实践部分的测试数据集。对于其他数据集，读者可十分方便地遵循特定的预处理过程对数据集进行替换。另一方面，由于我们的重点是研究通用算法而非在特定的应用领域进行调优，因此，数据集仅供测试算法性能使用。在实际应用中，需要结合应用背景进行细致的调优，使算法达到最优的表现。

Office-31 [9] 是视觉迁移学习的主流基准数据集，包含 Amazon（在线电商图片）、Webcam（网络摄像头拍摄的低解析度图片）、DSLR（单反相机拍摄的高解析度图片）这三个对象领域，共有 4110 张图片，31 个类别标签。由于这三个对象领域的数据均服从不同的数据分布，因此，从中随机选取两个不同的领域

---

[10]请见链接 3-10。
[11]请见链接 3-11。
[12]请见链接 3-12。
[13]请见链接 3-13。
[14]请见链接 3-14。
[15]请见链接 3-15。
[16]请见链接 3-16。
[17]请见链接 3-17。
[18]请见链接 3-18。
[19]请见链接 3-19。
[20]请见链接 3-20。

作为源领域和目标领域，我们可以构造 $3 \times 2 = 6$ 个跨领域视觉对象识别的任务：$A \to D, A \to W, \cdots, W \to A$。这三个领域的数据样本如图 3.3 所示。从图中我们可以清晰地看出，不同领域中的数据即使属于同一类别，也服从不同的数据分布（即光照、角度、背景等的不同）。

图 3.3　Office-31 数据集样本示意

Office-31 数据集的原始数据为图片格式，此格式可以直接被用于深度学习方法的输入，因此无须额外提取特征。然而，对于传统方法而言，其通常需要输入提取的特征进行后续处理。因此，我们对 Office-31 数据提取其 ResNet-50 特征（即用 ResNet-50[5] 网络提取的特征）作为传统方法的输入数据。读者不需要关心 ResNet 特征的计算方式，只需要了解在传统方法中，我们并不直接采用原始的图片数据，而是将图片的 ResNet-50 特征作为输入数据。

数据集的原始数据和 ResNet-50 特征可以在这里下载：请见链接 3-21。

下载完成后，解压并整理到相应的文件夹中。图 3.4 展示了 Office-31 数据集的原始数据集情况，每一个领域对应于 31 个文件夹，每个文件夹对应于相应类别的图片数据。

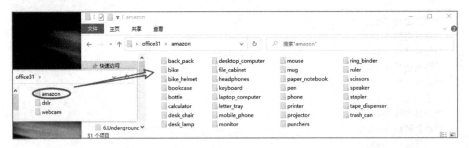

图 3.4　Office-31 数据集

3.4.2 基准模型构建：KNN

为了与迁移学习作对比，我们以 K 近邻分类器（KNN）作为传统方法的代表。我们构建一个 KNN 分类器，对 Office-31 数据集的数据进行跨领域分类。

首先，用下面的函数加载文件夹 folder 下的领域 domain 的数据，并返回它的特征和类别。

加载 Office-31 数据集

```python
def load_csv(folder, src_domain, tar_domain):
    data_s = np.loadtxt(f'{folder}/amazon_{src_domain}.csv',
        delimiter=',')
    data_t = np.loadtxt(f'{folder}/amazon_{tar_domain}.csv',
        delimiter=',')
    Xs, Ys = data_s[:, :-1], data_s[:, -1]
    Xt, Yt = data_t[:, :-1], data_t[:, -1]
    return Xs, Ys, Xt, Yt
```

接着，借助 Scikit-learn 工具包构建一个 KNN 分类器，接收源域和目标域的特征（X）和标签（Y），分类后输出分类精度。

KNN 分类器

```python
def knn_classify(Xs, Ys, Xt, Yt, k=1):
    from sklearn.neighbors import KNeighborsClassifier
    from sklearn.metrics import accuracy_score
    model = KNeighborsClassifier(n_neighbors=k)
    Ys = Ys.ravel()
    Yt = Yt.ravel()
    model.fit(Xs, Ys)
    Yt_pred = model.predict(Xt)
    acc = accuracy_score(Yt, Yt_pred)
    print('Accuracy using kNN: {:.2f}%'.format(acc * 100))
```

最后，我们在主函数中对上述两个函数进行调用，即可完成最简单的用 KNN 进行分类的例子。在本实例中，源域为 amazon，目标域为 webcam。读者可自由更换为其他的领域。

主函数

```
1   if __name__ == "__main__":
2       folder = './office31-decaf'
3       src_domain = 'amazon'
4       tar_domain = 'webcam'
5       Xs, Ys = load_data(folder, src_domain)
6       Xt, Yt = load_data(folder, tar_domain)
7       print('Source:', src_domain, Xs.shape, Ys.shape)
8       print('Target:', tar_domain, Xt.shape, Yt.shape)
9
10      knn_classify(Xs, Ys, Xt, Yt)
```

图 3.5 为上述运行的输出。我们看到源域共有 2817 个样本，目标域则有 795 个样本。由 `amazon` 到 `webcam` 使用 KNN 分类器的结果为 74.59%。完整的代码可以从本书的配套网络资源中获取。在余下的章节中，将会围绕此数据集运用不同的迁移学习方法来提高其精度。

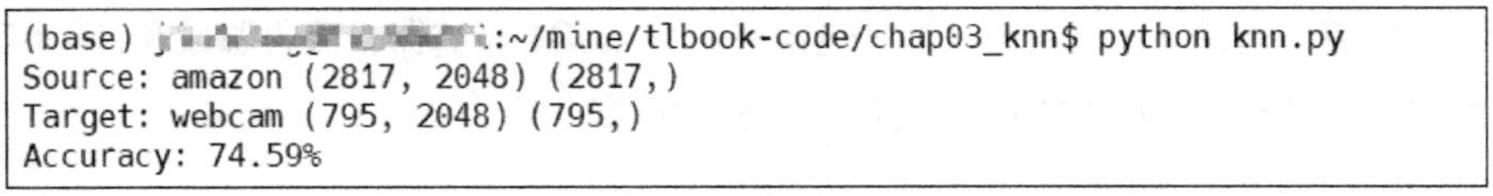

```
(base) j**********:~/mine/tlbook-code/chap03_knn$ python knn.py
Source: amazon (2817, 2048) (2817,)
Target: webcam (795, 2048) (795,)
Accuracy: 74.59%
```

图 3.5 KNN 分类器的运行结果

参考文献

[1] Ben-David, S., Blitzer, J., Crammer, K., Pereira, F., et al. (2007). Analysis of representations for domain adaptation. In *NIPS*, volume 19.

[2] Deng, J., Dong, W., Socher, R., Li, L.-J., Li, K., and Fei-Fei, L. (2009). Imagenet: A large-scale hierarchical image database. In *2009 IEEE conference on computer vision and pattern recognition*, pages 248–255. Ieee.

[3] Devlin, J., Chang, M.-W., Lee, K., and Toutanova, K. (2018). Bert: Pre-training of deep bidirectional transformers for language understanding. In *NAACL*.

[4] Goodfellow, I. J., Pouget-Abadie, J., Mirza, M., Xu, B., Warde-Farley, D., Ozair, S., Courville, A., and Bengio, Y. (2014). Generative adversarial networks. In *NIPS*.

[5] He, K., Zhang, X., Ren, S., and Sun, J. (2016). Deep residual learning for image recognition. In *Proceedings of the IEEE conference on computer vision and pattern recognition*, pages 770–778.

[6] Long, M., Wang, J., et al. (2013). Transfer feature learning with joint distribution adaptation. In *ICCV*, pages 2200–2207.

[7] Pan, S. J., Tsang, I. W., Kwok, J. T., and Yang, Q. (2011). Domain adaptation via transfer component analysis. *IEEE TNN*, 22(2): 199–210.

[8] Qin, X., Chen, Y., Wang, J., and Yu, C. (2019). Cross-dataset activity recognition via adaptive spatial-temporal transfer learning. *Proceedings of the ACM on Interactive, Mobile, Wearable and Ubiquitous Technologies*, 3(4): 1–25.

[9] Saenko, K., Kulis, B., Fritz, M., and Darrell, T. (2010). Adapting visual category models to new domains. In *ECCV*, pages 213–226. Springer.

[10] Vaswani, A., Shazeer, N., Parmar, N., Uszkoreit, J., Jones, L., Gomez, A. N., Kaiser, Ł., and Polosukhin, I. (2017). Attention is all you need. *Advances in neural information processing systems*, 30.

[11] Wang, J., Chen, Y., Feng, W., Yu, H., Huang, M., and Yang, Q. (2020). Transfer learning with dynamic distribution adaptation. *ACM TIST*, 11(1): 1–25.

[12] Wang, J., Chen, Y., Hu, L., Peng, X., and Yu, P. S. (2018a). Stratified transfer learning for cross-domain activity recognition. In *2018 IEEE International Conference on Pervasive Computing and Communications (PerCom)*.

[13] Wang, J., Feng, W., Chen, Y., Yu, H., Huang, M., and Yu, P. S. (2018b). Visual domain adaptation with manifold embedded distribution alignment. In *ACMMM*, pages 402–410.

[14] Yu, C., Wang, J., Chen, Y., and Huang, M. (2019). Transfer learning with dynamic adversarial adaptation network. In *The IEEE International Conference on Data Mining (ICDM)*.

[15] Zhao, H., Des Combes, R. T., Zhang, K., and Gordon, G. (2019). On learning invariant representations for domain adaptation. In *International Conference on Machine Learning*, pages 7523–7532.

[16] Zhu, Y., Zhuang, F., Wang, J., Ke, G., Chen, J., Bian, J., Xiong, H., and He, Q. (2020). Deep subdomain adaptation network for image classification. *IEEE Transactions on Neural Networks and Learning Systems*.

样本权重迁移法

基于样本权重的迁移方法是解决迁移学习问题的有效方法之一。本章首先介绍样本权重迁移法的基本概念和模型表征,然后介绍此类方法中的两类基本方法:基于样本选择的方法和基于权重自适应的方法。

本章内容的组织安排如下。4.1 节对样本权重迁移法进行问题定义。4.2 节介绍基于样本选择的方法。4.3 节介绍基于权重自适应的方法。随后,我们在 4.4 节给出本章的相关上手实践代码。最后,4.5 节对本章内容进行总结。

4.1 问题定义

样本权重迁移法是迁移学习的基本思路之一。本书在第 3 章中曾指出,迁移学习的核心是找到并利用源域和目标域的分布差异度量。然而,样本权重迁移法看起来似乎对解决此问题并无直接帮助。此类方法可以缩小源域和目标域的分布差异吗?

由于迁移学习中样本的维度和数量通常都非常大,因此直接对 $P_\mathrm{s}(\boldsymbol{x})$ 和 $P_\mathrm{t}(\boldsymbol{x})$ 进行估计是不可行的。为达到迁移目的,我们可以有针对性地从有标记的源域数据中筛选出部分样本,使得筛选出的样本所形成的概率分布能够与目标域数据的概率分布相似,之后再使用传统的机器学习方法建模。此方法的关键是如何设计数据筛选准则。从另一个维度来看,数据筛选可以等价于如何设计有意义的样本权重规则(注意:数据筛选可以看成权重的特例,例如可以简单地用权重值为 1 和 0 来表示选择或不选择某个样本)。

图 4.1 形象地表示了基于样本权重的迁移方法的思想。在图中,源域存在不同种类的动物,如狗、鸟、猫等;而目标域只有狗这一种主要类别。在进行迁移

学习时，为了最大限度地使源域和目标域相似，可以设计权重策略来提高源域中狗这个类别的样本权重（即对应图中源域狗的样本变大）。

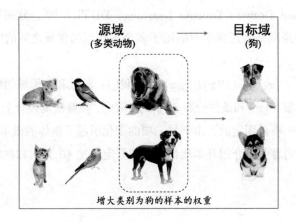

图 4.1　样本权重迁移方法示意图

定义 4.1 样本权重迁移法　在迁移学习中，给定一个有标记的源域 $\mathcal{D}_s = \{(\boldsymbol{x}_i, y_i)\}_{i=1}^{N_s}$ 和一个无标记的目标域 $\mathcal{D}_t = \{(\boldsymbol{x}_j)\}_{j=1}^{N_t}$。两个领域的联合概率分布不同，即 $P_s(\boldsymbol{x}, y) \neq P_t(\boldsymbol{x}, y)$。令向量 $\boldsymbol{v} \in \mathbb{R}^{N_s}$ 表示源域中每个样本的权重，则样本权重迁移法的学习目标是学习一个最优的权重向量 $\boldsymbol{v}^*$，使得经过权重计算后源域和目标域的概率分布差异变小：$D(P_s(\boldsymbol{x}, y|\boldsymbol{v}), P_t(\boldsymbol{x}, y)) < D(P_s(\boldsymbol{x}, y), P_t(\boldsymbol{x}, y))$。基于此权重，学习器在目标域上的风险将达到最小：

$$f^* = \arg\min_{f \in \mathcal{H}} \frac{1}{N_s} \sum_{i=1}^{N_s} \ell(f(v_i \boldsymbol{x}_i), y_i) + \lambda R(\mathcal{D}_s, \mathcal{D}_t), \tag{4.1.1}$$

其中的向量 $\boldsymbol{v}$ 即为此类方法学习的重点。

大量的研究工作（文献 [7, 8, 15, 47]）着眼于对源域和目标域的分布比值进行估计（$P_s(\boldsymbol{x})/P_t(\boldsymbol{x})$），所估计得到的比值即为样本的权重 v_i。这些方法通常都假设 $\frac{P_s(\boldsymbol{x})}{P_t(\boldsymbol{x})} < \infty$ 且源域和目标域的条件概率分布相同（即 $P(y|\boldsymbol{x}_s) = P(y|\boldsymbol{x}_t)$）。特别地，Dai 等人[8]提出了 TrAdaboost 方法，将 AdaBoost 的思想应用于迁移学习中，以提高有利于目标分类任务的实例权重、降低不利于目标分类任务的实例权重。研究人员同时基于 PAC 理论推导了模型的泛化误差上界。TrAdaBoost 方法是此方面的经典研究之一。文献 [13] 提出核均值匹配方法（Kernel Mean Matching，KMM）对概率分布进行估计。KMM 方法的目标是使得加权后的源

域和目标域的概率分布尽可能接近。在最新的研究成果中，香港科技大学的 Tan 等人提出了传递迁移学习（Transitive Transfer Learning，TTL）[37] 和远域迁移学习（Distant Domain Transfer Learning，DDTL）[38]，分别利用联合矩阵分解和深度神经网络将迁移学习应用于多个不相似的领域之间的知识共享，取得了良好的效果。

概率公式 $P(\boldsymbol{x},y) = P(\boldsymbol{x})P(y|\boldsymbol{x})$ 告诉我们：源域和目标域的概率分布差异取决于边缘分布 $P(\boldsymbol{x})$ 和条件分布 $P(y|\boldsymbol{x})$。因此，在算法的设计上，我们通常假定此二者中有一项是固定的、由于另一项的变化引起了整体的概率分布差异。

本章余下内容分别介绍样本选择法（即假定 $v_i \in \{0,1\}$）和权重自适应方法（即 $v_i \in [0,1]$）。

4.2 基于样本选择的方法

基于样本选择的方法，假设源域和目标域的边缘分布近似相等，即 $P_s(\boldsymbol{x}) \approx P_t(\boldsymbol{x})$。当二者的条件分布发生改变时，便可利用一些筛选机制选择出一些合适的样本。事实上，样本选择的过程亦可被视为一个如图 4.2 所示的决策过程。

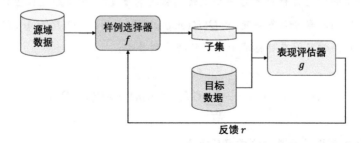

图 4.2　基于样本选择的迁移学习示意图

该决策过程主要包含如下几部分。

- 样本选择器（Instance Selector）f：其作用是从源域中选出一部分样本（Subset）使得这部分样本的数据分布与目标域数据分布差异较小。
- 表现评估器（Performance Evaluator）g：其作用是评估当前选择的样本与目标域的量化差异程度。
- 反馈（Reward）r：其作用是根据表现评估器的结果对样本选择器选出的样本进行反馈，以指导其后续的选择过程。

读者不难发现，上述决策过程可以被近似看成一个强化学习的马尔可夫决策过程（Markov Decision Process，MDP）[36]。因此，一个非常自然的想法应运而生：我们可以将一些成熟的强化学习方法直接应用于样本选择。如此，我们只要设计好上述样本选择器、表现评估器和反馈机制就可达成目标。例如，我们可以利用经典的 REINFORCE 算法[36] 来学习一种选择策略（Policy），还可以利用已有的 Deep Q Learning 的方法来完成此过程。

因此，以是否采用强化学习来分类，基于样本选择的迁移学习方法可以被简单地分为两大类：非强化学习法和强化学习法。

4.2.1 基于非强化学习的样本选择法

在深度强化学习还未兴起之时，研究者更多采用的是非强化学习的样本选择法。为方便叙述，我们将基于非强化学习的样本选择方法分为三类：基于距离度量的方法、基于元学习的方法，以及其他方法。

基于距离度量的方法非常直接：利用人为设定的某种度量准则使得最终选择的样本在该度量准则下能达到最优值。常用的度量准则包括交叉熵、最大均值差异[3] 和 KL 散度等。有关度量准则的介绍可以参照附录。此类方法可以被视为一种两阶段的学习方式：首先利用度量准则选择出最好的源域样本，然后基于筛选出的源域样本进行训练。注意：这两个过程在此类方法中存在先后关系、它们并不可以进行交互，即第一阶段选出的样本数据对于第二阶段是固定的，并不存在后续的选择过程。这些方法主要被应用于自然语言处理任务中，例如 [1, 4, 10, 19, 20, 22, 24, 25, 28, 33, 34, 40] 等工作均是基于距离度量方法的实验与应用。

基于元学习的方法的主要思想是设计一个额外的网络（即元网络）来学习样本的选择方式，并且在训练过程中通过与主要的学习任务不断交互来修正选择结果。因此，这个过程是相互学习的、而非上述基于距离度量方法的二阶段形式。例如，文献 [30] 利用了课程学习（Curriculum learning）[2] 的思想将样本选择过程形式化为一个元学习的任务以进行交替学习。研究工作 [5, 6, 18, 27, 43, 46] 也利用了元网络进行数据选择。

其他方法还包括基于贝叶斯的选择方法[29,39]，我们在这里不再过多介绍。

特别地，研究人员在文献 [39] 中提出了进行数据选择要着重处理的三个要素：

（1）简单性（Simplicity）：样本筛选方法应该是简单的，不会给现有的主要任务带来额外非常大的计算负担。

（2）多样性（Diversity）：筛选出的样本需具备多样性的特征以增强现有任务的泛化能力。

（3）代表性（Prototypicality）：筛选出的样本需具有一定的代表性，能够引入额外的新知识和模式。

读者应特别注意课程学习与样本选择的结合。由于课程学习强调一个由易到难的学习过程，与人类的学习过程相符，因此，二者的结合常常会带来更好的效果。

4.2.2 基于强化学习的样本选择法

自深度学习随着 AlexNet [16] 的成功异军突起，强化学习方法，特别是深度强化学习方法（Deep Reinforcement Learning, DRL），随着 Google DeepMind 开发的 AlphaGo 系列 [31,32] 在围棋领域打败人类顶尖棋手，也在近年来获得了前所未有的进步。虽然本书的重点是机器学习中的迁移学习方法，其主要目标或许与强化学习任务相去甚远，但是，知识是可以相互连接的：我们既可以用强化学习的思想和方法来解决迁移学习问题，也可以用迁移学习的思想和方法来解决强化学习问题——或许这就是知识的魅力吧。

本节主要介绍基于强化学习的样本选择法的基本思路。

文献 [11] 提出一种基于强化学习的数据选择方法，以从噪声数据中进行学习。此类工作主要聚焦于传统学习背景，并未考虑迁移学习的特殊性。文献 [23] 提出在领域自适应问题中利用 Deep Q Learning 学习一个采样策略。文献 [17] 利用 REINFORCE 方法 [36] 在自然语言处理任务中进行源域选择。我们将重点介绍该方法。

该方法将源域数据分为若干个批次（Batch）以学习这些批次中每个样本的权重。值得注意的是，为了方便度量源域和目标域的分布差异，该方法首先随机选择出一些有标记的样本作为指导集（Guidance Set），然后在每一批次的训练中给该批次的源域数据赋予一定的权重。其与指导集同时经过特征提取后，用一定的方法度量二者的分布差异并完成源域上的预测任务。反馈函数则将分布差异反馈给源域选择器以便开始新一轮的迭代。

在应用强化学习方法时，最重要的是对强化学习中的核心概念状态（State）、行为（Action）和反馈（Reward）给予合适的定义，之后才能完成强化学习的建模。在此方法中，这些概念的含义对应如下。

- 状态（State）：由当前批次样本的权重向量和特征提取器的参数构成。
- 行为（Action）：主要执行选择操作，因此它是一个二值向量，0 表示不选择当前样本，1 表示选择当前样本。
- 反馈（Reward）：在本问题中，评估方法是源域和目标域的分布差异。

特别地，反馈函数亦是强化学习的重点。在本问题中，反馈函数被表示为

$$r(s,a,s') = d(\Phi_{B_{j-1}}^{s}, \Phi_{t}^{s}) - \gamma d(\Phi_{B_j}^{s'}, \Phi_{t}^{s'}), \tag{4.2.1}$$

上标 s、t 分别表示源域和目标域。$d(\cdot,\cdot)$ 表示一个分布度量函数，在本方法中作者尝试了诸如 MMD、Reny 等差异度量。(s,a,s') 表示状态 s 经过动作 a 后变为状态 s'，Φ 表示对应的特征。B_{j-1} 和 B_j 分别表示第 $j-1$ 轮和第 j 轮迭代时一个批次的数据。整个方法的最优解可以通过深度网络求解。

随后，文献 [9,12,26,41,42] 等将强化学习集成到迁移学习过程中，完成样本的选择与特征的学习。值得注意的是，样本选择和特征学习其实是互补的两个阶段，因此将二者有机结合常常会有更好的效果。文献 [26,41] 等均是样本选择和特征学习相结合的例子。

4.3 基于权重自适应的方法

与样本选择法不同，样本权重法假设源域和目标域的条件分布大致相同，即 $P_s(y|\boldsymbol{x}) \approx P_t(y|\boldsymbol{x})$，而边缘分布不同：$P_s(\boldsymbol{x}) \neq P_t(\boldsymbol{x})$。由经典工作 [14] 得到启发，我们使用最大似然估计来解决权重问题。

令 θ 表示模型待学习参数，则目标域模型的最优参数可以被表示为

$$\theta_t^* = \arg\max_{\theta} \int_x \sum_{y \in \mathcal{Y}} P_t(\boldsymbol{x},y) \log P(y|\boldsymbol{x};\theta) \mathrm{d}x, \tag{4.3.1}$$

利用贝叶斯公式，上式可以被计算为

$$\theta_t^* = \arg\max_{\theta} \int_x P_t(\boldsymbol{x}) \sum_{y \in \mathcal{Y}} [P_t(y|\boldsymbol{x})] \log P(y|\boldsymbol{x};\theta) \mathrm{d}x. \tag{4.3.2}$$

我们注意到，$P_t(y|\boldsymbol{x})$ 是未知的，但它恰恰是求解目标。我们能利用的分布只有 $P_s(\boldsymbol{x},y)$。因此，能否通过一定的变换以利用 $P_s(\boldsymbol{x},y)$ 避开对目标域条件概率 $P_t(y|\boldsymbol{x})$ 的计算，来学习到目标域的模型参数 θ_t^* 呢？

答案是肯定的。我们通过巧妙地构建两种概率之间的关系，利用条件概率近似相等（$P_s(y|\boldsymbol{x}) \approx P_t(y|\boldsymbol{x})$）这一条件，进行如下变换。

$$\begin{aligned}
\theta_t^* &\approx \arg\max_\theta \int_x \frac{P_t(\boldsymbol{x})}{P_s(\boldsymbol{x})} P_s(\boldsymbol{x}) \sum_{y\in\mathcal{Y}} P_s(y|\boldsymbol{x}) \log P(y|\boldsymbol{x};\theta) \mathrm{d}\boldsymbol{x} \\
&\approx \arg\max_\theta \int_x \frac{P_t(\boldsymbol{x})}{P_s(\boldsymbol{x})} \tilde{P}_s(\boldsymbol{x}) \sum_{y\in\mathcal{Y}} \tilde{P}_s(y|\boldsymbol{x}) \log P(y|\boldsymbol{x};\theta) \mathrm{d}\boldsymbol{x} \\
&\approx \arg\max_\theta \frac{1}{N_s} \sum_{i=1}^{N_s} \frac{P_t(\boldsymbol{x}_i^s)}{P_s(\boldsymbol{x}_i^s)} \log P(y_i^s|\boldsymbol{x}_i^s;\theta),
\end{aligned} \tag{4.3.3}$$

其中 $\frac{P_t(\boldsymbol{x}_i^s)}{P_s(\boldsymbol{x}_i^s)}$ 这一项通常被称为**概率密度比**（Density Ratio），它将直接指导今后的样本权重学习。

概率密度比可以帮助构建源域和目标域的概率密度之间的关系。总结来看，目标域的模型参数可以被重新表示为

$$\theta_t^* \approx \arg\max_\theta \frac{1}{N_s} \sum_{i=1}^{N_s} \frac{P_t(\boldsymbol{x}_i^s)}{P_s(\boldsymbol{x}_i^s)} \log P(y_i^s|\boldsymbol{x}_i^s;\theta). \tag{4.3.4}$$

上式中的每一项都是可被求解的，因此，我们的问题得到了解决。

通过上述分析可知：概率密度比可以构建源域和目标域概率分布之间的关系，因此可以作为后续方法构建的桥梁。为了方便表示，我们将概率密度比记为

$$\beta_i := \frac{P_t(\boldsymbol{x}_i^s)}{P_s(\boldsymbol{x}_i^s)}, \tag{4.3.5}$$

其中，$\boldsymbol{\beta} = \{\beta_i\}_{i=1}^{N_s}$ 向量表示概率密度比。

那么，概率密度比如何发挥作用？按照 3.3 节中的迁移学习统一表征，带有概率密度比的 Logistic 回归可以被重新表征为

$$\min_\theta \sum_{i=1}^m -\beta_i \log P(y_i|\boldsymbol{x}_i,\theta) + \frac{\lambda}{2}||\theta||^2, \tag{4.3.6}$$

而带有概率密度比的支持向量机 SVM 可以被重新表征为

$$\min_{\theta,\xi} \frac{1}{2}||\theta||^2 + C\sum_{i=1}^{m}(-\beta_i\xi_i). \tag{4.3.7}$$

特别地，样本权重法也可以与基于特征变换的迁移方法有机结合。我们将此密度比与最大均值差异 MMD 距离 [3] 结合，得到如下优化目标：

$$\begin{aligned} \mathrm{MMD}\,(D_\mathrm{s},D_\mathrm{t}) &= \sup_{f\in\mathcal{F}} \mathbb{E}_P \left[\frac{1}{N_\mathrm{s}}\sum_{i=1}^{N_\mathrm{s}}\beta_i f(\boldsymbol{x}_i) - \frac{1}{N_\mathrm{t}}\sum_{j=1}^{N_\mathrm{t}} f(\boldsymbol{x}_j)\right] \\ &= \frac{1}{N_\mathrm{s}^2}\boldsymbol{\beta}^\mathrm{T}\boldsymbol{K}\boldsymbol{\beta} - \frac{2}{N_\mathrm{t}^2}\boldsymbol{\kappa}^\mathrm{T}\boldsymbol{\beta} + \mathrm{const}, \end{aligned} \tag{4.3.8}$$

应用核技巧后上式可以被化简为

$$\begin{aligned} &\min_{\boldsymbol{\beta}} \frac{1}{2}\boldsymbol{\beta}^\mathrm{T}\boldsymbol{K}\boldsymbol{\beta} - \boldsymbol{\kappa}^\mathrm{T}\boldsymbol{\beta} \\ &s.t. \quad \beta_i \in [0,B] \quad \text{and} \quad \left|\sum_{i=1}^{N_\mathrm{s}}\beta_i - N_\mathrm{s}\right| \leqslant N_\mathrm{s}\epsilon \end{aligned} \tag{4.3.9}$$

此方法 [13] 便是经典的**核均值匹配**（Kernel Mean Matching，KMM）算法，其中 ϵ 和 B 为预先定义好的阈值。关于 KMM 的详细推导和说明，请参照其原始论文。

后续又出现了很多方法进行样本权重的学习。值得一提的是，KMM 算法可以直接集成在深度学习中进行样本权重的深度学习。例如，文献 [44,45] 在迁移和微调过程中进行权重的学习，文献 [21] 则加入了因果推断（Causality，本书将在 12.4 节介绍）来学习更好的特征表达。

4.4 上手实践

本小节我们使用 Python 语言实现核均值匹配（Kernel Mean Matching，KMM）算法 [35] 进行基于样本权重的迁移学习。该算法的核心是通过构建二次规划方程来求解源域和目标域样本的权重之比 β 向量。然后，我们便可利用

KNN（K-nearest neighbor）等分类器来实现分类。完整代码可以在以下链接[1]中找到。

KMM 算法的代码如下所示。我们模仿 scikit-learn 的形式实现其 fit 函数，并利用 cvxopt 包实现算法中的二次规划部分。为使用方便，我们将其核心实现封装为一个类。

KMM 算法

```
1   class KMM:
2       def __init__(self, kernel_type='linear', gamma=1.0, B=1.0, eps=
            None):
3           '''
4           Initialization function
5           :param kernel_type: 'linear' | 'rbf'
6           :param gamma: kernel bandwidth for rbf kernel
7           :param B: bound for beta
8           :param eps: bound for sigma_beta
9           '''
10          self.kernel_type = kernel_type
11          self.gamma = gamma
12          self.B = B
13          self.eps = eps
14
15      def fit(self, Xs, Xt):
16          '''
17          Fit source and target using KMM (compute the coefficients)
18          :param Xs: ns * dim
19          :param Xt: nt * dim
20          :return: Coefficients (Pt / Ps) value vector (Beta in the
                paper)
21          '''
22          ns = Xs.shape[0]
23          nt = Xt.shape[0]
24          if self.eps == None:
25              self.eps = self.B / np.sqrt(ns)
```

---
[1]请见链接 4-1。

```
26          K = kernel(self.kernel_type, Xs, None, self.gamma)
27          kappa = np.sum(kernel(self.kernel_type, Xs, Xt, self.gamma) *
                    float(ns) / float(nt), axis=1)
28
29          K = matrix(K.astype(np.double))
30          kappa = matrix(kappa.astype(np.double))
31          G = matrix(np.r_[np.ones((1, ns)), -np.ones((1, ns)), np.eye(
                    ns), -np.eye(ns)])
32          h = matrix(np.r_[ns * (1 + self.eps), ns * (self.eps - 1),
                    self.B * np.ones((ns,)), np.zeros((ns,))])
33
34          sol = solvers.qp(K, -kappa, G, h)
35          beta = np.array(sol['x'])
36          return beta
```

然后，我们编写主函数进行流程控制。

KMM 主函数

```
1   if __name__ == "__main__":
2       folder = '../../office31_resnet50'
3       src_domain = 'amazon'
4       tar_domain = 'webcam'
5       Xs, Ys, Xt, Yt = load_csv(folder, src_domain, tar_domain)
6       print('Source:', src_domain, Xs.shape, Ys.shape)
7       print('Target:', tar_domain, Xt.shape, Yt.shape)
8
9       kmm = KMM(kernel_type='rbf', B=18)
10      beta = kmm.fit(Xs, Xt)
11      Xs_new = beta * Xs
12      knn_classify(Xs_new, Ys, Xt, Yt, k=1, norm=args.norm)
```

如图 4.3 所示，KMM 算法在 Office-31 数据集的 amazon 到 webcam 任务上的分类精度为 **74.72%**，高于 KNN 的 74.59%。这说明了 KMM 方法的有效性。当然，在实际应用中我们可以调节超参数，使结果变得更好。

```
(base) xxx:~/mine/tlbook-code/chap04_instance$ python kmm.py
Source: amazon (2817, 2048) (2817,)
Target: webcam (795, 2048) (795,)
b: 18, k: rbf
     pcost       dcost       gap     pres    dres
 0:  1.4648e+03 -4.8070e+07  5e+07   1e-15   1e-09
 1:  1.4591e+03 -6.1565e+05  6e+05   1e-14   3e-11
 2:  1.2043e+03 -3.3661e+04  3e+04   7e-15   1e-12
 3:  6.4021e+02 -5.3785e+03  6e+03   7e-16   2e-13
 4:  2.5725e+03 -4.6935e+03  7e+03   2e-14   3e-12
 5:  6.5349e+02 -7.7174e+03  8e+03   2e-14   3e-12
 6:  6.3899e+02  5.2754e+02  1e+02   2e-15   6e-13
 7:  6.3201e+02  6.2737e+02  5e+00   5e-15   3e-14
 8:  6.3174e+02  6.3160e+02  1e-01   2e-15   8e-14
 9:  6.3173e+02  6.3173e+02  2e-03   8e-15   3e-14
10:  6.3173e+02  6.3173e+02  2e-05   2e-14   3e-12
Optimal solution found.
Accuracy: 74.72%
```

图 4.3　KMM 方法运行结果

4.5　小结

本章主要介绍了基于样本选择和样本权重进行迁移学习的两大类方法，以及通用的学习范式。我们发现，样本选择是一个非常基础的问题，因此，其不仅对传统机器学习和深度学习有着指导作用，也对迁移学习有着指导作用。这些方法可以被广泛应用于计算机视觉、自然语言处理和行为识别等常用的任务中。

参考文献

[1] Axelrod, A., He, X., and Gao, J. (2011). Domain adaptation via pseudo in-domain data selection. In *Proceedings of the conference on empirical methods in natural language processing*, pages 355–362. Association for Computational Linguistics.

[2] Bengio, Y., Louradour, J., Collobert, R., and Weston, J. (2009). Curriculum learning. In *Proceedings of the 26th annual international conference on machine learning*, pages 41–48.

[3] Borgwardt, K. M., Gretton, A., Rasch, M. J., Kriegel, H.-P., Schölkopf, B., and Smola, A. J. (2006). Integrating structured biological data by kernel maximum mean discrepancy. *Bioinformatics*, 22(14): e49–e57.

[4] Chatterjee, R., Arcan, M., Negri, M., and Turchi, M. (2016). Instance selection foronline automatic post-editing in a multi-domain scenario. In *The Twelfth Con-*

ference of The Association for Machine Translation in the Americas, pages 1–15.

[5] Chen, B. and Huang, F. (2016). Semi-supervised convolutional networks for translation adaptation with tiny amount of in-domain data. In *Proceedings of The 20th SIGNLL Conference on Computational Natural Language Learning*, pages 314–323.

[6] Coleman, C., Yeh, C., Mussmann, S., Mirzasoleiman, B., Bailis, P., Liang, P., Leskovec, J., and Zaharia, M. (2019). Selection via proxy: Efficient data selection for deep learning. *arXiv preprint arXiv:1906.11829*.

[7] Cortes, C., Mohri, M., Riley, M., and Rostamizadeh, A. (2008). Sample selection bias correction theory. In *International Conference on Algorithmic Learning Theory*, pages 38–53, Budapest, Hungary. Springer.

[8] Dai, W., Yang, Q., Xue, G.-R., and Yu, Y. (2007). Boosting for transfer learning. In *ICML*, pages 193–200. ACM.

[9] Dong, N. and Xing, E. P. (2018). Domain adaption in one-shot learning. In *Joint European Conference on Machine Learning and Knowledge Discovery in Databases*, pages 573–588. Springer.

[10] Duh, K., Neubig, G., Sudoh, K., and Tsukada, H. (2013). Adaptation data selection using neural language models: Experiments in machine translation. In *Proceedings of the 51st Annual Meeting of the Association for Computational Linguistics (Volume 2: Short Papers)*, pages 678–683.

[11] Feng, J., Huang, M., Zhao, L., Yang, Y., and Zhu, X. (2018). Reinforcement learning for relation classification from noisy data. In *Thirty-Second AAAI Conference on Artificial Intelligence*.

[12] Guo, H., Pasunuru, R., and Bansal, M. (2019). Autosem: Automatic task selection and mixing in multi-task learning. *arXiv preprint arXiv:1904.04153*.

[13] Huang, J., Smola, A. J., Gretton, A., Borgwardt, K. M., Schölkopf, B., et al. (2007). Correcting sample selection bias by unlabeled data. *Advances in neural information processing systems*, 19: 601.

[14] Jiang, J. and Zhai, C. (2007). Instance weighting for domain adaptation in nlp. In *Proceedings of the 45th annual meeting of the association of computational linguistics*, pages 264–271.

[15] Khan, M. N. A. and Heisterkamp, D. R. (2016). Adapting instance weights for unsupervised domain adaptation using quadratic mutual information and subspace learning. In *Pattern Recognition (ICPR), 2016 23rd International Conference on*, pages 1560–1565, Mexican City. IEEE.

[16] Krizhevsky, A., Sutskever, I., and Hinton, G. E. (2012). Imagenet classification with deep convolutional neural networks. In *Advances in neural information processing systems*, pages 1097–1105.

[17] Liu, M., Song, Y., Zou, H., and Zhang, T. (2019). Reinforced training data selection for domain adaptation. In *Proceedings of the 57th Annual Meeting of the Association for Computational Linguistics*, pages 1957–1968.

[18] Loshchilov, I. and Hutter, F. (2015). Online batch selection for faster training of neural networks. *arXiv preprint arXiv:1511.06343*.

[19] Mirkin, S. and Besacier, L. (2014). Data selection for compact adapted smt models.

[20] Moore, R. C. and Lewis, W. (2010). Intelligent selection of language model training data. In *Proceedings of the ACL 2010 conference short papers*, pages 220–224. Association for Computational Linguistics.

[21] Moraffah, R., Shu, K., Raglin, A., and Liu, H. (2019). Deep causal representation learning for unsupervised domain adaptation. *arXiv preprint arXiv:1910.12417*.

[22] Murthy, R., Kunchukuttan, A., and Bhattacharyya, P. (2018). Judicious selection of training data in assisting language for multilingual neural ner. In *Proceedings of the 56th Annual Meeting of the Association for Computational Linguistics (Volume 2: Short Papers)*, pages 401–406.

[23] Patel, Y., Chitta, K., and Jasani, B. (2018). Learning sampling policies for domain adaptation. *arXiv preprint arXiv:1805.07641*.

[24] Plank, B. and Van Noord, G. (2011). Effective measures of domain similarity for parsing. In *Proceedings of the 49th Annual Meeting of the Association for Computational Linguistics: Human Language Technologies-Volume 1*, pages 1566–1576. Association for Computational Linguistics.

[25] Poncelas, A., Wenniger, G. M. d. B., and Way, A. (2019). Transductive data-selection algorithms for fine-tuning neural machine translation. *arXiv preprint arXiv:1908.09532*.

[26] Qu, C., Ji, F., Qiu, M., Yang, L., Min, Z., Chen, H., Huang, J., and Croft, W. B. (2019). Learning to selectively transfer: Reinforced transfer learning for deep text matching. In *Proceedings of the Twelfth ACM International Conference on Web Search and Data Mining*, pages 699–707.

[27] Ren, M., Zeng, W., Yang, B., and Urtasun, R. (2018). Learning to reweight examples for robust deep learning. *arXiv preprint arXiv:1803.09050*.

[28] Ruder, S., Ghaffari, P., and Breslin, J. G. (2017). Data selection strategies for multi-domain sentiment analysis. *arXiv preprint arXiv:1702.02426*.

[29] Ruder, S. and Plank, B. (2017). Learning to select data for transfer learning with bayesian optimization. *arXiv preprint arXiv:1707.05246*.

[30] Shu, J., Xie, Q., Yi, L., Zhao, Q., Zhou, S., Xu, Z., and Meng, D. (2019). Meta-weight-net: Learning an explicit mapping for sample weighting. In *Advances in Neural Information Processing Systems*, pages 1917–1928.

[31] Silver, D., Huang, A., Maddison, C. J., Guez, A., Sifre, L., Van Den Driessche, G., Schrittwieser, J., Antonoglou, I., Panneershelvam, V., Lanctot, M., et al. (2016). Mastering the game of go with deep neural networks and tree search. *nature*, 529(7587): 484.

[32] Silver, D., Schrittwieser, J., Simonyan, K., Antonoglou, I., Huang, A., Guez, A., Hubert, T., Baker, L., Lai, M., Bolton, A., et al. (2017). Mastering the game of go without human knowledge. *Nature*, 550(7676): 354.

[33] Søgaard, A. (2011). Data point selection for cross-language adaptation of dependency parsers. In *Proceedings of the 49th Annual Meeting of the Association for Computational Linguistics: Human Language Technologies: short papers-Volume 2*, pages 682–686. Association for Computational Linguistics.

[34] Song, Y., Klassen, P., Xia, F., and Kit, C. (2012). Entropy-based training data selection for domain adaptation. In *Proceedings of COLING 2012: Posters*, pages 1191–1200.

[35] Sugiyama, M., Krauledat, M., and MÃžller, K.-R. (2007). Covariate shift adaptation by importance weighted cross validation. *Journal of Machine Learning Research*, 8(May): 985–1005.

[36] Sutton, R. S. and Barto, A. G. (2018). *Reinforcement learning: An introduction*. MIT press.

[37] Tan, B., Song, Y., Zhong, E., and Yang, Q. (2015). Transitive transfer learning. In *Proceedings of the 21th ACM SIGKDD International Conference on Knowledge Discovery and Data Mining*, pages 1155–1164. ACM.

[38] Tan, B., Zhang, Y., Pan, S. J., and Yang, Q. (2017). Distant domain transfer learning. In *Thirty-First AAAI Conference on Artificial Intelligence*.

[39] Tsvetkov, Y., Faruqui, M., Ling, W., MacWhinney, B., and Dyer, C. (2016). Learning the curriculum with bayesian optimization for task-specific word representation learning. *arXiv preprint arXiv:1605.03852*.

[40] Van Asch, V. and Daelemans, W. (2010). Using domain similarity for performance estimation. In *Proceedings of the 2010 Workshop on Domain Adaptation for Natural Language Processing*, pages 31–36. Association for Computational Linguistics.

[41] Wang, B., Qiu, M., Wang, X., Li, Y., Gong, Y., Zeng, X., Huang, J., Zheng, B., Cai, D., and Zhou, J. (2019a). A minimax game for instance based selective transfer learning. In *Proceedings of the 25th ACM SIGKDD International Conference on Knowledge Discovery & Data Mining*, pages 34–43.

[42] Wang, J., Chen, Y., Feng, W., Yu, H., Huang, M., and Yang, Q. (2019b). Transfer learning with dynamic distribution adaptation. *ACM Intelligent Systems and Technology (TIST)*.

[43] Wang, R., Utiyama, M., Liu, L., Chen, K., and Sumita, E. (2017). Instance weighting for neural machine translation domain adaptation. In *Proceedings of the 2017 Conference on Empirical Methods in Natural Language Processing*, pages 1482–1488.

[44] Wang, Y., Zhao, D., Li, Y., Chen, K., and Xue, H. (2019c). The most related knowledge first: A progressive domain adaptation method. In *Pacific-Asia Conference on Knowledge Discovery and Data Mining*, pages 90–102. Springer.

[45] Wang, Z., Bi, W., Wang, Y., and Liu, X. (2019d). Better fine-tuning via instance weighting for text classification. In *Proceedings of the AAAI Conference on Artificial Intelligence*, volume 33, pages 7241–7248.

[46] Wu, F. and Huang, Y. (2016). Sentiment domain adaptation with multiple sources. In *Proceedings of the 54th Annual Meeting of the Association for Computational Linguistics (Volume 1: Long Papers)*, pages 301–310.

[47] Zadrozny, B. (2004). Learning and evaluating classifiers under sample selection bias. In *Proceedings of the twenty-first international conference on Machine learning*, page 114, Alberta, Canada. ACM.

5

统计特征变换迁移法

本章讲述基于统计特征变换的迁移学习方法。与样本权重自适应的迁移方法相比，此类方法研究成果丰富、迁移效果较好。尤其是当它与深度表征学习结合后，取得了更好的效果，因此一直是研究的热点。

本章内容的组织安排如下。5.1 节介绍统计特征迁移法的问题定义，5.2 节介绍基于最大均值差异的迁移方法，5.3 节介绍基于度量学习的迁移方法。我们在 5.4 节给出本章的配套上手实践代码。最后，5.5 节对本章内容进行总结。

5.1 问题定义

严格来说，统计特征不可胜数，从常见的均值、方差，到二阶距、高阶距，再到假设检验等，本书不可能一一讲解，这也足见统计学的魅力之大。因此，我们仅关注几种被广泛研究的统计特征变换方法，以此为例来讲解各种方法的思想与学习模式。

定义 5.1 特征变换迁移法 在迁移学习中，给定一个有标记的源域 $\mathcal{D}_s = \{(\boldsymbol{x}_i, y_i)\}_{i=1}^{N_s}$ 和一个无标记的目标域 $\mathcal{D}_t = \{(\boldsymbol{x}_j)\}_{j=1}^{N_t}$。两个领域的联合概率分布不同，即 $P_s(\boldsymbol{x},y) \neq P_t(\boldsymbol{x},y)$。特征变换迁移法的目标是学习一个特征变换函数 T 使得以下目标最小化：

$$f^* = \underset{f \in \mathcal{H}}{\arg\min} \frac{1}{N_s} \sum_{i=1}^{N_s} \ell(v_i f(\boldsymbol{x}_i), y_i) + \lambda R(T(\mathcal{D}_s), T(\mathcal{D}_t)). \tag{5.1.1}$$

由于特征变换与分布距离度量有直接关系，而分布距离度量具有显式和隐式两种，我们将特征变换分为如下两大类。

定义 5.2 显式特征变换 如果采用预先定义好的显式分布距离度量，则此种方式下求得的特征变换为显式特征变换（基于度量函数 $D(\cdot,\cdot)$）:

$$f^* = \mathop{\arg\min}_{f \in \mathcal{H}} \frac{1}{N_\text{s}} \sum_i^{N_\text{s}} \ell(f(\boldsymbol{x}_i), y_i) + \lambda D(\mathcal{D}_\text{s}, \mathcal{D}_\text{t}). \tag{5.1.2}$$

本书附录中提供了一些常用的显式分布距离度量。

定义 5.3 隐式特征变换 如果分布距离的度量由模型自己习得、而非采用上述显式距离度量，则此种方式下求得的特征变换为隐式特征变换 (函数 $\text{Metric}(\cdot,\cdot)$):

$$f^* = \mathop{\arg\min}_{f \in \mathcal{H}} \frac{1}{N_\text{s}} \sum_i^{N_\text{s}} \ell(f(\boldsymbol{x}_i), y_i) + \lambda \text{Metric}(\mathcal{D}_\text{s}, \mathcal{D}_\text{t}). \tag{5.1.3}$$

度量学习（5.3 节）、几何特征变换法（下一章）和对抗迁移学习（本书第 10 章）均属于隐式特征变换方法的具体实现。

读者应注意，从形式上看，尽管隐式特征变换的定义更为普遍，但目前尚无法证明其包含了显式变换的结果；从详尽的实验结果上观察，也无法得出隐式特征变换的结果一定好于显式特征变换（本书 10.5 节中对抗迁移学习的实现表明其结果并不会总是超过基于 MMD 的方法）。因此在实际应用中我们仍然需要根据问题特点量体裁衣。

5.2 最大均值差异法

在众多的统计学距离度量中，**最大均值差异**（Maximum Mean Discrepancy, MMD）[5] 可能是迁移学习中使用最广泛的分布距离度量之一。本节介绍基于最大均值差异进行迁移学习的基本思路和方法。

5.2.1 基本概念

最大均值差异最早被用来进行统计学中的两样本检验（Two-sample test）。对于两个概率分布 p 和 q，假设 $p = q$，然后根据不同的两样本检验方法可以决定是否接收或拒绝这个假设。在众多的检验方法中，MMD 无疑是其中较简单和效果较好的方法之一。

用 $\mathcal{H}_k$ 来表示由显著核（characteristic kernel）k 定义的可再生核希尔伯特空间（Reproducing Kernel Hilbert Space, RKHS）。在此空间中，概率分布 p 的平均嵌入（Mean embedding）表示为 $\mu_k(p)$，则 $\mu_k(p)$ 是空间 $\mathcal{H}_k$ 内的一个唯一的元素。这使得对于空间 $\mathcal{H}_k$ 中的任意函数 $f \in \mathcal{H}_k$，均有

$$\mathbb{E}_{\boldsymbol{x} \sim p} f(\boldsymbol{x}) = \langle f(\boldsymbol{x}), \mu_k(p) \rangle_{\mathcal{H}_k}. \tag{5.2.1}$$

我们用 $d_k(p, q)$ 来表示两个概率分布 p 和 q 之间的最大均值差异，则此距离的平方等价于在 RKHS 上两个分布的平均嵌入的距离：

$$d_k^2(p, q) := \|\mathbb{E}_{\boldsymbol{x} \sim p}[\phi(\boldsymbol{x})] - \mathbb{E}_{\boldsymbol{x} \sim q}[\phi(\boldsymbol{x})]\|_{\mathcal{H}_k}^2, \tag{5.2.2}$$

其中，映射函数 $\phi(\cdot)$ 定义了一个从原数据到 RKHS 的映射。核函数定义为映射的内积：

$$k(\boldsymbol{x}_i, \boldsymbol{x}_j) = \langle \phi(\boldsymbol{x}_i), \phi(\boldsymbol{x}_j) \rangle, \tag{5.2.3}$$

其中 $\langle \cdot, \cdot \rangle$ 表示内积操作。如果 $d_k(p, q) = 0$，则表示 $p = q$。反之亦然。

MMD 中的核函数与在其他机器学习方法如支持向量机中常见的核函数是相同的：

- 线性核函数（Linear kernel）：$k(\boldsymbol{x}_i, \boldsymbol{x}_j) = \langle \boldsymbol{x}_i, \boldsymbol{x}_j \rangle$。
- 多项式核函数（Polynomial kernel）：$k(\boldsymbol{x}_i, \boldsymbol{x}_j) = \langle \boldsymbol{x}_i, \boldsymbol{x}_j \rangle^d$，其中 d 为多项式的次数。
- 高斯核函数（Gaussian kernel, RBF kernel）：$k(\boldsymbol{x}_i, \boldsymbol{x}_j) = \exp\left(-\frac{\|\boldsymbol{x}_i - \boldsymbol{x}_j\|^2}{2\sigma^2}\right)$，其中 σ 为核函数的宽度（bandwidth）。

回到 MMD 的定义上来。这个枯燥乏味的定义引入了大量的新名词，看起来似乎非常难以理解。MMD 的本质是什么？简而言之，MMD 便是求两个概率分布映射到另一个空间中的数据的均值之差！

因此，给定两个概率分布，我们便可以利用上述核技巧求得其分布距离。

MMD 的故事显然还没有结束。英国学者 Gretton 等人将单一核的 MMD 扩展为**多核 MMD**（Multiple-Kernel MMD）[6]。我们知道，MMD 距离和所使用的核函数是分不开的。即，不同核函数对应不同的 MMD 距离。那么哪个核函数才是最优的一个？在解决实际问题时应该如何选择最好的核函数？

多核 MMD 将核 k 视为一组不同的核函数的组合，然后用一定的优化方法求得这个组合后的最优 MMD 结果。具体而言，多核 MMD 将核 k 视为一系列半正定核 $\{k_u\}$ 的线性组合：

$$\mathcal{K} := \left\{ k = \sum_{u=1}^{m} \beta_u k_u : \sum_{u=1}^{m} \beta_u = 1, \beta_u \geqslant 0, \forall u \right\}, \tag{5.2.4}$$

其中 β_u 是每个核的权重。因此，多核 MMD 被广泛应用于迁移学习问题中。

5.2.2 基于最大均值差异的迁移学习

本节介绍基于最大均值差异的迁移学习方法。回顾迁移学习的统一表征公式 (3.3.1)，特征变换法的迁移学习优化目标如下：

$$f^* = \underset{f \in \mathcal{H}}{\arg\min} \frac{1}{N_\mathrm{s}} \sum_{i=1}^{N_\mathrm{s}} \ell(f(\boldsymbol{x}_i), y_i) + \lambda R(T(\mathcal{D}_\mathrm{s}), T(\mathcal{D}_\mathrm{t})), \tag{5.2.5}$$

其中 T 为我们求的特征变换。

那么，MMD 距离与特征变换函数 T 有什么关系呢？

回顾分布差异度量的一般表达形式：

$$D(\mathcal{D}_\mathrm{s}, \mathcal{D}_\mathrm{t}) \approx (1-\mu) D(P_\mathrm{s}(\boldsymbol{x}), P_\mathrm{t}(\boldsymbol{x})) + \mu D(P_\mathrm{s}(y|\boldsymbol{x}), P_\mathrm{t}(y|\boldsymbol{x})). \tag{5.2.6}$$

上式启发我们可以直接用 MMD 距离计算边缘分布差异 $D(P_\mathrm{s}(\boldsymbol{x}), P_\mathrm{t}(\boldsymbol{x}))$。事实上此即为经典的迁移学习方法：**迁移成分分析**（Transfer Component Analysis, TCA）[13] 的核心思想。边缘分布的 MMD 距离可以被表示为

$$\mathrm{MMD}(P_\mathrm{s}(\boldsymbol{x}), P_\mathrm{t}(\boldsymbol{x})) = \left\| \frac{1}{N_\mathrm{s}} \sum_{i=1}^{N_\mathrm{s}} \boldsymbol{A}^\mathrm{T} \boldsymbol{x}_i - \frac{1}{N_\mathrm{t}} \sum_{j=1}^{N_\mathrm{t}} \boldsymbol{A}^\mathrm{T} \boldsymbol{x}_j \right\|_{\mathcal{H}}^2. \tag{5.2.7}$$

边缘分布自适应方法由杨强教授团队在 2009 年提出 [13]，称为**迁移成分分析**，该方法是领域的经典方法。

然而由于目标域样本没有标签，进行动态分布自适应似乎并不可行。即我们无法直接求得 $P_\mathrm{t}(y|\boldsymbol{x})$。故条件分布差异 $D(P_\mathrm{s}(y|\boldsymbol{x}), P_\mathrm{t}(y|\boldsymbol{x}))$ 在此无解。那么，

是否有其他方法可以逼近这个条件概率？

换个角度思考。我们可以利用类条件概率 $P_t(x|y)$。根据贝叶斯公式 $P_t(y|x) = P_t(y)P_t(x|y)$（忽略分母），如果忽略 $P_t(y)$，那么岂不是就可以用 $P_t(x|y)$ 来近似 $P_t(y|x)$ 吗？

此近似并非空穴来风。统计学中的充分统计量告诉我们，如果样本里有太多的东西未知，只要样本足够好，我们就能够从中选择一些统计量来近似地代替要估计的分布。

在实际中我们依然没有 y_t。为此，一种基于迭代修正的学习策略应运而生：用 (x_s, y_s) 训练一个简单的分类器（如 KNN 和逻辑斯特回归）；然后将此分类器在 x_t 上直接进行预测以获取目标域数据的伪标签 $\hat{y}_t$。接着，我们根据伪标签进行迁移学习、习得特征变换。然后回到训练分类器的步骤。如此循环，迁移学习结果便越来越好。

类似地，条件分布的 MMD 距离可以被近似表示为

$$\mathrm{MMD}(P_s(y|x), P_t(y|x)) = \sum_{c=1}^{C} \left\| \frac{1}{N_s^{(c)}} \sum_{x_i \in \mathcal{D}_s^{(c)}} A^\mathrm{T} x_i - \frac{1}{N_t^{(c)}} \sum_{x_j \in \mathcal{D}_t^{(c)}} A^\mathrm{T} x_j \right\|_\mathcal{H}^2, \tag{5.2.8}$$

其中，$N_s^{(c)}$ 和 $N_t^{(c)}$ 分别标识源域和目标域中来自第 c 类的样本个数，C 为类别个数。$\mathcal{D}_s^{(c)}$ 和 $\mathcal{D}_t^{(c)}$ 分别表示源域和目标域中来自第 c 类的样本。

公式虽美，然而现实依旧残酷：看上去好像无法直接进行求解！

我们先给出上述公式的最终表达形式，然后再以公式 (5.2.7) 为例详解如何进行数学变换。用 MMD 进行迁移学习的最终表达形式为

$$\mathrm{tr}(A^\mathrm{T} X M X^\mathrm{T} A), \tag{5.2.9}$$

其中 $\mathrm{tr}(\cdot)$ 表示矩阵的迹（Trace），A 矩阵是我们所求的特征变换函数 T 的对应矩阵，X 是由源域和目标域样本拼接成的矩阵。

上式中的 M 是 MMD 矩阵，其可以被计算为

$$M = (1 - \mu) M_0 + \mu \sum_{c=1}^{C} M_c, \tag{5.2.10}$$

其中的边缘和条件 MMD 矩阵可以按如下方式计算：

5 统计特征变换迁移法

$$(M_0)_{ij} = \begin{cases} \dfrac{1}{N_s^2}, & x_i, x_j \in \mathcal{D}_s \\ \dfrac{1}{N_t^2}, & x_i, x_j \in \mathcal{D}_t \\ -\dfrac{1}{N_s N_t}, & \text{otherwise} \end{cases} \quad (5.2.11)$$

$$(M_c)_{ij} = \begin{cases} \dfrac{1}{(N_s^{(c)})^2}, & x_i, x_j \in \mathcal{D}_s^{(c)} \\ \dfrac{1}{(N_t^{(c)})^2}, & x_i, x_j \in \mathcal{D}_t^{(c)} \\ -\dfrac{1}{N_s^{(c)} N_t^{(c)}}, & \begin{cases} x_i \in \mathcal{D}_s^{(c)}, x_j \in \mathcal{D}_t^{(c)} \\ x_i \in \mathcal{D}_t^{(c)}, x_j \in \mathcal{D}_s^{(c)} \end{cases} \\ 0, & \text{otherwise} \end{cases} \quad (5.2.12)$$

特别地，当设定自适应因子 $\mu = 0.5$ 时，上式对应于联合分布自适应（Joint Distribution Adaptation，JDA）方法[11]。而更为一般的形式则是**动态分布自适应方法**[18,19,21]。

下面以边缘概率分布的 MMD 距离为例详细介绍如何进行这样的概率化简并最终整理成核的形式。

$$\left\| \frac{1}{N_s} \sum_{i=1}^{N_s} \boldsymbol{A}^\mathrm{T} \boldsymbol{x}_i - \frac{1}{N_t} \sum_{j=1}^{N_t} \boldsymbol{A}^\mathrm{T} \boldsymbol{x}_j \right\|^2$$

$$= \left\| \frac{1}{N_s} \boldsymbol{A}^\mathrm{T} \begin{bmatrix} \boldsymbol{x}_1 & \boldsymbol{x}_2 & \cdots & \boldsymbol{x}_{N_s} \end{bmatrix}_{1 \times N_s} \begin{bmatrix} 1 \\ 1 \\ \vdots \\ 1 \end{bmatrix}_{N_s \times 1} \right.$$

$$\left. - \frac{1}{N_t} \boldsymbol{A}^\mathrm{T} \begin{bmatrix} \boldsymbol{x}_1 & \boldsymbol{x}_2 & \cdots & \boldsymbol{x}_{N_t} \end{bmatrix}_{1 \times N_t} \begin{bmatrix} 1 \\ 1 \\ \vdots \\ 1 \end{bmatrix}_{N_t \times 1} \right\|^2$$

$$= \mathrm{tr} \left(\frac{1}{N_s^2} \boldsymbol{A}^\mathrm{T} \boldsymbol{X}_s \boldsymbol{1} (\boldsymbol{A}^\mathrm{T} \boldsymbol{X}_s \boldsymbol{1})^\mathrm{T} + \frac{1}{N_t^2} \boldsymbol{A}^\mathrm{T} \boldsymbol{X}_t \boldsymbol{1} (\boldsymbol{A}^\mathrm{T} \boldsymbol{X}_t \boldsymbol{1})^\mathrm{T} \right.$$

$$\left. - \frac{1}{N_s N_t} \boldsymbol{A}^{\mathrm{T}} \boldsymbol{X}_s \boldsymbol{1} (\boldsymbol{A}^{\mathrm{T}} \boldsymbol{X}_t \boldsymbol{1})^{\mathrm{T}} - \frac{1}{N_s N_t} \boldsymbol{A}^{\mathrm{T}} \boldsymbol{X}_t \boldsymbol{1} (\boldsymbol{A}^{\mathrm{T}} \boldsymbol{X}_s \boldsymbol{1})^{\mathrm{T}} \right)$$

$$= \mathrm{tr} \left(\frac{1}{N_s^2} \boldsymbol{A}^{\mathrm{T}} \boldsymbol{X}_s \boldsymbol{1} \boldsymbol{1}^{\mathrm{T}} \boldsymbol{X}_s^{\mathrm{T}} \boldsymbol{A} + \frac{1}{N_t^2} \boldsymbol{A}^{\mathrm{T}} \boldsymbol{X}_t \boldsymbol{1} \boldsymbol{1}^{\mathrm{T}} \boldsymbol{X}_t^{\mathrm{T}} \boldsymbol{A} \right.$$

$$\left. - \frac{1}{N_s N_t} \boldsymbol{A}^{\mathrm{T}} \boldsymbol{X}_s \boldsymbol{1} \boldsymbol{1}^{\mathrm{T}} \boldsymbol{X}_t^{\mathrm{T}} \boldsymbol{A} - \frac{1}{N_s N_t} \boldsymbol{A}^{\mathrm{T}} \boldsymbol{X}_t \boldsymbol{1} \boldsymbol{1}^{\mathrm{T}} \boldsymbol{X}_s^{\mathrm{T}} \boldsymbol{A} \right)$$

$$= \mathrm{tr} \left[\boldsymbol{A}^{\mathrm{T}} \left(\frac{1}{N_s^2} \boldsymbol{1} \boldsymbol{1}^{\mathrm{T}} \boldsymbol{X}_s^{\mathrm{T}} \boldsymbol{X}_s + \frac{1}{N_t^2} \boldsymbol{1} \boldsymbol{1}^{\mathrm{T}} \boldsymbol{X}_t^{\mathrm{T}} \boldsymbol{X}_t \right. \right.$$

$$\left. \left. - \frac{1}{N_s N_t} \boldsymbol{1} \boldsymbol{1}^{\mathrm{T}} \boldsymbol{X}_s^{\mathrm{T}} \boldsymbol{X}_t - \frac{1}{N_s N_t} \boldsymbol{1} \boldsymbol{1}^{\mathrm{T}} \boldsymbol{X}_t^{\mathrm{T}} \boldsymbol{X}_s \right) \boldsymbol{A} \right]$$

$$= \mathrm{tr} \left(\boldsymbol{A}^{\mathrm{T}} \begin{bmatrix} \boldsymbol{X}_s & \boldsymbol{X}_t \end{bmatrix} \begin{bmatrix} \frac{1}{N_s^2} \boldsymbol{1} \boldsymbol{1}^{\mathrm{T}} & \frac{-1}{N_s N_t} \boldsymbol{1} \boldsymbol{1}^{\mathrm{T}} \\ \frac{-1}{N_s N_t} \boldsymbol{1} \boldsymbol{1}^{\mathrm{T}} & \frac{1}{N_t^2} \boldsymbol{1} \boldsymbol{1}^{\mathrm{T}} \end{bmatrix} \begin{bmatrix} \boldsymbol{X}_s \\ \boldsymbol{X}_t \end{bmatrix} \boldsymbol{A} \right)$$

$$= \mathrm{tr} \left(\boldsymbol{A}^{\mathrm{T}} \boldsymbol{X} \boldsymbol{M} \boldsymbol{X}^{\mathrm{T}} \boldsymbol{A} \right)$$

上述推导用到了矩阵两个非常重要的性质：

（1）$\|\boldsymbol{A}\|^2 = \mathrm{tr}(\boldsymbol{A}\boldsymbol{A}^{\mathrm{T}})$，在第二步中使用。

（2）$\mathrm{tr}(\boldsymbol{A}\boldsymbol{B}) = \mathrm{tr}(\boldsymbol{B}\boldsymbol{A})$，在第四步中使用。

条件分布的 MMD 距离变换同理。看到此处是不是惊叹于数学的美妙？

5.2.3　求解与计算

推导出问题的最终表达形式公式 (5.2.9) 之后，只需要将其最小化便可完成迁移。然而，任何优化问题均有约束存在，否则最小化公式 (5.2.9) 极其简单：只要令特征变换矩阵 $\boldsymbol{A}$ 中所有的元素都为 0 即可。

事实上，还需要考虑的约束条件是特征变换前后样本的散度问题，也可以理解成是数据的方差。我们用散度（Scatter）对方差进行近似。样本集 $\boldsymbol{x}$ 的散度矩阵 $\boldsymbol{S}$ 可以表示为

$$\boldsymbol{S} = \sum_{j=1}^{n} (\boldsymbol{x}_j - \overline{\boldsymbol{x}})(\boldsymbol{x}_j - \overline{\boldsymbol{x}})^{\mathrm{T}}$$

$$= \sum_{j=1}^{n} (\boldsymbol{x}_j - \overline{\boldsymbol{x}}) \otimes (\boldsymbol{x}_j - \overline{\boldsymbol{x}})$$

$$= \left(\sum_{j=1}^{n} \boldsymbol{x}_j \boldsymbol{x}_j^{\mathrm{T}}\right) - n\overline{\boldsymbol{X}\boldsymbol{X}}^{\mathrm{T}}, \tag{5.2.13}$$

其中 $\overline{\boldsymbol{x}} = \frac{1}{n}\sum_{j=1}^{n} \boldsymbol{x}_j$ 表示样本均值，$\otimes$ 表示外积。用 $\boldsymbol{H} = \boldsymbol{I} - (1/n)\boldsymbol{1}$ 表示中心矩阵，$\boldsymbol{I} \in \mathbb{R}^{(n+m)\times(n+m)}$ 表示单位矩阵。则样本的散度矩阵（即方差）可以被表示为

$$\boldsymbol{S} = \boldsymbol{X}\boldsymbol{H}\boldsymbol{X}^{\mathrm{T}}. \tag{5.2.14}$$

将 $\boldsymbol{A}$ 代入，则方差最大化可以被形式化表示为

$$\max(\boldsymbol{A}^{\mathrm{T}}\boldsymbol{X})\boldsymbol{H}(\boldsymbol{A}^{\mathrm{T}}\boldsymbol{X})^{\mathrm{T}}. \tag{5.2.15}$$

将公式 (5.2.9) 的数据均值之差最小化和公式 (5.2.15) 中的散度最大化结合起来，最终优化目标表示为

$$\min \frac{\mathrm{tr}\left(\boldsymbol{A}^{\mathrm{T}}\boldsymbol{X}\boldsymbol{M}\boldsymbol{X}^{\mathrm{T}}\boldsymbol{A}\right)}{\mathrm{tr}(\boldsymbol{A}^{\mathrm{T}}\boldsymbol{X}\boldsymbol{H}\boldsymbol{X}^{\mathrm{T}}\boldsymbol{A})}. \tag{5.2.16}$$

求解公式 (5.2.16) 要求将其分子最小化、分母最大化，给求解带来了困难。注意到，迁移变换矩阵 $\boldsymbol{A}$ 是一个 Hermitian 矩阵，即满足 $\boldsymbol{A}^{\mathrm{H}} = \boldsymbol{A}$，H 表示矩阵的共轭转置。在此条件下，公式 (5.2.16) 可以根据瑞利商（Rayleigh Quotient）[14] 进行变换求解。

将公式 (5.2.16) 变换为

$$\min \mathrm{tr}\left(\boldsymbol{A}^{\mathrm{T}}\boldsymbol{X}\boldsymbol{M}\boldsymbol{X}^{\mathrm{T}}\boldsymbol{A}\right) + \lambda\|\boldsymbol{A}\|_F^2,$$
$$\mathrm{s.t.}\ \boldsymbol{A}^{\mathrm{T}}\boldsymbol{X}\boldsymbol{H}\boldsymbol{X}^{\mathrm{T}}\boldsymbol{A} = \boldsymbol{I}. \tag{5.2.17}$$

其中，正则项 $\lambda\|\boldsymbol{A}\|_F^2$ 用来保证此问题良好定义，$\lambda > 0$ 为正则项系数。公式 (5.2.17) 即为基于 MMD 进行迁移学习的最终学习目标。

通常我们用拉格朗日法对上式进行求解。其拉格朗日函数表示为

$$L = \mathrm{tr}\left(\left(\boldsymbol{A}^{\mathrm{T}}\boldsymbol{X}\boldsymbol{A}\boldsymbol{X}^{\mathrm{T}} + \lambda\boldsymbol{I}\right)\boldsymbol{A}\right) + \mathrm{tr}\left(\left(\boldsymbol{I} - \boldsymbol{A}^{\mathrm{T}}\boldsymbol{X}\boldsymbol{H}\boldsymbol{X}^{\mathrm{T}}\boldsymbol{A}\right)\boldsymbol{\Phi}\right), \tag{5.2.18}$$

令其导数 $\partial L/\partial \boldsymbol{A} = 0$，得

$$\left(\boldsymbol{X}\boldsymbol{M}\boldsymbol{X}^{\mathrm{T}} + \lambda\boldsymbol{I}\right)\boldsymbol{A} = \boldsymbol{X}\boldsymbol{H}\boldsymbol{X}^{\mathrm{T}}\boldsymbol{A}\boldsymbol{\Phi}, \tag{5.2.19}$$

其中 Φ 为拉格朗日乘子。此式虽形式复杂，然而可直接进行求解：Python 或 MATLAB 语言中均提供了相应的函数（在 MATLAB 中是 `eigs` 函数、在 Python 中则是 `scipy.linalg.eig` 函数）。如此，我们便得到了变换 A，问题得到了解决。

5.2.4 应用与扩展

重温基于 MMD 的迁移学习方法。经典的迁移成分分析[13] 提出了使用 MMD 距离计算源域和目标域的边缘分布差异。之后，文献 [11] 提出了联合分布自适应方法 JDA，其使用 MMD 距离计算边缘和条件分布的差异。接着，Wang 等人提出了动态分布自适应方法 DDA[18,19,21] 以定量地计算两种分布的差异性并达到了最终统一的框架。其中，文献 [20] 将条件分布差异的计算应用于人体行为识别中，获得了不错的效果。

基于 MMD 进行迁移学习方法的步骤总结如下。输入两个特征矩阵，首先用一个初始的简单分类器（如 KNN）计算目标域的伪标签。随后计算 M 和 H 矩阵。然后选择一些常用的核函数进行映射（如线性核、高斯核）计算 K，接着求解公式 (5.2.17) 中的 A 并取其前 m 个特征值。此时便获得求解。由于在计算条件分布差异时伪标签并不准确，因此我们使用多次迭代使结果更好。

基于 MMD 的迁移方法得到了广泛的扩展和应用。ACA（Adapting Component Analysis）[2] 在 TCA 中加入希尔伯特-施密特独立准则 (Hilbert-Schmidt independence criterion)。DTMKL（Domain Transfer Multiple Kernel Learning）[3] 在 TCA 中加入了多核的 MMD 并采用了新的求解方式。VDA[16] 加入了类内距和类间距的计算。文献 [8] 加入结构不变性控制。文献 [7] 加入了对目标域的数据选择。JGSA（Joint Geometrical and Statistical Alignment）[25] 加入类内距、类间距和标签持久化。BDA（Balanced Distribution Adaptation）[19] 和 MEDA（Manifold Embedded Distribution Alignment）[21] 将 MMD 的迁移学习扩展成动态分布自适应的形式，并嵌入一个结构风险最小化框架中，用表示定理[15] 直接学习分类器.

在所有非深度的 MMD 迁移学习方法中，MEDA[21] 具有最一般的形式和较好的效果。MEDA 的结构如图 5.1 所示。

基于 MMD 的迁移方法也在深度学习中得到了继承。早期的 DaNN（Domain-

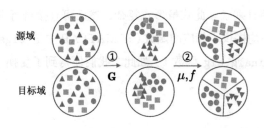

图 5.1　动态分布自适应方法 MEDA[21]

adaptive Neural Networks）[4] 和 DDC（Deep Domain Confusion）[17] 将 MMD 度量加入深度网络特征层的损失函数中。DAN（Deep Adaptation Network）[10] 用多核 MMD 替换单核 MMD 并且进行多层迁移适配。CMD（Central Moment Matching）[24] 将 MMD 推广到了多阶距离的计算。最近，文献 [23] 证明了对抗网络中同样存在边缘分布和条件分布不匹配的问题。为此，作者提出一个动态对抗适配网络 DAAN（Dynamic Adversarial Adaptation Network）来解决对抗网络中的动态分布适配问题。DSAN（Deep Subdomain Adaptation Network）[26] 在优化目标中同时进行边缘分布自适应和源域样本选择。后来，基于深度学习的动态迁移方法 DDAN（Deep Dynamic Adaptation Network）[18] 在深度网络中进行动态分布自适应，取得了更好的效果。

5.3　度量学习法

本节介绍基于度量学习的迁移方法。与最大均值差异法相比，度量学习将距离视为一个可学习的目标在统一框架中进行优化。

对度量的学习一直以来都是机器学习中重要的研究方向。"如何度量两个样本之间的距离"看似是一个简单的问题，实则关乎到几乎所有的分类、回归、聚类、排序等基本任务的表现。一个好的度量有助于我们发现更好的特征和构建更好的模型。

5.3.1　度量学习

度量即距离的意思。我们常用的欧氏距离、马氏距离、余弦相似度，以及上一节介绍的最大均值差异等均为度量。这些度量是显式的、不需要学习直接就可以计算出来的。然而，在特定的任务中单纯地运用这些简单的距离公式往往无法达到预期的效果。因此，我们可以通过在度量方面的研究更好地学习这些距离。此时，分布距离为隐式距离。这就是所谓的**度量学习**（Metric Learning）。

度量学习的基本思路是：给定一些训练样本，这些样本中包含了我们预先观测到的一些对于样本的知识（亦可称之为先验；例如哪两个样本的距离应该要近一些、哪两个要远一些）。然后，学习算法便可以以这些先验知识为约束条件构建目标函数以学习到这些样本之间的一个很好的度量，并满足我们预先给定的限制条件。从此意义而言，度量学习就是一种特定条件下的优化问题。

度量学习的发展也和机器学习的发展情况大概一致：从最初基于传统的方法逐渐过渡到基于深度神经网络的方法。度量学习在计算机视觉、视频分析、文本挖掘、生物信息学等多个领域均有广泛的应用。可以说，在机器学习中，没有度量就没有好的模型。凡是需要用到机器学习的地方，都需要度量。

度量学习的核心是聚类假设（Cluster assumption）：同一簇数据极可能属于同一类别。因此，度量学习着重刻画样本与样本间（pair-wise）的距离，而极大地区别于之前介绍的侧重于数据整体分布的最大均值差异。也正因如此，度量学习更加重视类内距和类间距的学习。

为了衡量这些样本之间彼此的相似性，度量学习大多借鉴流行的线性判别分析的方法（Linear Discriminant Analysis，LDA）计算样本的类内距离和类间距离，从而使得类内距最小，类间距最大。如果用 $S_c^{(m)}$ 和 $S_b^{(m)}$ 分别表示类内距和类间距，则它们可以被分别计算为

$$S_c^{(m)} = \frac{1}{Nk_1} \sum_{i=1}^{N} \sum_{j=1}^{N} P_{ij} d^2(\boldsymbol{x}_i, \boldsymbol{x}_j),$$
$$S_b^{(m)} = \frac{1}{Nk_2} \sum_{i=1}^{N} \sum_{j=1}^{N} Q_{ij} d^2(\boldsymbol{x}_i, \boldsymbol{x}_j), \quad (5.3.1)$$

其中，P_{ij} 表示类内距离。$d(\cdot,\cdot)$ 的计算将会在之后被介绍。当 $\boldsymbol{x}_i$ 是 $\boldsymbol{x}_j$ 的类内 k_1 近邻时，$P_{ij}=1$，否则为 0；同理，Q_{ij} 表示类间距离。当 $\boldsymbol{x}_i$ 是 $\boldsymbol{x}_j$ 的类间 k_2 近邻时，$Q_{ij}=1$，否则为 0。这些度量可以被集成到现有的深度学习方法中以进行基于深度度量的迁移学习。

基于上式，度量学习近几年发展出丰富的工作：Triplet loss, Contrastive loss（实际上其由 Lecun 等人在 2006 年提出，近几年变得炙手可热）、N-pair loss、

以及 InfoNCE loss 等，均对基本的度量学习进行了更细致更深入的研究。有兴趣的读者可以参考相关的度量学习综述 [9, 22] 等。

5.3.2 基于度量学习的迁移学习

已有的度量学习研究大多数集中在传统方法和深度方法中。然而，单纯的度量学习往往只是在数据独立同分布的情况下有效。如果数据分布发生了变化，则已有的研究不能很好地处理。因此，迁移学习可以作为一种工具综合学习不同数据分布下的度量以使得度量更稳定。另一方面，已有的迁移学习工作大多基于固定的距离，例如 MMD 等，其无法学习到更好的距离表达。虽然近年来有一些迁移度量学习的工作，但它们都只考虑在数据层面减小特征分布差异，而忽略了源域中的监督信息。因而，如果能在深度迁移网络中学习度量以有效利用源域中的监督信息，学习到更泛化的距离表达，便会大大提高迁移学习的准确性。杨强教授及其团队在 2011 年提出了基于度量学习的迁移方法 [1]。

因此，基于度量学习的迁移方法不仅对度量学习本身有所裨益，更重要的是对于解决迁移学习问题也大有好处。此度量学习可以直接被集成到迁移学习框架中进行迁移学习。这也直接符合公式 (5.1.3)。

为了减小源域和目标域的分布差异，引入迁移学习中常用的 MMD 度量。综合上述度量学习，引入一加权参数 β 后，整体优化目标为

$$J = S_c^{(m)} - \alpha S_b^{(m)} + \beta D_{\mathrm{MMD}}\left(\boldsymbol{X}_{\mathrm{s}}, \boldsymbol{X}_{\mathrm{t}}\right). \tag{5.3.2}$$

求解上式要求我们重新思考度量学习和特征变换的关系。不妨以基础的马氏距离（Mahalanobis Distance）为基础来对度量学习进行形式化。令 $\boldsymbol{M} \in \mathbb{R}^{d \times d}$ 表示一个半正定（Semi-definite）矩阵，则样本 $\boldsymbol{x}_i$ 和 $\boldsymbol{x}_j$ 之间的马氏距离被定义为

$$d_{ij} = \sqrt{(\boldsymbol{x}_i - \boldsymbol{x}_j)^{\mathrm{T}} \boldsymbol{M} (\boldsymbol{x}_i - \boldsymbol{x}_j)}. \tag{5.3.3}$$

由于矩阵 $\boldsymbol{M}$ 是一个半正定矩阵，因此它总是可以被分解为 $\boldsymbol{M} = \boldsymbol{A}^{\mathrm{T}} \boldsymbol{A}$，其中 $\boldsymbol{A} \in \mathbb{R}^{d \times d}$。此时，马氏距离度量就转化为

$$d_{ij} = \sqrt{(\boldsymbol{x}_i - \boldsymbol{x}_j)^{\mathrm{T}} \boldsymbol{M} (\boldsymbol{x}_i - \boldsymbol{x}_j)} = \sqrt{(\boldsymbol{A}\boldsymbol{x}_i - \boldsymbol{A}\boldsymbol{x}_j)^{\mathrm{T}}(\boldsymbol{A}\boldsymbol{x}_i - \boldsymbol{A}\boldsymbol{x}_j)}. \tag{5.3.4}$$

此时，上式可以与基于 MMD 的方法一同求解。

最后，"基于度量学习的迁移学习"和"基于迁移学习的度量学习"是两个不同的侧重点。当下更流行的方式是采用迁移学习来帮助提高度量学习。我们并不打算介绍此类工作，感兴趣的读者可以参考近期的综述 [12]。

5.4 上手实践

本小节我们以迁移成分分析 TCA [13] 方法为例讲解迁移学习方法的实现过程。类比于 TCA，JDA、STL、DDA 等方法均可进行实现。本小节所述代码在这里[1] 可以找到。我们使用 Python 进行实现。

我们首先定义如下的核函数。

核函数

```
1  def kernel(ker, X1, X2, gamma):
2      K = None
3      if not ker or ker == 'primal':
4          K = X1
5      elif ker == 'linear':
6          if X2 is not None:
7              K = sklearn.metrics.pairwise.linear_kernel(np.asarray(X1)
                    .T, np.asarray(X2).T)
8          else:
9              K = sklearn.metrics.pairwise.linear_kernel(np.asarray(X1)
                    .T)
10     elif ker == 'rbf':
11         if X2 is not None:
12             K = sklearn.metrics.pairwise.rbf_kernel(np.asarray(X1).T,
                    np.asarray(X2).T, gamma)
13         else:
14             K = sklearn.metrics.pairwise.rbf_kernel(np.asarray(X1).T,
                    None, gamma)
15     return K
```

---

[1]请见链接 5-1。

5 统计特征变换迁移法

接着，我们实现 TCA 方法。与上一章的 KMM 类似，我们将其封装为一个类以方便调用。

TCA 方法的 Python 实现

```
1   import numpy as np
2   import scipy.io
3   import scipy.linalg
4   import sklearn.metrics
5   from sklearn.neighbors import KNeighborsClassifier
6
7   class TCA:
8       def __init__(self, kernel_type='primal', dim=30, lamb=1, gamma=1)
            :
9           '''
10          Init func
11          :param kernel_type: kernel, values: 'primal' | 'linear' | '
                rbf'
12          :param dim: dimension after transfer
13          :param lamb: lambda value in equation
14          :param gamma: kernel bandwidth for rbf kernel
15          '''
16          self.kernel_type = kernel_type
17          self.dim = dim
18          self.lamb = lamb
19          self.gamma = gamma
20
21      def fit(self, Xs, Xt):
22          '''
23          Transform Xs and Xt
24          :param Xs: ns * n_feature, source feature
25          :param Xt: nt * n_feature, target feature
26          :return: Xs_new and Xt_new after TCA
27          '''
28          X = np.hstack((Xs.T, Xt.T))
29          X /= np.linalg.norm(X, axis=0)
```

```python
30        m, n = X.shape
31        ns, nt = len(Xs), len(Xt)
32        e = np.vstack((1 / ns * np.ones((ns, 1)), -1 / nt * np.ones((
              nt, 1))))
33        M = e * e.T
34        M = M / np.linalg.norm(M, 'fro')
35        H = np.eye(n) - 1 / n * np.ones((n, n))
36        K = kernel(self.kernel_type, X, None, gamma=self.gamma)
37        n_eye = m if self.kernel_type == 'primal' else n
38        a, b = K @ M @ K.T + self.lamb * np.eye(n_eye), K @ H @ K.T
39        w, V = scipy.linalg.eig(a, b)
40        ind = np.argsort(w)
41        A = V[:, ind[:self.dim]]
42        Z = A.T @ K
43        Z /= np.linalg.norm(Z, axis=0)
44        Xs_new, Xt_new = Z[:, :ns].T, Z[:, ns:].T
45        return Xs_new, Xt_new
46
47    def fit_predict(self, Xs, Ys, Xt, Yt):
48        '''
49        Transform Xs and Xt, then make predictions on target using 1
              NN
50        :param Xs: ns * n_feature, source feature
51        :param Ys: ns * 1, source label
52        :param Xt: nt * n_feature, target feature
53        :param Yt: nt * 1, target label
54        :return: Accuracy and predicted_labels on the target domain
55        '''
56        Xs_new, Xt_new = self.fit(Xs, Xt)
57        clf = KNeighborsClassifier(n_neighbors=1)
58        clf.fit(Xs_new, Ys.ravel())
59        y_pred = clf.predict(Xt_new)
60        acc = sklearn.metrics.accuracy_score(Yt, y_pred)
61        return acc, y_pred
```

5 统计特征变换迁移法

如图 5.2 所示，使用 TCA 方法后，Office-31 数据集上领域 amazon 到领域 webcam 的迁移学习结果为 **76.10%**。结果相比之前章节的 KNN 和 KMM 方法均有所提升，证明了 TCA 方法的有效性。

```
(base) j█████ j██████ :~/mine/tlbook-code/chap05_statistical$ python tca.py
Source: amazon (2817, 2048) (2817,)
Target: webcam (795, 2048) (795,)
0.7610062893081762
```

图 5.2　使用 TCA 方法的迁移学习效果

通过以上过程，我们使用 Python 代码对经典的 TCA 方法进行了实验，完成了一个迁移学习任务。其他的非深度迁移学习方法，均可以参考上面的过程。值得庆幸的是，许多论文的作者都公布了他们的文章代码，以方便我们进行接下来的研究。读者可以从 GitHub[2] 或者相关作者的网站上获取其他许多方法的代码。

5.5　小结

本章介绍了统计特征变换迁移法的基本思路与代表工作。概率分布的度量是迁移学习的核心问题之一。本章介绍的基于最大均值差异法和度量学习法均为解决此问题的关键方法。这些方法在之后也陆续应用于深度学习的场景中，取得了比传统方法更好的效果。

参考文献

[1] Cao, B., Ni, X., Sun, J.-T., Wang, G., and Yang, Q. (2011). Distance metric learning under covariate shift. In *Twenty-Second International Joint Conference on Artificial Intelligence*.

[2] Dorri, F. and Ghodsi, A. (2012). Adapting component analysis. In *Data Mining (ICDM), 2012 IEEE 12th International Conference on*, pages 846–851. IEEE.

[3] Duan, L., Tsang, I. W., and Xu, D. (2012). Domain transfer multiple kernel learning. *IEEE Transactions on Pattern Analysis and Machine Intelligence*, 34(3): 465–479.

---

[2]请见链接 5-2。

[4] Ghifary, M., Kleijn, W. B., and Zhang, M. (2014). Domain adaptive neural networks for object recognition. In *PRICAI*, pages 898–904.

[5] Gretton, A., Borgwardt, K. M., Rasch, M. J., Schölkopf, B., and Smola, A. (2012a). A kernel two-sample test. *The Journal of Machine Learning Research*, 13(1): 723–773.

[6] Gretton, A., Sejdinovic, D., Strathmann, H., Balakrishnan, S., Pontil, M., Fukumizu, K., and Sriperumbudur, B. K. (2012b). Optimal kernel choice for large-scale two-sample tests. In *Advances in neural information processing systems*, pages 1205–1213.

[7] Hou, C.-A., Yeh, Y.-R., and Wang, Y.-C. F. (2015). An unsupervised domain adaptation approach for cross-domain visual classification. In *Advanced Video and Signal Based Surveillance (AVSS), 2015 12th IEEE International Conference on*, pages 1–6. IEEE.

[8] Hsiao, P.-H., Chang, F.-J., and Lin, Y.-Y. (2016). Learning discriminatively reconstructed source data for object recognition with few examples. *IEEE Transactions on Image Processing*, 25(8): 3518–3532.

[9] Kulis, B. et al. (2013). Metric learning: A survey. *Foundations and Trends® in Machine Learning*, 5(4): 287–364.

[10] Long, M., Cao, Y., Wang, J., and Jordan, M. (2015). Learning transferable features with deep adaptation networks. In *International conference on machine learning*, pages 97–105.

[11] Long, M., Wang, J., et al. (2013). Transfer feature learning with joint distribution adaptation. In *ICCV*, pages 2200–2207.

[12] Luo, Y., Wen, Y., Duan, L.-Y., and Tao, D. (2018). Transfer metric learning: Algorithms, applications and outlooks. *arXiv preprint arXiv:1810.03944*.

[13] Pan, S. J., Tsang, I. W., Kwok, J. T., and Yang, Q. (2011). Domain adaptation via transfer component analysis. *IEEE TNN*, 22(2): 199–210.

[14] Parlett, B. N. (1974). The rayleigh quotient iteration and some generalizations for nonnormal matrices. *Mathematics of Computation*, 28(127): 679–693.

[15] Schölkopf, B., Herbrich, R., and Smola, A. J. (2001). A generalized representer theorem. In *International conference on computational learning theory*, pages 416–426. Springer.

[16] Tahmoresnezhad, J. and Hashemi, S. (2016). Visual domain adaptation via transfer feature learning. *Knowledge and Information Systems*, pages 1–21.

[17] Tzeng, E., Hoffman, J., Zhang, N., Saenko, K., and Darrell, T. (2014). Deep domain confusion: Maximizing for domain invariance. *arXiv preprint arXiv:1412.3474*.

[18] Wang, J., Chen, Y., Feng, W., Yu, H., Huang, M., and Yang, Q. (2020). Transfer learning with dynamic distribution adaptation. *ACM TIST*, 11(1): 1–25.

[19] Wang, J., Chen, Y., Hao, S., et al. (2017). Balanced distribution adaptation for transfer learning. In *ICDM*, pages 1129–1134.

[20] Wang, J., Chen, Y., Hu, L., Peng, X., and Yu, P. S. (2018a). Stratified transfer learning for cross-domain activity recognition. In *2018 IEEE International Conference on Pervasive Computing and Communications (PerCom)*.

[21] Wang, J., Feng, W., Chen, Y., Yu, H., Huang, M., and Yu, P. S. (2018b). Visual domain adaptation with manifold embedded distribution alignment. In *ACMMM*, pages 402–410.

[22] Yang, L. (2007). An overview of distance metric learning. In *Proceedings of the computer vision and pattern recognition conference*.

[23] Yu, C., Wang, J., Chen, Y., and Huang, M. (2019). Transfer learning with dynamic adversarial adaptation network. In *The IEEE International Conference on Data Mining (ICDM)*.

[24] Zellinger, W., Grubinger, T., Lughofer, E., Natschläger, T., and Saminger-Platz, S. (2017). Central moment discrepancy (cmd) for domain-invariant representation learning. *arXiv preprint arXiv:1702.08811*.

[25] Zhang, J., Li, W., and Ogunbona, P. (2017). Joint geometrical and statistical alignment for visual domain adaptation. In *CVPR*.

[26] Zhu, Y., Zhuang, F., Wang, J., Ke, G., Chen, J., Bian, J., Xiong, H., and He, Q. (2020). Deep subdomain adaptation network for image classification. *IEEE Transactions on Neural Networks and Learning Systems*.

6 几何特征变换迁移法

本章从区别于统计特征变换法的另一个角度——几何特征变换的角度介绍经典的迁移学习方法。与基于统计特征的方法相比，基于几何特征的方法考虑到数据可能具有的空间几何结构，因此常常能获得简洁有效的表达与效果。与统计特征类似，几何特征也不可胜数。本书简要介绍三类几何特征变换法：子空间变换法、流形空间变换法以及最优传输法。这三类方法彼此的出发点互不相同，且均具有极大的科研与应用价值。

本章内容的组织安排如下。6.1 节介绍子空间变换法，6.2 节介绍基于流形学习的迁移方法。我们在 6.3 节介绍基于最优传输的迁移方法，然后在 6.4 节给出本章内容配套的上手实践代码。最后，6.5 节对本章内容进行总结。

6.1 子空间变换法

几何特征变换法往往不显式地指定分布差异的度量方式，因此亦属于隐式距离度量的学习。在求解数据变换时，其往往从数据的几何特征出发，虽然未显式进行分布距离度量，却能做到"润物细无声"，使得经过几何变换后的数据分布差异有一定程度的减小。

子空间变换法通常假设源域和目标域数据在变换后的子空间中会有相似的分布。我们可以在子空间中进行数据的分布对齐，对齐后的数据便可以利用传统机器学习方法构建分类器进行学习。

对齐（Alignment）的概念本身就充满了很直观的几何意义：数据如果对齐了，则我们认为其分布差异也相应地减小。因此，子空间对齐法可以被用来进行特征分布的对齐，即间接地完成了分布的自适应。并且，由于通常关注子空间的性质，这类方法往往实现起来很简单。

6.1.1 子空间对齐法

子空间对齐法（Subspace Alignment，SA）[8] 是子空间学习的经典方法之一。SA 方法直接寻求一个线性变换 M 将不同的数据实现变换对齐。具体而言，我们令 X_s 和 X_t 分别表示源域和目标域经过 PCA（主成分分析）变换后前 d 维特征向量组成的特征矩阵。S 和 T 则分别表示其源域和目标域上的原始数据特征。则 SA 方法的优化目标如下：

$$F(M) = \|X_s M - X_t\|_F^2. \tag{6.1.1}$$

特征变换 M 的值可以直接求得

$$M^* = \arg\min_{M} F(M). \tag{6.1.2}$$

同时，由于子空间变换的正交性即 $X_s^T X_s = I$，我们便可以直接获得上述优化问题的闭式解：

$$F(M) = \|X_s^T X_s M - X_s^T X_t\|_F^2 = \|M - X_s^T X_t\|_F^2. \tag{6.1.3}$$

此时，最优的特征变换可以被求解为 $M^* = X_s^T X_t$。此结果表明，当源域和目标域的数据完全相同时（即 $X_s = X_t$），M^* 应该为一单位矩阵（Identity Matrix）。我们称 $X_a = X_s X_s^T X_t$ 为目标域对齐的源域坐标系统。此系统可以将源域变换为

$$S_a = S X_a. \tag{6.1.4}$$

同理，目标域可以被变换为 $T_t = T X_t$。接着，我们使用 S_a 和 T_t 代替原始特征 S 和 T 来建立机器学习模型进行预测。

Sun 等人在 2015 年提出了**子空间分布对齐法**（Subspace Distribution Alignment，SDA）[19]。SDA 方法在 SA 的基础上加入了概率分布自适应。具体而言，SDA 方法提出在子空间变换矩阵 T 的基础上应增加概率分布自适应变换 A。

SDA 方法的优化目标如下：

$$M = X_s T A X_t^T. \tag{6.1.5}$$

6.1.2 协方差对齐法

与 SA 和 SDA 等方法只进行源域和目标域的一阶特征对齐有所不同，Sun 等人提出了**协方差对齐法**（CORrelation ALignment，CORAL）[18] 对两个领域进行二阶特征对齐。假设 C_s 和 C_t 分别是源域和目标域的协方差矩阵，则协方差对齐法学习一个二阶特征变换 A 使得源域和目标域的特征距离最小：

$$\min_{A} \|A^T C_s A - C_t\|_F^2. \tag{6.1.6}$$

然后，源域和目标域的特征可以被分别变换为

$$z^r = \begin{cases} x^r \cdot (C_s + E_s)^{-\frac{1}{2}} \cdot (C_t + E_t)^{\frac{1}{2}} & \text{if } r = s \\ x^r & \text{if } r = t \end{cases} \tag{6.1.7}$$

其中 E_s 和 E_t 分别为和源域及目标域大小相同的单位矩阵。我们可以将 CORAL 过程看作一种对子空间进行重新染色（re-coloring）的过程[18]。公式 (6.1.7) 利用两个领域的协方差信息通过对白化的源域数据重新染色来进行分布的对齐。

CORAL 方法的求解同样非常简单且高效。之后，其被应用到神经网络中，产生了 DCORAL（DeepCORAL）方法[20]。DCORAL 方法将 CORAL 度量作为一个神经网络的迁移损失进行计算。此迁移损失被定义为源域和目标域的阶统计特征距离：

$$\ell_{\text{CORAL}} = \frac{1}{4d^2} \|C_s - C_t\|_F^2, \tag{6.1.8}$$

其中 d 为数据的特征维数。

值得注意的是，CORAL 方法实现简单，并且完全不需要指定超参数。其在特定的任务上也取得了很好的效果。最近的工作表明，CORAL 可以运用在领域自适应和领域泛化中[23]。

6.2 流形空间变换法

6.2.1 流形学习

流形学习（Manifold Learning）自从 2000 年在 *Science* 上被提出后便成为机器学习和数据挖掘领域的热门问题[17]。流形学习假设现有的数据是从一个高维空间中采样得出的，即具有高维空间中的低维流形结构。流形则是一种几何对象（即我们能想象和观测到的）。一个通俗的解释是：我们无法从原始的数据表达形式上明显看出数据所具有的结构特征；然而当将其想象成为处在一个高维空间的物体，则其在此高维空间中便具有一定形状。用星座的例子可能更好解释。如何描述满天繁星？我们可以想象它们在一个更高维的宇宙空间里是有形状的，于是便有了各个星座非常形象的名称，如织女座、猎户座等。流形学习的经典方法有 Isomap、locally linear embedding 以及 laplacian eigenmap 等[4,26]。

流形空间的核心是可以在计算距离度量时利用空间几何结构简化问题。机器学习的核心便是距离度量。在流形空间中，两点之间的最短距离是什么？

在二维平面上，此最短距离为线段。然而，在三维、四维、甚至无穷维空间呢？事实上，地球上两点间的最短距离并不是直线，而是将地球展开成二维平面后画的那条直线。此线在三维的地球上则是一条曲线。此曲线便表示了两个点之间的最短距离，被称为测地线。例如，在图 6.1 中，点 A 到点 B 的最短距离便是将球体展开后的线段。然而此线段从三维球体上看却是一条曲线。因此，在更高维的空间中，两点之间，测地线最短。在流形学习中，我们通常会使用测地线来测量距离。

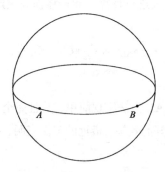

图 6.1 三维空间中两点之间的最短距离为测地线

我们最熟悉的欧氏空间便是一种流形结构。事实上，Whitney 嵌入定理[11]告诉我们，任何一个流形都可以嵌入足够高维度的欧氏空间中，这使得通过流形进行计算成为可能。

基于流形学习的机器学习方法通常基于流形假设[2]，即假设原始的数据是由一个高维流形做低维采样得到的。处于流形空间中的数据通常具有聚类的性质：嵌入流形空间中的点通常与它的近邻点有着相似的几何性质[2]。

6.2.2 基于流形学习的迁移学习方法

由于在流形空间中的特征通常有着可以避免特征扭曲的几何性质，因此，我们首先将原始空间下的特征变换到流形空间中。在众多已知的流形中，Grassmann 流形 $\mathbb{G}(d)$ 可以通过将原始的 d 维子空间（特征向量）看作它的基础元素，从而可以帮助学习分类器。在 Grassmann 流形中，特征变换和分布适配通常都有着有效的数值形式，因此在迁移学习问题中可以被很高效地表示和求解[13]。故利用 Grassmann 流形空间进行迁移学习是可行的。现有很多方法可以将原始特征变换到流形空间中[1,10]。

基于流形学习的迁移学习方法从增量学习中得到启发：人类从一个点想到达另一个点，需要从这个点一步一步走到那一个点。那么，如果将源域和目标域都分别看成是高维空间中的两个点，由源域变换到目标域不就完成了迁移学习吗？即：饭要一口一口吃，路要一步一步走。图 6.2 简单示意了此过程。在图中，源域经过特征变换 $\Phi(\cdot)$ 由起点变换到终点，完成了到目标域的变换。

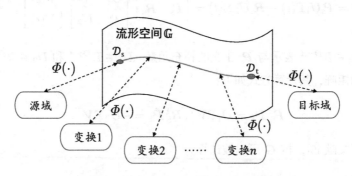

图 6.2　流形迁移学习方法示意图

早期的方法把源域和目标域分别看成高维空间（即 Grassmann 流形）中的两个点，在这两个点的测地线距离上取 d 个中间点，然后依次连接起来。如此，源域和目标域便构成了一条测地线的路径。我们仅需求解每一步的特征变换便能从源域变换到目标域。

此种早期的方法名为 Sampling Geodesic Flow（SGF）[10]。SGF 的核心贡献是提出了上述变换的计算及相应算法的实现。然而，SGF 方法有明显的缺点：它并未解决确定中间点个数的问题。

此问题在后来的**测地线流式核方法**（Geodesic Flow Kernel, GFK）[9] 中得到了解答。GFK 方法首先解决 SGF 的问题：如何确定中间点的个数 d。它提出一种核学习的方法以利用路径上无穷个点的积分。

具体而言，用 $\mathcal{S}_s$ 和 $\mathcal{S}_t$ 分别表示源域和目标域经过主成分分析（PCA）之后的子空间，则 $\mathbb{G}$ 可以视为所有 d 维子空间的集合。每一个 d 维的原始子空间便可被看成 $\mathbb{G}$ 上的一个点。因此，两点之间的测地线 $\{\Phi(t) : 0 \leqslant t \leqslant 1\}$ 可以在两个子空间之间构成一条路径。我们令 $\mathcal{S}_s = \Phi(0)$，$\mathcal{S}_t = \Phi(1)$，则寻找一条从 $\Phi(0)$ 到 $\Phi(1)$ 的测地线便等同于将原始的特征变换到一个无穷维度的空间中并最终减小域漂移。此方法可以被视为一种从 $\Phi(0)$ 到 $\Phi(1)$ 的增量式"行走"方法。

特别地，流形空间中的特征可以被表示为 $z = \Phi(t)^\mathrm{T} x$。变换后的特征 z_i 和 z_j 的内积定义了一个半正定（Positive Semi-definite）的测地线流式核：

$$\langle z_i, z_j \rangle = \int_0^1 (\Phi(t)^\mathrm{T} x_i)^\mathrm{T} (\Phi(t)^\mathrm{T} x_j) \, \mathrm{d}t = x_i^\mathrm{T} G x_j. \tag{6.2.1}$$

此测地线流式核可以被表示为

$$\Phi(t) = P_s U_1 \Gamma(t) - R_s U_2 \Sigma(t) = \begin{bmatrix} P_s & R_s \end{bmatrix} \begin{bmatrix} U_1 & 0 \\ 0 & U_2 \end{bmatrix} \begin{bmatrix} \Gamma(t) \\ \Sigma(t) \end{bmatrix}, \tag{6.2.2}$$

其中，$R_s \in \mathbb{R}^{D \times d}$ 表示与 P_s 正交的补充元素。$U_1 \in \mathbb{R}^{D \times d}$ 和 $U_2 \in \mathbb{R}^{D \times d}$ 是两个正交的矩阵，其计算方式如下：

$$P_S^\mathrm{T} P_T = U_1 \Gamma V^\mathrm{T}, R_S^\mathrm{T} P_T = -U_2 \Sigma V^\mathrm{T}. \tag{6.2.3}$$

根据文献 [9]，核 G 可以被计算为

$$G = \begin{bmatrix} P_s U_1 & R_s U_2 \end{bmatrix} \begin{bmatrix} \Lambda_1 & \Lambda_2 \\ \Lambda_2 & \Lambda_3 \end{bmatrix} \begin{bmatrix} U_1^\mathrm{T} P_s^\mathrm{T} \\ U_2^\mathrm{T} R_s^\mathrm{T} \end{bmatrix}, \tag{6.2.4}$$

其中 $\Lambda_1, \Lambda_2, \Lambda_3$ 为 3 个对角矩阵，其计算角度 θ_i 由奇异值分解计算得到

$$\lambda_{1i} = \int_0^1 \cos^2(t\theta_i)\,\mathrm{d}t = 1 + \frac{\sin(2\theta_i)}{2\theta_i},$$
$$\lambda_{2i} = -\int_0^1 \cos(t\theta_i)\sin(t\theta_i)\,\mathrm{d}t = \frac{\cos(2\theta_i)-1}{2\theta_i}, \quad (6.2.5)$$
$$\lambda_{3i} = \int_0^1 \sin^2(t\theta_i)\,\mathrm{d}t = 1 - \frac{\sin(2\theta_i)}{2\theta_i}.$$

因此，在原始空间中的特征可以通过 $z = \sqrt{G}x$ 被变换到 Grassmann 流形空间中。我们使用矩阵的奇异值分解来有效地计算核 G。

GFK 方法实现简单，且可以作为多种方法的特征处理过程。例如，动态分布自适应方法 MEDA[22] 在进行动态分布适配前便首先使用 GFK 方法提取流形空间中的可迁移特征。如图 6.3 所示，MEDA 此举大大加强了迁移学习的效果并使得迁移结果的方差也变得更小。

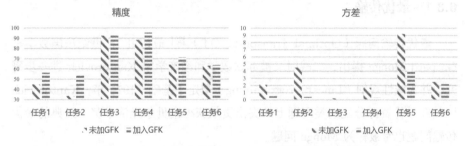

图 6.3　MEDA 方法加入 GFK 后的精度和方差结果

之后，研究工作 [16] 在 GFK 基础上提出了具有**时间自适应的 GFK**（Temporally-adaptive GFK）。研究人员指出，GFK 的积分计算可以被视为一种马尔可夫过程，一点的特征变换仅取决于该点的前一个点的状态而与之前其他点的状态无关。对于时刻 $t_1 < t_2$，t_2 比 t_1 对最后结果更有影响。于是，时间自适应的 GFK 在 GFK 的计算公式 (6.2.5) 中加了时间因子 t，取得了比传统迁移方法更好的跨数据集行为识别效果：

$$\lambda_{1i} = \int_0^1 t\cos^2(t\theta_i)\,\mathrm{d}t = \frac{1}{4} - \frac{1}{4\theta_i^2}\sin^2\theta_i + \frac{1}{4\theta_i}\sin 2\theta_i.$$
$$\lambda_{2i} = -\int_0^1 t\cos(t\theta_i)\sin(t\theta_i)\,\mathrm{d}t = \frac{\cos(2\theta_i)}{4\theta_i} - \frac{\sin(2\theta_i)}{8\theta_i^2}, \quad (6.2.6)$$
$$\lambda_{3i} = \int_0^1 t\sin^2(t\theta_i)\,\mathrm{d}t = \frac{1}{4} + \frac{1}{4\theta_i^2}\sin^2\theta_i - \frac{1}{4\theta_i}\sin 2\theta_i.$$

澳大利亚国立研究院的 Baktashmotlagh 等人[1] 提出利用黎曼流形空间中的 hellinger 距离来完成源域到目标域的变换，还提出在 Grassmann 流形空间中进行边缘分布的适配。Guerrero 等人[12] 提出了联合分布适配的流形方法。

6.3 最优传输法

本节介绍基于最优传输法的迁移学习，从另一种几何角度看待迁移学习问题。最优传输是一个相对古老的研究领域，也一直在被人们研究。最优传输具有漂亮的理论模型，在解决一些计算机、数学和经济学的问题上具有独特的优势。

6.3.1 最优传输

最优传输问题（Optimal Transport，OT）[21] 最初由 18 世纪法国数学家 Gaspard Monge 提出，二战时又被苏联数学和经济学家 Kantorovich 进一步研究，并为线性规划（Linear Programming）奠定了基础。1975 年，Kantorovich 因其在最优资源分配这类问题上的突出贡献获得诺贝尔经济学奖。经典的最优传输问题也常被称为 Monge 问题。

最优传输所研究的问题非常具有实际意义。我们举例说明。

杰克和露丝两人青梅竹马，两家均以开仓库储藏货物为生。某天，露丝家发生火灾急需调拨一批物资应急。此时，杰克需要英雄救美，从自家仓库调拨物资以帮露丝渡过难关！

假设杰克家有 N 个不同的仓库，每个仓库都有一定的物资，用 $\{G_i\}_{i=1}^{N}$ 来表示，其中 G_i 表示第 i 个仓库的物资数量。这 N 个仓库的位置用 $\{x_i\}_{i=1}^{N}$ 来表示。露丝家有 M 个不同的仓库，位置为 $\{y_i\}_{i=1}^{M}$，每个仓库需要的货物数量为 $\{H_i\}_{i=1}^{M}$。杰克家的每个仓库到露丝家的每个仓库均有一定的距离，用 $\{c(x_i, y_j)\}_{i,j=1}^{M,N}$ 来表示。距离远的地点，运费也会相应增加。

此时问题转化为：杰克如何以最小代价完成此英雄救美的任务？

我们用一个矩阵 $\boldsymbol{T} \in \mathbb{R}^{N \times M}$ 表示运输关系，其每个元素 T_{ij} 表示由杰克家的仓库 i 发往露丝家的仓库 j 的货物数。则此问题的优化目标可以表示为

$$\min \sum_{i,j=1}^{N,M} T_{ij} c(x_i, y_j) \qquad (6.3.1)$$
$$s.t. \ \sum_j T_{ij} = G_i, \quad \sum_i T_{ij} = H_j.$$

此问题即为最优传输问题的一个应用。我们从中进行问题的抽象，如将仓库与货物视为概率分布和随机变量。此时最优传输的形式化定义为：将一个概率分布 $P(x)$ 转换成 $Q(y)$ 所需要的最小代价：

$$L = \arg\min_{\pi} \int_x \int_y \pi(x,y) c(x,y) \mathrm{d}x \mathrm{d}y, \qquad (6.3.2)$$

且满足约束条件：

$$\begin{aligned} \int_y \pi(x,y) \mathrm{d}y &= P(x) \\ \int_x \pi(x,y) \mathrm{d}x &= Q(y) \end{aligned} \qquad (6.3.3)$$

上述定义表明最优传输本身即与概率分布之间的关系密切相关。显然，其可以被用来度量概率分布差异，从而进行迁移学习。

6.3.2 基于最优传输法的迁移学习方法

为了使用最优传输法进行迁移学习，我们对公式 (6.3.2) 进行改造，得到下列由最优传输定义的分布差异：

$$D(P,Q) = \inf_{\pi} \int_{X \times Y} \pi(x,y) c(x,y) \mathrm{d}x \mathrm{d}y. \qquad (6.3.4)$$

在实际中通常使用 $L2$ 距离计算代价函数，即

$$c(x,y) = \|x - y\|_2^2. \qquad (6.3.5)$$

采用 $L2$ 距离后，公式 (6.3.4) 可变换为二阶的 Wasserstein 距离：

$$W_2^2(P,Q) = \inf_{\pi} \int_{X \times Y} \pi(x,y) \|x-y\|_2^2 \mathrm{d}x \mathrm{d}y. \qquad (6.3.6)$$

与传统的特征变换方法有所不同，最优传输法学习一个从源域到目标域点

对点的关联（耦合，coupling）矩阵 T，使得经过 T 的对应后，源域的分布能以最小代价与目标域数据进行点对点匹配。对数据分布 $\mu = \sum_{i=1}^{n} \alpha_i \delta_{x_i}$，通过重心映射以及关联矩阵 T 可以获得 μ 的变换分布，其对应的新的特征向量为

$$\hat{x}_i = \underset{\boldsymbol{x} \in \mathbb{R}^d}{\arg\min} \sum_j \boldsymbol{T}(i,j) c(x, x_j). \tag{6.3.7}$$

此关联矩阵 T 应如何选择？显然，并不是任意的一个 T 均满足要求，需要加入额外的约束来求解它。特征变换通常与代价紧密相关。我们对 T 的要求也是不仅能完成源域到目标域数据分布的变换，同时要让我们付出最少的成本。

最优传输中通常使用变换代价来衡量变换的成本，用 $C(T)$ 来表示，则 T 在一个测度 μ 下的变换代价可以被定义为

$$C(\boldsymbol{T}) = \int_{\Omega_s} c(\boldsymbol{x}, \boldsymbol{T}(\boldsymbol{x})) \mathrm{d}\mu(\boldsymbol{x}), \tag{6.3.8}$$

其中 $c(\boldsymbol{x}, \boldsymbol{T}(\boldsymbol{x}))$ 为代价函数，它也可以被理解为一种距离函数。此时，我们看到最优传输法最终亦落脚于距离度量。

因此，可以使用如下的变换将源域分布关联到目标域分布上：

$$\gamma_0 = \underset{\gamma \in \Pi}{\arg\min} \int_{\Omega_s \times \Omega_t} c(\boldsymbol{x}^s, \boldsymbol{x}^t) \mathrm{d}\gamma(\boldsymbol{x}^s, \boldsymbol{x}^t). \tag{6.3.9}$$

此时，我们便可使用最优传输法进行迁移学习。数据分布自适应则不可避免地要涉及边缘、条件、联合分布的自适应。文献 [6,7] 针对边缘分布自适应的问题，提出用最优传输法来学习一个特征变换 $\mathcal{T}$，使得经过此变换后可以减小源域和目标域的边缘分布差异。文献 [5] 则在此基础上提出 JDOT（Joint Distribution Optimal Transport），在最优传输问题中加入对条件概率的适配。JDOT 的核心是将变换表示为

$$\gamma_0 = \underset{\gamma \in \Pi(\mathcal{P}_s, \mathcal{P}_t)}{\arg\min} \int_{(\Omega \times \mathcal{C})^2} \mathcal{D}(\boldsymbol{x}_1, y_1; \boldsymbol{x}_2, y_2) \mathrm{d}\gamma(\boldsymbol{x}_1, y_1; \boldsymbol{x}_2, y_2), \tag{6.3.10}$$

其代价函数被表示为边缘分布差异和条件分布差异之加权和：

$$\mathcal{D} = \alpha d\left(\boldsymbol{x}_i^s, \boldsymbol{x}_j^t\right) + \mathcal{L}\left(y_i^s, f\left(\boldsymbol{x}_j^t\right)\right). \tag{6.3.11}$$

上述公式与 3.2 节提到的动态分布自适应方法 DDA 的公式 (3.1.6) 殊途同

归。之后，为解决最优传输中源域和目标域作为一个整体的分布迁移导致的负迁移问题，文献 [15] 提出了基于子结构的最优传输迁移方法 SOT（Substructural Optimal Transport）。SOT 利用聚类得到子结构信息进行最优传输，得到了比传统方法更好的结果和更快的迁移速度。

最优传输的优化问题可以用一些成熟的工具加以解决，例如链接 6-1。最优传输法也可以被应用于深度学习中，例如，文献 [3,14,24,25] 等就在深度网络中利用了最优传输法进行迁移学习。

6.4 上手实践

本节我们实现基于几何特征变换的特征迁移方法 CORAL（CORrelation ALignment）[18]。我们使用 Python 为编程语言。本节的完整代码可以在链接 6-2 中找到。

CORAL 方法的实现非常简单，只需对源域和目标域的特征求解协方差后再进行相应的计算即可。CORAL 的推导细节可以从原文 [18] 中找到。我们编写一个函数 fit 接收源域和目标域特征 X_s 和 X_t、输出经过 CORAL 变换后的源域，其代码如下。

CORAL 方法

```
1  def fit(self, Xs, Xt):
2      '''
3      Perform CORAL on the source domain features
4      :param Xs: ns * n_feature, source feature
5      :param Xt: nt * n_feature, target feature
6      :return: New source domain features
7      '''
8      cov_src = np.cov(Xs.T) + np.eye(Xs.shape[1])
9      cov_tar = np.cov(Xt.T) + np.eye(Xt.shape[1])
10     A_coral = np.dot(
11         scipy.linalg.fractional_matrix_power(cov_src, -0.5),
12         scipy.linalg.fractional_matrix_power(cov_tar, 0.5))
13     Xs_new = np.real(np.dot(Xs, A_coral))
14     return Xs_new
```

6 几何特征变换迁移法

经过 CORAL 对齐特征后，我们利用 `scikit-learn` 提供的函数构建分类器。

CORAL 方法的 fit-prediction 函数

```
1  def fit_predict(self, Xs, Ys, Xt, Yt):
2      '''
3      Perform CORAL, then predict using 1NN classifier
4      :param Xs: ns * n_feature, source feature
5      :param Ys: ns * 1, source label
6      :param Xt: nt * n_feature, target feature
7      :param Yt: nt * 1, target label
8      :return: Accuracy and predicted labels of target domain
9      '''
10     Xs_new = self.fit(Xs, Xt)
11     clf = sklearn.neighbors.KNeighborsClassifier(n_neighbors=1)
12     clf.fit(Xs_new, Ys.ravel())
13     y_pred = clf.predict(Xt)
14     acc = sklearn.metrics.accuracy_score(Yt, y_pred)
15     return acc, y_pred
```

我们将 CORAL 包装为一个类，然后进行迁移学习。

如图 6.4 所示，CORAL 方法在领域 `amazon` 到 `webcam` 的迁移中取得了 **76.35%** 的精度，比上一章的 TCA 方法有一定提升。

```
(base) ██████████████:~/mine/tlbook-code/chap06_geometrical$ python coral.py
Source: amazon (2817, 2048) (2817,)
Target: webcam (795, 2048) (795,)
0.7635220125786164
```

图 6.4　使用 CORAL 方法进行迁移学习的结果

6.5 小结

本章从几何的角度分别介绍了基于子空间对齐、流形学习、最优传输的迁移学习方法。几何表征也是机器学习中重要的研究方向之一。值得注意的是，在实际应用中，本章所介绍的方法常常可以与基于统计距离的方法结合，获得更佳的迁移学习效果。

参考文献

[1] Baktashmotlagh, M., Harandi, M. T., Lovell, B. C., and Salzmann, M. (2014). Domain adaptation on the statistical manifold. In *Proceedings of the IEEE Conference on Computer Vision and Pattern Recognition*, pages 2481–2488.

[2] Belkin, M., Niyogi, P., and Sindhwani, V. (2006). Manifold regularization: A geometric framework for learning from labeled and unlabeled examples. *Journal of machine learning research*, 7(Nov): 2399–2434.

[3] Bhushan Damodaran, B., Kellenberger, B., Flamary, R., Tuia, D., and Courty, N. (2018). Deepjdot: Deep joint distribution optimal transport for unsupervised domain adaptation. In *Proceedings of the European Conference on Computer Vision (ECCV)*, pages 447–463.

[4] Bishop, C. M. (2006). *Pattern recognition and machine learning*. springer.

[5] Courty, N., Flamary, R., Habrard, A., and Rakotomamonjy, A. (2017). Joint distribution optimal transportation for domain adaptation. In *Advances in Neural Information Processing Systems*, pages 3730–3739.

[6] Courty, N., Flamary, R., and Tuia, D. (2014). Domain adaptation with regularized optimal transport. In *Joint European Conference on Machine Learning and Knowledge Discovery in Databases*, pages 274–289. Springer.

[7] Courty, N., Flamary, R., Tuia, D., and Rakotomamonjy, A. (2016). Optimal transport for domain adaptation. *IEEE Transactions on Pattern Analysis and Machine Intelligence*.

[8] Fernando, B., Habrard, A., Sebban, M., and Tuytelaars, T. (2013). Unsupervised visual domain adaptation using subspace alignment. In *ICCV*, pages 2960–2967.

[9] Gong, B., Shi, Y., Sha, F., and Grauman, K. (2012). Geodesic flow kernel for unsupervised domain adaptation. In *CVPR*, pages 2066–2073.

[10] Gopalan, R., Li, R., and Chellappa, R. (2011). Domain adaptation for object recognition: An unsupervised approach. In *ICCV*, pages 999–1006. IEEE.

[11] Greene, R. E. and Jacobowitz, H. (1971). Analytic isometric embeddings. *Annals of Mathematics*, pages 189–204.

[12] Guerrero, R., Ledig, C., and Rueckert, D. (2014). Manifold alignment and transfer learning for classification of alzheimer's disease. In *International Workshop on Machine Learning in Medical Imaging*, pages 77–84. Springer.

[13] Hamm, J. and Lee, D. D. (2008). Grassmann discriminant analysis: a unifying view on subspace-based learning. In *ICML*, pages 376–383. ACM.

[14] Lee, C.-Y., Batra, T., Baig, M. H., and Ulbricht, D. (2019). Sliced wasserstein discrepancy for unsupervised domain adaptation. In *Proceedings of the IEEE Conference on Computer Vision and Pattern Recognition*, pages 10285–10295.

[15] Lu, W., Chen, Y., Wang, J., and Qin, X. (2021). Cross-domain activity recognition via substructural optimal transport. *Neurocomputing*, 454: 65–75.

[16] Qin, X., Chen, Y., Wang, J., and Yu, C. (2019). Cross-dataset activity recognition via adaptive spatial-temporal transfer learning. *Proceedings of the ACM on Interactive, Mobile, Wearable and Ubiquitous Technologies*, 3(4): 1–25.

[17] Seung, H. S. and Lee, D. D. (2000). The manifold ways of perception. *science*, 290(5500): 2268–2269.

[18] Sun, B., Feng, J., and Saenko, K. (2016). Return of frustratingly easy domain adaptation. In *AAAI*.

[19] Sun, B. and Saenko, K. (2015). Subspace distribution alignment for unsupervised domain adaptation. In *BMVC*, pages 24–1.

[20] Sun, B. and Saenko, K. (2016). Deep coral: Correlation alignment for deep domain adaptation. In *ECCV*, pages 443–450.

[21] Villani, C. (2008). *Optimal transport: old and new*, volume 338. Springer Science & Business Media.

[22] Wang, J., Feng, W., Chen, Y., Yu, H., Huang, M., and Yu, P. S. (2018). Visual domain adaptation with manifold embedded distribution alignment. In *ACMMM*, pages 402–410.

[23] Wang, J., Lan, C., Liu, C., Ouyang, Y., Zeng, W., and Qin, T. (2021). Generalizing to unseen domains: A survey on domain generalization. In *IJCAI Survey Track*.

[24] Xu, R., Liu, P., Wang, L., Chen, C., and Wang, J. (2020a). Reliable weighted optimal transport for unsupervised domain adaptation. In *Proceedings of the IEEE/CVF Conference on Computer Vision and Pattern Recognition*, pages 4394–4403.

[25] Xu, R., Liu, P., Zhang, Y., Cai, F., Wang, J., Liang, S., Ying, H., and Yin, J. (2020b). Joint partial optimal transport for open set domain adaptation. In *International Joint Conference on Artificial Intelligence*, pages 2540–2546.

[26] 周志华 (2016). *机器学习*. 清华大学出版社.

7 迁移学习理论、评测与模型选择

到目前为止我们已介绍过几种不同的迁移学习方法。本章将介绍迁移学习的模型选择、评测与理论。这些理论将作为今后设计迁移学习方法的基础。

本章内容的组织结构如下。7.1 节介绍迁移学习经典理论。然后，我们在 7.2 节中描述迁移学习的评测标准。接着，7.3 节介绍如何进行迁移学习的模型选择。最后，7.4 节对本章内容进行了总结。

7.1 迁移学习理论

传统的机器学习通常采用数据"独立同分布"这一假设，即训练数据和测试数据是在同一数据分布中相互独立地采样出来的，并基于此构建了诸如 PAC 可学习理论[18] 的机器学习理论。这些理论表明模型的泛化误差可以由模型的训练误差以及训练样本的数目所界定，并且误差会随着训练样本的增加而减小。在迁移学习中，源域和目标域的数据通常来自不同的数据分布，这使得在源域上训练好的模型很难直接在目标域数据上取得好的效果。因此，如何衡量并降低两个领域之间的分布差异从而使得源域上的模型可以更好地泛化到目标域成为迁移学习领域的核心问题。

本节以迁移学习中的一个子领域——无监督领域自适应为例，从理论上对迁移学习进行分析。在过去的二十多年里，很多相关的理论和算法被提出以解决上述问题。在理论层面，研究人员提出了 $\mathcal{H}$-divergence [2] 和 $\mathcal{H}\Delta\mathcal{H}$-distance [1] 等距离度量并基于此构建了相应的学习理论。研究人员受上述理论的启发而提出不同的算法，显著提升了模型的泛化效果。

文献 [14] 将现有的领域自适应理论分为以下三类。

（1）基于差异的误差界限：文献 [2] 针对于二分类问题基于 0-1 损失函数和 $\mathcal{H}$-divergence，提出了第一个迁移学习和领域自适应的理论框架。该理论指出分类器在目标域上的泛化误差由分类器在源域上的经验误差、两个域之间的分布差异和一些常数项所界定。Mansour 等人将该理论扩展到对于任意满足三角不等式的损失函数 [11]。

（2）基于积分概率矩阵的误差界限：包括最优传输 [4,5,13] 和最大均值差异两类。前者通常采用 Wasserstein 距离进行域差异度量，后者采用最大均值差异（Maximum Mean Discrepancy，MMD）[3] 进行度量。研究人员也提出相应的理论界限。

（3）基于 PAC-Bayesian 的误差界限：模型需要对一组分类器进行多数投票，根据其不一致性进行泛化误差的界定 [9,10]。

在迁移学习中，源域样本和目标域样本分别来自两个不同的数据分布。我们将其分别记作 P 和 Q。此两种分布是在样本和内积空间 $\mathcal{X} \times \mathcal{Y}$ 上的联合分布，其中 $\mathcal{X} \in \mathbb{R}^d$。对于二分类问题，$\mathcal{Y} = \{0, 1\}$；对于多分类问题，$\mathcal{Y} = \{1, 2, \cdots, K\}$，其中 K 为类别个数。用 $\hat{\mathcal{D}}$ 表示在数据分布 $\mathcal{D}$ 上采样出的样本集合。无监督问题中存在一个在源域分布 P 中采样的有标注数据集合 $\hat{P} = \{(x_i^s, y_i^s)\}_{i=1}^{n_s}$ 和在目标域分布 Q 中采样的无标注数据集合 $\hat{Q} = \{x_i^t\}_{i=1}^{n_t}$。

在二分类的场景下，定义分布 $\mathcal{D}$ 上真实的标签函数为 $f: \mathcal{X} \to [0, 1]$。对于任意一个分类器 $h: \mathcal{X} \to [0, 1]$，分类器的误差被定义为

$$\epsilon(h, f) = \mathbb{E}_{x \sim \mathcal{D}}[h(x) \neq f(x)] = \mathbb{E}_{x \sim \mathcal{D}}[|h(x) - f(x)|]. \tag{7.1.1}$$

分类器 h 在源域和目标域上的分类误差可以被分别表示为

$$\begin{aligned} \epsilon_s(h) &= \epsilon_s(h, f_s), \\ \epsilon_t(h) &= \epsilon_t(h, f_t). \end{aligned} \tag{7.1.2}$$

分类器在源域和目标域样本集合上的经验误差被记作 $\hat{\epsilon}_s(h)$ 和 $\hat{\epsilon}_t(h)$。

7.1.1 基于 $\mathcal{H}$-divergence 的理论分析

$\mathcal{H}$-divergence 的理论 [2] 最早于 2006 年提出，后续在 2010 年又被扩展 [1]。此理论考虑二分类的情形并基于 0-1 损失函数推导出了相应的理论界限。

定义 7.1 $\mathcal{H}$-divergence 给定两个分布 P 和 Q，令 $\mathcal{H}$ 为假设类，$\mathbb{I}(h)$ 为特性函数，其中 $h \in \mathcal{H}$，即 $x \in \mathbb{I}(h) \Leftrightarrow h(x) = 1$。$\mathcal{H}$-divergence 被定义为

$$d_{\mathcal{H}}(P,Q) = 2 \sup_{h \in \mathcal{H}} |Pr_P[\mathbb{I}(h)] - Pr_Q[\mathbb{I}(h)]|. \tag{7.1.3}$$

在有限的样本集上通常采用经验 $\mathcal{H}$-divergence 来进行度量。对于一个对称的假设类 $\mathcal{H}$ 和两个样本数为 m 的样本集 $\hat{P}, \hat{Q}$，经验 $\mathcal{H}$-divergence 可以表示为

$$\hat{d}_{\mathcal{H}}(\hat{P},\hat{Q}) = 2(1 - \min_{h \in \mathcal{H}}[\frac{1}{m}\sum_{x:h(x)=0}\mathbb{I}[x \in \hat{P}] + \frac{1}{m}\sum_{x:h(x)=1}\mathbb{I}[x \in \hat{Q}]]), \tag{7.1.4}$$

其中 $\mathbb{I}[\cdot]$ 为指示函数。

基于 $\mathcal{H}$-divergence，研究人员提出了相应的学习理论：

定理 7.1 基于 $\mathcal{H}$-divergence 的目标域误差界 令 $\mathcal{H}$ 表示一个 VC 维为 d 的假设空间，给定从源域上以 I.I.D.（Independent and Identically Distributed）方式采样的大小为 m 的样本集，则至少以 $1-\delta$ 的概率，对于任意一个 $h \in \mathcal{H}$，有

$$\epsilon_t(h) \leqslant \hat{\epsilon}_s(h) + d_{\mathcal{H}}(\hat{D}_s, \hat{D}_t) + \lambda^* + \sqrt{\frac{4}{m}\left(d\log\frac{2em}{d} + \log\frac{4}{\delta}\right)}, \tag{7.1.5}$$

其中，e 是自然底数，$\lambda^* = \epsilon_s(h^*) + \epsilon_t(h^*)$ 是理想联合误差，$h^* = \arg\min_{h \in \mathcal{H}} \epsilon_s(h) + \epsilon_t(h)$ 是在源域和目标域上的最优分类器。

定理 7.1 告诉我们目标域上的泛化误差由以下四项所界定：（1）源域上的经验误差，（2）源域和目标域之间的分布差异，（3）理想联合误差，（4）与样本数和 VC 维等相关的常数项。基于 $\mathcal{H}$-divergence，作者又提出了 $\mathcal{A}$-distance（在 3.2 节中有过介绍）。

理想联合误差 λ 需要目标域上的真实标签，故其无法准确计算。在很多情况下，我们均假设 λ^* 是一个极小的值，即存在一个分类器使得其在源域和目标域上的分类误差都较小，从而使知识迁移成为可能。在此假设下，仅前两项影响目标域泛化误差：源域泛化误差和两个域之间的分布差异。不难看出，本书在 3.3 节中提出的迁移学习方法的统一表征公式 (3.3.1) 在形式上与上述定理完全一致：表征公式的第一项对应于模型在源域上的误差，第二项则对应于源域和目标域的差异。因此，这些理论分析直接证明了本书所归纳的迁移学习统一表征

的正确性。

受定理 7.1 的启发，Ganin 等人提出了领域对抗网络算法[7,8]，基于域判别器来衡量两个域的差异进行迁移学习。关于 DANN 的详细知识请见本书 10.2 节。

7.1.2 基于 $\mathcal{H}\Delta\mathcal{H}$-distance 的理论分析

基于 $\mathcal{H}$-divergence、$\mathcal{H}\Delta\mathcal{H}$ 空间和 $\mathcal{H}\Delta\mathcal{H}$-divergence，文献 [1] 提出了进一步理论分析：

定义 7.2 对称差假设空间 $\mathcal{H}\Delta\mathcal{H}$ 对于一假设空间 $\mathcal{H}$，对称差假设空间 $\mathcal{H}\Delta\mathcal{H}$ 是满足以下条件的空间的集合：

$$g \in \mathcal{H}\Delta\mathcal{H} \Leftrightarrow g(x) = h(x) \oplus h'(x), \text{对于某个 } h, h' \in \mathcal{H}, \tag{7.1.6}$$

其中 $\oplus$ 表示异或操作。

在对称差假设空间 $\mathcal{H}\Delta\mathcal{H}$ 上，$\mathcal{H}\Delta\mathcal{H}$-distance 被定义为

定义 7.3 $\mathcal{H}\Delta\mathcal{H}$-distance 对于任意 $h, h' \in \mathcal{H}$，

$$d_{\mathcal{H}\Delta\mathcal{H}}(P,Q) = 2 \sup_{h,h'\in\mathcal{H}} |Pr_{x\sim P}[h(x) \neq h'(x)] - Pr_{x\sim Q}[h(x) \neq h'(x)]|. \tag{7.1.7}$$

基于 $\mathcal{H}\Delta\mathcal{H}$-distance，研究人员又进一步给出了新的误差界限：

定理 7.2 基于 $\mathcal{H}\Delta\mathcal{H}$-distance 的目标域误差界 令 $\mathcal{H}$ 为一 VC 维为 d 的假设空间。$\hat{P}, \hat{Q}$ 是从分布 P 和 Q 中采样出的大小为 m 的样本集，则对于任意的 $\delta \in (0,1)$ 和任意的 $h \in \mathcal{H}$，至少有 $1-\delta$ 的概率有

$$\epsilon_t(h) \leqslant \epsilon_s(h) + \frac{1}{2}\hat{d}_{\mathcal{H}\Delta\mathcal{H}}(\hat{P},\hat{Q}) + 4\sqrt{\frac{2d\log(2m)+\log(\frac{2}{\delta})}{m}} + \lambda. \tag{7.1.8}$$

为了便于读者的理解，下面附上该理论的证明过程：

$$\epsilon_t(h) = \epsilon_t(h, f_t)$$
$$\leqslant \epsilon_t(h^*) + \epsilon_t(h, h^*)$$
$$\leqslant \epsilon_t(h^*) + \epsilon_s(h, h^*) + \epsilon_t(h, h^*) - \epsilon_s(h, h^*)$$
$$\leqslant \epsilon_t(h^*) + \epsilon_s(h, h^*) + |\epsilon_t(h, h^*) - \epsilon_s(h, h^*)|$$

$$\leqslant \epsilon_t(h^*) + \epsilon_s(h, h^*) + \frac{1}{2}\hat{d}_{\mathcal{H}\Delta\mathcal{H}}(\hat{P}, \hat{Q})$$

$$\leqslant \epsilon_t(h^*) + \epsilon_s(h^*) + \epsilon_s(h) + \frac{1}{2}\hat{d}_{\mathcal{H}\Delta\mathcal{H}}(\hat{P}, \hat{Q})$$

$$\leqslant \epsilon_s(h) + \frac{1}{2}\hat{d}_{\mathcal{H}\Delta\mathcal{H}}(\hat{P}, \hat{Q}) + \lambda$$

$$\leqslant \epsilon_s(h) + \frac{1}{2}\hat{d}_{\mathcal{H}\Delta\mathcal{H}}(\hat{P}, \hat{Q}) + 4\sqrt{\frac{2\mathrm{d}\log(2m) + \log(\frac{2}{\delta})}{m}} + \lambda \quad (7.1.9)$$

上述推导过程中第 4 行到第 5 行的目标是给 $|\epsilon_t(h, h^*) - \epsilon_s(h, h^*)|$ 寻找一个上界，因此 $\hat{d}_{\mathcal{H}\Delta\mathcal{H}}(\hat{P}, \hat{Q})$ 距离实际上是定义出的上界。通过比较 $\mathcal{H}$-distance 和 $\hat{d}_{\mathcal{H}\Delta\mathcal{H}}(\hat{P}, \hat{Q})$，可以发现 $\hat{d}_{\mathcal{H}\Delta\mathcal{H}}(\hat{P}, \hat{Q})$ 是在假设空间取 $\mathcal{H}\Delta\mathcal{H}$ 时的特例。基于定理 7.2，Saito 等人提出了 MCD（Maximum Classifier Discrepancy）算法[15]，通过设计两个分类器的差异来近似 $\mathcal{H}\Delta\mathcal{H}$-distance，进而降低两个领域之间的差异。

7.1.3 基于差异距离的理论分析

$\mathcal{H}$-divergence 和 $\mathcal{H}\Delta\mathcal{H}$-distance 只考虑损失函数为 0-1 损失函数的情景。在此基础上，Mansour 等人将其扩展到任意满足三角不等式的损失函数[11]。作者首先定义了差异距离（Discrepancy Distance）。

定义 7.4 差异距离 令 $\mathcal{H}$ 表示一个类假设空间，$L : \mathcal{Y} \times \mathcal{Y} \to \mathbb{R}$ 表示在 $\mathcal{Y}$ 上的损失函数，则两个分布 P 和 Q 之间的差异距离 disc_L 被定义为

$$\mathrm{disc}_L(P, Q) = \max_{h, h' \in \mathcal{H}} |L_P(h, h') - L_Q(h, h')|. \quad (7.1.10)$$

不难发现，差异距离实际上是 $\mathcal{H}\Delta\mathcal{H}$ 距离从 0-1 损失函数向任意损失函数的扩展。为了方便进行误差界限的推导，约束损失函数需满足三角不等式，即 $\mathrm{disc}_L(P, Q) \leqslant \mathrm{disc}_L(P, M) + \mathrm{disc}_L(M, Q)$。

定义 $h_Q^* \in \arg\min_{h \in \mathcal{H}} L_Q(h, f_Q)$，其中 f_Q 是在分布 Q 上的标签函数。类似地，定义 h_P^* 是 $L_P(h, f_P)$ 的最优分类器。为了能够进行迁移，作者假设这两个最优分类器之间的平均损失 $L_Q(h_Q^*, h_P^*)$ 很小。不同于定理 7.1 和 7.2 假设在源域和目标域上存在一个最优分类器，此理论假设源域和目标域各自存在一个最优分类器，且两分类器之间差异很小。

定理 7.3 基于差异距离的目标域误差界　假设损失函数 L 是对称的并且满足三角不等式, 则对于任意 $h \in \mathcal{H}$, 都有

$$L_Q(h, f_Q) \leqslant L_Q(h_Q^*, f_Q) + L_P(h, h_P^*) + \text{disc}_L(P, Q) + L_P(h_P^*, h_Q^*). \quad (7.1.11)$$

对比定理 7.2, 作者也进行了一些简单的分析。假定 $h_Q^* = h_P^*$, 则有 $h^* = h_P^* = h_Q^*$。此时, 定理 7.3 变为 $L_Q(h, f_Q) \leqslant L_Q(h^*, f_Q) + L_P(h, h^*) + \text{disc}(P, Q)$, 定理 7.2 变为 $L_Q(h, f_Q) \leqslant L_Q(h^*, f_Q) + L_P(h, f_P) + L_P(h^*, f_P) + \text{disc}(P, Q)$。根据三角不等式可以有 $L_P(h, h^*) \leqslant L_P(h, f_P) + L_P(h^*, f_P)$, 因此在此条件下, 定理 7.3 是比定理 7.2 更紧的一个误差界限。

7.1.4　结合标签函数差异的理论分析

定理 7.1 和定理 7.2 已经被提出和使用了很多年。基于这些定理, 许多算法的目标通常是在最小化源域分类损失的同时学习一个领域无关的特征。然而这类算法在某些情况下可能会失效。在文献 [20] 中, 研究人员构造了一个反例: 尽管两个域之间的差异为 0, 但对于任意一个分类器, 其在源域和目标域上的分类误差之和始终为 1。在这种极端条件下, 最小化源域上的分类误差反而会使目标域上的误差变大。

针对这个问题, 文献 [20] 提出了一个新的理论。

定理 7.4 基于标签函数差异的目标域误差界　令 f_s, f_t 表示源域和目标域上的标签函数, $\hat{P}, \hat{Q}$ 表示从两个域中采样出的样本, 每个样本集的大小都为 m, $\text{Rads}(\mathcal{H})$ 表示 Redemacher 复杂度, 那么, 对于任何一个 $\mathcal{H} \in [0,1]^{\mathcal{X}}$ 和 $h \in \mathcal{H}$, 都有:

$$\begin{aligned}\epsilon_\text{t}(h) \leqslant{}& \hat{\epsilon}_\text{s}(h) + d_\mathcal{H}(\hat{P}, \hat{Q}) + \min\{\mathbb{E}_P[|f_\text{s} - f_\text{t}|], \mathbb{E}_Q[|f_\text{s} - f_\text{t}|]\} \\ & + 2\text{Rads}(\mathcal{H}) + 4\text{Rads}(\hat{\mathcal{H}}) \\ & + O(\sqrt{\log(1/\delta)/m}).\end{aligned} \quad (7.1.12)$$

其中, $\hat{\mathcal{H}} = \{\text{sgn}(|h(x) - h'(x)| - t) \mid h, h' \in \mathcal{H}, t \in [0,1]\}$。

该泛化界限可以分为三部分: 第一部分 (第一行) 为领域自适应部分, 包括源域经验误差、经验 $\mathcal{H}$-distance 和标签函数差异。第二部分 (第二行) 对应着对假设空间 $\mathcal{H}$ 和 $\hat{\mathcal{H}}$ 的复杂度测量。第三部分 (第三行) 描述有限样本造成的

误差。

对比定理 7.4 和定理 7.2，最大的不同是定理 7.4 中的 $\min\{\mathbb{E}_P[|f_s - f_t|], \mathbb{E}_Q[|f_s - f_t|]\}$ 项和定理 7.2 中的 λ^* 项，后者依赖对假设空间 $\mathcal{H}$ 的选择，而前者则不需要。并且定理 7.4 揭示了条件偏差的问题可以很好地解释上面的反例。

本节通过介绍几个经典的迁移学习理论研究工作，期望读者能够对理论有一定的理解，以便在今后遇到相关的问题时能够灵活运用。需要指出的是，除本节介绍的理论之外还存在其他的一些研究工作。并且，迁移学习理论的研究一直在不断发展着；由于篇幅所限，我们无法一一展开介绍，请感兴趣的读者持续关注最新的研究进展。

7.2 迁移学习评测

本节将简要介绍迁移学习任务的评测。通常来说，如果一个任务通过使用迁移学习而获得了指标的增长，那么我们便说这是一个成功的迁移学习。例如，分类问题通常使用精确率、F1 值、AUROC 等来进行模型评估；对于回归问题而言，通常使用 RMSE 或 MAE 作为评测标准；对于机器翻译任务而言，通常使用 BLEU 分数作为评测标准。因此，对迁移学习任务而言，并不存在其独特的评价标准：当使用迁移学习算法在特定指标上获得提升之后，我们便认为此迁移学习任务获得了成功。

从形式上说，定义 $\mathcal{U}_0$ 为原任务不采用迁移学习时的指标，$\mathcal{U}$ 为采用迁移学习后能达到的指标。则当 $\mathcal{U} \succeq \mathcal{U}_0$ 时，我们便说此任务采用迁移学习后获得了提升。其中符号 $A \succeq B$ 表示结果 A 好于结果 B。

注意，在迁移学习任务中我们有时不只关注在目标任务上进行迁移的性能，也会关注灾难干预（Catastrophic interference）。灾难干预通常用来评价经过迁移学习后的系统在源任务上的表现，即度量灾难遗忘（Catastrophic forgetting）[6]。因此，为了进行此度量，我们通常也会用迁移后的模型在源任务或数据上进行预测，以测试其反向迁移（Backward Transfer, BWT）的表现[12]。理想状态 BWT 的值应为 0。

7.3 迁移学习模型选择

由于测试数据不可以被用于训练，机器学习通常使用留出法（Hold-out）和 k 折交叉验证法（k-fold cross-validation）进行算法模型和参数的选择。留出法将训练数据集一分为二，分为训练集和验证集；k 折交叉验证法则扩展了留出法的概念，将数据集分为 k 份，每次选择其中的 $k-1$ 份作为训练数据，余下的一份作为测试数据，最终的模型误差是这 k 次实验的均值。此做法显然可以获得比留出法更小的验证误差[22]。

用 $\mathcal{T} = \{\mathcal{T}_j\}_{j=1}^k$ 表示随机分成的 k 份训练数据，$\hat{f}_{\mathcal{T}_j}(\boldsymbol{x})$ 表示在训练数据 $\mathcal{T}_{i \neq j}$ 上学习得到的模型，则 k 折交叉验证法的平均误差可以表示为

$$\widehat{R}_{k\text{CV}} \equiv \frac{1}{k} \sum_{j=1}^{k} \frac{1}{|\mathcal{T}_j|} \sum_{(\boldsymbol{x},y) \in \mathcal{T}_j} \ell(\boldsymbol{x}, y, \hat{f}_{\mathcal{T}_j}(\boldsymbol{x})), \tag{7.3.1}$$

其中 $\ell(\cdot)$ 函数为特定的误差评估函数。

k 折交叉验证法是机器学习广泛使用的模型选择方法。

回到迁移学习问题中来。在迁移学习中，训练数据和测试数据分别是什么？易知，训练数据包括源域和目标域数据。这似乎听起来不太妙：迁移学习的目的就是要用源域的知识来帮助学习目标域的知识 —— 测试数据也是目标域数据？

这有悖常理：扎实的机器学习基础告诉我们，测试数据是不可以用于模型评估和选择的，这样做导致的灾难性后果相当于直接在测试集上调参！

可以用两种简单的方法来解决这个问题。一种理想的方法是可以直接把一部分有标签的目标域数据作为验证集；另一部分没有标签的目标域数据可作为真正的目标域，此时可用传统机器学习的模型选择方法解决。然而，对于目标域数据没有标签或几乎没有标签的领域自适应问题而言，此方案并不适用。另一种方法更加简单：我们在训练时不去显式地进行调参，而是对于不同的任务均选择相同的一组参数，这相当于从源头上完全规避了调参的问题，一些相关工作便使用了此做法[17,19]。显然，上述两种方法并不具有通用性，这是由于迁移学习较明显的特征是训练集和测试集的数据分布不同，即使可以有验证集，公式 (7.3.1) 也未处理数据分布差异，因此并不完全适用。

那么，应该以怎样的正确姿势来打开迁移学习模型选择的大门呢？

7.3.1 基于密度估计的模型选择

为了解决由于源域和目标域的边缘分布不同 $(P_s(\boldsymbol{x}) \neq P_t(\boldsymbol{x}))$ 的模型选择问题，文献 [16] 提出了**基于密度估计的交叉验证方法**（Importance-weighted Cross Validation, IWCV）。IWCV 方法巧妙地利用了 4.3 节中介绍的样本权重自适应方法中的概率密度估计比（Density Ratio）：

$$\theta_t^* \approx \arg\max_\theta \frac{1}{N_s} \sum_{i=1}^{N_s} \frac{P_t(\boldsymbol{x}_i^s)}{P_s(\boldsymbol{x}_i^s)} \log P(y_i^s|\boldsymbol{x}_i^s;\theta). \tag{7.3.2}$$

我们在彼时曾经说过，这个概率密度估计比非常通用，可以用于多种学习算法，如逻辑回归和支持向量机等。因此，IWCV 便在模型选择中也利用了此方法：彼时彼刻，恰如此时此刻！

引入概率密度估计比之后，IWCV 对目标域的训练误差可以表示为

$$\widehat{R}_{k\text{IWCV}} \equiv \frac{1}{k} \sum_{j=1}^{k} \frac{1}{|\mathcal{T}_j|} \sum_{(\boldsymbol{x},y)\in\mathcal{T}_j} \frac{P_t(\boldsymbol{x})}{P_s(\boldsymbol{x})} \ell(\boldsymbol{x},y,\widehat{f}_{\mathcal{T}_j}(\boldsymbol{x})). \tag{7.3.3}$$

在上式中引入源域和目标域的概念有助于更好理解 IWCV 的作用：我们用 $\mathcal{D}_s$ 来表示源域数据，则 IWCV 可以重新表示为

$$\widehat{R}_{k\text{IWCV}} \equiv \frac{1}{k} \sum_{j=1}^{k} \frac{1}{|\mathcal{D}_s^j|} \sum_{(\boldsymbol{x},y)\in\mathcal{D}_s^j} \frac{P_t(\boldsymbol{x})}{P_s(\boldsymbol{x})} \ell(\boldsymbol{x},y,\widehat{f}_{\mathcal{D}_s^j}(\boldsymbol{x})). \tag{7.3.4}$$

可以证明 [16]，公式 (7.3.3) 是对真实目标域误差的一个无偏估计（Unbiased estimate）。且公式 (7.3.4) 更清晰地指出 IWCV 在模型选择时并未依赖目标域标签。因此，IWCV 很好地完成了迁移学习的模型选择任务。

7.3.2 迁移交叉验证

IWCV 的基本假设是源域和目标域有着相同的条件分布、不同的边缘分布。那么，如果两种分布都不同呢？文献 [21] 考虑了此情形并提出了**迁移交叉验证**（Transfer Cross-validation, TrCV）。

TrCV 相对于 IWCV 最重要的进步就是增加了对目标域数据条件概率的估

计。为了引入条件概率，便于和 IWCV 对比，我们首先用另一种形式表达 IWCV：

$$\widehat{R}_{k\text{IWCV}} = \arg\min_f \frac{1}{k}\sum_{j=1}^{k}\sum_{(\boldsymbol{x},y)\in S_j}\frac{P_t(\boldsymbol{x})}{P_s(\boldsymbol{x})}\left|P_s(y|\boldsymbol{x}) - P(y|\boldsymbol{x},f_j)\right|. \tag{7.3.5}$$

则 TrCV 可以表示为

$$\widehat{R}_{\text{TrCV}} = \arg\min_f \frac{1}{k}\sum_{j=1}^{k}\sum_{(\boldsymbol{x},y)\in S_j}\frac{P_t(\boldsymbol{x})}{P_s(\boldsymbol{x})}\left|P_t(y|\boldsymbol{x}) - P(y|\boldsymbol{x},f)\right|. \tag{7.3.6}$$

可以很清晰地看到，TrCV 在对目标域误差进行估计时利用了目标域的标签 $P_t(y|\boldsymbol{x})$。因此，TrCV 的适用场景是目标域有大量可用标签时的迁移学习。基于公式 (7.3.6)，迁移交叉验证构造了整套的模型验证方法，感兴趣的读者可以参考原文 [21]。

我们将本章介绍过的方法总结在表 7.1 中，从是否需要目标域标签和是否可以处理自变量漂移问题这两个方面对已有的适用于迁移学习的模型选择方法进行了对比。

表 7.1　迁移学习中不同模型选择方法对比

模型选择方法	目标域标签	自变量漂移
在源域上选择模型	不需要	不能处理
在目标域上选择模型	需要	可以处理
IWCV	不需要	可以处理
TrCV	需要	可以处理

总体而言，模型选择是迁移学习中十分重要的问题。我们期待在今后能够出现更多相关的研究将此问题解决得更好。

7.4　小结

本章简要介绍了迁移学习的三大类基础工作：理论、模型选择与评价指标。值得注意的是，迁移学习理论对诸多方法均有指导作用，在今后的学习中需要格外留意。而针对非独立同分布的数据进行评价和模型选择本身也是一个开放性问题，期待今后能有更多好的成果出现。

参考文献

[1] Ben-David, S., Blitzer, J., Crammer, K., Kulesza, A., Pereira, F., and Vaughan, J. W. (2010). A theory of learning from different domains. *Machine learning*, 79(1-2): 151–175.

[2] Ben-David, S., Blitzer, J., Crammer, K., Pereira, F., et al. (2007). Analysis of representations for domain adaptation. In *NIPS*, volume 19.

[3] Borgwardt, K. M., Gretton, A., Rasch, M. J., Kriegel, H.-P., Schölkopf, B., and Smola, A. J. (2006). Integrating structured biological data by kernel maximum mean discrepancy. *Bioinformatics*, 22(14): e49–e57.

[4] Courty, N., Flamary, R., Habrard, A., and Rakotomamonjy, A. (2017). Joint distribution optimal transportation for domain adaptation. In *Advances in Neural Information Processing Systems*, pages 3730–3739.

[5] Dhouib, S., Redko, I., and Lartizien, C. (2020). Margin-aware adversarial domain adaptation with optimal transport. In *Thirty-seventh International Conference on Machine Learning*.

[6] French, R. M. (1999). Catastrophic forgetting in connectionist networks. *Trends in cognitive sciences*, 3(4): 128–135.

[7] Ganin, Y. and Lempitsky, V. (2015). Unsupervised domain adaptation by backpropagation. In *ICML*, pages 1180–1189.

[8] Ganin, Y., Ustinova, E., Ajakan, H., Germain, P., Larochelle, H., Laviolette, F., Marchand, M., and Lempitsky, V. (2016). Domain-adversarial training of neural networks. *Journal of Machine Learning Research*, 17(59): 1–35.

[9] Germain, P., Habrard, A., Laviolette, F., and Morvant, E. (2013). A pac-bayesian approach for domain adaptation with specialization to linear classifiers. In *ICML*.

[10] Germain, P., Habrard, A., Laviolette, F., and Morvant, E. (2015). A new pac-bayesian perspective on domain adaptation. In *ICML 2016*.

[11] Mansour, Y., Mohri, M., and Rostamizadeh, A. (2009). Domain adaptation with multiple sources. In *NeuIPS*, pages 1041–1048.

[12] Parisi, G. I., Kemker, R., Part, J. L., Kanan, C., and Wermter, S. (2019). Continual lifelong learning with neural networks: A review. *Neural Networks*, 113: 54–71.

[13] Redko, I., Habrard, A., and Sebban, M. (2017). Theoretical analysis of domain adaptation with optimal transport. In *Joint European Conference on Machine Learning and Knowledge Discovery in Databases*, pages 737–753. Springer.

[14] Redko, I., Morvant, E., Habrard, A., Sebban, M., and Bennani, Y. (2020). A survey on domain adaptation theory. *arXiv preprint arXiv:2004.11829*.

[15] Saito, K., Watanabe, K., Ushiku, Y., and Harada, T. (2018). Maximum classifier discrepancy for unsupervised domain adaptation. In *Proceedings of the IEEE Conference on Computer Vision and Pattern Recognition*, pages 3723–3732.

[16] Sugiyama, M., Krauledat, M., and MÃžller, K.-R. (2007). Covariate shift adaptation by importance weighted cross validation. *Journal of Machine Learning Research*, 8(May): 985–1005.

[17] Tzeng, E., Hoffman, J., Saenko, K., and Darrell, T. (2017). Adversarial discriminative domain adaptation. In *CVPR*, pages 2962–2971.

[18] Valiant, L. (1984). A theory of the learnable. *Commun. ACM*, 27: 1134–1142.

[19] Wang, J., Chen, Y., Hao, S., et al. (2017). Balanced distribution adaptation for transfer learning. In *ICDM*, pages 1129–1134.

[20] Zhao, H., Des Combes, R. T., Zhang, K., and Gordon, G. (2019). On learning invariant representations for domain adaptation. In *International Conference on Machine Learning*, pages 7523–7532.

[21] Zhong, E., Fan, W., Yang, Q., Verscheure, O., and Ren, J. (2009). Cross validation framework to choose amongst models and datasets for transfer learning. In *Proceedings of the European Conference on Machine Learning and Principles and Practice of Knowledge Discovery in Databases (ECML/PKDD)*, pages 1027–1036. ACM.

[22] 周志华 (2016). 机器学习. 清华大学出版社.

第 II 部分

现代迁移学习

预训练–微调

本章重点介绍预训练–微调（Pre-training and Fine-tuning）方法。从本章开始，我们正式进入深度迁移学习的领域。本章所述的预训练–微调方法指的是首先在大数据集上训练得到一个具有强泛化能力的模型（预训练模型），然后在下游任务上进行微调的过程。下一章的深度迁移学习方法则侧重于在预训练的基础上设计更好的网络结构和损失函数等，从而更好地迁移。读者可将本章视为余下章节的基础。

预训练–微调方法属于基于模型的迁移方法（Parameter/Model-based Transfer Learning）。该大类方法旨在从源域和目标域中找到它们之间共享的参数信息以实现迁移。此迁移方式要求的假设条件是：源域中的数据与目标域中的数据可以共享一些模型的参数。图 8.1 形象地表示了基于模型的迁移学习方法的基本思想。

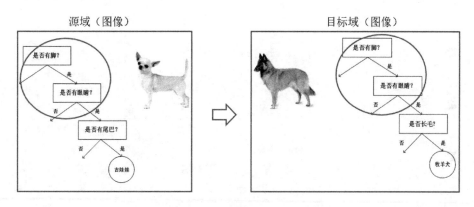

图 8.1　基于模型的迁移学习方法

本章内容的组织结构如下。首先介绍预训练方法的可行性，即 8.1 节的"深度神经网络的可迁移性"，从理论和实验中给出预训练得以实施的保证。8.2 节

8 预训练–微调

介绍预训练–微调方法的基本过程。8.3 节介绍如何通过增加正则来提高微调的性能。在 8.4 节和 8.5 节中,我们介绍使用预训练模型的不同方法、如何更好地进行微调及其应用。8.6 节提供了上手实践的代码。最后,8.7 节对本章内容进行了总结。

8.1 深度神经网络的可迁移性

随着 AlexNet[14] 在 2012 年的 ImageNet 大赛上获得冠军,深度学习开始在机器学习的研究和应用领域大放异彩。更深的网络带来了更好的特征表达和学习效果。然而,深度网络的层次性结构给模型的可解释性带来了困难,于是研究者们很自然地开始关注深度神经网络的可解释性,直到今天演变为可解释性机器学习[2] 等热门的研究课题。研究者们通过对网络不同层的激活值(Activation)进行可视化,来探索不同层次的深度网络神经元中蕴含的信息以进一步帮助解释深度网络。

图 8.2[1] 展示了深度卷积神经网络提取特征的过程。假设此网络的输入是一只可爱的狗。随着网络前向传播(Forward Propagation)的进行,在最初的几层,网络只能检测到一些有关动物边边角角的低级特征,我们根本无法凭借这些特征联想到狗;接着,中间的层可能会检测到一些线条和圆形,比边角(粗略)

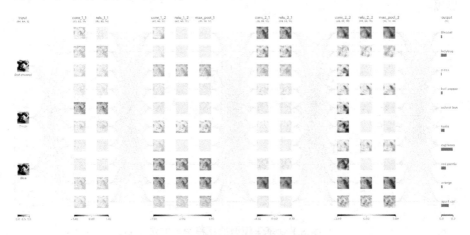

图 8.2　卷积神经网络的输出可视化

---

[1]工具地址请见链接 8-1。更清晰的图片可以在链接 8-2 找到。

特征更加明显，但依然不足以用来让网络准确识别为狗；然后，网络可以检测到有狗的区域；最后，网络的较深层能够提炼代表狗的明显高级特征，如腿和脸等等。

那么，上述的观察表达了什么信息？我们又能否基于上述观察来进行深度网络的迁移？

一种被广泛接受的解释如下。对于神经网络而言，其浅层负责学习通用的特征（General features，在图 8.2 中则为边角等低级特征），而其深层则负责学习与任务相关的特殊特征（Specific features，在图 8.1 中则为腿、脸等中高级特征）。随着层次的加深，网络渐渐从通用特征过渡到特殊特征的学习表征，如图 8.3 所示。

图 8.3　深度网络如何提取特征

此解释非常直观且易于理解。

这便意味着：如果能准确地知道一个网络中哪些层负责学习通用特征、哪些层负责学习特殊特征，那么便可更清晰地利用这些层来进行迁移学习。由于通用特征并不局限于特定的任务，因此具有一定的任务无关性。例如，在上面的例子中，拥有边角特征的不只是狗，猫也具有类似的特征。那么可以将训练好的狗分类器的这些层迁移到猫分类的网络上从而减少网络的训练参数量。

于是，核心问题转化为：如何确定一个网络中哪些层负责学习通用特征、哪些层负责学习特殊特征。此问题对于理解神经网络以及深度迁移学习都有着非常重要的意义。

来自康奈尔大学的 Jason Yosinski 等人 [27] 率先进行了深度神经网络可迁移性的研究。研究人员围绕 ImageNet 数据集 [5] 展开了详尽的实验。作者将 1000 类数据分成两份（A 和 B），每份包含 500 个类别。然后，基于 Caffe 深度学习框架 [11] 分别对 A 和 B 训练了一个 AlexNet 网络 [14]。AlexNet 网络一共包括 8 层，除第 8 层为分类层无法迁移外，作者从第 1 层到第 7 层逐层进行微调实验以探索网络的可迁移性。

为了更好地说明微调的结果，作者提出了一对有趣的概念：AnB 和 BnB。并在其基础上提出了 AnB+ 和 BnB+ 的概念：

- AnB 用来测试网络 A 的前 n 层参数迁移到网络 B 上的表现。首先，获取训练好的 A 网络的前 n 层参数并将这前 n 层的网络参数赋值到 B 网络相应的层上。然后这些层在 B 网络上的参数保持不变（冻结，在训练时不更新梯度），而 B 网络余下的 $8-n$ 层则随机初始化进行正常训练。
- BnB 用来测试网络 B 本身的性能。具体而言，对训练好的 B 网络的前 n 层做冻结操作，剩下的 $8-n$ 层随机初始化，然后对 B 进行分类。
- AnB+ 和 BnB+ 表示对应的操作完成后，继续进行微调。

研究人员发现了以下的现象。

- 对 BnB 而言，原训练好的 B 模型的前 3 层可直接拿来使用而不会损失模型精度。到了第 4 层和第 5 层，精度略有下降，不过还可以接受。然而到了第 6 层和第 7 层，精度居然奇迹般地回升了。这是为什么？原因如下：对于一开始精度下降的第 4 层和第 5 层来说，确实是到了这一步，特征越来越具有特异性，所以下降了。那第 6 层和第 7 层为什么精度又不变了？那是因为，整个网络就 8 层，我们固定了第 6 层和第 7 层，这个网络还能学什么呢？所以很自然地，精度和原来的 B 网络几乎一致。
- 对 BnB 而言，结果基本上都保持不变。说明微调对模型结果有着很好的促进作用！
- 对 AnB 而言，直接将 A 网络的前 3 层迁移到 B 似乎并未产生恶劣影响。这再一次说明，网络的前 3 层学到的几乎都是通用特征。往后，到了第 4 层和第 5 层时，精度开始下降，这可能是由于特征不够通用所致。
- 加入了微调以后，AnB+ 的表现达到了最好。这说明：预训练–微调的模式对于深度迁移有着非常好的促进作用！随着可迁移层数的增加，模型性能下降。但是，前 3 层仍然还是可以迁移的！同时，与随机初始化所有权重比较，迁移学习的精度得到了保证。

2020 年的 NeurIPS 会议上，来自 Google Brain 的研究人员也给出了类似的结论[21]，研究人员对 DomainNet 数据集[23] 的若干下游任务进行了详细的预训练–微调实验。这些实验指出，神经网络的低层通常提取一些通用特征，而高层则提取对任务有强相关性的特征。更进一步，研究人员指出领域的相似性对迁移学习性能的上限有着重要作用：即数据集之间越相似，迁移的效果便越好。

总结来看，对于深度网络可迁移性，有以下结论：

- 神经网络的前几层特征较为通用，故迁移效果较好；

- 深度迁移网络中加入微调，效果提升比较大，可能会比原网络效果还好；
- 微调可较好地克服数据之间的差异性；
- 深度迁移网络要比随机初始化权重效果好；
- 网络层数的迁移可以加速网络的学习和优化。

8.2 预训练–微调

机器学习的优化目标可以被定义为在一个给定的数据集 $\mathcal{D}$ 上学习一个目标函数 f，使得 f 有着最小的风险。如果我们使用 θ 来表示 f 上待学习的参数，$\mathcal{L}$ 为其代价函数，则一个通用的机器学习过程可以表示为

$$\theta^* = \arg\min_{\theta} \mathcal{L}(\mathcal{D}; \theta), \tag{8.2.1}$$

其中 θ^* 表示模型最优的参数。

我们给出如下的预训练–微调的形式化定义。

定义 8.1 预训练–微调（Pre-training and fine-tuning） 给定一个待学习数据集 $\mathcal{D}$，预训练–微调旨在利用先前的知识 θ_0 去学习一个由 θ 所表征的函数 f：

$$\theta^* = \arg\min_{\theta} \mathcal{L}(\theta|\theta_0, \mathcal{D}). \tag{8.2.2}$$

不同于本书介绍的大多数领域自适应任务（Domain Adaptation）要求源域和目标域的类别要一致，预训练–微调并**不要求**两个领域的类别空间一致。事实上，绝大多数预训练的应用中两个领域的类别空间均不一致。我们需要针对性地调整预测函数以最大限度地利用预训练好的网络。

图 8.4 展示了一个简单的预训练–微调过程。如图所示，我们采用的预训练好的网络非常复杂。如果直接拿来从头开始训练，则时间成本会非常高昂。我们可以将此网络进行改造，固定前面若干层的参数，只针对我们的任务微调后面若干层。如此一来，网络训练速度会极大地加快且对提高我们任务的表现也具有很大的促进作用。

对图 8.4 进一步探究，我们想问这些问题：
- 我们应该固定或者微调哪些层？

8 预训练−微调

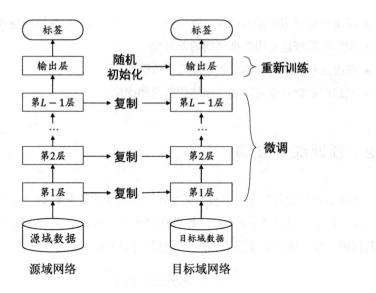

图 8.4　一个简单的预训练−微调示意图

- 在有着少量标注数据的任务上，如何增加合适的正则项来提高迁移学习的表现？

这两个问题将会在 8.3 节和 8.5 节中分别得到回答。

预训练−微调的模式为何重要？

因为其他任务上训练好的模型可能并不完全适用于自己的任务：可能上游训练数据与下游数据不服从同一个分布；可能已有的预训练网络较复杂、我们的任务比较简单，等等。

例如，对训练一个猫狗图像二分类的神经网络最有参考价值的便是在 CIFAR-100 上训练好的神经网络。然而，CIFAR-100 有 100 个类别，此任务只需 2 个类别。此时便需要针对自己的任务固定原始网络的相关层且修改网络的输出层以使结果更符合我们的需要。

综上，微调具有如下的优势：

- 不需要针对新任务从头开始训练网络，节省了时间成本；
- 预训练好的模型通常都是在大数据集上进行的，无形中扩充了我们的训练数据，使得模型更鲁棒、泛化能力更好；
- 微调实现简单，使我们只关注自己的任务即可。

一些学者着眼于重新思考预训练模型的有效性。何恺明等人发表于 ICCV 2019 的工作 [8] 就对计算机视觉领域的 ImageNet 预训练进行了大量的实验。他们通过实验得到结论：在相同的任务上，预训练模型与从头开始训练（Train from scratch）相比，大大缩短了训练时间且加快了训练的收敛速度。在结果的提升上，他们的结论是，预训练模型只会对最终的结果有着微小的提升。

另一项工作[13]则深入思考了预训练模型对于迁移任务的作用并得出以下结论：

- 在大型数据集（如 ImageNet）上，预训练的性能决定了下游迁移任务的下限，即预训练模型可以作为后续任务的基准模型；
- 在细粒度（Fine-grained）任务上，预训练模型无法显著提高最终的结果；
- 与随机初始化相比，当训练数据集显著增加时预训练带来的提升会越来越小。即当训练数据较少时预训练能够带来较为显著的性能提升。

另一些学者则在模型的鲁棒性等方面继续探索预训练模型带来的提升。文献 [9] 做了一系列预训练模型的实验，最终认为预训练模型可以在以下场景中提高模型的鲁棒性：

- 对于标签损坏（Label Corruption）的情况，即噪声数据，预训练模型可以提高最终结果的 AUC（Area Under Curve）；
- 对于类别不均衡任务，预训练模型提高了最终结果的准确性；
- 对于对抗扰动（Adversarial Perturbation）的情况，预训练模型可以提高最终结果的准确性；
- 对于不同分布的数据（Out-of-distribution），预训练模型带来了巨大的效果提升；
- 对于校准（Calibration）任务，预训练模型同样能提升结果置信度。

8.3 迁移学习中的正则

读者应注意的是，微调也是一个标准的经验风险最小化的过程。因此，毫无疑问此操作也需要加入适当的正则项来提高其性能。形式化而言，如果我们使用 w 来表示一个网络中待微调的那些权重，则加入了迁移正则项的迁移学习过程应该被表示为如下的形式：

$$\min \mathcal{L}_{\text{cls}} + R(w). \tag{8.3.1}$$

正如我们在 3.3 节中总结的那样，迁移学习范式中最重要的部分是迁移正

则项 $R(\cdot)$。因此，在微调的过程中，我们应该如何设计迁移正则项以达到最好表现？

此正则项在已有的研究工作中也被称为显式归纳偏置（Explicit Inductive Bias）[17]。不仅如此，研究工作 [17] 设计了充分的实验来评估不同迁移正则项的作用。

L2 正则实现简单、结果有效，是深度学习中被广泛使用的正则。使用 L2 正则后，微调过程被形式化为

$$R(\boldsymbol{w}) = \frac{\alpha}{2}\|\boldsymbol{w}\|_2^2, \tag{8.3.2}$$

其中，α 为一可调超参数。

更进一步，研究人员从终身学习中受到启发[1]，发现如果显式约束当前的权重和模型权重起始点（SP，Starting Point）的距离，我们便会得到更好的微调性能。此项技术最先在文献 [7] 中被介绍，被当时的研究人员称为 L2-SP 正则约束：

$$R(\boldsymbol{w}) = \frac{\alpha}{2}\|\boldsymbol{w} - \boldsymbol{w}_0\|_2^2, \tag{8.3.3}$$

其中，$\boldsymbol{w}_0$ 表示模型权重起始点。

注意到学生和教师网络可能有着不同的结构，因此它们的权重并不是一一对应的。在这种情况下，我们通常将上述公式分为两个部分：第一部分为教师和学生网络的公共部分（有着同样的结构），因此上述公式可以被直接应用；另一部分则使用普通的 L2 正则进行约束。同样地，将 L2 正则换成 L1 正则也是可行的，此时被称为 L1 和 L1-SP 约束下的微调问题。

文献 [12] 为避免模型的灾难遗忘提出了弹性权重约束（Elastic Weight Consolidation，EWC）。EWC 同样可以在深度网络的微调过程中被使用。此时，这项约束被称为 L2-SP-Fisher，因其计算网络权重的 Fisher 矩阵而得名：

$$R(\boldsymbol{w}) = \frac{\alpha}{2}\sum_{j\in S}\hat{\boldsymbol{F}}_{jj}(w_j - w_j^0)^2, \tag{8.3.4}$$

其中 $\hat{\boldsymbol{F}}_{jj}$ 为 Fisher 矩阵，可以由预训练网络在目标数据集上的平均导数而求得

$$\hat{\boldsymbol{F}}_{jj} = \frac{1}{m}\sum_{i=1}^{m}\sum_{k=1}^{K} f_k(\boldsymbol{x}_i;\boldsymbol{w}^0)\left(\frac{\partial}{\partial w_j}\log f_k(\boldsymbol{x}_i;\boldsymbol{w}^0)\right). \tag{8.3.5}$$

除上述显式距离约束之外，研究人员也使用其他的技术进行约束。文献 [19] 提出了 DELTA（DEep Learning TrAnsfer）对学生网络和教师网络的不同层的特征映射进行约束：

$$R(\boldsymbol{w}) = \sum_{j=1}^{N} \|FM_j(w, \boldsymbol{x}) - FM_j(w^0, \boldsymbol{x})\|_2^2, \tag{8.3.6}$$

其中 $FM_j(w, \boldsymbol{x})$ 表示输入 x 在第 j 层的特征映射。

研究工作 [4] 提出了批光谱收缩的方法（Batch Spectral Shrinkage，BSS）来约束微调网络特征中的 K 个奇异值：

$$R_{\mathrm{BSS}} = \sum_{i=1}^{k} \sigma_{-i}^2, \tag{8.3.7}$$

其中 σ_{-i} 表示第 i 个最小的奇异值。

之后，文献 [25] 使用梯度距离提出了一种训练策略：如果我们能限制交叉熵损失和 L2 梯度的差异，则模型可以被更好地微调。接着，文献 [18] 表明如果我们可以重新初始化分类网络的最后一层全连接层，我们可以得到更好的结果。

在真实应用中，教师网络和学生网络的数据通常有着完全不同的类别，即不同的语义空间（semantic space）。因此，为了显式约束预训练网络和下游学生网络的语义差异，文献 [28] 提出了一种协同微调（Co-tuning）的方法对二者不同的语义空间进行约束映射：

$$R_{\mathrm{co-tuning}} = \ell(\mathcal{L}_{\mathrm{CE}}, P(y_{\mathrm{t}} \mid y_{\mathrm{s}})), \tag{8.3.8}$$

其中 y_{s} 和 y_{t} 分别表示学生和教师网络的标签。协同微调的目标是通过一个损失函数 ℓ 来显式约束不同语义空间的距离。

最近，文献 [15] 提出应该使用不同的重要性对预训练和微调网络的不同层进行约束。研究人员认为深度网络中的每一层都有自身的重要性（参照 7.1 节），因此我们应该使用不同的阈值（γ^{i-1}）进行约束：

$$\begin{aligned}
\hat{W} &\leftarrow \arg\min \hat{\mathcal{L}}^{(t)}(f_{\boldsymbol{w}}) \\
\text{s.t. } &\|\boldsymbol{w}_i - \boldsymbol{w}_i^0\|_F \leqslant D \cdot \gamma^{i-1}, \forall i = 1, \cdots, L.
\end{aligned} \tag{8.3.9}$$

总结来看，目前尚不存在一种迁移正则项使得对所有的任务都有最好的表现。在真实的应用中，我们仍然需要根据应用背景和先验知识灵活设计迁移正则项。

8.4 预训练模型用于特征提取

预训练模型已经在计算机视觉、自然语言处理和语音识别等任务上得到了广泛的应用。本节重新思考预训练模型的应用。预训练模型可以获得大量任务的通用表现特征，那么能否直接将预训练模型作为**特征提取器**，从新任务中提取特征从而可以进行后续的迁移学习呢？这种方法类似于从一个强大的模型中提取特征表达嵌入（Embedding），继而利用这些特征开展进一步的工作。

例如，计算机视觉中著名的 DeCAF 方法就为视觉任务提供了一种从预训练模型中提取高级特征的通用方法 [6]。在小样本学习中，特征嵌入 + 模型构建的两阶段方法在近年来取得了不错的效果 [3,24]。这促使我们重新思考预训练模型的使用方法：如果将从源域数据中学到的模型在目标域上直接提取特征，然后利用源域和目标域的特征构建模型，能否取得更好的效果？

令人惊奇的是，通过深度网络提取的特征配合传统机器学习方法在领域自适应任务上竟然可以取得比端到端的深度迁移学习（第 9 章）更好的结果。Wang 等人提出了一种叫做 EasyTL（Easy Transfer Learning）[26] 的迁移方法。该方法首先利用在有标记源域数据上微调的预训练模型分别在源域和目标域上提取有表现力的高阶特征，然后基于这些提取好的特征进行后续的特征变换和简单的分类器构建。令人欣喜的是，尽管 EasyTL 方法并未涉及相对重量级的深度迁移策略，却在当时取得了很好的效果。例如，EasyTL 方法采用基于 ImageNet 数据集预训练的 ResNet-50 网络进行特征提取，取得了比绝大多数基于 ResNet 进行深度迁移的方法更好的效果，如图 8.5 所示。

基于文献 [26]，我们给出深度学习中可能的预训练模型的应用方法：

- 用法 1：预训练网络直接应用于新任务；
- 用法 2：预训练–微调，此即使用最广泛的方法；
- 用法 3：预训练网络充当新任务的特征提取器，例如 DeCAF [6] 等；
- 用法 4：预训练提取特征加分类器构建，这直接受文献 [26] 启发以专注于利用高阶特征来构建后续的分类器。

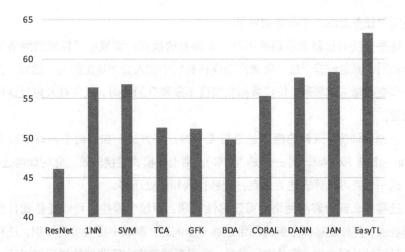

图 8.5 EasyTL 方法与其他流行方法的迁移效果对比

此四种方法由易到难、逐层深入,为正确使用预训练模型提供了思路。特别地,预训练提取特征加分类器构建方法的主要过程如下:

(1)在一个大数据集上得到预训练模型,如 ImageNet 上预训练过的 ResNet-50 模型,称之为 $\mathcal{M}$;

(2)将 $\mathcal{M}$ 在有标记的源域数据上做微调,记收敛后的模型为 $\mathcal{M}'$;

(3)固定 $\mathcal{M}'$ 的权重,利用 $\mathcal{M}'$ 分别在源域和目标域数据上提取特征,记为 Φ_s 和 Φ_t;

(4)得到预训练提取的特征 Φ_s 和 Φ_t 后,便可专注对其进行后续处理,如迁移特征变换和分类器构建等。

这种新的预训练模型的使用方法为更多的迁移学习应用提供了可能。例如,在资源受限的小设备上无法使用深度学习方法进行反向传播训练。此时,类似于 EasyTL 的这种巧妙使用预训练模型的方法则可以被很好地使用。

8.5 学习如何微调

深度网络的结构一直以来均对迁移学习十分友好。从最简单的微调开始,过渡到用深度网络提取特征并在倒数第二层加入可学习的距离,再到通过领域对抗的思想学习隐式分布距离,深度迁移学习方法大行其道,在诸多图像分类、分割检测等任务上取得了不错的效果。

这些方法的思路大多逃脱不开一个固有的模式：源域和目标域的网络架构完全相同，固定前若干层，微调高层或在高层中加入分布适配距离。然而，在迁移模型变得越来越臃肿、特定数据集精度不断攀升的同时，极少有人想过这样一个问题：

这种预训练–微调的模式是否是唯一的迁移方法？如果两个网络结构不同（比如一个是 ResNet，另一个是 VGG），则上述模式直接失效。此时如何迁移？

这一思路可具体表述为两点：迁移什么和何处迁移。

迁移什么部分解决网络的可迁移性问题：源域中哪些层可以迁移到目标域的哪些层；何处迁移部分解决网络迁移多少问题：源域中哪些层的知识，迁移多少给目标域的哪些层。简单来说就是：学习源域网络中哪些层的知识可以迁移多少给目标域的哪些层。

2019 年数据挖掘领域权威会议 PAKDD 的最佳论文颁给了迁移学习相关的研究 *Parameter transfer unit for deep neural networks*[29]。该研究通过对 CNN 和 RNN 网络用于迁移学习时每层的神经元的固定、微调、随机初始化三种状态的细粒度分析，让我们在使用预训练模型时更加有法可依。

在 2019 年的机器学习会议 ICML 上，来自韩国的学者进一步深入研究了这种迁移方法[10]。此方法将 x,y 分别作为网络的输入和输出。令 $S^m(x)$ 表示预训练好的源域网络中的第 m 层的特征表达，T_θ 为目标域的待学习网络。则 $T_\theta^n(x)$ 表示目标域网络中第 n 层的特征表达，其中 θ 是待学习参数集合。其学习目标可以形式化为

$$\|r_\theta(T_\theta^n(x)) - S^m(x)\|_2^2, \tag{8.5.1}$$

其中 r_θ 是一个线性变换。简单而言，上述公式表示我们如何对源域的第 m 层和第 n 层进行迁移、迁移多少等信息。

该方法构建了 2 个权重矩阵以解决上述挑战。研究人员设计了一个元学习网络 (见 14.3 节) 对 2 个矩阵进行学习。

考虑到源域中的所有层特征并不都对目标任务有促进作用，因此，该方法对于图像中的通道（channel）的重要性设计了一个权重学习模式：

$$\mathcal{L}_{\text{channel}}^{m,n}(\theta|x, w^{m,n}) = \frac{1}{HW} \sum_c w_c^{m,n} \sum_{i,j} \left(r_\theta(T_\theta^n(x))_{c,i,j} - S^m(x)_{c,i,j}\right)^2, \tag{8.5.2}$$

其中 $H \times W$ 为一个通道下的特征大小，$w_c^{m,n}$ 为待学习权重。显然 $\sum_c w_c^{m,n} = 1$。

下一步解决的是源网络中的第 m 层迁移到目标网络的第 n 层时是否可行？目前，已有工作均利用人工实验来判定可迁移性，显然这没有任何保证。

该方法设计了一个权重矩阵 $\boldsymbol{\lambda}^{m,n} > 0$ 来表示源域中第 m 层对于目标域中第 n 层的可迁移指标。作者将其参数化为一个待学习网络：

$$\boldsymbol{\lambda}^{m,n} = g_\phi^{m,n}(S^m(\boldsymbol{x})). \tag{8.5.3}$$

将两部分综合起来便得到了可迁移部分的损失：

$$\mathcal{L}_{\text{channel}}(\theta|\boldsymbol{x},\phi) = \sum_{(m,n)\in\mathcal{C}} \boldsymbol{\lambda}^{m,n} \mathcal{L}_{\text{channel}}^{m,n}(\theta|\boldsymbol{x}, w^{m,n}). \tag{8.5.4}$$

将上述损失与网络的交叉熵损失结合构成网络整体训练的损失：

$$\mathcal{L}_{\text{total}}(\theta|\boldsymbol{x},y,\phi) = \mathcal{L}_{\text{ce}}(\theta|\boldsymbol{x},y) + \beta\mathcal{L}_{\text{channel}}(\theta|\boldsymbol{x},\phi), \tag{8.5.5}$$

其中 $\beta > 0$ 为可调参数。在实验中，该方法设计了 3 种迁移策略：

- Single：将源域中的最后一个特征层迁移到目标域的某一层；
- One-to-one：源域中每个池化层的前一层分别迁移到目标域的某些层；
- All-to-all：源域中的第 n 层迁移到目标域的第 m 层。

该方法分别以 TinyImageNet 和 ImageNet 作为源域，剩下的数据集作为目标域，进行迁移学习。与一些最新的方法对比，其达到了良好的性能。

固定多少层、微调多少层在今天依然是一个开放的问题。期待在这一领域有更多成果出现。与此同时，对微调的网络亦可以采用不同的学习率等关键参数，这同样也是开放式的研究问题。

8.6 上手实践

本小节我们用 PyTorch 实现一个深度网络的预训练-微调。完整的代码可以在这里[2] 找到。

我们定义一个名为 `finetune` 的函数以接受一个已有模型作为输入，从目

---

[2]请见链接 8-3。

标数据中进行微调以输出最好的模型及结果，其代码如下。

深度网络的预训练-微调代码实现

```
1
2   def finetune(model, dataloaders, optimizer):
3       since = time.time()
4       best_acc = 0
5       criterion = nn.CrossEntropyLoss()
6       stop = 0
7       for epoch in range(1, args.n_epoch + 1):
8           stop += 1
9           # You can uncomment this line for scheduling learning rate
10          # lr_schedule(optimizer, epoch)
11          for phase in ['src', 'val', 'tar']:
12              if phase == 'src':
13                  model.train()
14              else:
15                  model.eval()
16              total_loss, correct = 0, 0
17              for inputs, labels in dataloaders[phase]:
18                  inputs, labels = inputs.to(DEVICE), labels.to(DEVICE)
19                  optimizer.zero_grad()
20                  with torch.set_grad_enabled(phase == 'src'):
21                      outputs = model(inputs)
22                      loss = criterion(outputs, labels)
23                  preds = torch.max(outputs, 1)[1]
24                  if phase == 'src':
25                      loss.backward()
26                      optimizer.step()
27                  total_loss += loss.item() * inputs.size(0)
28                  correct += torch.sum(preds == labels.data)
29              epoch_loss = total_loss / len(dataloaders[phase].dataset)
30              epoch_acc = correct.double() / len(dataloaders[phase].dataset)
31              print(f'Epoch: [{epoch:02d}/{args.n_epoch:02d}]---{phase
```

```
32              if phase == 'val' and epoch_acc > best_acc:
33                  stop = 0
34                  best_acc = epoch_acc
35                  torch.save(model.state_dict(), 'model.pkl')
36          if stop >= args.early_stop:
37              break
38          print()
39      model.load_state_dict(torch.load('model.pkl'))
40      acc_test = test(model, dataloaders['tar'])
41      time_pass = time.time() - since
42      print(f'Training complete in {time_pass // 60:.0f}m {time_pass %
            60:.0f}s')
43      return model, acc_test
```

其中，model 可以是由任意深度网络训练好的模型，如 Alexnet、Resnet 等。

图 8.6 展示了代码运行的结果。从中我们可以看到，基于 ResNet-50 网络的预训练–微调在 Office-31 数据集由 amazon 到 webcam 的迁移任务上取得了 72.8% 的精度。注意到此精度与之前章节的 TCA 和 KNN 等无法相比。这是因为本章仅为一个预训练的过程，TCA 和 KNN 等方法均基于此深度特征进行学习。

```
Training complete in 0m 2s
Best acc: 0.7283018867924528
```

图 8.6　预训练–微调网络运行结果

另外，有很多任务也需要用到深度网络来提取深度特征以便进一步处理。我们也进行了实现，关键代码如下。完整代码在脚注的链接[3] 中。

深度学习提取特征

```
1  class FeatureExtractor(nn.Module):
2      def __init__(self, model, extracted_layers):
3          super(FeatureExtractor, self).__init__()
4          self.model = model._modules['module'] if type(
```

---
[3]请见链接 8-3。

```
5              model) == torch.nn.DataParallel else model
6          self.extracted_layers = extracted_layers
7
8      def forward(self, x):
9          outputs = []
10         for name, module in self.model._modules.items():
11             if name is "fc":
12                 x = x.view(x.size(0), -1)
13             x = module(x)
14             if name in self.extracted_layers:
15                 outputs.append(x)
16         return outputs
17
18
19 def extract_feature(model, dataloader, save_path, load_from_disk=True
       , model_path=''):
20     if load_from_disk:
21         model = models.Network(base_net=args.model_name,
22                                n_class=args.num_class)
23         model.load_state_dict(torch.load(model_path))
24         model = model.to(DEVICE)
25     model.eval()
26     correct = 0
27     fea_all = torch.zeros(1,1+model.base_network.output_num()).to(
       DEVICE)
28     with torch.no_grad():
29         for inputs, labels in dataloader:
30             inputs, labels = inputs.to(DEVICE), labels.to(DEVICE)
31             feas = model.get_features(inputs)
32             labels = labels.view(labels.size(0), 1).float()
33             x = torch.cat((feas, labels), dim=1)
34             fea_all = torch.cat((fea_all, x), dim=0)
35             outputs = model(inputs)
36             preds = torch.max(outputs, 1)[1]
37             correct += torch.sum(preds == labels.data.long())
```

```
38        test_acc = correct.double() / len(dataloader.dataset)
39    fea_numpy = fea_all.cpu().numpy()
40    np.savetxt(save_path, fea_numpy[1:], fmt='%.6f', delimiter=',')
41    print(f'Test acc: {test_acc:.4f}')
```

8.7 小结

本章主要从预训练模型的角度介绍了基于模型的迁移学习方法。值得注意的是，深度方法的权重迁移并非是基于模型的迁移方法的唯一形式，在非深度方法中，模型的权重、参数等也可以进行迁移。在前深度学习时代传统机器学习方法也在模型迁移方法方面做了很好的尝试。例如，中科院计算所的 Zhao 等人提出了 TransEMDT 方法 [30]。该方法首先针对已有标记的数据，利用决策树构建鲁棒性的行为识别模型，然后针对无标记数据利用 K-Means 聚类方法寻找最优化的标记参数。文献 [22] 利用 HMM 针对 WiFi 室内定位在不同设备、不同时间和不同空间下动态变化的特点，进行不同分布下的室内定位研究。另一部分研究人员对支持向量机 SVM 进行了研究 [16,20]。这些方法假定 SVM 中的权重向量 w 可以分成两个部分：$w = w_0 + v$，其中 w_0 代表源域和目标域的共享部分，v 代表了对于不同领域的特定处理。

参考文献

[1] Biesialska, M., Biesialska, K., and Costa-jussà, M. R. (2020). Continual lifelong learning in natural language processing: A survey. *arXiv preprint arXiv:2012.09823*.

[2] Chen, C., Li, O., Tao, D., Barnett, A., Rudin, C., and Su, J. K. (2019a). This looks like that: deep learning for interpretable image recognition. In *Advances in neural information processing systems*, pages 8930–8941.

[3] Chen, W.-Y., Liu, Y.-C., Kira, Z., Wang, Y.-C. F., and Huang, J.-B. (2019b). A closer look at few-shot classification. *arXiv preprint arXiv:1904.04232*.

[4] Chen, X., Wang, S., Fu, B., Long, M., and Wang, J. (2019c). Catastrophic forgetting meets negative transfer: Batch spectral shrinkage for safe transfer learning. *Advances in Neural Information Processing Systems*, 32: 1908–1918.

[5] Deng, J., Dong, W., Socher, R., Li, L.-J., Li, K., and Fei-Fei, L. (2009). Imagenet: A large-scale hierarchical image database. In *2009 IEEE conference on computer vision and pattern recognition*, pages 248–255. Ieee.

[6] Donahue, J., Jia, Y., et al. (2014). Decaf: A deep convolutional activation feature for generic visual recognition. In *ICML*, pages 647–655.

[7] Grachten, M. and Chacón, C. E. C. (2017). Strategies for conceptual change in convolutional neural networks. *arXiv preprint arXiv:1711.01634*.

[8] He, K., Girshick, R., and Dollár, P. (2019). Rethinking imagenet pre-training. In *Proceedings of the IEEE International Conference on Computer Vision*, pages 4918–4927.

[9] Hendrycks, D., Lee, K., and Mazeika, M. (2019). Using pre-training can improve model robustness and uncertainty. In *ICML*.

[10] Jang, Y., Lee, H., Hwang, S. J., and Shin, J. (2019). Learning what and where to transfer. *arXiv preprint arXiv:1905.05901*.

[11] Jia, Y., Shelhamer, E., Donahue, J., Karayev, S., Long, J., Girshick, R., Guadarrama, S., and Darrell, T. (2014). Caffe: Convolutional architecture for fast feature embedding. In *Proceedings of the 22nd ACM international conference on Multimedia*, pages 675–678.

[12] Kirkpatrick, J., Pascanu, R., Rabinowitz, N., Veness, J., Desjardins, G., Rusu, A. A., Milan, K., Quan, J., Ramalho, T., Grabska-Barwinska, A., et al. (2017). Overcoming catastrophic forgetting in neural networks. *Proceedings of the national academy of sciences*, 114(13): 3521–3526.

[13] Kornblith, S., Shlens, J., and Le, Q. V. (2019). Do better imagenet models transfer better? In *Proceedings of the IEEE conference on computer vision and pattern recognition*, pages 2661–2671.

[14] Krizhevsky, A., Sutskever, I., and Hinton, G. E. (2012). Imagenet classification with deep convolutional neural networks. In *Advances in neural information processing systems*, pages 1097–1105.

[15] Li, D. and Zhang, H. (2021). Improved regularization and robustness for fine-tuning in neural networks. *Advances in Neural Information Processing Systems*, 34.

[16] Li, H., Shi, Y., Liu, Y., Hauptmann, A. G., and Xiong, Z. (2012). Cross-domain video concept detection: A joint discriminative and generative active learning approach. *Expert Systems with Applications*, 39(15): 12220–12228.

[17] Li, X., Grandvalet, Y., and Davoine, F. (2018). Explicit inductive bias for transfer learning with convolutional networks. In *International Conference on Machine Learning*, pages 2825–2834. PMLR.

[18] Li, X., Xiong, H., An, H., Xu, C.-Z., and Dou, D. (2020). Rifle: Backpropagation in depth for deep transfer learning through re-initializing the fully-connected layer. In *International Conference on Machine Learning*, pages 6010–6019. PMLR.

[19] Li, X., Xiong, H., Wang, H., Rao, Y., Liu, L., and Huan, J. (2019). Delta: Deep learning transfer using feature map with attention for convolutional networks. *arXiv preprint arXiv:1901.09229*.

[20] Nater, F., Tommasi, T., Grabner, H., Van Gool, L., and Caputo, B. (2011). Transferring activities: Updating human behavior analysis. In *Computer Vision Workshops (ICCV Workshops), 2011 IEEE International Conference on*, pages 1737–1744, Barcelona, Spain. IEEE.

[21] Neyshabur, B., Sedghi, H., and Zhang, C. (2020). What is being transferred in transfer learning? *arXiv preprint arXiv:2008.11687*.

[22] Pan, S. J., Kwok, J. T., and Yang, Q. (2008). Transfer learning via dimensionality reduction. In *Proceedings of the 23rd AAAI conference on Artificial intelligence*, volume 8, pages 677–682.

[23] Peng, X., Bai, Q., Xia, X., Huang, Z., Saenko, K., and Wang, B. (2019). Moment matching for multi-source domain adaptation. In *ICCV*, pages 1406–1415.

[24] Tian, Y., Wang, Y., Krishnan, D., Tenenbaum, J. B., and Isola, P. (2020). Rethinking few-shot image classification: a good embedding is all you need? *arXiv preprint arXiv:2003.11539*.

[25] Wan, R., Xiong, H., Li, X., Zhu, Z., and Huan, J. (2019). Towards making deep transfer learning never hurt. In *2019 IEEE International Conference on Data Mining (ICDM)*, pages 578–587. IEEE.

[26] Wang, J., Chen, Y., Yu, H., Huang, M., and Yang, Q. (2019). Easy transfer learning by exploiting intra-domain structures. In *2019 IEEE International Conference on Multimedia and Expo (ICME)*, pages 1210–1215. IEEE.

[27] Yosinski, J., Clune, J., Bengio, Y., and Lipson, H. (2014). How transferable are features in deep neural networks? In *Advances in neural information processing systems*, pages 3320–3328.

[28] You, K., Kou, Z., Long, M., and Wang, J. (2020). Co-tuning for transfer learning. *Advances in Neural Information Processing Systems*, 33.

[29] Zhang, Y., Zhang, Y., and Yang, Q. (2019). Parameter transfer unit for deep neural networks. In *Pacific-Asia Conference on Knowledge Discovery and Data Mining (PAKDD)*.

[30] Zhao, Z., Chen, Y., Liu, J., Shen, Z., and Liu, M. (2011). Cross-people mobile-phone based activity recognition. In *Proceedings of the Twenty-Second international joint conference on Artificial Intelligence (IJCAI)*, volume 11, pages 2545–2550. Citeseer.

9 深度迁移学习

随着深度学习方法的大行其道,越来越多的研究人员使用深度神经网络进行迁移学习(深度迁移学习)。与传统的非深度迁移学习方法相比,深度迁移学习直接提升了在不同任务上的学习效果。并且,由于深度学习直接学习原始数据,其还有两个优势:自动化地提取更具表现力的特征,以及满足了实际应用中端到端(End-to-End)的需求。

图 9.1 展示了近几年的一些代表性方法在两个公开数据集上的平均分类精度(数据集 1 为 Office-Home[25],数据集 2 为 ImageCLEF-DA[1])。图中结果表明深度迁移学习方法(DAN[16]、DANN[4]、DDAN[26])与传统迁移学习方法(TCA[20]、GFK[6]、CORAL[21])相比,在精度上具有无可匹敌的优势。

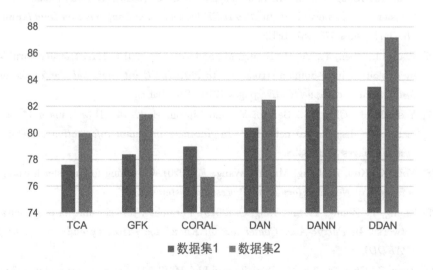

图 9.1 深度与非深度迁移学习方法的结果对比

---

[1]请见链接 9-1。

本书假定读者拥有基本的深度学习知识，因此对此部分内容不再赘述。本章介绍深度迁移学习方法的基本思路和代表工作。特别地，上一章介绍的预训练-微调方法也属于深度迁移学习方法的一大类。本章则专注于介绍除预训练-微调方法之外的深度迁移学习方法。

本章内容的组织安排如下。9.1 节阐述基于深度网络进行迁移学习的总体思路。9.2 节讨论深度网络用于迁移学习的经典网络结构。9.3 节介绍基于数据分布自适应的深度迁移学习方法。9.4 节则介绍结构自适应的深度迁移学习方法。我们在 9.5 节介绍知识蒸馏方法。9.6 节给出深度迁移学习的上手实践代码。最后，9.7 节对本章内容进行总结。

9.1 总体思路

上一章介绍的深度网络的预训练-微调方法可以节省训练时间、提高学习精度。然而，该方法有其先天不足：无法直接处理训练数据和测试数据分布不同的情况。并且，微调时目标域数据需有数据标注。在实际应用中，我们往往需要对源域和目标域不同的数据分布进行处理。更进一步，当目标域数据完全无标注时，微调便无法直接应用。因此，我们需要更进一步针对深度网络开发出更好的方法更好地完成迁移学习任务。

深度迁移学习的核心问题是研究深度网络的可迁移性及如何利用深度网络来完成迁移任务。因此，深度迁移学习的成功是建立在深度网络强大的表征学习能力之上的。在这里有必要声明，深度迁移学习方法与之前几章介绍过的样本权重自适应和特征变换迁移方法并不是并列的，之前的思路也可以直接用于深度网络的迁移学习中。故而，深度迁移学习也是建立在之前章节介绍过的迁移思路的基础之上的。

以数据分布自适应方法为参考，许多深度学习方法[4,23]都开发出了自适应层（Adaptation Layer）来完成源域和目标域数据的自适应。借助于深度网络端到端的学习，这些加入了自适应层的深度迁移学习方法往往取得了比传统迁移方法更好的效果。

回到公式 (3.3.1) 描述的迁移学习的统一表征上。在深度学习的情境中，我们可以采用下述的改良版公式（即用批次样本代替所有样本）作为学习目标：

9 深度迁移学习

$$f^* = \underset{f \in \mathcal{H}}{\arg\min} \frac{1}{B} \sum_{i=1}^{B} \ell(f(\boldsymbol{x}_i), y_i) + \lambda R(\mathcal{B}_s, \mathcal{B}_t), \tag{9.1.1}$$

其中 B 为深度学习中一个批次（Batch）数据的样本数，$\mathcal{B}_s, \mathcal{B}_t$ 分别表示源域和目标域一个批次的样本。式中的 λ 是权衡两部分的权重参数。

通常采用深度学习中的小批次随机梯度下降（Mini-batch Stochastic Gradient Descent, mini-batch SGD）来优化上述学习目标，则网络对待学习参数的梯度可以被计算为

$$\nabla_\Theta = \frac{\partial \ell(f(\boldsymbol{x}_i), y_i)}{\partial \Theta} + \lambda \frac{\partial R(\mathcal{B}_s, \mathcal{B}_t)}{\partial \Theta}, \tag{9.1.2}$$

其中 Θ 表示深度网络的待学习参数。例如，权重和偏置是大多数深度网络的待学习参数，则 $\Theta = \{\boldsymbol{W}, \boldsymbol{b}\}$。在实际问题中需要根据学习目标灵活调整 Θ 的值。

9.2 深度迁移学习的网络结构

一个经典的深度分类网络的结构如图 9.2 所示。输入数据包含 3 个维度，经过两层网络的特征变换，最终被 softmax 层映射为分类结果。

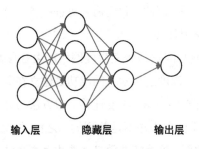

图 9.2　深度分类网络

仔细分析如图 9.2 所示的网络结构不难发现，该结构几乎难以直接用于迁移学习。原因如下：

（1）该结构所示的输入数据只包含一个来源。如果不添加新的约束，网络本身无法得知输入数据是属于源域还是目标域；

（2）即使清楚输入数据的来源，它也难以满足公式 (9.1.1) 中自适应层的要求，无法计算 $R(\cdot, \cdot)$。

因此，我们需要修改经典的神经网络结构以开发出适应迁移学习目标要求

的网络结构。

9.2.1 单流结构

单流结构指只有一个分支的网络结构，它可以直接用来进行迁移学习。事实上，本书在第 8 章的预训练部分曾经介绍过基于预训练-微调的迁移方法。读者不妨细细回想，在预训练这一章中，对下游任务的微调往往只基于下游任务的数据，而我们也不会显式地进行分布对齐等操作。因此，基于预训练-微调的迁移方法只有一个网络分支，即当前微调的主任务。

由于预训练-微调方法只是将预训练好的模型当成一个黑箱使用，一些关键的网络结构信息和可能进行的迁移操作被大大限制。因此，在预训练-微调方法的基础上，Hinton 等人在 2015 年提出了著名的**知识蒸馏**（Knowledge Distillation）方法 [9]。知识蒸馏设计了一种教师-学生（Teacher-Student）网络来进行知识的迁移，可以保证迁移时的网络具有更大的灵活性和更好的效果。我们将在 9.5 节介绍知识蒸馏。尽管知识蒸馏中也存在两个分支的网络，但由于其数据来源通常只包含下游任务的数据，因此也将其归入单流结构中。

9.2.2 双流结构

除单流结构外，更常见和被广泛使用的是双流结构。

不难想象，同时满足上述两个条件的一种网络结构如图 9.3 所示。由于其显式接收源域和目标域两个数据来源，我们称之为双流结构。

在图 9.3 中，输入包含源域和目标域表示的一个批次样本；然后，经过前 L 层的共享权重层（即源域和目标域这两部分神经元的参数完全共享），进入高级特征层；这些高级特征层是进行迁移学习的核心层，绝大多数的迁移操作发生在这里；最后，网络到达输出层，完成一次前向传播。

事实上，此结构可以对应不同的具体配置和操作逻辑。例如，对于前 L 层而言，我们可以选择共享部分层、微调部分层，这也是需要通过探索来完成的。本书在第 8 章介绍预训练时便提到了部分相关工作。此外，绝大多数工作的不同之处在于迁移正则项的设计，这也是不同的深度迁移方法的本质区别。最后，根据目标域数据是否有标签，不同的方法也可以设计出对应的迁移正则项来完成任务。需要特殊说明的是，本书针对目标域数据完全没有标签的情形，这也是

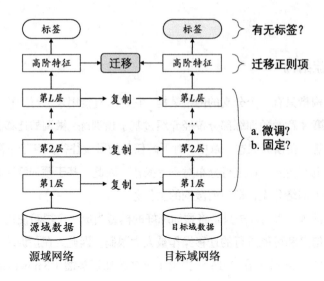

图 9.3 深度迁移网络的双流结构

其中最难的情形。

在进行反向传播时，网络按照公式 (9.1.2) 进行参数更新。具体而言，网络通过利用源域的真实标签和网络预测标签计算有监督部分的学习损失（例如交叉熵损失），然后利用瓶颈层所计算出的迁移损失共同优化公式 (9.1.2)。

为什么需要瓶颈层？从理论上说，即使不加入瓶颈层，我们仅计算每一层的迁移损失，网络也能完成迁移。瓶颈层通常是一层网络，其神经元个数少于其接收输入的层，因此瓶颈层往往能获得更为紧致的特征表达，大大提高训练速度。

在实际应用中，我们往往对共享层和迁移层采取不同的学习步长，或者直接冻结（Freeze）共享层、只更新迁移层的参数。这是因为共享层通常提取一些网络的低级特征，这些特征是同一大类任务所共同具备的，因此具有良好的可迁移性，故而将其冻结或采取显著低于迁移层的学习率 [4,23]。

从零开始构建深度网络本身就是一个艰难的任务。毕其功于一役地自行设计网络结构、层数、每层的神经元个数、激活函数等也是一个尚未有效解决的问题。幸运的是，在一些通用的任务中，我们可以借鉴被广泛证明有效的结构来替换图 9.3 中的主干网络。例如，在 DDC（Deep Domain Confusion）[23] 中，研究者通过对经典的 AlexNet 网络 [13] 进行重用，进而将其集成到双流结构中完成了深度迁移。总的来说，在大部分计算机视觉任务中，我们可以采用 LeNet、AlexNet、ResNet、VGG、DenseNet 等经典网络作为主干网络；在大部分自然语言处理和语音识别任务中，通常采用 RNN/LSTM [3,10] 和 Transformer [24] 等经典结构作为主干网络。

9.3 数据分布自适应方法

早期的研究者在 2014 年环太平洋人工智能大会（PRICAI）上提出了一个名为 DaNN（Domain-adaptive Neural Network）的神经网络 [5]。DaNN 的结构异常简单，它仅由两层神经元组成：特征层和分类器层。作者的创新工作在于，在特征层后加了一项 MMD 适配层用来计算源域和目标域的距离，并将其加入网络的损失中进行训练。但是，由于网络太浅、表征能力有限，导致迁移效果受限。因此，后续的大多数研究者探索了在更深的网络上进行迁移的方法。

加州大学伯克利分校的 Tzeng 等人之后提出了**深度领域混淆**（Deep Domain Confusion，DDC）解决深度网络的自适应问题 [23]。DDC 遵循了我们上述讨论的基本思路、采用在 ImageNet 数据集上训练好的 AlexNet 网络 [13] 进行自适应学习。DDC 固定了 AlexNet 的前 7 层，在第 8 层（分类器前一层）上加入自适应的度量。自适应度量方法采用了被广泛使用的 MMD 准则。DDC 方法的损失函数可以被表示为

$$\mathcal{L}_{\text{ddc}} = \mathcal{L}_{\text{c}}(\mathcal{D}_{\text{s}}) + \lambda \mathcal{L}_{\text{mmd}}(\mathcal{D}_{\text{s}}, \mathcal{D}_{\text{t}}), \tag{9.3.1}$$

其中 $\mathcal{L}_{\text{c}}$ 为源域上的分类损失，$\mathcal{L}_{\text{mmd}}$ 为源域和目标域数据在特征层上的 MMD 损失，其可以根据 5.2 节的 MMD 计算方式进行计算。上述公式与本书在 3.3 节介绍的迁移学习统一表征也是对应的。

选择了倒数第二层特征进行适配的原因目前尚未有理论证明。研究人员经过多次实验在不同的层进行了尝试并最终得出在分类器前一层加入自适应层可以达到最好的效果。

清华大学的学者 2015 年提出深度适配网络（Deep Adaptation Networks，DAN）[16]。该方法同时加入了三个自适应层（分类器前三层）对特征进行约束，并且采用了多核 MMD 度量（MK-MMD）[8]（多核的 MMD 在 5.2 节中有过相关介绍）。之后，文献 [28] 将此结构应用于跨领域行为识别中。

与非深度迁移学习中的概率分布适配方法一脉相承，基于条件、联合与动态分布自适应的方法在近几年也被一一提出，在端到端的深度网络中取得了更好

的效果。

文献 [27] 提出了分层迁移方法 STL（Stratified Transfer Learning）实现了条件分布适配的非深度迁移方法。后来，文献 [32] 将该方法扩展到了深度网络中，提出**深度子领域迁移网络**（Deep Subdomain Adaptation Network, DSAN）。DSAN 通过基于概率进行类别匹配的软标签机制展开更灵活的深度迁移。具体而言，DSAN 方法提出一种局部 MMD 距离（Local MMD）计算 C 个类别的条件概率分布的差异：

$$\hat{d}_{\text{LMMD}}(p,q) = \frac{1}{C}\sum_{c=1}^{C}\left\|\sum_{\boldsymbol{x}_i\in\mathcal{D}_s}w_i^{sc}\phi(\boldsymbol{x}_i) - \sum_{\boldsymbol{x}_j\in\mathcal{D}_t}w_j^{tc}\phi(\boldsymbol{x}_j)\right\|_{\mathcal{H}}^2, \qquad (9.3.2)$$

其中的 w 可以被称为类别自适应权重，w^{sc} 与 w^{tc} 分别表示源域和目标域中类别 c 的权重，ϕ 则为特征映射函数。权重 w 的定义如下：

$$w_i^c = \frac{y_{ic}}{\sum_{(\boldsymbol{x}_j,y_j)\in\mathcal{D}}y_{jc}}, \qquad (9.3.3)$$

其中 y_{ic} 表示预测标签向量（One-hot 编码）y_i 的第 c 个元素。

DSAN 的整体网络结构如图 9.4 所示。网络采用端到端的方式优化如下损失：

$$\min_{f}\frac{1}{N_s}\sum_{i=1}^{N_s}J(f(\boldsymbol{x}_i^s),y_i^s) + \lambda\hat{d}_{\text{LMMD}}(p,q). \qquad (9.3.4)$$

DSAN 方法实现简单，效果出众，在众多数据集上有着不错的表现。

另一方面，研究者提出了联合适配网络（Joint Adaptation Network, JAN）[17]，利用多层网络的张量积定义联合概率分布在 RKHS 中的嵌入表达。2020 年，Wang 等人提出了**深度动态分布自适应方法**（Deep Dynamic Adaptation Network, DDAN）[26] 将传统方法扩展到深度学习情景中，取得了当前几

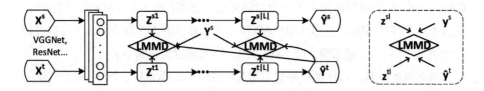

图 9.4 深度子领域迁移网络 DSAN[32]

乎最好的公开数据集测试结果。DDAN 方法的结构如图 9.5 所示。显然，DDAN 与 DDC 和 JAN 等方法均采取了相同的网络结构信息，通过在特征层嵌入动态适配单元，在不显著增加网络计算开销的基础上，提高了深度迁移学习的效果。

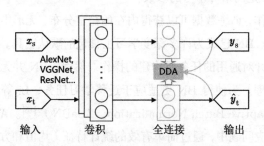

图 9.5　深度动态自适应网络 DDAN [26]

9.4　结构自适应的深度迁移学习方法

数据分布的自适应方法通过显式或隐式的方式来减小源域和目标域的数据分布差异。本节将从深度网络的结构方面介绍结构自适应的深度迁移学习方法。以一种不同的视角来看：如果网络结构本身就能很好地处理源域和目标域的分布差异，那岂不是比额外的距离度量更为简单易用？

9.4.1　基于批归一化的迁移学习

批归一化（Batch Normalization，BN）已经被广泛应用于深度网络中 [12]。BN 在深度网络的每一层里将输入数据进行归一化，使其变化为 0 均值和 1 方差的数据。此举减小了一个批次内的数据之间的分布差异、同时可以大大加快网络的收敛速度。

我们令 μ 和 σ^2 分别表示均值和方差。对于一个批次的数据 $\mathcal{B} = \{(\boldsymbol{x}_i, y_i)\}_{i=1}^m$，BN 的目标是将每一个样本都归一化成如下的形式：

$$\widehat{x}^{(j)} = \frac{x^{(j)} - \mu^{(j)}}{\sqrt{\sigma^2(j) + \epsilon}}, \quad y^{(j)} = \gamma^{(j)} \widehat{x}^{(j)} + \beta^{(j)}, \tag{9.4.1}$$

其中 j 表示通道的下标，ϵ 是一极小值，用来防止计算爆炸。均值和方差被计算为

$$\mu^{(j)} = \frac{1}{m}\sum_{i=1}^{m} x_i^{(j)}, \quad \sigma^2(j) = \frac{1}{m}\sum_{i=1}^{m}(x_i^{(j)} - \mu^{(j)})^2, \tag{9.4.2}$$

其中 $\beta^{(j)}$ 和 $\gamma^{(j)}$ 是网络可学习的参数。

通过 BN 操作，训练数据可以获得内在的稳定分布，无形中大大减小了彼此之间的分布差异。BN 已成为许多深度学习工具包的默认工具。

批归一化是针对通用的任务所构建的操作。然而，BN 并无能力对迁移学习任务进行额外处理。为使得 BN 更适应于迁移学习任务，Li 等人提出了**自适应的批归一化**（Adaptive Batch Normalization，AdaBN）[15]。AdaBN 将 BN 扩展到了领域自适应问题中，通过简单有效的统计特征（均值和方差）扩展实现了高效的迁移学习。AdaBN 的思想相当简单：首先在源域数据上用 BN 操作；然后，在新的领域数据上将网络的 BN 统计量重新计算一遍。AdaBN 相当于在不同的领域均对数据进行了归一化操作，因此减小了数据分布差异、取得了很好的效果。意大利罗马的学者 Carlucci 等提出了一个自动领域对齐层（Automatic Domain Alignment Layers，AutoDIAL）[18]。AutoDIAL [18] 通过一个权重系数 α 来控制对齐的效果，在思想上与 AdaBN 异曲同工。

通过巧妙地设计网络结构中的归一化层、dropout 操作、池化操作等，均可以达到迁移学习的目的。例如，Cui 等人提出了**批核范数**（Batch-Nuclear Norm，BNM）[2]，通过理论推导和分析发现类别预测的判别性与多样性同时指向批量响应矩阵的核范数。因此，BNM 最大化批量核范数来提高迁移问题中目标域的性能。

9.4.2 基于多表示学习的迁移网络结构

除了巧妙地设计归一化层，研究者们还探索了其他类型的迁移学习网络结构。发表于 2019 年的论文**多表示迁移网络**（Multi-representation Adaptation Network，MRAN）[31] 指出：大多数领域自适应的方法使用单一的结构将两个领域的数据提取到同一个特征空间，之后在此特征空间下使用不同方式（对抗学习或 MMD 等）最小化此分布的差异实现分布对齐。然而，单一结构提取的特征表示通常只能包含部分信息。例如，原始图像如图 9.6(a) 所示。通过单一结构提取的特征表示可能仅包含部分信息，如图 9.6(b) 饱和度、图 9.6(c) 亮度、和图 9.6(d) 色调。

9.4 结构自适应的深度迁移学习方法

(a) 原始图像　　(b) 饱和度信息　　(c) 亮度信息　　(d) 色调信息

图 9.6　图像的不同特征

从图像中提取的特征通常只包含原始图像的部分信息，导致只在单一结构提取的特征上做特征对齐也只能关注到部分信息。因此，需要提取多种表示以更全面地表示原始数据。MRAN 使用一种混合结构将原始图像提取到不同的特征空间（多种表示）以在不同的特征空间分别进行特征对齐。

多表示领域自适应是一种通用的结构。其可以使用不同的方法进行特征对齐。文献 [31] 中使用 CMMD（Center MMD）进行特征对齐。研究者可根据自己的问题设定以便灵活修改此结构。

MRAN 方法如图 9.7 所示。此框架相对简单，通过多个子结构将特征映射到多个特征空间，在多个特征空间中分别进行特征对齐。此处的多个子结构可以是不同的结构。

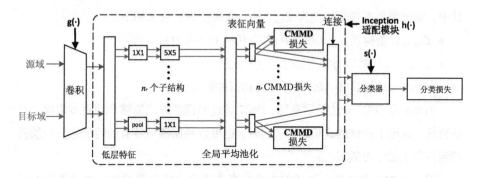

图 9.7　多表示的迁移网络结构 MRAN [31]

CMMD 损失与我们在 5.2 节介绍的类间 MMD 距离计算方式类似：

$$\hat{d}_{\mathrm{CMMD}}(\boldsymbol{X}_{\mathrm{s}}, \boldsymbol{X}_{\mathrm{t}}) = \frac{1}{C}\sum_{c=1}^{C} \left\| \frac{1}{n_{\mathrm{s}}^{(c)}} \sum_{\boldsymbol{x}_i^{\mathrm{s},(c)} \in \mathcal{D}_s^{(c)}} \phi(\boldsymbol{x}_i^{\mathrm{s},(c)}) - \frac{1}{n_{\mathrm{t}}^{(c)}} \sum_{\boldsymbol{x}_j^{\mathrm{t},(c)} \in \mathcal{D}_t^{(c)}} \phi(\boldsymbol{x}_j^{\mathrm{t},(c)}) \right\|_{\mathcal{H}}^2,$$
(9.4.3)

其中 $\mathcal{D}_s^{(c)}$ 和 $\mathcal{D}_t^{(c)}$ 分别表示源域和目标域中属于第 c 类的样本集合，$n_s^{(c)}$ 和 $n_t^{(c)}$ 则分别表示其样本个数。

最后的损失函数包含两个部分：一个是分类的损失（交叉熵），另一个是不同表示下的 CMMD 损失之和。可以看到，优化目标和大多数迁移学习的方法相比非常简单、且具有很强的可扩展性（CMMD 损失可以替换为任意自适应损失）。

9.4.3 基于解耦的深度迁移方法

本节介绍基于信息解耦的方法。解耦的含义是将复杂的特征表示进行分类，使得我们可以对特征的构成、作用等一清二楚。

来自 Google Brain 的 Bousmalis 等人提出**领域分离网络**（Domain Separation Networks, DSN）来进行迁移过程中的特征解耦[1]。DSN 认为，源域和目标域都由两部分构成：公共部分和私有部分。公共部分可以学习通用的特征，这些特征是领域无关的；而私有部分则可以用来学习保持各个领域独立的特征。DSN 的损失函数如下：

$$\mathcal{L} = \mathcal{L}_{\text{task}} + \alpha\mathcal{L}_{\text{recon}} + \beta\mathcal{L}_{\text{diff}} + \gamma\mathcal{L}_{\text{sim}}, \tag{9.4.4}$$

其中，除网络的常规训练损失 $\mathcal{L}_{\text{task}}$ 外，其他损失的含义如下。

- $\mathcal{L}_{\text{recon}}$：重构损失，确保私有部分仍然对学习目标有作用；
- $\mathcal{L}_{\text{diff}}$：公共部分与私有部分的差异损失；
- $\mathcal{L}_{\text{sim}}$：源域和目标域公共部分的相似性损失。

图 9.8 是 DSN 方法的示意图。DSN 通过解耦的方式能够学到更多领域公共的特征，保证了迁移的成功进行；同时，也可以利用领域特有的特征进一步加强特定任务上的学习效果。

近年来大多数领域自适应的方法均在改进自适应损失函数，比如使用不同的度量函数来衡量分布差异、改进对抗损失等等，较少有工作探索有什么结构是适合迁移的。MRAN 以及本章之前介绍的各种归一化方法提供了简单但有效的思路，可以和大多数现有的领域自适应方法结合。期待未来有更多类似的方法可以扩展，取得更好的效果。

9.5 知识蒸馏

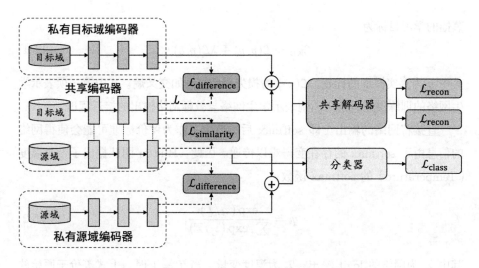

图 9.8　DSN 方法示意图

9.5　知识蒸馏

知识蒸馏（Knowledge Distillation，KD）是图灵奖获得者、深度学习三巨头之一的 Geoffrey Hinton 在 2014 年提出的用于知识迁移和深度模型压缩的技术[9]。知识蒸馏的原理如图 9.9 所示。其核心是，一个训练好的复杂模型（教师网络）中蕴含的知识可以被"提纯（蒸馏）"到另一个小模型中。小模型拥有比大模型更简单的网络结构、同时其预测效果也与大模型相近。因此，知识蒸馏也可以被视为一种模型压缩技术。

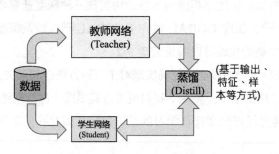

图 9.9　知识蒸馏示意图

知识蒸馏要求首先训练好复杂的教师网络模型，然后训练学生模型使其预测无限接近教师模型。令 p 和 q 分别表示学生网络和教师网络的预测，则知识

9 深度迁移学习

蒸馏的学习目标为

$$\mathcal{L}_{KD} = \mathcal{L}(y,p) + \lambda \mathcal{L}(p,q), \tag{9.5.1}$$

其中 y 为真实样本的标签，$\mathcal{L}(\cdot,\cdot)$ 为损失函数，例如交叉熵。式中第一项表示学生网络的训练误差，第二项则表示学生网络与教师网络输出的接近程度。

直接将网络的输出（即 softmax 后的概率）作为评价标准可能会使得网络的信息由于 softmax 的存在变得难以传递。因此，Hinton 团队提出了带有温度（Temperature）的 softmax 函数：

$$q_i = \frac{\exp(z_i/T)}{\sum_j \exp(z_j/T)}, \tag{9.5.2}$$

其中 z_i 为网络的 logit 输出，T 为温度变量。当 $T=1$ 时，上式等价于原始的 softmax 函数，加入温度 T 使网络的输出结果更为平滑。

知识蒸馏方法的思想简单却非常有效，因此已被广泛地应用于各种任务中。近年来，许多学者对知识蒸馏进行了不同程度的研究和应用，使其可以被应用于机器翻译[30]、自然语言处理[11]、图神经网络[29]、多任务学习[14]，以及零次学习（Zero-shot Learning）[19] 等。相关研究成果非常丰富，感兴趣的读者可以追踪相关的综述文章[7]。

9.6 上手实践

本节基于 PyTorch 使用相同的网络结构实现三种深度迁移学习方法：深度领域混淆 DDC[23]、深度 CORAL 对齐 DCORAL[22]、以及深度子领域适配网络 DSAN[32]。完整的代码可以参见链接 9-2。

实现深度迁移学习的核心是正确实现对于三种方法迁移损失的计算：MMD、CORAL 以及 LMMD 损失。然后，我们便可将其集成于深度网络之中进行训练。此部分为实现其他任何深度迁移学习的基础部分。因此我们鼓励读者对此部分务必了然于胸。

同时特别需要注意的是，本节的代码仅为示范和教学使用：我们并未在代码中添加任何训练技巧和额外的经验。因此，本节代码运行的结果并非最优。我们已构建了一个先进的深度迁移学习库 DeepDA[2]，读者在今后的研究和应用中，使用此库便可获得最佳效果。

9.6.1 网络结构

首先要定义好网络的架构，其应该是来自于已有的网络结构，如 AlexNet 和 ResNet。但不同的是，由于要进行深度迁移适配，因此，输出层要和微调一样，和目标的类别数相同。另外，由于要进行距离的计算，我们需要加一个名为 bottleneck 的层，用来将最高维的特征进行降维，然后进行距离计算。当然，bottleneck 层不加亦可。

我们的网络结构如下所示。

深度迁移学习网络结构

```
1  import torch
2  import torch.nn as nn
3  import backbone
4  from coral import CORAL
5  from mmd import MMDLoss
6  from lmmd import LMMDLoss
7  from adv import AdversarialLoss
8
9  class TransferNet(nn.Module):
10     def __init__(self, num_class, base_net='resnet50', transfer_loss=
           'mmd', use_bottleneck=True, bottleneck_width=256, width=1024,
           n_class=31):
11         super(TransferNet, self).__init__()
12         self.base_network = backbone.network_dict[base_net]()
13         self.use_bottleneck = use_bottleneck
14         self.transfer_loss = transfer_loss
15         self.n_class = num_class
16         bottleneck_list = [nn.Linear(self.base_network.output_num(
17             ), bottleneck_width), nn.BatchNorm1d(bottleneck_width), nn.
               ReLU(), nn.Dropout(0.5)]
```

---

[2]请见链接 9-3。

```
18          self.bottleneck_layer = nn.Sequential(*bottleneck_list)
19          classifier_layer_list = [nn.Linear(self.base_network.
                output_num(), width), nn.ReLU(), nn.Dropout(0.5),
20                          nn.Linear(width, num_class)]
21          self.classifier_layer = nn.Sequential(*classifier_layer_list)
22
23          self.bottleneck_layer[0].weight.data.normal_(0, 0.005)
24          self.bottleneck_layer[0].bias.data.fill_(0.1)
25          for i in range(2):
26              self.classifier_layer[i * 3].weight.data.normal_(0, 0.01)
27              self.classifier_layer[i * 3].bias.data.fill_(0.0)
28          if self.transfer_loss == 'dann':
29              self.adv = AdversarialLoss()
```

此网络接受以下输入：

- num class: number of target domain classes.
- base net: backbone network such as ResNet.
- Transfer loss: transfer loss, such as MMD or CORAL.
- use bottleneck: use bottleneck layer or not.
- bottleneck width: bottleneck width
- width: width for classification layer

为了计算迁移损失，我们需要构造一个 forward 函数以在前向传播时将源域和目标域的特征作为输入来计算损失。此函数连同预测函数的实现如下。

前向传播函数

```
1   def forward(self, source, target, source_label):
2       source = self.base_network(source)
3       target = self.base_network(target)
4       source_clf = self.classifier_layer(source)
5       target_clf = self.classifier_layer(target)
6       if self.use_bottleneck:
7           source = self.bottleneck_layer(source)
8           target = self.bottleneck_layer(target)
9
10      kwargs = {}
```

```
11        kwargs['source_label'] = source_label
12        kwargs['target_logits'] = torch.nn.functional.softmax(
13            target_clf, dim=1)
14        transfer_loss = self.adapt_loss(
15            source, target, self.transfer_loss, **kwargs)
16        return source_clf, transfer_loss
17
18    def predict(self, x):
19        features = self.base_network(x)
20        clf = self.classifier_layer(features)
21        return clf
22
23    def adapt_loss(self, X, Y, adapt_loss, **kwargs):
24        """Compute adaptation loss, currently we support mmd and coral
25
26        Arguments:
27            X {tensor} -- source matrix
28            Y {tensor} -- target matrix
29            adapt_loss {string} -- loss type: 'mmd' | 'coral' | 'dsan' |
                'dann'
30
31        Returns:
32            [tensor] -- adaptation loss tensor
33        """
34        if adapt_loss == 'mmd':
35            loss = MMDLoss()(X, Y)
36        elif adapt_loss == 'coral':
37            loss = CORAL(X, Y)
38        elif adapt_loss == 'dsan':
39            loss = LMMDLoss(self.n_class)(
40                X, Y, kwargs['source_label'], kwargs['target_logits'])
41        elif adapt_loss == 'dann':
42            loss = self.adv(X, Y)
43        else:
44            loss = 0
```

9 深度迁移学习

```
45    return loss
```

我们需要对不同模型使用不同的学习率和参数优化。

获取待优化参数

```
1  def get_optimizer(self, args):
2      params = [
3          {'params': self.base_network.parameters()},
4          {'params': self.bottleneck_layer.parameters(), 'lr': 10 *
               args.lr},
5          {'params': self.classifier_layer.parameters(), 'lr': 10 *
               args.lr},
6      ]
7      if self.transfer_loss == 'dann':
8          params.append(
9              {'params': self.adv.domain_classifier.parameters(), 'lr':
                   10 * args.lr})
10     optimizer = torch.optim.SGD(
11         params, lr=args.lr, momentum=args.momentum, weight_decay=args
               .decay)
12     return optimizer
```

9.6.2 迁移损失

我们实现 MMD、CORAL 以及 LMMD 损失。

MMD 损失

```
1  class MMDLoss(nn.Module):
2      def __init__(self, kernel_type='rbf', kernel_mul=2.0, kernel_num
           =5):
3          super(MMDLoss, self).__init__()
4          self.kernel_num = kernel_num
5          self.kernel_mul = kernel_mul
6          self.fix_sigma = None
7          self.kernel_type = kernel_type
```

```python
    def guassian_kernel(self, source, target, kernel_mul=2.0,
        kernel_num=5, fix_sigma=None):
        n_samples = int(source.size()[0]) + int(target.size()[0])
        total = torch.cat([source, target], dim=0)
        total0 = total.unsqueeze(0).expand(
            int(total.size(0)), int(total.size(0)), int(total.size(1))
            )
        total1 = total.unsqueeze(1).expand(
            int(total.size(0)), int(total.size(0)), int(total.size(1))
            )
        L2_distance = ((total0-total1)**2).sum(2)
        if fix_sigma:
            bandwidth = fix_sigma
        else:
            bandwidth = torch.sum(L2_distance.data) / (n_samples**2-
                n_samples)
        bandwidth /= kernel_mul ** (kernel_num // 2)
        bandwidth_list = [bandwidth * (kernel_mul**i)
                        for i in range(kernel_num)]
        kernel_val = [torch.exp(-L2_distance / bandwidth_temp)
                    for bandwidth_temp in bandwidth_list]
        return sum(kernel_val)

    def linear_mmd2(self, f_of_X, f_of_Y):
        loss = 0.0
        delta = f_of_X.float().mean(0) - f_of_Y.float().mean(0)
        loss = delta.dot(delta.T)
        return loss

    def forward(self, source, target):
        if self.kernel_type == 'linear':
            return self.linear_mmd2(source, target)
        elif self.kernel_type == 'rbf':
            batch_size = int(source.size()[0])
```

```
39              kernels = self.guassian_kernel(
40                  source, target, kernel_mul=self.kernel_mul,
                    kernel_num=self.kernel_num, fix_sigma=self.
                    fix_sigma)
41              XX = torch.mean(kernels[:batch_size, :batch_size])
42              YY = torch.mean(kernels[batch_size:, batch_size:])
43              XY = torch.mean(kernels[:batch_size, batch_size:])
44              YX = torch.mean(kernels[batch_size:, :batch_size])
45              loss = torch.mean(XX + YY - XY - YX)
46              return loss
```

CORAL 损失

```
1   def CORAL(source, target):
2       d = source.size(1)
3       ns, nt = source.size(0), target.size(0)
4
5       # source covariance
6       tmp_s = torch.ones((1, ns)).to(DEVICE) @ source
7       cs = (source.t() @ source - (tmp_s.t() @ tmp_s) / ns) / (ns - 1)
8
9       # target covariance
10      tmp_t = torch.ones((1, nt)).to(DEVICE) @ target
11      ct = (target.t() @ target - (tmp_t.t() @ tmp_t) / nt) / (nt - 1)
12
13      # frobenius norm
14      loss = (cs - ct).pow(2).sum().sqrt()
15      loss = loss / (4 * d * d)
16
17      return loss
```

LMMD 损失

```
1   class LMMDLoss(mmd.MMDLoss):
2       def __init__(self, num_class, kernel_type='rbf', kernel_mul=2.0,
                kernel_num=5, gamma=1.0, max_iter=1000, **kwargs):
3           '''
```

```
4            Local MMD
5            '''
6            super(LMMDLoss, self).__init__(
7                kernel_type, kernel_mul, kernel_num, **kwargs)
8            self.kernel_num = kernel_num
9            self.kernel_mul = kernel_mul
10           self.fix_sigma = None
11           self.kernel_type = kernel_type
12           self.num_class = num_class
13
14       def forward(self, source, target, source_label, target_logits):
15           if self.kernel_type == 'linear':
16               raise NotImplementedError("Linear kernel is not supported
                     yet.")
17
18           elif self.kernel_type == 'rbf':
19               batch_size = source.size()[0]
20               weight_ss, weight_tt, weight_st = self.cal_weight(
21                   source_label, target_logits)
22               weight_ss = torch.from_numpy(weight_ss).cuda()  # B, B
23               weight_tt = torch.from_numpy(weight_tt).cuda()
24               weight_st = torch.from_numpy(weight_st).cuda()
25
26               kernels = self.guassian_kernel(source, target,
27                                       kernel_mul=self.kernel_mul
                                           , kernel_num=self.
                                           kernel_num, fix_sigma=
                                           self.fix_sigma)
28               loss = torch.Tensor([0]).cuda()
29               if torch.sum(torch.isnan(sum(kernels))):
30                   return loss
31               SS = kernels[:batch_size, :batch_size]
32               TT = kernels[batch_size:, batch_size:]
33               ST = kernels[:batch_size, batch_size:]
34
```

```python
35              loss += torch.sum(weight_ss * SS + weight_tt *
36                      TT - 2 * weight_st * ST)
37          return loss
38
39      def cal_weight(self, source_label, target_logits):
40          batch_size = source_label.size()[0]
41          source_label = source_label.cpu().data.numpy()
42          source_label_onehot = np.eye(self.num_class)[source_label]  #
                one hot
43
44          source_label_sum = np.sum(
45              source_label_onehot, axis=0).reshape(1, self.num_class)
46          source_label_sum[source_label_sum == 0] = 100
47          source_label_onehot = source_label_onehot / source_label_sum
                # label ratio
48
49          # Pseudo label
50          target_label = target_logits.cpu().data.max(1)[1].numpy()
51
52          target_logits = target_logits.cpu().data.numpy()
53          target_logits_sum = np.sum(
54              target_logits, axis=0).reshape(1, self.num_class)
55          target_logits_sum[target_logits_sum == 0] = 100
56          target_logits = target_logits / target_logits_sum
57
58          weight_ss = np.zeros((batch_size, batch_size))
59          weight_tt = np.zeros((batch_size, batch_size))
60          weight_st = np.zeros((batch_size, batch_size))
61
62          set_s = set(source_label)
63          set_t = set(target_label)
64          count = 0
65          for i in range(self.num_class):  # (B, C)
66              if i in set_s and i in set_t:
67                  s_tvec = source_label_onehot[:, i].reshape(
```

```
68                       batch_size, -1)  # (B, 1)
69              t_tvec = target_logits[:, i].reshape(batch_size, -1)
                    # (B, 1)
70
71              ss = np.dot(s_tvec, s_tvec.T)  # (B, B)
72              weight_ss = weight_ss + ss
73              tt = np.dot(t_tvec, t_tvec.T)
74              weight_tt = weight_tt + tt
75              st = np.dot(s_tvec, t_tvec.T)
76              weight_st = weight_st + st
77              count += 1
78
79      length = count
80      if length != 0:
81          weight_ss = weight_ss / length
82          weight_tt = weight_tt / length
83          weight_st = weight_st / length
84      else:
85          weight_ss = np.array([0])
86          weight_tt = np.array([0])
87          weight_st = np.array([0])
88      return weight_ss.astype('float32'), weight_tt.astype('float32
            '), weight_st.astype('float32')
```

9.6.3 训练和测试

在训练阶段，我们输入源域和目标域数据。

深度迁移学习的训练

```
1   def train(source_loader, target_train_loader, target_test_loader,
        model, optimizer):
2       len_source_loader = len(source_loader)
3       len_target_loader = len(target_train_loader)
4       best_acc = 0
5       stop = 0
```

```python
for e in range(args.n_epoch):
    stop += 1
    train_loss_clf = utils.AverageMeter()
    train_loss_transfer = utils.AverageMeter()
    train_loss_total = utils.AverageMeter()
    model.train()
    iter_source, iter_target = iter(
        source_loader), iter(target_train_loader)
    n_batch = min(len_source_loader, len_target_loader)
    criterion = torch.nn.CrossEntropyLoss()
    for _ in range(n_batch):
        data_source, label_source = iter_source.next()
        data_target, _ = iter_target.next()
        data_source, label_source = data_source.to(
            DEVICE), label_source.to(DEVICE)
        data_target = data_target.to(DEVICE)

        optimizer.zero_grad()
        label_source_pred, transfer_loss = model(
            data_source, data_target, label_source)
        clf_loss = criterion(label_source_pred, label_source)
        loss = clf_loss + args.lamb * transfer_loss
        loss.backward()
        optimizer.step()
        train_loss_clf.update(clf_loss.item())
        train_loss_transfer.update(transfer_loss.item())
        train_loss_total.update(loss.item())
    # Test
    acc = test(model, target_test_loader)
    log.append(
        [e, train_loss_clf.avg, train_loss_transfer.avg,
            train_loss_total.avg, acc.cpu().numpy()])
    pd.DataFrame.from_dict(log).to_csv('train_log.csv', header=[
        'Epoch', 'Cls_loss', 'Transfer_loss', 'Total_loss', '
            Tar_acc'])
```

```
39          print(f'Epoch: [{e:2d}/{args.n_epoch}], cls_loss: {
                train_loss_clf.avg:.4f}, transfer_loss: {
                train_loss_transfer.avg:.4f}, total_Loss: {
                train_loss_total.avg:.4f}, acc: {acc:.4f}')
40          if best_acc < acc:
41              best_acc = acc
42              stop = 0
43          if stop >= args.early_stop:
44              break
45      print('Transfer result: {:.4f}'.format(best_acc))
```

测试的代码如下。

深度迁移学习的测试

```
1   def test(model, target_test_loader):
2       model.eval()
3       test_loss = utils.AverageMeter()
4       correct = 0
5       criterion = torch.nn.CrossEntropyLoss()
6       len_target_dataset = len(target_test_loader.dataset)
7       with torch.no_grad():
8           for data, target in target_test_loader:
9               data, target = data.to(DEVICE), target.to(DEVICE)
10              s_output = model.predict(data)
11              loss = criterion(s_output, target)
12              test_loss.update(loss.item())
13              pred = torch.max(s_output, 1)[1]
14              correct += torch.sum(pred == target)
15      acc = 100. * correct / len_target_dataset
16      return acc
```

读者可直接在命令行中运行 python main.py 或者根据我们提供的说明文档来运行此代码。

图 9.10、9.11 和 9.12 展示了 DDC、DCORAL 以及 DSAN 三种深度迁移方法在 amazon 到 webcam 的迁移精度分别为：78.24%、79.00%、和 79.25%。这些结果比之前章节中运用 KMM、TCA 和 CORAL 方法的结果有一定的领先优

势。这表明此类方法的有效性。同时，注意到随着时间的推移，此类方法的精度越来越高（DDC 在 2014 年提出，最近的 DSAN 在 2020 年提出）。我们可以看到科学研究的成果来之不易，正是这样一点一点的提升，才有了一个领域的日渐繁荣。

```
(base) ▓▓▓▓▓▓▓▓▓▓▓▓:~/mine/tlbook-code/chap09_deeptransfer$ python main.py --trans_loss mmd --lamb 1
Src: amazon, Tar: webcam
Epoch: [ 0/100], cls_loss: 3.3508, transfer_loss: 0.1614, total_Loss: 3.5121, acc: 10.3145
Epoch: [ 1/100], cls_loss: 2.8199, transfer_loss: 0.1592, total_Loss: 2.9792, acc: 47.4214
Epoch: [ 2/100], cls_loss: 1.7633, transfer_loss: 0.1529, total_Loss: 1.9162, acc: 63.6478
Epoch: [ 3/100], cls_loss: 1.1501, transfer_loss: 0.1417, total_Loss: 1.2918, acc: 68.3019
Epoch: [ 4/100], cls_loss: 1.0285, transfer_loss: 0.1280, total_Loss: 1.1565, acc: 71.6981
Epoch: [ 5/100], cls_loss: 0.7338, transfer_loss: 0.1194, total_Loss: 0.8532, acc: 75.7233
Epoch: [ 6/100], cls_loss: 0.7180, transfer_loss: 0.1087, total_Loss: 0.8267, acc: 75.3459
Epoch: [ 7/100], cls_loss: 0.5804, transfer_loss: 0.1071, total_Loss: 0.6875, acc: 78.2390
Epoch: [ 8/100], cls_loss: 0.5444, transfer_loss: 0.1016, total_Loss: 0.6460, acc: 72.8302
Epoch: [ 9/100], cls_loss: 0.5026, transfer_loss: 0.0970, total_Loss: 0.5996, acc: 73.7107
Epoch: [10/100], cls_loss: 0.4304, transfer_loss: 0.0922, total_Loss: 0.5227, acc: 73.8365
Epoch: [11/100], cls_loss: 0.3799, transfer_loss: 0.0921, total_Loss: 0.4720, acc: 75.5849
Epoch: [12/100], cls_loss: 0.3465, transfer_loss: 0.0844, total_Loss: 0.4308, acc: 74.2138
Epoch: [13/100], cls_loss: 0.3047, transfer_loss: 0.0837, total_Loss: 0.3884, acc: 75.3459
Epoch: [14/100], cls_loss: 0.3126, transfer_loss: 0.0768, total_Loss: 0.3894, acc: 73.7107
Epoch: [15/100], cls_loss: 0.3360, transfer_loss: 0.0761, total_Loss: 0.4121, acc: 75.3459
Epoch: [16/100], cls_loss: 0.2274, transfer_loss: 0.0773, total_Loss: 0.3047, acc: 73.8365
Epoch: [17/100], cls_loss: 0.2740, transfer_loss: 0.0700, total_Loss: 0.3440, acc: 76.9811
Epoch: [18/100], cls_loss: 0.2422, transfer_loss: 0.0671, total_Loss: 0.3093, acc: 73.8365
Epoch: [19/100], cls_loss: 0.2194, transfer_loss: 0.0657, total_Loss: 0.2851, acc: 74.2138
Epoch: [20/100], cls_loss: 0.2223, transfer_loss: 0.0633, total_Loss: 0.2857, acc: 72.2013
Epoch: [21/100], cls_loss: 0.1882, transfer_loss: 0.0615, total_Loss: 0.2497, acc: 76.9811
Epoch: [22/100], cls_loss: 0.1846, transfer_loss: 0.0626, total_Loss: 0.2473, acc: 76.3522
Epoch: [23/100], cls_loss: 0.1349, transfer_loss: 0.0604, total_Loss: 0.1953, acc: 74.3396
Epoch: [24/100], cls_loss: 0.1044, transfer_loss: 0.0612, total_Loss: 0.1656, acc: 74.4654
Epoch: [25/100], cls_loss: 0.1245, transfer_loss: 0.0544, total_Loss: 0.1789, acc: 74.2138
Epoch: [26/100], cls_loss: 0.1146, transfer_loss: 0.0505, total_Loss: 0.1651, acc: 75.8491
Epoch: [27/100], cls_loss: 0.1019, transfer_loss: 0.0523, total_Loss: 0.1542, acc: 76.3522
Transfer result: 78.2390
```

图 9.10　DDC 方法[23] 的结果

```
(base) ▓▓▓▓▓▓▓▓▓▓▓▓:~/mine/tlbook-code/chap09_deeptransfer$ CUDA_VISIBLE_DEVICES=2 python main.py --lamb .0
1 --trans_loss coral
Src: amazon, Tar: webcam
Epoch: [ 0/100], cls_loss: 3.3507, transfer_loss: 0.0002, total_Loss: 3.3507, acc: 10.3145
Epoch: [ 1/100], cls_loss: 2.8216, transfer_loss: 0.0002, total_Loss: 2.8216, acc: 47.6730
Epoch: [ 2/100], cls_loss: 1.7647, transfer_loss: 0.0002, total_Loss: 1.7647, acc: 63.8994
Epoch: [ 3/100], cls_loss: 1.1497, transfer_loss: 0.0002, total_Loss: 1.1497, acc: 66.7924
Epoch: [ 4/100], cls_loss: 1.0320, transfer_loss: 0.0002, total_Loss: 1.0320, acc: 72.4528
Epoch: [ 5/100], cls_loss: 0.7335, transfer_loss: 0.0002, total_Loss: 0.7335, acc: 75.0943
Epoch: [ 6/100], cls_loss: 0.7047, transfer_loss: 0.0002, total_Loss: 0.7047, acc: 74.5912
Epoch: [ 7/100], cls_loss: 0.5823, transfer_loss: 0.0002, total_Loss: 0.5823, acc: 78.9937
Epoch: [ 8/100], cls_loss: 0.5496, transfer_loss: 0.0002, total_Loss: 0.5496, acc: 73.4591
Epoch: [ 9/100], cls_loss: 0.5056, transfer_loss: 0.0002, total_Loss: 0.5057, acc: 75.5849
Epoch: [10/100], cls_loss: 0.4449, transfer_loss: 0.0002, total_Loss: 0.4450, acc: 70.8176
Epoch: [11/100], cls_loss: 0.3836, transfer_loss: 0.0002, total_Loss: 0.3836, acc: 74.8428
Epoch: [12/100], cls_loss: 0.3361, transfer_loss: 0.0002, total_Loss: 0.3361, acc: 72.5786
Epoch: [13/100], cls_loss: 0.3055, transfer_loss: 0.0002, total_Loss: 0.3055, acc: 77.7358
Epoch: [14/100], cls_loss: 0.3064, transfer_loss: 0.0002, total_Loss: 0.3064, acc: 72.9560
Epoch: [15/100], cls_loss: 0.3337, transfer_loss: 0.0002, total_Loss: 0.3337, acc: 75.3459
Epoch: [16/100], cls_loss: 0.2266, transfer_loss: 0.0002, total_Loss: 0.2266, acc: 71.9497
Epoch: [17/100], cls_loss: 0.2672, transfer_loss: 0.0002, total_Loss: 0.2672, acc: 75.7233
Epoch: [18/100], cls_loss: 0.2293, transfer_loss: 0.0002, total_Loss: 0.2293, acc: 73.8365
Epoch: [19/100], cls_loss: 0.1989, transfer_loss: 0.0002, total_Loss: 0.1989, acc: 75.2201
Epoch: [20/100], cls_loss: 0.1897, transfer_loss: 0.0002, total_Loss: 0.1897, acc: 75.7233
Epoch: [21/100], cls_loss: 0.1640, transfer_loss: 0.0002, total_Loss: 0.1640, acc: 76.4780
Epoch: [22/100], cls_loss: 0.1847, transfer_loss: 0.0002, total_Loss: 0.1847, acc: 72.5786
Epoch: [23/100], cls_loss: 0.1286, transfer_loss: 0.0002, total_Loss: 0.1286, acc: 72.7044
Epoch: [24/100], cls_loss: 0.1150, transfer_loss: 0.0002, total_Loss: 0.1150, acc: 73.0818
Epoch: [25/100], cls_loss: 0.1308, transfer_loss: 0.0002, total_Loss: 0.1308, acc: 72.2013
Epoch: [26/100], cls_loss: 0.1169, transfer_loss: 0.0002, total_Loss: 0.1169, acc: 77.7358
Epoch: [27/100], cls_loss: 0.1059, transfer_loss: 0.0002, total_Loss: 0.1059, acc: 75.7233
Transfer result: 78.9937
```

图 9.11　DCORAL 方法[22] 的结果

```
(base) xxx:~/mine/tlbook-code/chap09_deeptransfer$ CUDA_VISIBLE_DEVICES=3 python main.py --lamb .0
1 --trans_loss dsan
Src: amazon, Tar: webcam
Epoch: [ 0/100], cls_loss: 3.3508, transfer_loss: 2.5270, total_Loss: 3.3761, acc: 10.3145
Epoch: [ 1/100], cls_loss: 2.8231, transfer_loss: 2.3388, total_Loss: 2.8465, acc: 47.9245
Epoch: [ 2/100], cls_loss: 1.7664, transfer_loss: 2.6170, total_Loss: 1.7926, acc: 63.3962
Epoch: [ 3/100], cls_loss: 1.1517, transfer_loss: 2.9284, total_Loss: 1.1810, acc: 67.1698
Epoch: [ 4/100], cls_loss: 1.0322, transfer_loss: 2.8071, total_Loss: 1.0603, acc: 70.9434
Epoch: [ 5/100], cls_loss: 0.7324, transfer_loss: 2.5876, total_Loss: 0.7583, acc: 75.9748
Epoch: [ 6/100], cls_loss: 0.7121, transfer_loss: 2.4470, total_Loss: 0.7366, acc: 74.2138
Epoch: [ 7/100], cls_loss: 0.5772, transfer_loss: 2.5557, total_Loss: 0.6027, acc: 79.2453
Epoch: [ 8/100], cls_loss: 0.5506, transfer_loss: 2.4779, total_Loss: 0.5754, acc: 72.8302
Epoch: [ 9/100], cls_loss: 0.5004, transfer_loss: 2.5322, total_Loss: 0.5257, acc: 72.9560
Epoch: [10/100], cls_loss: 0.4381, transfer_loss: 2.2689, total_Loss: 0.4607, acc: 72.5786
Epoch: [11/100], cls_loss: 0.3788, transfer_loss: 2.2641, total_Loss: 0.4015, acc: 73.9623
Epoch: [12/100], cls_loss: 0.3364, transfer_loss: 2.2477, total_Loss: 0.3588, acc: 75.7233
Epoch: [13/100], cls_loss: 0.2997, transfer_loss: 1.9755, total_Loss: 0.3195, acc: 77.4843
Epoch: [14/100], cls_loss: 0.3078, transfer_loss: 2.2078, total_Loss: 0.3298, acc: 75.2201
Epoch: [15/100], cls_loss: 0.3349, transfer_loss: 2.1885, total_Loss: 0.3568, acc: 74.0881
Epoch: [16/100], cls_loss: 0.2198, transfer_loss: 2.1339, total_Loss: 0.2411, acc: 74.5912
Epoch: [17/100], cls_loss: 0.2663, transfer_loss: 2.0548, total_Loss: 0.2868, acc: 78.2390
Epoch: [18/100], cls_loss: 0.2611, transfer_loss: 2.1067, total_Loss: 0.2822, acc: 73.5849
Epoch: [19/100], cls_loss: 0.2161, transfer_loss: 2.1995, total_Loss: 0.2381, acc: 75.7233
Epoch: [20/100], cls_loss: 0.2001, transfer_loss: 2.0581, total_Loss: 0.2207, acc: 75.5975
Epoch: [21/100], cls_loss: 0.1774, transfer_loss: 2.0744, total_Loss: 0.1982, acc: 73.9623
Epoch: [22/100], cls_loss: 0.1676, transfer_loss: 2.1705, total_Loss: 0.1893, acc: 76.9811
Epoch: [23/100], cls_loss: 0.1231, transfer_loss: 1.9450, total_Loss: 0.1425, acc: 73.9623
Epoch: [24/100], cls_loss: 0.1123, transfer_loss: 2.0310, total_Loss: 0.1326, acc: 75.8491
Epoch: [25/100], cls_loss: 0.1093, transfer_loss: 2.0059, total_Loss: 0.1294, acc: 74.7170
Epoch: [26/100], cls_loss: 0.1104, transfer_loss: 1.9589, total_Loss: 0.1300, acc: 77.3585
Epoch: [27/100], cls_loss: 0.0913, transfer_loss: 1.8312, total_Loss: 0.1096, acc: 77.4843
Transfer result: 79.2453
```

图 9.12 DSAN 方法 [32] 的结果

最后，我们并未在代码中添加任何训练技巧和额外的经验。在添加了先进训练技巧的 DeepDA 库中，DSAN 的结果可以达到 94.34%，远远高于本节的 79.25%。

9.7 小结

本章介绍了深度学习用于迁移学习的一些通用方法，从数据分布自适应、结构自适应、知识蒸馏等方面进行了阐述。由于篇幅和时间限制以及深度学习方法的层出不穷，我们未介绍所有新出现的研究工作，仅介绍了其中最具代表性的几种方法，请读者持续关注最新发表的研究成果。

至此，迁移学习几大重要的研究领域我们均已一一介绍。为方便读者对比理解，我们在表 9.1 中列出这些领域的关键信息。有关领域泛化的内容将在第 11 章介绍。

表 9.1 迁移学习中一些流行的研究领域

研究领域	源域	目标域	数据分布	输出空间
预训练-微调	不要求数据，只要求模型	有	不同	一般不同
知识蒸馏	不要求数据，只要求模型	有	不同	一般不同
领域自适应	有数据	有	不同	一般相同
多任务学习	有数据	无	相同	一般不同
领域泛化	有数据	无	不同	一般相同

参考文献

[1] Bousmalis, K., Trigeorgis, G., Silberman, N., Krishnan, D., and Erhan, D. (2016). Domain separation networks. In *Advances in Neural Information Processing Systems*, pages 343–351.

[2] Cui, S., Wang, S., Zhuo, J., Li, L., Huang, Q., and Tian, Q. (2020). Towards discriminability and diversity: Batch nuclear-norm maximization under label insufficient situations. In *Proceedings of the IEEE/CVF Conference on Computer Vision and Pattern Recognition*, pages 3941–3950.

[3] Du, Y., Wang, J., Feng, W., Pan, S., Qin, T., Xu, R., and Wang, C. (2021). Adarnn: Adaptive learning and forecasting of time series. In *Proceedings of the 30th ACM International Conference on Information & Knowledge Management*, pages 402–411.

[4] Ganin, Y. and Lempitsky, V. (2015). Unsupervised domain adaptation by backpropagation. In *ICML*, pages 1180–1189.

[5] Ghifary, M., Kleijn, W. B., and Zhang, M. (2014). Domain adaptive neural networks for object recognition. In *PRICAI*, pages 898–904.

[6] Gong, B., Shi, Y., Sha, F., and Grauman, K. (2012). Geodesic flow kernel for unsupervised domain adaptation. In *CVPR*, pages 2066–2073.

[7] Gou, J., Yu, B., Maybank, S. J., and Tao, D. (2020). Knowledge distillation: A survey. *arXiv preprint arXiv:2006.05525*.

[8] Gretton, A., Sejdinovic, D., Strathmann, H., Balakrishnan, S., Pontil, M., Fukumizu, K., and Sriperumbudur, B. K. (2012). Optimal kernel choice for large-scale two-sample tests. In *Advances in neural information processing systems*, pages 1205–1213.

[9] Hinton, G., Vinyals, O., and Dean, J. (2015). Distilling the knowledge in a neural network. In *Advances in Neural Information Processing Systems (NIPS)*.

参考文献

[10] Hochreiter, S. and Schmidhuber, J. (1997). Long short-term memory. *Neural computation*, 9(8): 1735–1780.

[11] Hu, Z., Ma, X., Liu, Z., Hovy, E., and Xing, E. (2016). Harnessing deep neural networks with logic rules. In *ACL*.

[12] Ioffe, S. and Szegedy, C. (2015). Batch normalization: Accelerating deep network training by reducing internal covariate shift. In *ICML*.

[13] Krizhevsky, A., Sutskever, I., and Hinton, G. E. (2012). Imagenet classification with deep convolutional neural networks. In *Advances in neural information processing systems*, pages 1097–1105.

[14] Kundu, J. N., Lakkakula, N., and Babu, R. V. (2019). Um-adapt: Unsupervised multi-task adaptation using adversarial cross-task distillation. In *Proceedings of the IEEE International Conference on Computer Vision*, pages 1436–1445.

[15] Li, Y., Wang, N., Shi, J., Hou, X., and Liu, J. (2018). Adaptive batch normalization for practical domain adaptation. *Pattern Recognition*, 80: 109–117.

[16] Long, M., Cao, Y., Wang, J., and Jordan, M. (2015). Learning transferable features with deep adaptation networks. In *International conference on machine learning*, pages 97–105.

[17] Long, M., Zhu, H., Wang, J., and Jordan, M. I. (2017). Deep transfer learning with joint adaptation networks. In *ICML*, pages 2208–2217.

[18] Maria Carlucci, F., Porzi, L., Caputo, B., et al. (2017). Autodial: Automatic domain alignment layers. In *ICCV*, pages 5067–5075.

[19] Nayak, G. K., Mopuri, K. R., Shaj, V., Babu, R. V., and Chakraborty, A. (2019). Zero-shot knowledge distillation in deep networks. *arXiv preprint arXiv:1905.08114*.

[20] Pan, S. J., Tsang, I. W., Kwok, J. T., and Yang, Q. (2011). Domain adaptation via transfer component analysis. *IEEE TNN*, 22(2): 199–210.

[21] Sun, B., Feng, J., and Saenko, K. (2016). Return of frustratingly easy domain adaptation. In *AAAI*.

[22] Sun, B. and Saenko, K. (2016). Deep coral: Correlation alignment for deep domain adaptation. In *ECCV*, pages 443–450.

[23] Tzeng, E., Hoffman, J., Zhang, N., Saenko, K., and Darrell, T. (2014). Deep domain confusion: Maximizing for domain invariance. *arXiv preprint arXiv:1412.3474*.

[24] Vaswani, A., Shazeer, N., Parmar, N., Uszkoreit, J., Jones, L., Gomez, A. N., Kaiser, Ł., and Polosukhin, I. (2017). Attention is all you need. *Advances in neural information processing systems*, 30.

[25] Venkateswara, H., Eusebio, J., Chakraborty, S., and Panchanathan, S. (2017). Deep hashing network for unsupervised domain adaptation. In *Proceedings of the IEEE Conference on Computer Vision and Pattern Recognition*, pages 5018–5027.

[26] Wang, J., Chen, Y., Feng, W., Yu, H., Huang, M., and Yang, Q. (2020). Transfer learning with dynamic distribution adaptation. *ACM TIST*, 11(1): 1–25.

[27] Wang, J., Chen, Y., Hu, L., Peng, X., and Yu, P. S. (2018a). Stratified transfer learning for cross-domain activity recognition. In *2018 IEEE International Conference on Pervasive Computing and Communications (PerCom)*.

[28] Wang, J., Zheng, V. W., Chen, Y., and Huang, M. (2018b). Deep transfer learning for cross-domain activity recognition. In *proceedings of the 3rd International Conference on Crowd Science and Engineering*, pages 1–8.

[29] Yang, Y., Qiu, J., Song, M., Tao, D., and Wang, X. (2020). Distillating knowledge from graph convolutional networks. *arXiv preprint arXiv:2003.10477*.

[30] Zhou, C., Neubig, G., and Gu, J. (2020). Understanding knowledge distillation in non-autoregressive machine translation. In *ICLR*.

[31] Zhu, Y., Zhuang, F., Wang, J., Chen, J., Shi, Z., Wu, W., and He, Q. (2019). Multi-representation adaptation network for cross-domain image classification. *Neural Networks*, 119: 214–221.

[32] Zhu, Y., Zhuang, F., Wang, J., Ke, G., Chen, J., Bian, J., Xiong, H., and He, Q. (2020). Deep subdomain adaptation network for image classification. *IEEE Transactions on Neural Networks and Learning Systems*.

10 对抗迁移学习

生成对抗网络 GAN（Generative Adversarial Networks）[5] 是目前人工智能领域最炙手可热的概念之一，并被深度学习领军人物 Yann Lecun 评为近年来最令人欣喜的成就。由此发展而来的对抗网络成为提升表示学习性能的利器。本章介绍深度对抗网络用于解决迁移学习问题方面的基本思路以及代表性研究成果。

本章内容的组织安排如下。10.1 节介绍生成对抗网络的基本知识及其与迁移学习的关联。10.2 节介绍基于数据分布自适应的对抗迁移方法，10.3 节介绍基于最大分类器差异的对抗迁移方法。10.4 节介绍基于数据生成的对抗迁移方法。我们在 10.5 节提供了本章的上手实践代码。最后，10.6 节对本章内容进行了总结。

10.1 生成对抗网络与迁移学习

生成对抗网络（Generative Adversarial Network，GAN）受到自博弈论中的二人零和博弈（Two-player game）思想的启发而提出。它一共包括两个部分：生成网络（Generative Network）负责生成尽可能以假乱真的样本，这部分称为生成器（Generator）；判别网络（Discriminative Network）负责判断样本是真实的还是由生成器生成的，这部分称为判别器（Discriminator）。生成器和判别器互相博弈，便完成了对抗训练。

图 10.1 简单表示了生成对抗网络的基本情况。

图 10.1 生成对抗网络示意图

GAN 的目标函数可以被表示为

$$\min_G \max_D \mathbb{E}_{x \sim p_{\text{data}}}(\log(D(x)) + \mathbb{E}_{z \sim p_{\text{noise}}} \log(1 - D(G(z))), \tag{10.1.1}$$

其中，D 为判别器，G 为生成器，p_{data} 表示真实数据的分布，p_{noise} 表示噪声的分布，一般为高斯分布。

我们通常采用最大最小交替优化的策略来训练生成对抗网络。一方面，最小化特征提取器的损失使其可以生成更为逼真的样本；另一方面，最大化判别器的损失使其无法判断给定的样本来自真实数据还是生成的数据。

生成对抗网络已得到了广泛的应用。那么，如何借助 GAN 的思想进行迁移学习呢？一个最原始的 GAN 至少包括以下四个部分：

（1）真实数据：充当真实样本；

（2）随机噪声：服从某个分布（一般是高斯分布）的噪声数据，充当被生成的数据的原始样本；

（3）生成器：用于接收噪声数据，生成图像；

（4）判别器：用于接收真实数据和生成的数据，判断二者真假。

为了把 GAN 结合到迁移学习中，需要重新思考迁移学习问题的本质。源域和目标域之间存在一定的数据分布差异，因此产生了分布适配的问题，即，如果找到一种合适的度量方式能够自适应地度量两个领域的数据分布差异并将其减小，则可以完成我们的迁移任务。

利用上面的思路，本章将生成对抗网络引入迁移学习中利用 GAN 的思想来自动地学习源域和目标域的**隐式**度量函数。具体而言，我们将 GAN 中的判别器对应于 Metric$(\cdot, \cdot)$ 函数。由于判别器对应于一个神经网络，因此其可以充当此角色。GAN 的几个重要组件与迁移学习的概念对应关系如表 10.1 所示。

表 10.1 生成对抗网络与迁移学习的概念对应关系

生成对抗网络	迁移学习
真实样本	源域
随机噪声	目标域
生成器	特征提取器
判别器	分布度量函数

显然，我们需要将 GAN 中的真实样本和随机噪声分别对应于迁移学习中的源域和目标域。这是因为真实样本往往具有自己的标签，与源域的性质相似；而随机噪声往往杂乱无章且无标签，因此可以对应于目标域。生成器本身可以完成特征提取，但是迁移学习本身并不专注于数据生成，因此可以将生成器对应于特征提取器。

与深度网络自适应迁移方法类似，深度对抗网络的损失也由两部分构成：网络训练的损失 $\mathcal{L}_c$ 和领域判别损失 $\mathcal{L}_{adv}$：

$$\mathcal{L} = \mathcal{L}_c(\mathcal{D}_s) + \lambda \mathcal{L}_{adv}(\mathcal{D}_s, \mathcal{D}_t). \tag{10.1.2}$$

10.2 数据分布自适应的对抗迁移方法

Yaroslav Ganin 等人首先在神经网络的训练中加入了对抗机制并将他们的网络称为**领域对抗网络**（Domain-Adversarial Neural Network，DANN）[3,4]。DANN 直接利用了生成对抗网络的特点，在训练过程中使得特征提取器与领域判别器相互对抗训练以学习领域不变的特征。DANN 的结构如图 10.2 所示。

DANN 由以下三个部分构成，这与前面介绍的 GAN 与迁移学习的对应关系一致：

- 特征提取器 $G_f(\theta_f)$，用于接受源域或目标域的数据，进行特征提取；
- 分类器 $G_y(\theta_y)$，用于接收提取好的特征进行任务分类（也可以用于其他类型的下游任务）；
- 领域判别器 $G_d(\theta_d)$，用于判断输入特征来自源域还是目标域。

10 对抗迁移学习

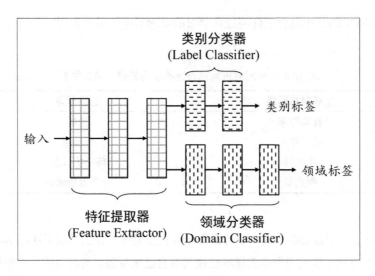

图 10.2　领域对抗网络 DANN 示意图

DANN 的整体训练目标为

$$E(\theta_f, \theta_{y'}, \theta_d) = \sum_{\bm{x}_i \in \mathcal{D}_s} L_y\left(G_y\left(G_f\left(\bm{x}_i\right)\right), y_i\right) - \lambda \sum_{\bm{x}_i \in D_s \cup \mathcal{D}_t} L_d\left(G_d\left(G_f\left(\bm{x}_i\right)\right), d_i\right), \tag{10.2.1}$$

其中 L_y 为分类损失，L_d 为判别器损失，d_i 为领域的标签：当数据来自源域时 $d_i = 0$；否则 $d_i = 1$。

实际中，DANN 首先通过最小化分类损失与特征提取器的损失来优化特征提取器 G_f 和分类器 G_y 的参数 θ_f 和 θ_y：

$$(\hat{\theta}_f, \hat{\theta}_y) = \underset{\theta_f, \theta_y}{\arg\min}\, E(\theta_f, \theta_y, \theta_d), \tag{10.2.2}$$

然后，DANN 通过最大化领域判别器 G_d 的损失来优化其参数 θ_d：

$$(\hat{\theta}_d) = \underset{\theta_d}{\arg\max}\, E(\theta_f, \theta_y, \theta_d). \tag{10.2.3}$$

与 GAN 的训练类似，两个步骤交替进行直到网络收敛。

为了实现上的方便，作者引入一种**梯度反转层**（Gradient Reversal Layer, GRL）到网络的反向传播中。在前向传播时，GRL 是一个恒等映射（Identity Map）：

10.2 数据分布自适应的对抗迁移方法

$$R_\lambda(\boldsymbol{x}) = \boldsymbol{x}. \tag{10.2.4}$$

在反向传播时,通过乘以一个负单位(单位矩阵 $\boldsymbol{I}$)将梯度进行反转:

$$\frac{dR_\lambda}{d\boldsymbol{x}} = -\lambda \boldsymbol{I}. \tag{10.2.5}$$

上面式子的表达形式再一次完美对应了第 3 章介绍的迁移学习统一表征形式。在 DANN 中,对抗网络被用作隐式距离度量来度量源域和目标域的分布相似性。

从数据分布自适应的角度来看 DANN 便发现,DANN 可以被视为边缘分布自适应的对抗方法。这是因为判别器接收源域和目标域的整体特征等价于直接优化 $P_s(\boldsymbol{x})$ 和 $P_t(\boldsymbol{x})$ 的分布差异。如此,DANN 便更易理解。

我们继续探索在对抗网络中进行数据分布自适应的方法。中科院计算所的 Yu 等人在文献 [14] 中将动态分布自适应的概念应用到了对抗网络中。其通过实验证明了对抗网络中同样存在边缘分布和条件分布不匹配的问题。文献 [14] 提出一个**动态对抗适配网络**(Dynamic Adversarial Adaptation Networks,DAAN)来解决对抗网络中的动态分布适配问题,取得了更好的效果。图 10.3 展示了 DAAN 的结构。其中的 ω 便是动态分布自适应方法中的核心:自适应因子。该因子用于动态地衡量迁移过程中边缘分布和条件分布的重要性。

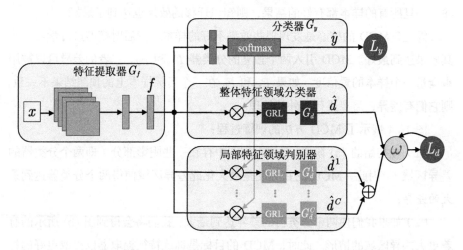

图 10.3　动态对抗适配网络 DAAN 结构示意图[14]

DAAN 主要包含 3 个部分:标签分类器 L_y、全局(边缘分布)领域判别器

L_g，以及局部领域判别器 L_l。其优化目标为

$$L(\theta_f,\theta_y,\theta_d,\theta_d^c|_{c=1}^C) = L_y - \lambda((1-\omega)L_g + \omega L_l), \quad (10.2.6)$$

其中 λ 为可调参数，ω 则为自适应因子，与 3.2 节中的 μ 异曲同工。

基于生成对抗网络进行数据分布自适应的方法在近几年得到了广泛的应用和发展。例如，加州大学伯克利分校的 Tzeng 等人提出了一个更为通用的用于对抗迁移的框架：对抗判别自适应（Adversarial Discriminative Domain Adaptation，ADDA）[12]。上海交通大学的研究者们用 Wasserstein GAN 进行迁移学习 [10]，Liu 等人提出了 Coupled GAN 用于迁移学习 [7]。

10.3 基于最大分类器差异的对抗迁移方法

本节介绍另一种不同的使用对抗机制的迁移学习方法：**最大分类器差异**（Maximum Classifier Discrepancy，MCD）[8]。

由于领域分布差异性，一个预训练的网络将会在不同的目标数据上有不同的预测结果：在一些样本上迁移的结果较好，在另一些样本上则不尽如人意。MCD 方法对前者并不关心，而是对那些使得分类器取得较差效果的样本进行特别关注。一旦所有的样本都有好的结果，则知识迁移的效果也达到了最好。

因此，MCD 的核心是发现那些效果不好的样本，然后对模型进行学习，使其效果达到最好。MCD 引入两个独立的分类器 F_1 和 F_2，二者的差异可以被用来衡量一个样本的置信度：如果 F_1 和 F_2 在一个目标样本上的预测结果不一致，则它们有差异，需要进行额外的处理。

图 10.4 展示了 MCD 方法的训练过程：

（1）在初始的 (a) 阶段，我们看到图中存在一些阴影部分（即两个分类器的差异区域）。因此，MCD 的目标便是最大化此差异区域使得两个分类器达到最大的差异；

（2）如果我们使两个分类器的差异达到最大，我们将会得到图 (b) 所示的有着更大差异区域的情形。此时，MCD 的目标是训练特征提取器以提取更好的特征来减小两个分类器的差异；

（3）如果我们使两个分类器的差异达到了最小，我们将会得到图 (c) 所示的

10.3 基于最大分类器差异的对抗迁移方法

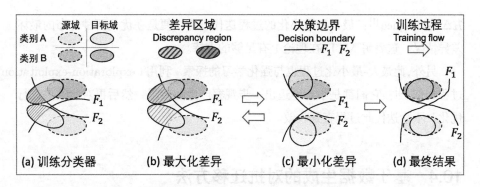

图 10.4 MCD 方法的训练过程 [8]

有着更小差异的情形。然而，分类的决策边界可能还是不够理想，因此我们需要回到第一步，重复此学习过程；

（4）经过一定的迭代之后，我们得到了子图 (d)。图中不存在阴影区域，并且分类决策边界更加鲁棒。训练结束。

MCD 使用源域数据来训练两个不同的分类器 F_1 和 F_2：

$$\min \mathcal{L}(X_\mathrm{s}, Y_\mathrm{s}) = -\mathbb{E}_{(\boldsymbol{x}_\mathrm{s}, y_\mathrm{s}) \sim (X_\mathrm{s}, Y_\mathrm{s})} \sum_{k=1}^{K} \mathbb{I}_{[k=y_\mathrm{s}]} \log p(\boldsymbol{y} \mid \boldsymbol{x}_\mathrm{s}). \tag{10.3.1}$$

然后，MCD 固定特征提取器 G 来训练 F_1 和 F_2 使其有最大的差异。此训练用对抗机制完成：

$$\min_{F_1, F_2} \mathcal{L}(X_\mathrm{s}, Y_\mathrm{s}) - \mathcal{L}_{\mathrm{adv}}(X_\mathrm{t}), \tag{10.3.2}$$

其中对抗损失被定义为两个分布的差异：

$$\mathcal{L}_{\mathrm{adv}}(X_\mathrm{t}) = \mathbb{E}_{\boldsymbol{x}_\mathrm{t} \sim X_\mathrm{t}}[d(p_1(\boldsymbol{y} \mid \boldsymbol{x}_\mathrm{t}), p_2(\boldsymbol{y} \mid \boldsymbol{x}_\mathrm{t}))], \tag{10.3.3}$$

MCD 使用 L1 损失来计算 $d(p_1, p_2)$。

接着，MCD 固定两个分类器，优化特征提取器 G 来最小化两个分类器的差异：

$$\min_{G} \mathcal{L}_{\mathrm{adv}}(X_\mathrm{t}). \tag{10.3.4}$$

MCD 的计算过程易于理解，并且达到了比 DANN 更好的迁移效果。

从迁移学习理论的角度而言，MCD 其实是在优化本书在 7.1 节所介绍的

$\mathcal{H}\Delta\mathcal{H}$-distance [1]：最大和最小化的过程迭代进行，便是在优化两种分布的最坏差异情况。这表明 MCD 在理论上有足够的支持。

另外，此最大-最小化过程也与强化学习的探索 – 利用（exploration-exploitation）过程相似 [11]：它们都是小心地迈出一步观察产生的结果，然后再对此结果进行优化，不断迭代此过程直到收敛。

10.4 基于数据生成的对抗迁移方法

让我们回到生成对抗网络的"初心"：生成以假乱真的数据。生成高质量训练数据带来的直接好处是训练数据的扩增，这使模型能学习到更多的表征和知识。那么，一个很自然的想法就是将数据生成的思想融入迁移学习过程。

为了使用对抗网络生成的数据进行迁移学习，首先要对生成数据的作用有一番认识。生成的数据在迁移学习中扮演什么角色？为什么要使用生成的数据来帮助迁移学习？

由于 GAN 在生成数据时数据的标签（类别）并非必要，因此对于迁移学习任务，不论是有充足标记的源域数据还是没有或几乎没有标签的目标域数据，GAN 均可以有用武之地。故生成数据对迁移学习的第一个作用与其本质相同：扩展训练数据。同时，生成数据的过程也是一个数据相似度度量的过程。在这个过程中也有可能对源域和目标域的概率分布差异进行优化，提高迁移学习的效果。即：数据生成不是对抗迁移学习的目的，其最终目的是要达到更好的迁移学习效果。

在图像领域，一个与数据生成密切相关的研究领域是图像翻译，感兴趣的读者可以查看相关文章。

为了对生成数据的概率分布差异进行匹配，文献 [15] 提出了著名的 CycleGAN，首先将源域的数据通过一个映射转换到目标域，再通过另一个映射将被映射到目标域的源域数据再次映射回源域空间。此过程通过度量源域数据与被映射回的源域数据之间的差异来进行训练。我们用 G 和 F 分别表示源域到目标域、目标域到源域的映射函数，则 CycleGAN 的训练目标可以被表示为

$$L_{\text{cyc}} = \mathbb{E}_{x_1 \sim p_{\text{data}}(x_1)}\left[\|F(G(x_1)) - x_1\|_1\right] + \mathbb{E}_{x_2 \sim p_{\text{data}}(x_2)}\left[\|G(F(x_2)) - x_2\|_1\right].$$

(10.4.1)

其他研究者也在从事 GAN 相关的迁移学习研究。例如 CoGAN[7] 和 DiscoGAN[6]。文献 [2] 提出一种像素到像素的迁移框架 PixelDA，学习到了细粒度的图像翻译模型。此类生成模型的工作还有很多，不再一一讨论。总结来看，这种通过数据生成的方式也可以被用来进行迁移学习。

除直接的数据生成外，另一些工作也考虑将数据生成与迁移学习过程直接结合。文献 [9] 提出一种通过生成数据进行领域自适应的方法（Generate to Adapt），利用生成数据和源域、目标域数据通过对抗训练学习领域不变的特征。文献 [13] 则提出将混淆（Mixup）这一数据增强的手段融入迁移学习中，学习源域和目标域数据的通用特征。

基于数据生成的对抗迁移方法通常在计算机视觉中有广泛的应用。GAN 在计算机视觉之外的应用也一直是研究的热点。期待这一领域在未来能有更丰富的工作。

10.5 上手实践

本节简单实现通过对抗网络进行迁移学习的过程。具体而言，我们对经典的 DANN 方法[3] 进行实现。由于 DANN 方法可以被视为隐式分布差异度量的一种方法，因此，对比前面介绍过的 DDC、DSAN 等采用 MMD 这种显式度量的深度方法，实现 DANN 的关键是将之前实现过的 MMD 分布度量置换为领域判别器，然后进行高效的训练。本章的对抗方法其实可以看成深度数据分布自适应方法的推广，共享同样的训练代码。因此，完整代码可以在上一章中找到。

10.5.1 领域判别器

首先我们对领域判别器进行实现。领域判别器的作用是输入源域和目标域的特征，判断其属于哪个领域。因此其是一个非常简单的分类网络，我们实现如下。

领域判别器实现

```
1  class Discriminator(nn.Module):
2      def __init__(self, input_dim=256, hidden_dim=256):
3          super(Discriminator, self).__init__()
```

```
4        self.input_dim = input_dim
5        self.hidden_dim = hidden_dim
6        self.dis1 = nn.Linear(input_dim, hidden_dim)
7        self.dis2 = nn.Linear(hidden_dim, 1)
8
9    def forward(self, x):
10       x = F.relu(self.dis1(x))
11       x = self.dis2(x)
12       x = torch.sigmoid(x)
13       return x
```

10.5.2 分布差异计算

此领域判别器计算领域差异的部分实现如下。

领域判别器损失计算

```
1  def adv(source, target, input_dim=256, hidden_dim=512):
2      domain_loss = nn.BCELoss()
3      adv_net = Discriminator(input_dim, hidden_dim).cuda()
4      domain_src = torch.ones(len(source)).cuda()
5      domain_tar = torch.zeros(len(target)).cuda()
6      domain_src, domain_tar = domain_src.view(domain_src.shape[0], 1),
              domain_tar.view(domain_tar.shape[0], 1)
7      reverse_src = ReverseLayerF.apply(source, 1)
8      reverse_tar = ReverseLayerF.apply(target, 1)
9      pred_src = adv_net(reverse_src)
10     pred_tar = adv_net(reverse_tar)
11     loss_s, loss_t = domain_loss(pred_src, domain_src), domain_loss(
              pred_tar, domain_tar)
12     loss = loss_s + loss_t
13     return loss
```

注意到，上述代码的核心是将源域数据的标签初始化为 0，目标域数据的标签初始化为 1，作为训练判别器的 Groundtruth。然后，通过计算源域数据和目标域数据分别与其领域标签的交叉熵损失，生成最后的领域判别器损失用于反向传播。

10.5.3 梯度反转层

这里一个特殊的地方是反转层（ReverseLayer），也就是之前介绍过的梯度反转层的实现。GRL 的作用是在计算时自动将此层的梯度进行反转，从而使得 GAN 的训练变得更为简单。GRL 的实现如下。

GRL 的实现

```
1   import torch.nn.functional as F
2   from torch.autograd import Function
3
4   class ReverseLayerF(Function):
5
6       @staticmethod
7       def forward(ctx, x, alpha):
8           ctx.alpha = alpha
9           return x.view_as(x)
10
11      @staticmethod
12      def backward(ctx, grad_output):
13          output = grad_output.neg() * ctx.alpha
14          return output, None
```

使用相同的网络结构后，如图 10.5 所示，DANN 方法在 amazon 到 webcam 的迁移精度为 **78.87%**。

同时特别需要注意的是，本节的代码仅为示范和教学使用：我们并未在代码中添加任何训练技巧和额外的经验。因此，本节代码运行的结果并非最优。我们已构建了一个先进的深度迁移学习库 **DeepDA**[1]，读者在今后的研究和应用中，使用此库便可获得最佳效果。

---

[1]请见链接 10-1。

```
Epoch: [18/100], cls_loss: 0.1958, transfer_loss: 0.7048, total_Loss: 0.2028, acc: 72.0755
Epoch: [19/100], cls_loss: 0.1762, transfer_loss: 0.7037, total_Loss: 0.1833, acc: 77.6101
Epoch: [20/100], cls_loss: 0.2149, transfer_loss: 0.7035, total_Loss: 0.2220, acc: 74.2138
Epoch: [21/100], cls_loss: 0.1597, transfer_loss: 0.7030, total_Loss: 0.1668, acc: 73.0818
Epoch: [22/100], cls_loss: 0.1756, transfer_loss: 0.7045, total_Loss: 0.1827, acc: 75.4717
Epoch: [23/100], cls_loss: 0.1491, transfer_loss: 0.7032, total_Loss: 0.1562, acc: 74.8428
Epoch: [24/100], cls_loss: 0.1402, transfer_loss: 0.7034, total_Loss: 0.1473, acc: 76.8553
Epoch: [25/100], cls_loss: 0.1063, transfer_loss: 0.7040, total_Loss: 0.1133, acc: 77.4843
Epoch: [26/100], cls_loss: 0.1192, transfer_loss: 0.7041, total_Loss: 0.1263, acc: 76.3522
Epoch: [27/100], cls_loss: 0.1065, transfer_loss: 0.7030, total_Loss: 0.1135, acc: 78.8679
Epoch: [28/100], cls_loss: 0.0868, transfer_loss: 0.7033, total_Loss: 0.0938, acc: 76.3522
Epoch: [29/100], cls_loss: 0.1015, transfer_loss: 0.7032, total_Loss: 0.1085, acc: 74.3396
Epoch: [30/100], cls_loss: 0.0657, transfer_loss: 0.7031, total_Loss: 0.0728, acc: 75.5975
Epoch: [31/100], cls_loss: 0.0629, transfer_loss: 0.7036, total_Loss: 0.0699, acc: 75.5975
Epoch: [32/100], cls_loss: 0.0795, transfer_loss: 0.7038, total_Loss: 0.0865, acc: 77.7358
Epoch: [33/100], cls_loss: 0.0691, transfer_loss: 0.7034, total_Loss: 0.0761, acc: 72.8302
Epoch: [34/100], cls_loss: 0.0562, transfer_loss: 0.7042, total_Loss: 0.0633, acc: 76.1006
Epoch: [35/100], cls_loss: 0.0659, transfer_loss: 0.7027, total_Loss: 0.0729, acc: 72.4528
Epoch: [36/100], cls_loss: 0.0388, transfer_loss: 0.7041, total_Loss: 0.0459, acc: 76.1006
Epoch: [37/100], cls_loss: 0.0688, transfer_loss: 0.7038, total_Loss: 0.0758, acc: 76.6038
Epoch: [38/100], cls_loss: 0.0585, transfer_loss: 0.7026, total_Loss: 0.0656, acc: 75.0943
Epoch: [39/100], cls_loss: 0.0468, transfer_loss: 0.7025, total_Loss: 0.0538, acc: 73.4591
Epoch: [40/100], cls_loss: 0.0284, transfer_loss: 0.7044, total_Loss: 0.0355, acc: 73.2075
Epoch: [41/100], cls_loss: 0.0502, transfer_loss: 0.7034, total_Loss: 0.0572, acc: 74.3396
Epoch: [42/100], cls_loss: 0.0391, transfer_loss: 0.7042, total_Loss: 0.0461, acc: 75.0943
Epoch: [43/100], cls_loss: 0.0347, transfer_loss: 0.7037, total_Loss: 0.0418, acc: 77.3585
Epoch: [44/100], cls_loss: 0.0357, transfer_loss: 0.7048, total_Loss: 0.0427, acc: 75.2201
Epoch: [45/100], cls_loss: 0.0332, transfer_loss: 0.7040, total_Loss: 0.0403, acc: 76.3522
Epoch: [46/100], cls_loss: 0.0351, transfer_loss: 0.7044, total_Loss: 0.0422, acc: 75.8491
Epoch: [47/100], cls_loss: 0.0359, transfer_loss: 0.7037, total_Loss: 0.0429, acc: 77.8616
Transfer result: 78.8679
```

图 10.5　DANN 方法的迁移结果 [3]

10.6　小结

本章介绍了基于对抗网络的迁移学习方法的基本思路和代表方法。相比于单纯的深度迁移方法，对抗迁移无疑可以学习到更为领域无关的特征，因此基于对抗的迁移方法也在近几年大行其道。对抗的机制为我们提供了另一种度量数据分布差异的方式，在此基础上发展而来的数据生成、信息解耦等新类型的迁移方法值得更深入的研究。

参考文献

[1] Ben-David, S., Blitzer, J., Crammer, K., Kulesza, A., Pereira, F., and Vaughan, J. W. (2010). A theory of learning from different domains. *Machine learning*, 79(1-2): 151–175.

[2] Bousmalis, K., Silberman, N., Dohan, D., Erhan, D., and Krishnan, D. (2017). Unsupervised pixel-level domain adaptation with generative adversarial networks.

In *Proceedings of the IEEE conference on computer vision and pattern recognition*, pages 3722–3731.

[3] Ganin, Y. and Lempitsky, V. (2015). Unsupervised domain adaptation by backpropagation. In *ICML*, pages 1180–1189.

[4] Ganin, Y., Ustinova, E., Ajakan, H., Germain, P., Larochelle, H., Laviolette, F., Marchand, M., and Lempitsky, V. (2016). Domain-adversarial training of neural networks. *Journal of Machine Learning Research*, 17(59): 1–35.

[5] Goodfellow, I. J., Pouget-Abadie, J., Mirza, M., Xu, B., Warde-Farley, D., Ozair, S., Courville, A., and Bengio, Y. (2014). Generative adversarial networks. In *NIPS*.

[6] Kim, T., Cha, M., Kim, H., Lee, J. K., and Kim, J. (2017). Learning to discover cross-domain relations with generative adversarial networks. In *Proceedings of the 34th International Conference on Machine Learning-Volume 70*, pages 1857–1865. JMLR. org.

[7] Liu, M.-Y. and Tuzel, O. (2016). Coupled generative adversarial networks. In *Advances in neural information processing systems*, pages 469–477.

[8] Saito, K., Watanabe, K., Ushiku, Y., and Harada, T. (2018). Maximum classifier discrepancy for unsupervised domain adaptation. In *Proceedings of the IEEE Conference on Computer Vision and Pattern Recognition*, pages 3723–3732.

[9] Sankaranarayanan, S., Balaji, Y., Castillo, C. D., and Chellappa, R. (2018). Generate to adapt: Aligning domains using generative adversarial networks. In *Proceedings of the IEEE Conference on Computer Vision and Pattern Recognition*, pages 8503–8512.

[10] Shen, J., Qu, Y., Zhang, W., and Yu, Y. (2018). Wasserstein distance guided representation learning for domain adaptation. In *AAAI*.

[11] Sutton, R. S. and Barto, A. G. (2018). *Reinforcement learning: An introduction*. MIT press.

[12] Tzeng, E., Hoffman, J., Saenko, K., and Darrell, T. (2017). Adversarial discriminative domain adaptation. In *CVPR*, pages 2962–2971.

[13] Xu, M., Zhang, J., Ni, B., Li, T., Wang, C., Tian, Q., and Zhang, W. (2020). Adversarial domain adaptation with domain mixup. In *AAAI*.

[14] Yu, C., Wang, J., Chen, Y., and Huang, M. (2019). Transfer learning with dynamic adversarial adaptation network. In *The IEEE International Conference on Data Mining (ICDM)*.

[15] Zhu, J.-Y., Park, T., Isola, P., and Efros, A. A. (2017). Unpaired image-to-image translation using cycle-consistent adversarial networks. In *Proceedings of the IEEE international conference on computer vision*, pages 2223–2232.

11 迁移学习的泛化

预训练-微调和领域自适应方法关注迁移学习在给定目标域上的表现。本章关注迁移学习的泛化问题。特别地,我们讨论领域泛化问题的定义、主要算法,以及背后的理论。

本章内容的组织安排如下。我们将在 11.1 节介绍领域泛化的背景和问题定义。11.2 节介绍基于数据操作的领域泛化方法。11.3 节介绍领域不变特征学习用于领域泛化的方法。11.4 节介绍集成学习、元学习和其他学习范式用于领域泛化的方法。11.5 节介绍与领域泛化相关的理论。然后,我们在 11.6 节编写代码实现领域泛化。最后,11.7 节对本章内容进行总结。

11.1 领域泛化

领域泛化(Domain Generalization,DG)[69] 研究与迁移学习的泛化性相关的话题。领域泛化要求我们从给定的若干个源领域构建一个模型,该模型可以对任意未知(unseen)的数据分布进行很好的预测。领域泛化也可以被视为领域自适应问题的扩展,但是其拥有不同的目标:在未知的测试数据上具有好的表现(图 11.1)。

领域泛化问题并非空穴来风,而是有很强的现实背景。例如,在特定的医疗应用中,由于进行手术这一操作的昂贵和不可重复性,我们无法收集到足够多的手术数据;在老人日常的跌倒检测问题中,真实的跌倒数据无法通过大量实验来收集,更不必说需要收集所有年龄的老人跌倒数据;在跨数据的行为识别场景中,无法收集到所有位置情况下的传感器数据[36]。这些真实的应用启发我们要构建一个具有强泛化能力的模型以便在不同的应用场景中部署。

11.1 领域泛化

图 11.1 以 PACS 数据集为例介绍领域泛化问题[29]。训练集包含若干来自三个领域的数据：简笔画（sketch）、卡通画（cartoon）、以及艺术画（art painting）。领域泛化要求我们只依赖给定的三个领域数据训练出有强泛化能力的模型，以便在未知的领域[如照片（photos）]上具有好的表现

图 11.2 展示了领域泛化问题。在此问题中，我们通常假设训练数据来自若干个不同的领域（即有若干不同的数据分布）。这些数据便是我们所有的训练数据。与领域自适应问题不同的是，领域泛化问题没有显式的目标域。这就要求我们的算法能够对任意未知的数据分布具有好的预测能力。

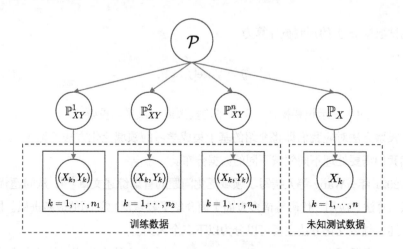

图 11.2 领域泛化问题示意

定义 11.1 领域泛化 (Domain generalization) 给定 M 个训练的源领域数据 $\mathcal{S}_{\text{train}} = \{\mathcal{S}^i \mid i = 1, \cdots, M\}$，其中第 i 个领域数据被表示为 $\mathcal{S}^i = \{(\boldsymbol{x}_j^i, y_j^i)\}_{j=1}^{n_i}$。这些源领域数据分布各不相同：$P_{XY}^i \neq P_{XY}^j, 1 \leqslant i \neq j \leqslant M$。领域泛化的目标是从这 M 个源领域数据中学习一个具有强泛化能力的预测函数

$h: \mathcal{X} \to \mathcal{Y}$,使其在一个未知的测试数据 $\mathcal{S}_{\text{test}}$（即 $\mathcal{S}_{\text{test}}$ 在训练过程中不可访问且 $P_{XY}^{\text{test}} \neq P_{XY}^i$ for $i \in \{1, \cdots, M\}$）上具有最小的误差：

$$\min_h \mathbb{E}_{(\boldsymbol{x},y) \in \mathcal{S}_{\text{test}}}[\ell(h(\boldsymbol{x}), y)], \tag{11.1.1}$$

其中 $\mathbb{E}$ 和 $\ell(\cdot, \cdot)$ 分别为期望和损失函数。

一种非常直接的解决领域泛化问题的思路是将所有的领域数据集合成一个大的数据集，然后直接进行训练：

$$f^* = \arg\min_f \frac{1}{M} \sum_{i=1}^{M} \frac{1}{n_i} \sum_{j=1}^{n_i} \ell(f(\boldsymbol{x}_j^i), y_j^i). \tag{11.1.2}$$

另一种简单而有效的方式恰恰相反：我们可以为每个训练领域 $\mathcal{S}^i$ 构建一个领域特异的模型，然后通过投票等操作得到这些模型在测试数据上的综合预测：

$$f_i^* = \arg\min_f \frac{1}{n_i} \sum_{j=1}^{n_i} \ell(f(\boldsymbol{x}_j^i), y_j^i), \quad \forall i \in \{1, 2, \cdots, M\}. \tag{11.1.3}$$

在测试数据 $\boldsymbol{x}$ 上的预测被计算为

$$\hat{y} = \text{Vote}[f_i(\boldsymbol{x})], \tag{11.1.4}$$

其中，$\text{Vote}(\cdot)$ 表示投票操作，例如平均投票或加权平均投票。

投票方法对应我们即将介绍的基于集成学习的领域泛化方法（见 11.4 节）。显然我们需要处理不同领域不同的数据分布。

2021 年，Wang 等人撰写了领域泛化问题的首篇综述文章[69]，从问题背景、定义、算法、应用、代码等诸多方面全面介绍了领域泛化问题的最新进展。根据此综述，领域泛化方法主要可以分为以下三个大类。

（1）**数据操作**（Data manipulation）：此大类方法专注于对输入的数据进行操作，以此来辅助学习具有泛化能力的表征。此大类下主要有两类方法：一是**数据增强**（Data augmentation），二是**数据生成**。其中，数据增强方法利用增强、领域随机和变化对数据进行一定程度的增强；数据生成则生成一些辅助样本。

（2）**表示学习**（Representation learning）：此大类方法在领域泛化中十分流行。其包含两大类方法：一是领域不变特征学习（Domain-invariant representation learning），二是特征解耦（Feature disentanglement）。其中，领域不变特征学习通过核学习，对抗学习，显式特征对齐及不变风险最小化等方式学习泛化表征；特征解耦则试图将特征解耦为领域共享和领域特异的特征。

（3）**学习策略**（Learning strategy）：此大类方法包含一些常用的学习范式：① 集成学习（Ensemble learning），② 元学习（Meta-learning）及 ③ 其他范式。其中，集成学习利用集成的思想从诸多模型中学习具有强泛化能力的模型；以元学习为基础的方法则利用元学习自发地从构造的任务中学习元知识；其他学习范式则包括自监督和梯度操作等。

本章的余下部分将介绍此三大类代表方法。注意，领域泛化目前仍是一个活跃的研究领域，我们不可能介绍所有的方法，请感兴趣的读者持续关注。

11.2 基于数据操作的领域泛化方法

机器学习模型的泛化能力通常依赖于训练数据的数量和多样性。给定一个训练数据集，我们可以对数据进行一系列操作来生成额外的训练数据，以此增强模型的泛化能力。这是最简单直接的领域泛化方法。基于数据操作的领域泛化方法的目的是增加训练数据的数量和多样性。此类方法可以被表示为

$$\min_h \mathbb{E}_{\boldsymbol{x},y}[\ell(h(\boldsymbol{x}),y)] + \mathbb{E}_{\boldsymbol{x}',y}[\ell(h(\boldsymbol{x}'),y)], \tag{11.2.1}$$

其中 $\boldsymbol{x}' = \mathrm{mani}(\boldsymbol{x})$ 表示使用一个特定的函数 $\mathrm{mani}(\cdot)$ 进行的数据操作。根据此函数的不同点，我们将数据操作分为两大类：**数据增强**（data augmentation）和**数据生成**（data generation）。特别地，数据生成中有一类非常重要的方法：基于 Mixup 的方法。

11.2.1 数据增强和生成方法

数据增强方法是增强机器学习模型泛化能力的最有效方法之一。经典的增强操作包括对输入数据进行反转、旋转、缩放、裁剪、添加噪声等操作。这些操

作已被当下的深度学习方法所广泛使用（本书代码部分的 dataloader 函数基本都使用了一定的数据增强手段）。不失一般性，这些方法也可以用于领域泛化问题中，此时 mani(·) 函数则表示特定的数据增强操作。

在常用的数据增强之外，**领域随机法**（Domain Randomization）是一种数据生成的简单有效手段。其目的是为了在训练过程中，通过有限的训练数据尽可能去模拟复杂多变的新数据、新环境，以此使得模型可以对不同的环境和数据具有强鲁棒性。领域随机法主要通过如下的变换来生成数据（常用于图像数据中）：

- 训练数据的数量和形状
- 训练数据的位置和纹理
- 照相机的视角和光照
- 环境中的光照强度和位置
- 添加到数据中的随机噪声的类型和内容

事实上，领域随机法也是深度学习方法常用的数据增强技巧。在领域泛化问题中，这种方法尤其值得注意。因为领域泛化解决的就是用有限的、不同分布的数据去模拟尽可能丰富的使用场景。此时，mani(·) 函数便实现为特定的领域随机操作。

文献 [61] 首先利用这种方法从模拟环境中生成更多训练数据，以此来模拟真实环境中的数据。无独有偶，在之后的另一些工作中，文献 [26,47,62] 等也利用了类似的技术来强化模型的泛化能力。特别地，文献 [48] 不仅考虑了领域随机方法，还在生成数据过程中考虑了一些有用的上下文信息（context）来利用数据间彼此的依赖关系，使得生成的数据更有多样性。

领域随机方法并未显式建模每个领域中蕴含的有用信息，因此或许无法学习领域特异性 (domain-specific) 特征。此时，**对抗数据生成**（Adversarial data augmentation）方法便可以指导数据增强过程来提高模型的泛化能力。文献 [54] 利用贝叶斯网络来建模标签、领域和输入样本之间的关系，并提出了 CrossGrad 算法，对输入数据在领域标签的最大梯度方向、而不改变分类标签的方式进行扰动。文献 [65] 则提出了一种迭代的训练策略用于对源域数据进行增强。研究人员重点关注那些对当前模型分类较困难的样本，以此生成对抗样本进行数据增强。除基于梯度的数据生成外，文献 [81] 以对抗的方式训练特征提取器和生成器以生成足以以假乱真的数据，并最终学习泛化的表征。

11.2.2 基于 Mixup 的数据生成方法

除上述介绍的数据增强和生成方法之外，Mixup [75] 也是一种简单且有效的数据生成手段。Mixup 通过对任意两对输入数据进行线性插值来生成新的训练数据。线性插值通过一个 Beta 分布来控制两对样本的权重。因此，Mixup 并不依赖于生成模型。Mixup 操作可以被表示为如下的形式：

$$\lambda \sim \text{Beta}(\alpha, \alpha),$$
$$\tilde{x} = \lambda x_i + (1-\lambda) x_j, \quad (11.2.2)$$
$$\tilde{y} = \lambda y_i + (1-\lambda) y_j,$$

其中 Beta(α, α) 表示 Beta 分布，$\alpha \in (0, \infty)$ 为控制插值的权重。当 $\alpha \to 0$ 时，上式退化为普通的经验风险最小化训练方式。

近年来，研究人员开始尝试利用 Mixup 进行领域泛化：在原始空间中进行 Mixup [70,71] 或者在特征空间中进行 Mixup [82] 均能提高领域泛化模型的表现。注意到，在特征空间中进行 Mixup 并不会显式增加训练样本。

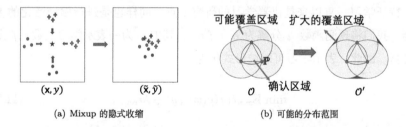

(a) Mixup 的隐式收缩   (b) 可能的分布范围

图 11.3 对 Mixup 理论分析的示意图。(a) 经过 Mixup 后，由不同颜色所表示的类别混淆到一起，因此对分类任务造成困难。(b) FIXED 算法增加了潜在的分布覆盖：$\mathcal{O} \subset \mathcal{O}'$

最近，文献 [38] 详细地分析了 Mixup 在领域泛化问题中可能失败的原因。他们的理论显示，Mixup 较容易生成一些虚拟的噪音点（virtual noisy labels），导致误分类概率增加。另外，Mixup 并未显式进行领域和类别之间的解耦，导致两种信息发生混淆。为了解决上述挑战，研究人员提出了一种简单有效的方式来改进 Mixup：**对领域不变特征进行 Mixup**（Domain-invariant features for Mixup）。他们还对此方式加入了最大间隔差异来增加判别性。此算法被命名为 FIXED。从形式化上讲，用 z 表示领域不变特征，则在此特征之上的 Mixup 操

作表示为

$$\lambda \sim \text{Beta}(\alpha, \alpha),$$
$$\tilde{z} = \lambda z_i + (1-\lambda) z_j, \quad (11.2.3)$$
$$\tilde{y} = \lambda y_i + (1-\lambda) y_j.$$

领域不变特征 z 可以由注入 DANN[15] 和 CORAL[60] 等众多不同的领域不变学习方法所求得，因此此算法非常具有通用性。另外，如图 11.3 所示，作者也从理论上揭示了领域不变特征进行 Mixup 的正确性的有效性：此操作将会带来更大的未知分布覆盖，因此泛化性更强。

另外，研究人员将基于 Mixup 的领域泛化方法应用于人体行为识别中：他们提出了**语义–判别性 Mixup**（Semantic-discriminative Mixup，SDMix）[37] 来考虑行为识别问题中，行为语义空间的变化带来的影响。SDMix 通过对行为语义空间进行归一化，极大地提高了模型的泛化能力。

11.3 领域不变特征学习

特征学习一直以来是机器学习的研究重点，同样也是进行领域泛化的重要武器。我们将预测函数 h 分解为 $h = f \circ g$，其中 g 为一表示学习函数，f 则为分类器。因此，表示学习可以被形式化为

$$\min_{f,g} \mathbb{E}_{\boldsymbol{x},y} \ell(f(g(\boldsymbol{x})), y) + \lambda \ell_{\text{reg}}, \quad (11.3.1)$$

其中 ℓ_{reg} 表示特定的正则项。λ 为可调超参数。许多方法的重点便是如何更好地设计表示学习函数 g 和其正则项 ℓ_{reg}。

11.3.1 核方法：领域不变成分分析

在领域自适应问题中，迁移成分分析 TCA 方法是经典的数据分布自适应方法。TCA 方法的学习目标是找到一个特征变换使得源域和目标域的数据分布差异达到最小，这通过最小化它们的最大均值差异 MMD 来实现。在 DG 问题中，与 TCA 类似，**领域无关成分分析**（Domain-Invariant Component Analysis，DICA）[40] 是其中的经典方法。

11.3 领域不变特征学习

DICA 的学习目标也是通过寻找一个特征变换使得在此变换空间中，所有数据之间的分布差异最小。特别地，DICA 将这种数据分布差异称为分布的方差 (Distributional Variance)。DICA 将这种分布方差定义为

$$\mathbb{V}_{\mathcal{H}}(\mathcal{P}) := \frac{1}{N}\operatorname{tr}(\Sigma) = \frac{1}{N}\operatorname{tr}(G) - \frac{1}{N^2}\sum_{i,j=1}^{N} G_{ij}, \tag{11.3.2}$$

其中，N 表示所有领域的数据个数。Σ 是概率分布 $\mathcal{P}$ 的协方差操作符，其被定义为

$$\Sigma := G - \mathbf{1}_N G - G\mathbf{1}_N + \mathbf{1}_N G\mathbf{1}_N, \tag{11.3.3}$$

其中，$\mathbf{1}_N$ 表示长度为 N 的全 1 矩阵，矩阵 G 是表示样本内积的格拉姆矩阵 (Gram matrix)：

$$G_{ij} := \langle \mu_{\mathbb{P}_i}, \mu_{\mathbb{P}_j} \rangle_{\mathcal{H}} = \iint k(x,z)\mathrm{d}\mathbb{P}_i(x)\mathrm{d}\mathbb{P}_j(z). \tag{11.3.4}$$

格拉姆矩阵中的 $\mu_{\mathbb{P}_i}$ 表示数据分布在 RKHS 中的嵌入，$k(\cdot,\cdot)$ 则表示一个核函数。

与 TCA 类似，为了对公式 (11.3.2) 中的分布方差 $\mathbb{V}_{\mathcal{H}}(\mathcal{P})$ 进行计算，DICA 将其经验估计表示为

$$\widehat{\mathbb{V}}_{\mathcal{H}} = \frac{1}{N}\operatorname{tr}(\widehat{\Sigma}) = \operatorname{tr}(KQ), \tag{11.3.5}$$

其中的 K 和 Q 分别是核矩阵和分布差异因子，这也与 TCA 非常相似：

$$K = \begin{pmatrix} K_{1,1} & \cdots & K_{1,N} \\ \vdots & \ddots & \vdots \\ K_{N,1} & \cdots & K_{N,N} \end{pmatrix} \in \mathbb{R}^{n\times n}, \tag{11.3.6}$$

$$Q = \begin{pmatrix} Q_{1,1} & \cdots & Q_{1,N} \\ \vdots & \ddots & \vdots \\ Q_{N,1} & \cdots & Q_{N,N} \end{pmatrix} \in \mathbb{R}^{n\times n}. \tag{11.3.7}$$

有了这些表示，我们便可寻求一个特征变换矩阵 B，使得经过 B 变换后，样本之间的分布方差最小。这可以被表示为

$$\min \operatorname{tr}\left(B^{\mathrm{T}}KQKB\right). \tag{11.3.8}$$

除寻求最小的分布方差之外，DICA 还要尽可能地保留样本之间的一些结构信息，这可以通过额外的特征变换来实现。我们将不再赘述具体细节，感兴趣的读者可以参考 DICA 的原文[40]。将两个优化目标进行整合后，用 ϵ 对输出进行一些光滑操作，则 DICA 的最终优化目标是

$$\max_{B} \frac{\frac{1}{n}\text{tr}(\boldsymbol{B}^{\text{T}}L(L+n\varepsilon I_n)^{-1}K^2\boldsymbol{B})}{\text{tr}(\boldsymbol{B}^{\text{T}}KQK\boldsymbol{B}+\boldsymbol{B}K\boldsymbol{B})}. \tag{11.3.9}$$

读者如果记得之前的内容，就会很容易地联想到，上式的目标与之前介绍过的 TCA、BDA、MEDA 等统一形式的数据分布自适应方法的优化目标 [公式 (5.2.16)] 非常类似。解法也非常类似，同样通过拉格朗日方法来求得最优解。拉格朗日函数可以被表示为

$$\begin{aligned}\mathcal{L} &= \frac{1}{n}\text{tr}(\boldsymbol{B}^{\text{T}}L(L+n\varepsilon I_n)^{-1}K^2\boldsymbol{B}) \\ &\quad - \text{tr}((\boldsymbol{B}^{\text{T}}KQK\boldsymbol{B}+\boldsymbol{B}K\boldsymbol{B}-I_m)\Gamma),\end{aligned} \tag{11.3.10}$$

其中 Γ 表示拉格朗日乘子。求上式的导数并将其置 0，我们可以得到如下的特征值分解问题：

$$\frac{1}{n}L(L+n\varepsilon I_n)^{-1}K^2\boldsymbol{B} = (KQK+K)\boldsymbol{B}\Gamma. \tag{11.3.11}$$

将上述问题求解后，得到的 $\boldsymbol{B}$ 矩阵便是 DICA 学习的目标。

我们可以简单地将 DICA 称为领域泛化问题的 TCA 方法，因为这个思想具有很强的通用性。从另一个角度来看，DICA 可以看成是最小化边缘分布。所以很自然地，有学者提出要在 DG 问题中最小化条件概率分布差异的 CIDG 方法（Conditional-invariant domain generalization）[32]，以及模仿 Fisher 判别分析来最小化同类和同领域的差异、最大化不同类不同领域差异的 SCA 方法（Scatter Component Analysis）[17]。文献 [12] 通过把每个领域、每个类别都投影到一个椭圆，并将其作为领域的信息进行分布差异最小化。文献 [21] 也提出了类似 SCA 的方法，并且给出了这种类 Fisher 判别分析法的一些理论证明。

11.3.2　深度领域泛化方法

很多已有的核学习方法可以很自然地扩展到深度学习领域。在最早于 2015 年发表的多任务自动编码机 MTAE（Multi-task Autoencoder）[18] 中，研究者

们已经开始了在深度学习中利用自动编码机进行领域泛化的尝试。MTAE 方法的核心是利用共享的编码器（Encoder）重构每个领域中的每个样本，然后再将其分别恢复为每个领域的样本。由于共享了编码器，MTAE 便可学习到所有样本的通用特征，这从结构上大大减小了数据分布的差异。MTAE 的结构如图 11.4 所示。

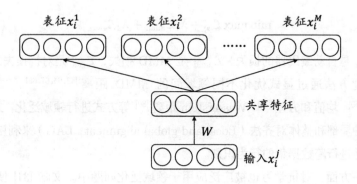

图 11.4　多任务自动编码机 MTAE 示意图

MTAE 的训练方式与传统的自动编码机类似。其前向传播可以被表示为

$$\begin{aligned} \boldsymbol{h}_i &= \sigma_{\text{enc}}(\boldsymbol{W}^{\text{T}} \overline{\boldsymbol{x}}_i) \\ f_{\boldsymbol{\Theta}^{(l)}}(\overline{\boldsymbol{x}}_i) &= \sigma_{\text{dec}}(\boldsymbol{V}^{(l)\text{T}} \boldsymbol{h}_i), \end{aligned} \quad (11.3.12)$$

其中 $\Theta^{(l)} = \{\boldsymbol{W}, \boldsymbol{V}^{(l)}\}$ 表示网络可学习参数，$\boldsymbol{W}$ 为共享的编码器参数，$\boldsymbol{V}^{(l)}, l = 1, 2, \cdots, N$ 则为 N 个领域特异的解码器参数。MTAE 对每个源领域数据的优化目标为

$$J(\boldsymbol{\Theta}^{(l)}) = \frac{1}{N_i} \sum_{j=1}^{N_i} \mathcal{L}(f_{\boldsymbol{\Theta}^{(l)}}(\overline{\boldsymbol{x}}_j), \overline{\boldsymbol{x}}_j^l). \quad (11.3.13)$$

显而易见，MTAE 方法基于强大的多任务学习提供了一个非常通用的框架。其思想可以被用来完成领域泛化的任务。在之后的工作中，南洋理工大学的 Li 等人扩展了 MTAE 方法，提出除了多任务学习，还应该显式地最小化领域之间的分布差异。为此，作者提出了 MMD-AAE 方法，基于最大均值差异和对抗自动编码机来进行领域泛化[32]。MMD-AAE 方法接收 N 个领域数据同时输入共享的特征提取层 (编码器) 中，然后被分别解码为各自的领域，这一步就是之前我们介绍过的 MTAE 方法。不同点是，MMD-AAE 显式优化每两个领域在编码

器表征下的 MMD 距离来约束其分布差异。另外，为了使得网络能学习到更鲁棒的特征，该方法还引入了对抗数据，构建一个额外的判别器使网络学习到的特征更加鲁棒。

MMD-AAE 的优化目标非常直接，通过类似于 GAN 的训练方式，用 min-max 的方式进行优化：

$$\min\max \mathcal{L}_{ae} + \lambda_1 \mathcal{L}_{mmd} + \lambda_2 \mathcal{L}_{gan}, \tag{11.3.14}$$

其中 $\mathcal{L}_{ae}$ 是自动编码器的损失，$\mathcal{L}_{mmd}$ 是 MMD 损失，$\mathcal{L}_{gan}$ 是对抗损失。

其他方法通过显式优化不同领域间的 MMD 距离[43,64,67,68]、二阶统计量[46,59,60]、均值和方差[44]、Wasserstein 距离[80]等方式进行领域泛化。文献 [36] 提出一种局部和整体对齐法（Local and global alignment，LAG）来利用传感器的相关性进行跨数据集的行为识别。

另一方面，对抗学习也被广泛应用于领域泛化问题中。文献 [31] 便利用了此训练方式。文献 [19] 利用对抗训练来渐近式地在流形空间中减小不同领域的分布差异。文献 [33] 提出一种条件不变的领域对抗网络学习类别自适应的泛化模型。其他工作[51,55,72]也使用了对抗学习。文献 [24] 利用单边对抗训练和非对称的 triplet 损失来确保仅不同领域的图片是不可分的。除此之外，文献 [77] 通过最小化不同领域的条件分布的 KL 散度以促使网络能够学习领域不变的特征。其他工作[1,16,57]则从理论上对领域泛化问题进行了研究。

11.3.3 特征解耦

解耦学习旨在学习一个函数将一个特征向量映射成具有不同功能的部分的集合，从而每部分只包含与自身相关的信息。基于特征解耦的领域泛化方法将特征表示分解成可理解的组件，包含领域共享（domain-shared）和领域特异（domain-specific）部分，以及其他部分。此过程由以下公式所表示：

$$\min_{g_c,g_s,f} \mathbb{E}_{\boldsymbol{x},y}\ell(f(g_c(\boldsymbol{x})),y) + \lambda\ell_{reg} + \mu\ell_{recon}([g_c(\boldsymbol{x}),g_s(\boldsymbol{x})],\boldsymbol{x}), \tag{11.3.15}$$

其中 g_c 和 g_s 分别表示领域共享和领域特异的特征表达。λ 和 μ 则为可调权重。损失 ℓ_{reg} 显式地将领域共享和领域特异特征进行区分。ℓ_{recon} 表示防止信息丢失的重构损失。注意到 $[g_c(\boldsymbol{x}),g_s(\boldsymbol{x})]$ 表示这两种特征的结合（并不仅仅是拼接）。

11.3 领域不变特征学习

研究人员提出 UndoBias 方法，基于 SVM 进行特征解耦[27]。SVM 是一个线性模型，旨在学习线性变换的权重 w。因此，UndoBias 方法假设我们可以学习一个对所有领域适用的权重 w_0 和在此基础上的对每个领域的权重增量 Δ_i。则每个领域的权重被表示为

$$w_i = w_0 + \Delta_i. \tag{11.3.16}$$

接着，通过在所有训练数据上利用最大间隔分类学习上述权重的组合关系，我们便可以得出一个解耦的模型：

$$\min \frac{1}{2}\|w_0\|^2 + \frac{\lambda}{2}\sum_{i=1}^{n}\|\Delta_i\|^2 + \text{Constraints}, \tag{11.3.17}$$

其中的 Constraints 表示 SVM 模型的其他约束条件，这里不单独讨论。

后续的一些工作在不同层面上与 UndoBias 方法具有相似的出发点。文献 [42, 73] 提出利用多视角学习（Multi-view Learning）的方式来看待领域泛化问题，并且采用了减少计算量的低秩 SVM（Low-rank SVM）方法。文献 [8] 则在深度网络中使用了类似的想法，将网络分成两类：领域无关（Domain-invariant）和领域相关（Domain-specific）网络，二者进行联合学习。文献 [29] 提出更深更广的领域泛化方法，并采用了 Tucker 分解来减少计算量。文献 [13] 则提出学习一个无偏置的度量准则，使之可以应用于任意的数据领域。

在其他工作中，文献 [63] 提出将其环境定义为一个由训练数据学习得到的混合高斯分布。首先针对每个类，学习它的嵌入表达（Embedding）；然后，将类间距离最大化，使其学习到每个类的分布信息；然后，根据当前的类别信息对每个类别生成与当前最不相似的数据，以达到泛化的目的。文献 [55] 提出了特征提取加对抗学习的方法。文献 [83] 从可解释性切入，解耦不是通过网络来学习，而是通过人工对比不同领域数据的热力图进行特征发现。

文献 [23] 提出了领域无关的变分自动编码器（Domain-invariant Variational Autoencoder, DIVA）方法，基于变分自编码器（Variational Auto-encoder, VAE）的思想，把数据进行三种解耦表示：领域信息 z_d，类别信息 z_y，以及其他信息 z_x。然后根据 VAE 进行数据重构与 KL 距离最小化。此框架也可以加入一些无标记的数据进一步增强方法的效果。文献 [45] 将 VAE 生成模型中习得的特征解耦为细粒度领域信息和类别信息。文献 [49] 也使用了 VAE 作为解耦框架并提出一种统一特征解耦网络 UFDN。UFDN 将数据领域和图片属性视为待学习的隐

藏因子。文献 [76] 将样本的语义和变化部分进行解耦。相似的思想也出现在文献 [6, 28] 中。文献 [41] 利用生成模型对风格和其他属性进行解耦，使得同一个框架可以同时应用于领域自适应和泛化问题。通常，深度学习的解耦方法大多数会利用 VAE 等生成模型。

11.4 用于领域泛化的不同学习策略

除基于数据操作和领域不变特征学习的方法之外，本节介绍其他用于领域泛化的学习范式。我们将其分为三个部分：基于集成学习的领域泛化、基于元学习的领域泛化、以及其他学习范式。

11.4.1 基于集成学习的方法

集成模型的方法没有显式地处理数据分布差异，而是通过设计网络结构和训练方式，学习新数据与多个源领域数据的表征关系，进而达到泛化的目的。

正如本章开始提到的，我们可以针对每个数据领域都训练一个该领域的模型 f_i，则任意一个样本均可以被视为现有的 N 个领域模型的集成表征。也就是说，我们认为给定的 N 个数据领域可以近似构成表示所有数据领域的基向量（类比线性代数中的基向量），则任意的数据均可以由现有的基向量以一定的组合形式进行表示。这种方法的核心是学习如何进行集成。

很直接的方式是将任一训练结果当作现有 N 个 f_i 模型的线性组合，由此产生一些直接相关的工作。文献 [39] 提出一种直接的基于动态加权的方法。首先对每个领域建立一个网络，特征部分是共享的，只有分类器部分是领域特有的（N 个领域对应于 N 个分类器网络）。整体预测结果可以看成是多个领域上的网络叠加：

$$f = \sum_{i=1}^{N} w_i f_i(\boldsymbol{x}), \tag{11.4.1}$$

其中的领域权重 w_i 由另一个网络学习而来。

学习权重的网络被称为领域分类网络，主要学习训练数据来自于哪个领域。训练的损失由两部分构成：

$$\mathcal{L} = \mathcal{L}_c + \lambda \mathcal{L}_{\text{domain}}, \tag{11.4.2}$$

其中的 $\mathcal{L}_{\text{domain}}$ 为领域分类网络的损失，由交叉熵进行计算。$\mathcal{L}_c$ 则为正常样本分类的损失，其预测值由上述加权公式给出。

无独有偶，文献 [20] 针对物体检测，提出了类似的方法，作者称为领域注意力模型（Domain-Attention model）。注意力机制在原理上与上述权重机制非常相似。

集成模型的思想和实现简单直接，在领域泛化问题上效果显著。文献 [11] 扩展了上述思想，提出用一个领域特异的 layer-aggregation 操作来加强集成的作用。

最近，文献 [50] 将基于集成学习的方法应用于行为识别问题中。研究人员提出了一种**自适应特征融合**（Adaptive Feature Fusion for Activity Recognition，AFFAR）的方法，以使用领域不变和领域特异特征学习具有泛化能力的行为识别模型。如图 11.5 所示，领域特异模块（$\mathcal{L}_{\text{dsr}}$）学习每个领域的特异特征，然后将它们集成；领域不变特征学习模块（$\mathcal{L}_{\text{dir}}$）则使用 MMD 或对抗训练进行学习。AFFAR 方法的训练目标为

$$\mathcal{L} = \mathcal{L}_{\text{cls}} + \lambda \mathcal{L}_{\text{dsr}} + \beta \mathcal{L}_{\text{dir}}. \tag{11.4.3}$$

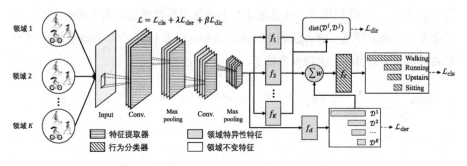

图 11.5　基于集成学习的领域泛化方法用于行为识别 [50]

11.4.2　基于元学习的方法

元学习的核心思想是从多个任务中学习通用的知识表征以迁移到下游任务中（更多元学习的知识请见 14.3 节）。元学习的常用方法主要有基于优化的方法 [14]、基于度量学习的方法 [58]，以及基于模型的方法 [53]。

我们可以将元学习方法应用于领域泛化问题中，如文献 [35]。具体方法是，将来自多个领域的数据拆分为元训练（meta-train）和元测试集（meta-test）以便对领域分布漂移进行模拟。

文献 [30] 提出了 MLDG 算法，直接将元学习用于领域泛化问题中。文献 [2] 提出了一种元正则项 MetaReg 用于优化学习目标。文献 [9] 在 MLDG 的框架基础上引入额外的约束特征语义空间的损失。文献 [10] 在元学习框架中扩展了信息瓶颈（information bottleneck），提出了 MetaVIB 算法。研究人员约束隐藏样本特征的 KL 散度，进而用随机神经网络进行训练。近来，一些工作也使用元学习进行半监督的领域泛化 [5,56,66,78,79]。

文献 [34] 则同时利用了元学习和强化学习的思想，单独设计了分布误差损失的计算方式，提出了一种特征评判（Feature-critic）的领域泛化方法。该方法将问题形式化成求解特征提取器 f_θ 和分类器 g_ϕ，根据学习到的特征好坏来进行学习。这是一个基于元学习的学习框架。训练数据经过特征提取后，其损失分为两部分：一部分是常规的分类损失用于分类，另一部分在文中称为增强损失（Augment loss），也就是如何利用特征提取器 f_θ 的结果来进一步处理领域分布差异。此增强损失用 h_ω 来表示，所以该方法的主要贡献就是如何学习这个 h_ω。为了学习 h_ω，文章利用了一些强化学习中的延迟反馈思想。为了将这个过程形式化为一个决策序列，该方法利用特征提取器的旧参数 $\theta^{(\text{OLD})}$ 和新参数 $\theta^{(\text{NEW})}$ 来共同构成学习目标。决策标准如下：

$$\max_\omega \sum_{D_j \in \mathcal{D}_{\text{val}}} \sum_{d_j \in D_j} \tanh(\gamma(\theta^{(\text{NEW})}, \phi_j, x^{(j)}, y^{(j)}) - \gamma(\theta^{(\text{OLD})}, \phi_j, x^{(j)}, y^{(j)})). \tag{11.4.4}$$

为了形式化上式中的 γ 函数，将新参数下的损失和旧参数下的损失给整个优化目标带来的差异作为要优化的对象。因此，最终优化目标为

$$\min_\omega \sum_{D_j \in \mathcal{D}_{\text{val}}} \sum_{d_j \in D_j} \tanh(\ell^{(\text{CE})}(g_{\phi_j}(f_\theta^{(\text{NEW})}(x^{(j)})), y^{(j)}) - \ell^{(\text{CE})}(g_{\phi_j}(f_\theta^{(\text{OLD})}(x^{(j)})), y^{(j)})). \tag{11.4.5}$$

基于元学习的方法利用了元学习的思想对领域泛化模型进行学习更新，其不显式依赖于分布差异的度量，在优化时有更多可选的模型方法。

11.4.3 用于领域泛化的其他学习范式

我们简单介绍用于领域泛化的其他学习范式。例如，自监督学习（见 14.4 节）被广泛应用于机器学习问题中 [25]。受到自监督学习的启发，文献 [4] 设计了解决 Jigsaw 谜题的辅助任务作为自监督训练，进而可以帮助模型进行领域泛化。文献 [22] 设计了一种自挑战（self-challenging）的训练方式，通过操作梯度来学习模型的泛化特征。文献 [52] 使用随机森林提高卷积神经网络的泛化能力。

更多的方法介绍请见综述文章 [69]。

11.5 领域泛化理论

本章所介绍的领域泛化方法并非空穴来风，而是与迁移学习基础理论有密切的联系。本节介绍与领域泛化相关的理论，使读者既掌握方法也能了解一些理论，以便在未来能设计更好的方法。

11.5.1 平均风险预估误差上界

领域泛化理论的一条主线是考虑在目标域完全未知的情况（甚至没有无监督数据）下，度量所有可能目标域的平均风险。假设所有目标域的分布服从一个潜在的超分布 $\mathcal{P}$（分布的分布）：$P_{XY}^t \sim \mathcal{P}$，所有的源域分布也服从此超分布：$P_{XY}^1, \cdots, P_{XY}^M \sim \mathcal{P}$。在这种情况下我们尝试学习可以泛化到所有可能目标域的分类器 h。h 以域信息 P_X 作为它的输入，在分布 P_{XY} 的域上预测 $y = h(P_X, \boldsymbol{x})$。对于这样的分类器 h，它在所有可能目标域的平均风险如下：

$$\mathcal{E}(h) := \mathbb{E}_{P_{XY} \sim \mathcal{P}} \mathbb{E}_{(\boldsymbol{x},y) \sim P_{XY}} [\ell(h(P_X, \boldsymbol{x}), y)], \tag{11.5.1}$$

其中 ℓ 是 $\mathcal{Y}$ 上的损失函数。

完全精确地获取平均风险的期望是不可能的，但是我们可以通过包含有限样本的有限个服从 $\mathcal{P}$ 分布的分布数据对此进行估计。假设 $P_{XY}^1, \cdots, P_{XY}^M \sim \mathcal{P}$，那么源域监督数据可以用来进行预估：

$$\hat{\mathcal{E}}(h) := \frac{1}{M}\sum_{i=1}^{M}\frac{1}{n^i}\sum_{j=1}^{n^i}\ell(h(\mathcal{U}^i,\boldsymbol{x}_j^i),y_j^i), \tag{11.5.2}$$

我们使用第 i 个域的含标签数据集 $\mathcal{U}^i := \{\boldsymbol{x}_j^i \mid (\boldsymbol{x}_j^i,y_j^i) \in \mathcal{S}^i\}$ 对分布 P_X^i 进行经验风险评估。

下面考虑这样的估计和目标 $\mathcal{E}(h)$ 的差距，主要通过在 h 的某个假设空间上度量 $\mathcal{E}(h)$ 和 $\hat{\mathcal{E}}(h)$ 的差别。文献 [3] 首先在再生核希尔伯特空间（RKHS）上进行相关研究。和正常的处理不同，这里的分类器 h 还依赖数据分布 P_X，所以这里 RKHS 中的核函数定义为如下形式 $\bar{k}((P_X^1,\boldsymbol{x}_1),(P_X^2,\boldsymbol{x}_2))$。文献 [3] 使用 $\mathcal{X}$ 中的核 k_X,k_X' 和 RKHS $\mathcal{H}_{k_X'}$ 中的核 κ 构建了核函数：$\bar{k}((P_X^1,\boldsymbol{x}_1),(P_X^2,\boldsymbol{x}_2)) := \kappa(\Psi_{k_X'}(P_X^1),\Psi_{k_X'}(P_X^2))k_X(\boldsymbol{x}_1,\boldsymbol{x}_2)$，其中 $\Psi_{k_X'}(P_X) := \mathbb{E}_{\boldsymbol{x}\sim P_X}[k_X'(\boldsymbol{x},\cdot)] \in \mathcal{H}_{k_X'}$ 是分布 P_X 以核 k' 形成的核嵌入。他们给出了下面的定理，来说明在 $n^1 = \cdots = n^M =: n$ 情形下，在 RKHS $\mathcal{H}_{\bar{k}}$ 中最大平均风险估计误差在一个以原点为中心的半径为 r 的闭球 $\mathcal{B}_{\mathcal{H}_{\bar{k}}}(r)$ 内。

定理 11.1 二类分类的平均风险估计误差上界 [3]　假设损失函数 ℓ 对一个参数满足 L_ℓ-Lipschitz 条件，并以 B_ℓ 为界。假设核 k_X,k_X' 和 κ 分别以 $B_k^2, B_{k'}^2 \geqslant 1$ 和 B_κ^2 为界，并且 κ 的典型特征映射 $\Phi_\kappa : v \in \mathcal{H}_{k_X'} \mapsto \kappa(v,\cdot) \in \mathcal{H}_\kappa$ 在闭包 $\mathcal{B}_{\mathcal{H}_{k_X'}}(B_{k'})$ 满足 $\alpha \in (0,1]$ 阶 L_κ-Hölder[1]，那么对于任意 $r > 0$ 和 $\delta \in (0,1)$，至少 $1-\delta$ 概率，有

$$\sup_{h \in \mathcal{B}_{\mathcal{H}_{\bar{k}}}(r)} |\hat{\mathcal{E}}(h) - \mathcal{E}(h)| \leqslant C\Big(B_\ell\sqrt{-M^{-1}\log\delta} \tag{11.5.3}$$
$$+ rB_k L_\ell\Big(B_{k'}L_\kappa(n^{-1}\log(M/\delta))^{\alpha/2} + B_\kappa/\sqrt{M}\Big)\Big), \tag{11.5.4}$$

其中 C 是一个常数。

如果将 (M,n) 替换为 $(1,Mn)$，则边界通常会变大。这表明使用领域数据集比仅仅将它们汇集到一个混合数据集中更好，因为领域信息可以发挥作用。这个结果后来在文献 [40] 中得到拓展，并且文献 [7] 给出了多类分类下一个相似的上界。

---

[1]这表明对于任意 $u,v \in \mathcal{B}_{\mathcal{H}_{k_X'}}(\mathcal{B}_{\mathcal{H}_{k'}})$，$\|\Phi_\kappa(u) - \Phi_\kappa(v)\| \leqslant L_\kappa\|u-v\|^\alpha$ 都成立，其中范数对应不同的 RKHS。

11.5.2 泛化风险上界

领域泛化理论另外一条主线考虑在协变量偏移下（也就是说标签函数 h^* 或者说条件分布 $P_{Y|X}$ 对于所有域不变）对于特定一个目标域的风险。这里的分析和 7.1 节中领域自适应的理论比较相似，所以我们采用相同的源域风险 $\epsilon^1, \cdots, \epsilon^M$ 和目标域风险 ϵ^t 定义。在协变量偏移假设下，每个域均可以通过数据 $\mathcal{X}$ 上的分布刻画。因此，文献 [1] 考虑在源域分布的凸包 $\Lambda := \{\sum_{i=1}^{M} \pi_i P_X^i \mid \pi \in \Delta_M\}$ 内近似目标域分布 P_X^t，其中 Δ_M 是 $(M-1)$ 维的单纯形，每个 π 表示一个归一化的混合权重。和领域自适应情形类似，分布之间的差异通过 $\mathcal{H}$-divergence 来度量，$\mathcal{H}$-divergence 同时包括了假设空间的影响。

定理 11.2 领域泛化误差界限 [1] 记 $\gamma := \min_{\pi \in \Delta_M} d_{\mathcal{H}}(P_X^t, \sum_{i=1}^{M} \pi_i P_X^i)$，最优 π^{*2} 是 P_X^t 到凸包 Λ 的最小距离，$P_X^* := \sum_{i=1}^{M} \pi_i^* P_X^i$ 是凸包 Λ 内的对应最近分布[3]。记 $\rho := \sup_{P_X', P_X'' \in \Lambda} d_{\mathcal{H}}(P_X', P_X'')$ 是 Λ 的直径，则下面的结论成立，

$$\epsilon^t(h) \leqslant \sum_{i=1}^{M} \pi_i^* \epsilon^i(h) + \frac{\gamma + \rho}{2} + \lambda_{\mathcal{H}, (P_X^t, P_X^*)}, \tag{11.5.5}$$

其中 $\lambda_{\mathcal{H},(P_X^t, P_X^*)}$ 是目标域和最优近似分布 P_X^* 的理想联合风险。

这个结论可以看成多源域自适应上界的泛化版本。和领域自适应情形类似，这个界限推动了基于领域不变特征的领域泛化方法。这些方法通过最小化所有源域的风险来控制上界的第一项，同时最小化源域和目标域之间的表示分布差异来在表征空间中的减少 γ 和 ρ。

最近，文献 [38] 基于 Mixup 和领域不变特征学习提出了一个新的理论，他们的方法表明，域不变特征的 Mixup 本质上在增大训练域的覆盖范围。还有很多其他学者进行了基于信息理论 [74] 和对抗训练 [1,7,57,74] 的研究。总而言之，领域泛化理论是一个活跃的研究领域。

11.6 上手实践

本节基于 PyTorch 框架实现两种用于领域泛化的方法：ERM 和 DCORAL [60]。完整代码可以在链接 11-1 中找到。

---

[2]初始的描述没有说明 π 是最优的，但是证明暗示了。
[3]可以理解为 P_X^t 在凸包 Λ 中的投影。

11.6.1 数据加载

首先，领域泛化的数据集类 `ImageDataset` 需要被重新定义。与普通的数据集类相比，`ImageDataset` 提供了更多的可定制性。

领域泛化的数据集加载

```python
import numpy as np
from torchvision.datasets import ImageFolder
from torchvision.datasets.folder import default_loader

class ImageDataset(object):
    def __init__(self, root_dir, domain_name, domain_label=-1,
            transform=None, target_transform=None):
        self.imgs = ImageFolder(root_dir+domain_name).imgs
        imgs = [item[0] for item in self.imgs]
        labels = [item[1] for item in self.imgs]
        self.labels = np.array(labels)
        self.x = imgs
        self.transform = transform
        self.target_transform = target_transform
        self.loader = default_loader
        self.dlabels = np.ones(self.labels.shape) * domain_label

    def target_trans(self, y):
        if self.target_transform is not None:
            return self.target_transform(y)
        else:
            return y

    def input_trans(self, x):
        if self.transform is not None:
            return self.transform(x)
        else:
            return x

```

```
29      def __getitem__(self, index):
30          index = self.indices[index]
31          img = self.input_trans(self.loader(self.x[index]))
32          ctarget = self.target_trans(self.labels[index])
33          dtarget = self.target_trans(self.dlabels[index])
34          return img, ctarget, dtarget
35
36      def __len__(self):
37          return len(self.indices)
```

其参数如下：

- root_dir: 文件路径。
- domain_name: 每个领域的名字，如 Office-Home 数据集中的 Real_World 领域。
- domain_label: 可以自己对 domain label 进行指定。
- transform: 数据 x 的变换。
- target_transform: 标签 y 的变换。

获取数据集类之后，我们可以用如下的方式无限采样数据进行训练。

领域泛化的 dataloader

```
1   import torch
2   class _InfiniteSampler(torch.utils.data.Sampler):
3       def __init__(self, sampler):
4           self.sampler = sampler
5
6       def __iter__(self):
7           while True:
8               for batch in self.sampler:
9                   yield batch
10
11  class InfiniteDataLoader:
12      def __init__(self, dataset, batch_size, num_workers):
13          super().__init__()
14
```

```
15          sampler = torch.utils.data.RandomSampler(dataset,replacement=
                True)
16
17          batch_sampler = torch.utils.data.BatchSampler(
18              sampler,
19              batch_size=batch_size,
20              drop_last=True)
21
22          self._infinite_iterator = iter(torch.utils.data.DataLoader(
23              dataset,
24              num_workers=num_workers,
25              batch_sampler=_InfiniteSampler(batch_sampler)
26          ))
27
28      def __iter__(self):
29          while True:
30              yield next(self._infinite_iterator)
```

11.6.2 训练和测试

我们的训练代码如下所示。注意到，最终选择的模型依据训练数据上分出的验证集决定。

领域泛化的训练代码

```
1  for epoch in range(args.max_epoch):
2      for iter_num in range(args.steps_per_epoch):
3          minibatches_device = [(data) for data in next(
               train_minibatches_iterator)]
4          step_vals = algorithm.update(minibatches_device, opt, sch)
5
6          if (epoch in [int(args.max_epoch*0.7),int(args.max_epoch*0.9)])
               and (not args.schuse):
7              print('manually descrease lr')
8              for params in opt.param_groups:
9                  params['lr'] = params['lr']*0.1
```

```
10
11      if (epoch == (args.max_epoch-1)) or (epoch % args.checkpoint_freq
                == 0):
12          for item in acc_type_list:
13              acc_record[item] = np.mean(np.array([modelopera.accuracy(
14                  algorithm, eval_loaders[i]) for i in eval_name_dict[
                    item]])) 
15          if acc_record['valid'] > best_valid_acc:
16              best_valid_acc = acc_record['valid']
17              target_acc = acc_record['target']
```

测试代码如下。

领域泛化的测试代码

```
1   def accuracy(network, loader):
2       correct = 0
3       total = 0
4
5       network.eval()
6       with torch.no_grad():
7           for data in loader:
8               x = data[0].cuda().float()
9               y = data[1].cuda().long()
10              p = network.predict(x)
11
12              if p.size(1) == 1:
13                  correct += (p.gt(0).eq(y).float()).sum().item()
14              else:
15                  correct += (p.argmax(1).eq(y).float()).sum().item()
16              total += len(x)
17      network.train()
18      return correct / total
```

11.6.3 示例方法：ERM 和 CORAL

ERM 方法将所有领域数据汇总后直接进行训练，可作为领域泛化的基准算法，我们给出如下的 ERM 方法的实现。

ERM

```
1   class ERM(Algorithm):
2
3       def __init__(self, args):
4           super(ERM, self).__init__(args)
5           self.featurizer = get_fea(args)
6           self.classifier = common_network.feat_classifier(
7               args.num_classes, self.featurizer.in_features, args.
                    classifier)
8
9           self.network = nn.Sequential(
10              self.featurizer, self.classifier)
11
12      def update(self, minibatches, opt, sch):
13          all_x = torch.cat([data[0].cuda().float() for data in
                minibatches])
14          all_y = torch.cat([data[1].cuda().long() for data in
                minibatches])
15          loss = F.cross_entropy(self.predict(all_x), all_y)
16
17          opt.zero_grad()
18          loss.backward()
19          opt.step()
20          if sch:
21              sch.step()
22          return {'class': loss.item()}
23
24      def predict(self, x):
25          return self.network(x)
```

函数 get_fea 包含了来自不同网络，如 ResNet-18 和 ResNet-50 等网络的特征。common_network.feat_classifier 通常包含一个全连接层。

图 11.6 展示了方法在 Office-Home 数据集上的训练过程。其中 Art 领域用来测试。我们观察到，随着 train_acc 和 valid_acc 的增加，测试精度 target_acc 可能会有所下降。由于无法依据测试数据进行模型选择，因此我们仅能凭借验证精度 valid_acc 选择模型。最终，ERM 的精度为 57.77%。

```
===========start training===========
===========epoch 0===========
class_loss:1.3323
train_acc:0.6982,valid_acc:0.6726,target_acc:0.4652
total cost time: 137.1656
===========epoch 3===========
class_loss:0.4252
train_acc:0.8726,valid_acc:0.7919,target_acc:0.5402
total cost time: 378.6091
===========epoch 6===========
class_loss:0.2928
train_acc:0.9374,valid_acc:0.8193,target_acc:0.5657
total cost time: 612.4851
===========epoch 9===========
class_loss:0.1334
train_acc:0.9641,valid_acc:0.8242,target_acc:0.5583
total cost time: 846.0791
```

图 11.6　ERM 方法训练结果。

我们以 CORAL 方法为例实现领域泛化。

CORAL 方法

```
1  class CORAL(ERM):
2      def __init__(self, args):
3          super(CORAL, self).__init__(args)
4          self.args = args
5          self.kernel_type = "mean_cov"
6  
7      def coral(self, x, y):
8          mean_x = x.mean(0, keepdim=True)
9          mean_y = y.mean(0, keepdim=True)
10         cent_x = x - mean_x
11         cent_y = y - mean_y
12         cova_x = (cent_x.t() @ cent_x) / (len(x) - 1)
13         cova_y = (cent_y.t() @ cent_y) / (len(y) - 1)
```

11 迁移学习的泛化

```
14
15              mean_diff = (mean_x - mean_y).pow(2).mean()
16              cova_diff = (cova_x - cova_y).pow(2).mean()
17
18              return mean_diff + cova_diff
19
20          def update(self, minibatches, opt, sch):
21              objective = 0
22              penalty = 0
23              nmb = len(minibatches)
24
25              features = [self.featurizer(
26                  data[0].cuda().float()) for data in minibatches]
27              classifs = [self.classifier(fi) for fi in features]
28              targets = [data[1].cuda().long() for data in minibatches]
29
30              for i in range(nmb):
31                  objective += F.cross_entropy(classifs[i], targets[i])
32                  for j in range(i + 1, nmb):
33                      penalty += self.coral(features[i], features[j])
34
35              objective /= nmb
36              if nmb > 1:
37                  penalty /= (nmb * (nmb - 1) / 2)
38
39              opt.zero_grad()
40              (objective + (self.args.mmd_gamma*penalty)).backward()
41              opt.step()
42              if sch:
43                  sch.step()
44              if torch.is_tensor(penalty):
45                  penalty = penalty.item()
46
47              return {'class': objective.item(), 'coral': penalty, 'total':
                    (objective.item() + (self.args.mmd_gamma*penalty))}
```

图 11.7 展示了 CORAL 方法用于领域泛化的训练结果。CORAL 取得了 **59.29%** 的分类精度。与 ERM 方法相比，CORAL 方法有着更好的分类精度。此结果表明学习领域不变特征对于领域泛化的重要性。

```
===========start training===========
===========epoch 0===========
class_loss:3.0989,coral_loss:0.0326,total_loss:3.1315
train_acc:0.4059,valid_acc:0.4022,target_acc:0.2645
total cost time: 134.9308
===========epoch 3===========
class_loss:1.4649,coral_loss:0.0386,total_loss:1.5035
train_acc:0.6952,valid_acc:0.6733,target_acc:0.4714
total cost time: 370.2098
===========epoch 6===========
class_loss:1.1135,coral_loss:0.0344,total_loss:1.1479
train_acc:0.7722,valid_acc:0.7406,target_acc:0.5155
total cost time: 605.3067
===========epoch 9===========
class_loss:0.6711,coral_loss:0.0363,total_loss:0.7075
train_acc:0.8192,valid_acc:0.7615,target_acc:0.5406
total cost time: 843.0196
```

图 11.7　CORAL 方法用于领域泛化的训练结果

11.7　小结

本章介绍了迁移学习的泛化问题。我们介绍了三大类领域泛化方法：基于数据操作的方法、基于领域不变特征学习的方法、以及基于其他学习范式的方法。提高模型的泛化性一直是机器学习追求的目标，期待在这个方向有更多的研究工作。

参考文献

[1] Albuquerque, I., Monteiro, J., Falk, T. H., and Mitliagkas, I. (2019). Adversarial target-invariant representation learning for domain generalization. *arXiv preprint arXiv:1911.00804*.

[2] Balaji, Y., Sankaranarayanan, S., and Chellappa, R. (2018). Metareg: Towards domain generalization using meta-regularization. In *NeurIPS*, pages 998–1008.

[3] Blanchard, G., Lee, G., and Scott, C. (2011). Generalizing from several related classification tasks to a new unlabeled sample. In *Advances in neural information*

processing systems, pages 2178–2186.

[4] Carlucci, F. M., D'Innocente, A., Bucci, S., Caputo, B., and Tommasi, T. (2019). Domain generalization by solving jigsaw puzzles. In *CVPR*, pages 2229–2238.

[5] Chen, K., Zhuang, D., and Chang, J. M. (2022). Discriminative adversarial domain generalization with meta-learning based cross-domain validation. *Neurocomputing*, 467: 418–426.

[6] Choi, S., Jung, S., Yun, H., Kim, J. T., Kim, S., and Choo, J. (2021). Robustnet: Improving domain generalization in urban-scene segmentation via instance selective whitening. In *Proceedings of the IEEE/CVF Conference on Computer Vision and Pattern Recognition*, pages 11580–11590.

[7] Deshmukh, A. A., Lei, Y., Sharma, S., Dogan, U., Cutler, J. W., and Scott, C. (2019). A generalization error bound for multi-class domain generalization. *arXiv:1905.10392*.

[8] Ding, Z. and Fu, Y. (2017). Deep domain generalization with structured low-rank constraint. *IEEE TIP*, 27(1): 304–313.

[9] Dou, Q., de Castro, D. C., Kamnitsas, K., and Glocker, B. (2019). Domain generalization via model-agnostic learning of semantic features. In *NeurIPS*.

[10] Du, Y., Xu, J., Xiong, H., Qiu, Q., Zhen, X., Snoek, C. G. M., and Shao, L. (2020). Learning to learn with variational information bottleneck for domain generalization. In *ECCV*.

[11] D'Innocente, A. and Caputo, B. (2018). Domain generalization with domain-specific aggregation modules. In *German Conference on Pattern Recognition*, pages 187–198. Springer.

[12] Erfani, S., Baktashmotlagh, M., Moshtaghi, M., Nguyen, V., Leckie, C., Bailey, J., and Kotagiri, R. (2016). Robust domain generalisation by enforcing distribution invariance. In *AAAI*, pages 1455–1461.

[13] Fang, C., Xu, Y., and Rockmore, D. N. (2013). Unbiased metric learning: On the utilization of multiple datasets and web images for softening bias. In *ICCV*, pages 1657–1664.

[14] Finn, C., Abbeel, P., and Levine, S. (2017). Model-agnostic meta-learning for fast adaptation of deep networks. In *ICML*.

[15] Ganin, Y. and Lempitsky, V. (2015). Unsupervised domain adaptation by backpropagation. In *ICML*, pages 1180–1189.

[16] Garg, V. K., Kalai, A., Ligett, K., and Wu, Z. S. (2021). Learn to expect the unexpected: Probably approximately correct domain generalization. In *International Conference on Artificial Intelligence and Statistics*.

[17] Ghifary, M., Balduzzi, D., Kleijn, W. B., and Zhang, M. (2017). Scatter component analysis: A unified framework for domain adaptation and domain generalization. *IEEE transactions on pattern analysis and machine intelligence*, 39(7): 1414–1430.

[18] Ghifary, M., Bastiaan Kleijn, W., Zhang, M., and Balduzzi, D. (2015). Domain generalization for object recognition with multi-task autoencoders. In *CVPR*, pages 2551–2559.

[19] Gong, R., Li, W., Chen, Y., and Gool, L. V. (2019). Dlow: Domain flow for adaptation and generalization. In *CVPR*, pages 2477–2486.

[20] He, W., Zheng, H., and Lai, J. (2018). Domain attention model for domain generalization in object detection. In *PRCV*, pages 27–39.

[21] Hu, S., Zhang, K., Chen, Z., and Chan, L. (2019). Domain generalization via multidomain discriminant analysis. In *UAI*, volume 35.

[22] Huang, Z., Wang, H., Xing, E. P., and Huang, D. (2020). Self-challenging improves cross-domain generalization. In *ECCV*, volume 2.

[23] Ilse, M., Tomczak, J. M., Louizos, C., and Welling, M. (2020). Diva: Domain invariant variational autoencoders. In *Proceedings of the Third Conference on Medical Imaging with Deep Learning*.

[24] Jia, Y., Zhang, J., Shan, S., and Chen, X. (2020). Single-side domain generalization for face anti-spoofing. In *CVPR*, pages 8484–8493.

[25] Jing, L. and Tian, Y. (2020). Self-supervised visual feature learning with deep neural networks: A survey. *IEEE TPAMI*.

[26] Khirodkar, R., Yoo, D., and Kitani, K. (2019). Domain randomization for scene-specific car detection and pose estimation. In *WACV*, pages 1932–1940. IEEE.

[27] Khosla, A., Zhou, T., Malisiewicz, T., Efros, A. A., and Torralba, A. (2012). Undoing the damage of dataset bias. In *ECCV*, pages 158–171. Springer.

[28] Li, D., Yang, J., Kreis, K., Torralba, A., and Fidler, S. (2021). Semantic segmentation with generative models: Semi-supervised learning and strong out-of-domain generalization. In *Proceedings of the IEEE/CVF Conference on Computer Vision and Pattern Recognition*, pages 8300–8311.

[29] Li, D., Yang, Y., Song, Y.-Z., and Hospedales, T. M. (2017a). Deeper, broader and artier domain generalization. In *ICCV*, pages 5542–5550.

[30] Li, D., Yang, Y., Song, Y.-Z., and Hospedales, T. M. (2018a). Learning to generalize: Meta-learning for domain generalization. In *AAAI*.

[31] Li, H., Pan, S. J., Wang, S., and Kot, A. (2018b). Domain generalization with adversarial feature learning. In *CVPR*, pages 5400–5409.

[32] Li, Y., Gong, M., Tian, X., Liu, T., and Tao, D. (2018c). Domain generalization via conditional invariant representations. In *AAAI*.

[33] Li, Y., Tian, X., Gong, M., Liu, Y., Liu, T., Zhang, K., and Tao, D. (2018d). Deep domain generalization via conditional invariant adversarial networks. In *ECCV*, pages 624–639.

[34] Li, Y., Yang, Y., Zhou, W., and Hospedales, T. M. (2019). Feature-critic networks for heterogeneous domain generalization. In *ICML*.

[35] Li, Z., Zhou, F., Chen, F., and Li, H. (2017b). Meta-sgd: Learning to learn quickly for few-shot learning. *arXiv preprint arXiv:1707.09835*.

[36] Lu, W., Wang, J., and Chen, Y. (2022a). Local and global alignments for generalizable sensor-based human activity recognition. In *IEEE International Conference on Acoustics, Speech and Signal Processing (ICASSP)*.

[37] Lu, W., Wang, J., Chen, Y., Pan, S., Hu, C., and Qin, X. (2022b). Semantic-discriminative mixup for generalizable sensor-based cross-domain activity recognition. *Proceedings of the ACM on Interactive, Mobile, Wearable, and Ubiquitous Technologies*.

[38] Lu, W., Wang, J., Qin, X., and Chen, Y. (2022c). Exploiting mixup for domain generalization. In *International conference on machine learning*.

[39] Mancini, M., Bulò, S. R., Caputo, B., and Ricci, E. (2018). Best sources forward: domain generalization through source-specific nets. In *ICIP*, pages 1353–1357.

[40] Muandet, K., Balduzzi, D., and Schölkopf, B. (2013). Domain generalization via invariant feature representation. In *ICML*, pages 10–18.

[41] Nam, H., Lee, H., Park, J., Yoon, W., and Yoo, D. (2021). Reducing domain gap by reducing style bias. In *Proceedings of the IEEE/CVF Conference on Computer Vision and Pattern Recognition*, pages 8690–8699.

[42] Niu, L., Li, W., and Xu, D. (2015). Multi-view domain generalization for visual recognition. In *ICCV*, pages 4193–4201.

[43] Pan, S. J., Tsang, I., Kwok, J. T., and Yang, Q. (2011). Domain adaptation via transfer component analysis. *IEEE TNN*, 22: 199–210.

[44] Peng, X., Bai, Q., Xia, X., Huang, Z., Saenko, K., and Wang, B. (2019a). Moment matching for multi-source domain adaptation. In *ICCV*, pages 1406–1415.

[45] Peng, X., Huang, Z., Sun, X., and Saenko, K. (2019b). Domain agnostic learning with disentangled representations. In *ICML*.

[46] Peng, X. and Saenko, K. (2018). Synthetic to real adaptation with generative correlation alignment networks. In *WACV*, pages 1982–1991. IEEE.

[47] Peng, X. B., Andrychowicz, M., Zaremba, W., and Abbeel, P. (2018). Sim-to-real transfer of robotic control with dynamics randomization. In *ICRA*, pages 1–8. IEEE.

[48] Prakash, A., Boochoon, S., Brophy, M., Acuna, D., Cameracci, E., State, G., Shapira, O., and Birchfield, S. (2019). Structured domain randomization: Bridg-

ing the reality gap by context-aware synthetic data. In *ICRA*, pages 7249–7255. IEEE.

[49] Qiao, F., Zhao, L., and Peng, X. (2020). Learning to learn single domain generalization. In *CVPR*, pages 12556–12565.

[50] Qin, X., Wang, J., Chen, Y., Lu, W., and Jiang, X. (2022). Domain generalization for activity recognition via adaptive feature fusion.

[51] Rahman, M. M., Fookes, C., Baktashmotlagh, M., and Sridharan, S. (2020). Correlation-aware adversarial domain adaptation and generalization. *Pattern Recognition*, 100: 107124.

[52] Ryu, J., Kwon, G., Yang, M.-H., and Lim, J. (2019). Generalized convolutional forest networks for domain generalization and visual recognition. In *ICLR*.

[53] Santoro, A., Bartunov, S., Botvinick, M., Wierstra, D., and Lillicrap, T. (2016). Meta-learning with memory-augmented neural networks. In *ICML*, pages 1842–1850.

[54] Shankar, S., Piratla, V., Chakrabarti, S., Chaudhuri, S., Jyothi, P., and Sarawagi, S. (2018). Generalizing across domains via cross-gradient training. In *ICLR*.

[55] Shao, R., Lan, X., Li, J., and Yuen, P. C. (2019). Multi-adversarial discriminative deep domain generalization for face presentation attack detection. In *CVPR*, pages 10023–10031.

[56] Sharifi-Noghabi, H., Asghari, H., Mehrasa, N., and Ester, M. (2020). Domain generalization via semi-supervised meta learning. *arXiv preprint arXiv:2009.12658*.

[57] Sicilia, A., Zhao, X., and Hwang, S. J. (2021). Domain adversarial neural networks for domain generalization: When it works and how to improve. *arXiv preprint arXiv:2102.03924*.

[58] Snell, J., Swersky, K., and Zemel, R. S. (2017). Prototypical networks for few-shot learning. In *NeurIPS*.

[59] Sun, B., Feng, J., and Saenko, K. (2016). Return of frustratingly easy domain adaptation. In *AAAI*.

[60] Sun, B. and Saenko, K. (2016). Deep coral: Correlation alignment for deep domain adaptation. In *ECCV*, pages 443–450.

[61] Tobin, J., Fong, R., Ray, A., Schneider, J., Zaremba, W., and Abbeel, P. (2017). Domain randomization for transferring deep neural networks from simulation to the real world. In *IROS*, pages 23–30.

[62] Tremblay, J., Prakash, A., Acuna, D., Brophy, M., Jampani, V., Anil, C., To, T., Cameracci, E., Boochoon, S., and Birchfield, S. (2018). Training deep networks with synthetic data: Bridging the reality gap by domain randomization. In *CVPR Workshop*.

[63] Truong, T.-D., Duong, C. N., Luu, K., and Tran, M.-T. (2019). Recognition in unseen domains: Domain generalization via universal non-volume preserving models. *arXiv preprint:1905.13040*.

[64] Tzeng, E., Hoffman, J., Zhang, N., Saenko, K., and Darrell, T. (2014). Deep domain confusion: Maximizing for domain invariance. *arXiv preprint arXiv:1412.3474*.

[65] Volpi, R., Namkoong, H., Sener, O., Duchi, J. C., Murino, V., and Savarese, S. (2018). Generalizing to unseen domains via adversarial data augmentation. In *NeurIPS*, pages 5334–5344.

[66] Wang, B., Lapata, M., and Titov, I. (2021a). Meta-learning for domain generalization in semantic parsing. In *NAACL*.

[67] Wang, J., Chen, Y., Feng, W., Yu, H., Huang, M., and Yang, Q. (2020a). Transfer learning with dynamic distribution adaptation. *ACM TIST*, 11(1): 1–25.

[68] Wang, J., Feng, W., Chen, Y., Yu, H., Huang, M., and Yu, P. S. (2018). Visual domain adaptation with manifold embedded distribution alignment. In *ACMMM*, pages 402–410.

[69] Wang, J., Lan, C., Liu, C., Ouyang, Y., Zeng, W., and Qin, T. (2021b). Generalizing to unseen domains: A survey on domain generalization. In *IJCAI Survey Track*.

[70] Wang, W., Liao, S., Zhao, F., Kang, C., and Shao, L. (2021c). Domainmix: Learning generalizable person re-identification without human annotations. In *BMCV*.

[71] Wang, Y., Li, H., and Kot, A. C. (2020b). Heterogeneous domain generalization via domain mixup. In *ICASSP*, pages 3622–3626.

[72] Wang, Z., Wang, Q., Lv, C., Cao, X., and Fu, G. (2020c). Unseen target stance detection with adversarial domain generalization. In *IJCNN*, pages 1–8.

[73] Xu, Z., Li, W., Niu, L., and Xu, D. (2014). Exploiting low-rank structure from latent domains for domain generalization. In *ECCV*, pages 628–643. Springer.

[74] Ye, H., Xie, C., Cai, T., Li, R., Li, Z., and Wang, L. (2021). Towards a theoretical framework of out-of-distribution generalization. In *NeurIPS*.

[75] Zhang, H., Cisse, M., Dauphin, Y. N., and Lopez-Paz, D. (2018). mixup: Beyond empirical risk minimization. In *ICLR*.

[76] Zhang, H., Zhang, Y.-F., Liu, W., Weller, A., Schölkopf, B., and Xing, E. P. (2021). Towards principled disentanglement for domain generalization. In *ICML2021 Machine Learning for Data Workshop*.

[77] Zhao, S., Gong, M., Liu, T., Fu, H., and Tao, D. (2020). Domain generalization via entropy regularization. In *NeurIPS*, volume 33.

[78] Zhao, Y., Zhong, Z., Yang, F., Luo, Z., Lin, Y., Li, S., and Sebe, N. (2021a). Learning to generalize unseen domains via memory-based multi-source meta-learning for person re-identification. In *CVPR*.

[79] Zhao, Y., Zhong, Z., Yang, F., Luo, Z., Lin, Y., Li, S., and Sebe, N. (2021b). Learning to generalize unseen domains via memory-based multi-source meta-learning for person re-identification. In *Proceedings of the IEEE/CVF Conference on Computer Vision and Pattern Recognition*, pages 6277–6286.

[80] Zhou, F., Jiang, Z., Shui, C., Wang, B., and Chaib-draa, B. (2020a). Domain generalization with optimal transport and metric learning. *ArXiv*, abs/2007.10573.

[81] Zhou, K., Yang, Y., Hospedales, T., and Xiang, T. (2020b). Deep domain-adversarial image generation for domain generalisation. In *AAAI*.

[82] Zhou, K., Yang, Y., Qiao, Y., and Xiang, T. (2021). Domain generalization with mixstyle. In *ICLR*.

[83] Zunino, A., Bargal, S. A., Volpi, R., Sameki, M., Zhang, J., Sclaroff, S., Murino, V., and Saenko, K. (2021). Explainable deep classification models for domain generalization. In *CVPR*.

12 安全和鲁棒的迁移学习

本章讨论迁移学习的安全性和鲁棒性。此处的"安全性"指的是模型对攻击的预防和对数据隐私的保护;而"鲁棒性"则指的是模型本质的迁移机制使得其不从虚假的关系中学习。因此,我们将从三个层面来介绍相关的主题:(1)框架层面,探讨迁移学习模型对于攻击的抵制和预防;(2)数据层面,探讨迁移学习系统对隐私的保护;(3)机制层面,探讨基于因果关系的迁移学习。

本章内容的组织安排如下。12.1 节介绍安全迁移学习的微调技术。12.2 节介绍基于联邦学习的迁移学习及其对隐私的保护策略。然后,12.3 节介绍无需源域数据的迁移学习。接着,12.4 节介绍基于因果关系的迁移学习。最后,12.5 节对本章内容进行总结。

12.1 安全迁移学习

迁移学习已被广泛应用于我们的日常生活(参考本书 1.6 节迁移学习的应用)。然而,自然界中的事物往往具有两面性。当迁移学习在各个领域高唱凯歌之时,其仍然存在黑暗的一面:迁移学习模型并不是百分百的安全。即:这些模型可能被攻击。例如,PyTorch hub[1]、Tensorflow hub[2]、以及 Huggingface model hub[3] 等提供了丰富多样的预训练模型,当这些服务为机器学习提供便捷的同时,它们同样可以成为攻击者攻击模型的利剑。

由于每个预训练模型的结果和参数均对所有人开放,因此每个人都可以利用这些知识来进行一些攻击。例如,Google Cloud ML 服务建议使用 Inception

---
[1]请见链接 12-1。
[2]请见链接 12-2。
[3]请见链接 12-3。

模型[55]作为图像分类的基础模型。因此，别有用心的攻击者便可以设计针对Inception模型的攻击策略，这导致所有利用了该模型的服务和产品均将面临危险。

本节介绍安全迁移学习来抵制和预防此类攻击。注意，此处的"迁移学习"特指基于微调（fine-tuning）的迁移方法，这也是使用最广泛的迁移方法。

12.1.1 迁移学习模型可以被攻击吗

首先，迁移学习模型可以被攻击吗？

对预训练模型安全性的研究最早可以追溯到2018年。文献[60]展示了在能够访问目标数据的情况下，可以通过对输入进行扰动来攻击迁移学习模型。随后，文献[24]再次验证了这个现象，并且通过生成语义重要性图来进一步攻击深度预训练模型。之后，加州大学戴维斯分校的学者的研究成果[45]表明，如果我们针对预训练网络的softmax层进行简单的反向最大值训练，其可以轻易被攻破，从而输入任意图像，其便会将其分类成我们想要的标签。

为什么？因为深度网络的受攻击特性具有继承性：预训练网络如果具有某方面易受攻击的缺点，它也会直接被下游任务继承。正所谓"上梁不正下梁歪"是也。

我们直接给出数据：文献[66]的数据表明，以对抗攻击（Adversarial attack）和后门攻击（Backdoor attack）为例，在计算机视觉和自然语言处理的几大任务中，受攻击性的继承率从52%到97%不等，即：如果你采用一个预训练模型，那么它至少有52%的概率，在微调后依然容易受攻击。

因此，迁移学习模型是不安全的、可以被攻击的。

从另一个角度讲，迁移学习是一种特定类型的软件重用（Software reuse）。软件重用则是软件工程领域的重要部分，在此过程中攻击者可以有针对性地设计对公共软件的攻击，如图12.1所示。

12.1.2 抵制攻击的方法

如何预防此类攻击？

最简单、也是最直观的两种方式便是：（1）从头开始训练（Train from scratch），即抛弃预训练模型。这样显然不会被攻击，然而却损失了预训练带

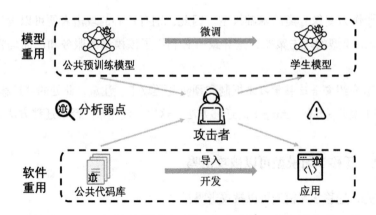

图 12.1　迁移学习与软件重用很相似，均容易受到攻击

来的好处，使得训练时间变长、效果变差；（2）直接微调（Fine-tune），即正常进行微调。这样显然能够保证完全利用预训练模型的知识，但由于其过于保守，使得受攻击特性也得到了保留，完全无法进行防御。

还有其他办法吗？我们可以再设计出一种 A+B 的方式，称之为 "Fix-after-transfer"。该方法即在微调结束后再引入一些成熟的防攻击方法从而消除模型的受攻击性。然而，此两阶段方法本身过于耗时，并且由于我们自己下游任务数据量的有限性，并不能很好地训练防御模型。

最近的一种方法被称为 "Fix-before-transfer"，指的是我们首先对下游任务模型进行训练，之后再通过与预训练模型进行联合训练来做知识迁移。例如，Renofeation[14] 方法便加入了 dropout、特征规范化、随机权重平均等技巧来使其模型不容易继承对抗攻击性。然而，此种方法也过于复杂，并不能对任意的深度网络都产生效果。

总结来看，安全迁移方法至少需要满足以下几个条件。
- 有效性：即确实能起到防御作用、同时不降低模型性能；
- 通用性：即针对绝大多数深度网络（例如 CNN 和 Transformer 结构）均能适用；
- 高效性：即不会显著增加正常微调过程的计算开销。

如图 12.2 所示，安全迁移学习的目标是：最大限度保留与学生任务相关的知识，而减少那些受攻击的知识（叉）。当然，此问题无法完全根除，故我们在右图中仍然保留一个叉。

12.1 安全迁移学习

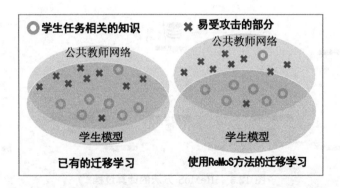

图 12.2 安全迁移学习的目标是减少有害知识的继承（叉）并保留有用的知识（圆圈）

12.1.3 ReMoS：一种新的安全迁移学习方法

最新的研究工作提出了一种新的行之有效的安全迁移学习方法，名为**相关模型切片**（Relevant Model Slicing，ReMoS）[66]。此方法从预训练模型中"有选择性地"选出那些对下游任务有帮助的权重、同时遗忘那些容易受攻击的权重，从而大大降低模型的受攻击性、且能保持预训练模型的精度优势。

定义 12.1 安全迁移学习（Safe transfer learning） 我们用 D^S 来表示学生网络（下游任务）的数据集、$T(\cdot)$ 表示迁移学习过程，则安全迁移学习的学习目标为

$$\max_{\boldsymbol{w} \subset \boldsymbol{w}^{\mathrm{T}}} \sum_{(x,y) \in D^S} \mathbb{I}[f(x; T(\boldsymbol{w})) = y] + \mathbb{I}[f(\tilde{x}; T(\boldsymbol{w})) = y], \tag{12.1.1}$$

即在老师网络的权重 $\boldsymbol{w}^{\mathrm{T}}$ 中将那些好的权重 $\boldsymbol{w}$ 筛选出来，从而最大化模型对于正常输入 x（左边部分）和异常输入 $\tilde{x}$（右边部分）的表现。

如图 12.3 所示，ReMoS 方法包含以下四个主要步骤。

（1）覆盖频率筛选（Coverage frequency profiling）：利用学生数据，筛选出预训练模型中学生数据相关性高的神经元和权重；

（2）序数分值计算（Ordinal score computation）：利用上一步得出的学生数据相关性和老师网络中的权重重要性，计算网络对于学生数据的综合重要性；

（3）相关切片生成（Relevant slice generation）：依据序数值生成我们需要保留的那些权重；

（4）最后，保留这些权重，余下的则重新初始化进行训练。

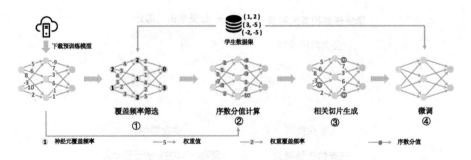

图 12.3　ReMoS 方法的计算过程 [66]

覆盖频率筛选：此步骤用于找出网络中与学生数据相关的那些神经元和权重。

如果一个神经元激活值大于一个给定的阈值 α，则我们称其为一个对学生任务有用的神经元。这些神经元的集合被称为神经元覆盖（Neuron coverage）。具体而言，对于一个 K 层网络（用 $h_1, \cdots, h_K$ 来表示每层的激活值），其神经元覆盖被计算为

$$\text{Cov}(x) = \text{Cov}(\{h_1, \cdots, h_K\}) = \{v_i | v_i = \mathbb{I}(v_i > \alpha)\}. \tag{12.1.2}$$

则整个数据集 D^S 的神经元覆盖被计算为

$$\text{Cov}(D^S) = \{\sum_{x \in D^S} \text{Cov}(x)_i | i = 1, \cdots, K\}. \tag{12.1.3}$$

对于权重，其权重覆盖（Weight coverage）可以被计算为这一权重所连接的两个神经元的覆盖之和：

$$\text{CovW}(S^S)_{k,i,j} = \text{Cov}(D^S)_{k-1,i} + \text{Cov}(D^S)_{k,j}. \tag{12.1.4}$$

如此，我们便计算得到了神经元和权重的覆盖。

序数分值计算：此步骤基于上一步得到的权重覆盖，与原始的预训练网络中权重与源任务的相关性综合计算，得到实际的学生网络权重。

首先，预训练网络如何评估其与源任务的相关性？答案是权重的大小（Magnitude）。通常来说，一个权重值越大，则其与教师任务（源任务）相关性越强，则这部分越有可能蕴含容易被攻击的权重。因此，我们的学习目标可以表示为学

生任务的精度减去教师网络权重的大小：

$$w^{\text{ReMoS}} = \arg \max_{w \subset w^T} \text{ACC}(T(w), D^S) - \sum_{w \in w} |w|. \quad (12.1.5)$$

然而，此步计算过程几乎无法进行。原因是两部分参与运算的量纲不一样：例如，MIT Indoor scenes 数据集在 ResNet-18 网络上的覆盖值的范围为 $[0, 5374]$，但 ResNet-18 网络的权重范围为 $[10^{-12}, 1.02]$。因此，两部分无法直接计算。

为了克服此挑战，ReMoS 提出了用序数（Ordinal）来代替值大小的计算方法。具体操作方式为：将所计算的值按照升序进行排列，以序数来代替值进行计算。则两部分的值分别表示为一个 $\text{rank}(\cdot)$ 函数：预训练网络的权重大小被表示为 $\text{ord\_mag} = \text{rank}(|w|_{k,i,j})$，覆盖的大小被表示为：$\text{ord\_cov} = \text{rank}(\text{CovW}(D^S)_{k,i,j})$。二者之间便可直接进行计算，得到序数分值（Ordinal score）：

$$\text{ord}_{k,i,j} = \text{ord\_cov}_{k,i,j} - \text{ord\_mag}_{k,i,j}. \quad (12.1.6)$$

相关切片生成：此步骤根据上一步生成的序数分值进行相关权重筛选。我们对序数分值进行排序，那些分值较大的权重则为与学生任务密切相关、又不容易受攻击的权重：

$$\text{slice}(D^S) = \{w_{k,i,j} | \text{ord}_{k,i,j} > t_\theta\}. \quad (12.1.7)$$

例如，在方法的示意图中，我们取排名靠前的 9 个权重为相关切片，则其余最小的 3 个权重被重新初始化。

微调：此为最后一步。此步骤为传统的微调方式：如果是在模型获取的部分权重（我们称之为切片）$\text{slice}(D^S)$，则直接从预训练模型中继承；否则重新初始化。

通过以上步骤，我们便可以得到不易受攻击的微调后的学生网络。

值得注意的是，ReMoS 方法并未显著增加学生网络的计算量，因为我们只需要在第一步时对整个学生数据集做一次前向传播，此外并不涉及其他的反向传播，因此其效率可以得到保证。另外，此方法针对绝大多数神经网络结构均是有效的，因此可以适用于大多数任务。这在 ReMoS 的实验中得到了验证：在最多损失 3% 精度的前提下，它能大大减少微调后模型的受攻击率：CV（ResNet）任务上的受攻击率减少了 63% 到 86%，NLP（BERT、RoBERTa）任务上的则减少了 40% 到 61%。

12.2 联邦学习和迁移学习

近年来，世界各国对数据隐私的保护提出越来越严格的要求。例如，欧盟在 2018 年颁布了《一般数据保护条例》(General Data Protection Regulation，简称为 GDPR)。该条例是近 30 年来数据保护立法的最大变动，旨在加强对欧盟境内居民的个人数据和隐私保护。条例强调，机器学习模型必须具有可解释性，而且收集用户数据的行为必须公开、透明。随后，各国纷纷出台相应的数据保护法案以保护公民数据隐私不泄露。例如，我国也在 2021 年颁布了《中华人民共和国数据安全法》，旨在全面保护用户的数据隐私。

此情景可以用图 12.4 来形象地解释：我们利用大数据的理想很丰满，然而现实却很骨感。各个公司、组织、个体等好比一个个数据的孤岛，由于隐私法案的限定，在人工智能的汪洋大海中茕茕孑立、形影相吊。人们对隐私数据的看重逐渐衍生出了一个重要问题：如果没有权限获取足够的用户数据，我们如何进行建模？

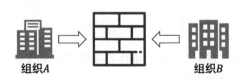

图 12.4　组织 A 和组织 B 的数据无法实现共享

12.2.1　联邦学习

联邦学习[62] 是近年来提出的一种去中心化（decentralized）的机器学习范式。联邦学习使得不接触原始的用户数据进行模型训练成为可能。联邦学习的概念最早来自于 Google 公司 2017 年的一篇论文里关于去中心化的推荐系统的建模研究。其核心是：手机在本地进行模型训练，然后仅将模型更新的部分加密上传到云端，并与其他用户的数据进行整合。

杨强教授及其团队在 2019 年出版了第一本联邦学习的专著[62]，对联邦学习领域的基础理论、方法和应用等做了全面的介绍。与此同时，最近的一些综述文章 [27,36] 也从不同侧面对联邦学习进行了介绍。

定义 12.2 联邦学习（Federated learning） 假设在联邦学习中给定了 N 个不同的客户（或组织、个体等）参与联邦过程，并用 $\{C_1, C_2, \cdots, C_N\}$ 来表示它们。每个客户均有自己的数据，即 $\{\mathcal{D}_1, \mathcal{D}_2, \cdots, \mathcal{D}_N\}$。用 M_{ALL} 表示将所有数据汇总起来训练的模型，其精度为 $\mathcal{A}_{\text{ALL}}$。联邦学习要求在不访问原始数据的前提下，利用已有数据训练模型 M_{FED}，使其精度 $\mathcal{A}_{\text{FED}}$ 尽可能接近 $\mathcal{A}_{\text{ALL}}$（用 $\Delta > 0$ 来表示二者差距）：

$$|\mathcal{A}_{\text{FED}} - \mathcal{A}_{\text{ALL}}| < \Delta. \tag{12.2.1}$$

此为联邦学习的基础问题定义，即其基础算法 FedAvg 算法，如图 12.5 所示。目前有不同的方式来实现 FedAvg 算法：在不访问原始数据的前提下，使用每个个体的梯度或特征进行联邦。

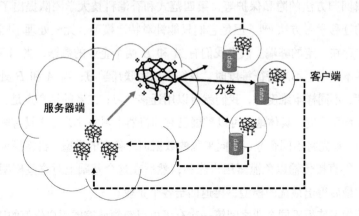

图 12.5　FedAvg 算法示意图

具体而言，每个个体 C_k 向中央服务器提交其模型梯度 g_k。然后，中央服务器对模型权重进行汇总生成一个新的模型。新模型的权重被更新为

$$w_{t+1} \leftarrow w_t - \eta \nabla f(w_t) = w_t - \eta \sum_{k=1}^{K} \frac{n_k}{n} g_k, \tag{12.2.2}$$

其中，η 是中央模型的学习率，且 $n = \sum_{k=1}^{K} n_k$ 为从所有个体数据中汇总的总

数据量。此过程被称为联邦学习的梯度汇总。

另一种可能的实现方式为权重汇总。与梯度汇总不同的是，权重汇总使用每个客户端的权重 w^k 来汇总更新中央模型：

$$w_{t+1} \leftarrow \sum_{k=1}^{K} \frac{n_k}{n} w_{t+1}^k. \tag{12.2.3}$$

FedAvg 算法的实现非常简单，但在实际中却非常有效。

综合来看，联邦学习认为目前各个企业数据之间的关系就像不同的国家一样：它们各自有自己的体系，但是无法很好地完成统一建模。联邦学习则将它们管辖在"一个国家、一个联邦政府"之下，将不同的企业、个体、客户等看成这个国家里的"州"。因此彼此之间都可以获得模型效果的提升。因此，联邦学习的核心是：各个企业的自有数据在不出本地的情况下能够实现跨企业的联合模型训练。

一些研究者也提出了 CryptoDL 深度学习框架、可扩展的加密深度方法、针对于逻辑回归方法的隐私保护等，第四范式和香港科技大学团队提出了基于差分隐私的迁移学习方法[20]。但是它们只能针对特定模型、无法处理不同的分布数据，均存在一定的弊端。假设我们有 A 和 B 两个企业的数据，当 A 和 B 处于同一样本维度、不同特征维度时，我们可以用联邦学习；当 A 和 B 处于同一特征维度、不同样本维度时，我们就可以用迁移学习；二者的结合点是：不同样本、不同特征维度。具体地，可以扩展已有的机器学习方法，使之具有联邦的能力。比如，首先将不同企业、不同来源的数据训练各自的模型，再将模型数据加密使之不能直接传输以免泄露用户隐私；然后在这个基础上对这些模型进行联合训练，最后得出最优的模型，再返回给各个企业。

联邦学习使得不同企业之间第一次有了可以跨领域挖掘用户价值的手段。比如中国移动有着海量的用户通话信息，但是缺少用户的购买记录和事物喜好等关键信息，这使它无法更加有针对性地推销自己的产品。另一方面，一个大型的连锁超市如家乐福，存有大量用户购买信息，但是更精准的商品推荐需要用户的行为轨迹，这些轨迹是家乐福所无法获取的；而中国移动通过基站定位等手段可以获取。我们可以应用联邦迁移学习的思想，在不泄露用户隐私的前提下，将中国移动和家乐福的数据进行联邦学习，从而提高二者产品的竞争力。

12.2.2 面向非独立同分布数据的个性化联邦学习

微众银行 AI 团队最近提出了联邦迁移学习（Federated Transfer Learning, FTL）的概念。FTL 将联邦学习的概念加以推广，强调在任何数据分布、任何实体上，均可以协同建模学习。

个性化是健康应用中一个非常重要的问题（参照本书 1.3 节所述的个性化需求）。由于不同的个体、医院或国家通常有不同的统计信息、生活方式和其他显著的特征，因此，非独立同分布（Non-I.I.D.）[61] 的现象时有发生。在应用联邦学习到个性化建模的过程中，需要特别注意使模型在不同的个体上都能获得最大限度的提升。

从算法层面而言，尽管 FedAvg 算法在多数情况下均能产生好的效果，然而其仍然无法有效处理非独立同分布的情形，因此无法建立有效的个性化模型[28,52]。FedProx 算法[32] 通过允许部分信息汇总且在 FedAvg 算法中加入最接近的项目来处理非独立同分布问题。文献 [63] 通过利用 L_1 距离计算不同客户参数的差异来对模型进行汇总。这些工作侧重于构建一个所有客户端都共享的模型。另一些工作则侧重于对每一个客户端都建立一个个性化模型。文献 [3] 交换不同基础层的信息并维持个性化层来减小非独立同分布的影响。文献 [56] 则利用 Moreau envelopes 作为不同客户端的正则损失，然后利用一个两层优化过程将训练解耦为全局模型训练和个性化部分训练。

定义 12.3 个性化联邦学习（Personalized Federated Learning） 假设在联邦学习中给定了 N 个不同的客户（或组织、个体等）参与联邦过程，并用 $\{C_1, C_2, \cdots, C_N\}$ 来表示它们。每个客户均有自己的数据，即 $\{\mathcal{D}_1, \mathcal{D}_2, \cdots, \mathcal{D}_N\}$。每个数据集 $\mathcal{D}_i = \{(\boldsymbol{x}_{i,j}, y_{i,j})\}_{j=1}^{n_i}$ 包含两部分：训练集 $\mathcal{D}_i^{\mathrm{tr}} = \{(\boldsymbol{x}_{i,j}^{\mathrm{tr}}, y_{i,j}^{\mathrm{tr}})\}_{j=1}^{n_i^{\mathrm{tr}}}$ 和测试集 $\mathcal{D}_i^{\mathrm{te}} = \{(\boldsymbol{x}_{i,j}^{\mathrm{te}}, y_{i,j}^{\mathrm{te}})\}_{j=1}^{n_i^{\mathrm{te}}}$。显然，$n_i = n_i^{\mathrm{tr}} + n_i^{\mathrm{te}}$，且 $\mathcal{D}_i = \mathcal{D}_i^{\mathrm{tr}} \cup \mathcal{D}_i^{\mathrm{te}}$。在真实应用中，所有的数据集都有不同的数据分布，即 $P(\mathcal{D}_i) \neq P(\mathcal{D}_j)$。每个客户均有自己的模型，我们用 $\{f_i\}_{i=1}^N$ 来表示。于是，个性化联邦学习的目标便是在不访问原始数据的前提下、服务器端汇合所有客户模型 f_i 生成个性化联邦模型：

$$\min_{\{f_k\}_{k=1}^N} \frac{1}{N} \sum_{i=1}^N \frac{1}{n_i^{\mathrm{te}}} \sum_{j=1}^{n_i^{\mathrm{te}}} \ell(f_i(\boldsymbol{x}_{i,j}^{\mathrm{te}}), y_{i,j}^{\mathrm{te}}), \tag{12.2.4}$$

其中 ℓ 是一个损失函数。

本节介绍两种克服非独立同分布的个性化联邦学习方法。这两种方法对应了两种不同的策略：（1）在客户端进行模型自适应，和（2）在服务器端进行基于相似度的模型汇总。因此，这两种方法均具有一定的可扩展性，用户可以根据自己的需求灵活调整。

12.2.3 模型自适应的个性化迁移学习

为了在不同的客户端进行个性化联邦学习以克服非独立同分布的影响，文献 [12] 提出了 FedHealth 框架，将联邦学习和迁移学习进行了有机结合（图 12.6）。

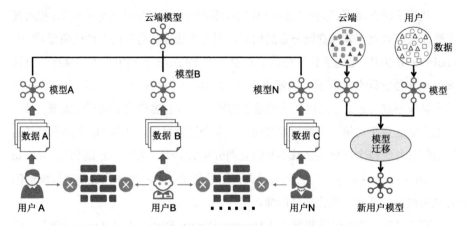

图 12.6 应用于个性化联邦学习的 FedHealth 框架[12]

FedHealth 主要包含以下四个步骤。

（1）每个客户端使用本地数据训练自己的模型；

（2）每个客户端将自己的模型上传到中央服务器。中央服务器进行正常的模型汇总（FedAvg）；

（3）中央服务器将汇总后的模型分发到不同的客户端；

（4）每个客户端利用本地数据个性化模型，处理非独立同分布问题。

注意到，在模型个性化步骤中，客户端可以利用不同的自适应策略进行训练：它们可以通过对本地数据进行微调、利用已有的迁移方法如 MMD 等减小与其他客户端的模型差异等。例如，如果采用 CORAL[53] 进行自适应，则其损失函数表示为

$$\arg\min_{\theta_k} \mathcal{L}_k = \sum_{i=1}^{n_k} \ell\left(y_i^k, f_k\left(\boldsymbol{x}_i^k\right)\right) + \eta \ell_{\text{CORAL}} \tag{12.2.5}$$

其中，ℓ_{CORAL} 为本书在 6.1 节中介绍的协方差对齐损失。$f_k(\cdot)$ 为第 k 个客户端的模型，θ_k 为其模型参数。

FedHealth 被应用于不同设定下的联邦学习应用中。在真实的帕金森疾病数据的诊断中，FedHealth 在不损失用户数据隐私的前提下，可以比传统方法有 10% 的精度提升。

12.2.4 基于相似度的个性化联邦学习

另一方面，文献 [11] 提出了 **FedAP** 算法用于在服务器端进行个性化联邦学习。FedAP 方法在一个容易获得的预训练模型的帮助下学习不同客户端之间的相似度。此相似度通过数据分布的差异进行计算。为了应对原始数据不可访问的挑战，FedAP 方法使用网络不同层的统计特征进行计算。获取相似度之后，FedAP 自适应地对模型进行汇总，以达到对每个客户端都生成个性化模型的目的。

在形式上，与传统的 FedAvg 算法不同，如图 12.7 所示，FedAP 采用如下的更新策略：

$$\begin{cases} \boldsymbol{\phi}_i^{t+1} = \boldsymbol{\phi}_i^{t*} \\ \boldsymbol{\psi}_i^{t+1} = \sum_{j=1}^{N} w_{ij} \boldsymbol{\psi}_j^{t*}, \end{cases} \tag{12.2.6}$$

其中 $\boldsymbol{\phi}_i$ 表示批归一化（BN）层的参数，此为每个客户端独有；$\boldsymbol{\psi}_i$ 表示每个客户端其他层的参数。$w_{ij} \in [0,1]$ 表示客户端 i 和 j 的相似度。t 表示第 t 轮更新。

为了计算客户端的相似度矩阵 $\boldsymbol{W}$，FedAP 使用了 Wasserstein 距离（下列公式中的 $W_2(\cdot,\cdot)$；参考 6.3 节的最优传输部分）来计算不同客户端 BN 统计信息的相似度：

$$\begin{aligned} d_{i,j} &= \sum_{l=1}^{L} W_2(\mathcal{N}(\boldsymbol{\mu}^{i,l}, \boldsymbol{\sigma}^{i,l}), \mathcal{N}(\boldsymbol{\mu}^{j,l}, \boldsymbol{\sigma}^{j,l})) \\ &= \sum_{l=1}^{L} (\|\boldsymbol{\mu}^{i,l} - \boldsymbol{\mu}^{j,l}\|^2 + \|\sqrt{\boldsymbol{r}^{i,l}} - \sqrt{\boldsymbol{r}^{j,l}}\|_2^2)^{1/2}, \end{aligned} \tag{12.2.7}$$

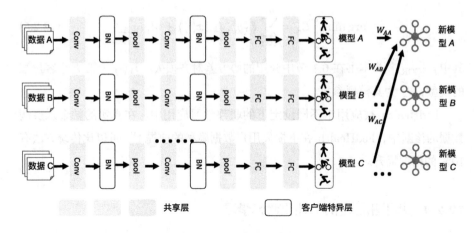

图 12.7 AdaFed 方法的计算过程

其中，$(\mu^{i,l}, \sigma^{i,l})$ 是第 i 个客户端第 l 层的 BN 统计信息。我们令 $d_{i,j}$ 表示第 i 和第 j 个客户端的距离。则 $d_{i,j}$ 越大，两者越不相似。因此，FedAP 将距离取倒数作为权重：$\tilde{w}_{i,j} = 1/d_{i,j}, j \neq i$。然后，FedAP 对权重 $\tilde{w}_i$ 进行归一化来获得 $\hat{w}_{i,j}$：

$$\hat{w}_{i,j} = \frac{\tilde{w}_{i,j}}{\sum_{j=1, j\neq i}^{N} \tilde{w}_{i,j}}, \text{ where } j \neq i \tag{12.2.8}$$

为了训练的稳定性，FedAP 采用一种移动平均的方法更新参数：

$$w_{i,j} = \begin{cases} \lambda, & i = j, \\ (1-\lambda) \times \hat{w}_{i,j}, & i \neq j. \end{cases} \tag{12.2.9}$$

为了应用个性化问题，我们还可以将已有的机器学习方法如决策树、森林、深度模型等扩展到 FTL 的框架中。例如，文献 [38] 提出了基于树模型的安全联邦学习系统。其他研究者分别提出了隐私保护模式下的异构联邦迁移学习系统 [17]、高效联邦迁移学习系统 [50]，以及基于联邦迁移学习的 EEG 应用 [26] 等等。

12.3 无需源数据的迁移学习

上一节介绍了使用联邦学习构建个性化模型从而避免直接访问用户隐私数据。本节则在此问题基础上解决另一个更难的问题：如果受限于严苛的法律保护，我们连用户原始数据都无法访问，此时应该如何进行迁移学习？在此情形下，传统的自适应方法由于需要源域和目标域数据的参与，故将无法被使用。这种情形被称为无需源数据的迁移学习（Source-free Transfer Learning）。

无需源数据的迁移学习的必要性还可以用另一个理由来解释。在真实应用中，要求用户存储所有的源域数据来进行各种下游任务往往是不可能的。例如，如果我们使用 VisDA-17 数据集[43]作为源域数据，则存储此数据集的开销为 7884.8MB。然而，如果我们仅存储在此数据集上预训练过的模型，则其大小只有 172.6MB，远远小于原始数据的大小。更重要的是，预训练模型通常包含源域数据的重要知识抽象。因此，即使无法访问源数据，我们同样可以进行自适应学习。类比微调方法需要目标数据有标签，无需源域数据的迁移学习并不需要目标域有标签，因此更加具有普适性。

如图 12.8 所示，我们给出无需源数据的迁移学习问题定义。

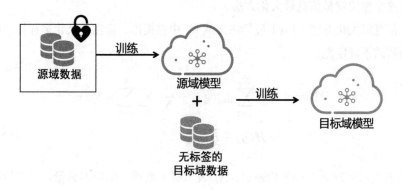

图 12.8　无需源数据的迁移学习

定义 12.4 无需源数据的迁移学习　给定无标签的目标域数据 $\mathcal{D}_t = \{\boldsymbol{x}_t^i\}_{i=1}^{N_t}$ 和一个源域上的预训练模型 $\mathcal{M}$。无需源数据的迁移学习的目标是在目标域数据上学习判别函数 f，使得在目标域数据上具有最小的误差：

$$f^* = \arg\min_{f \in \mathcal{H}} \mathbb{E}_{\boldsymbol{x},y \in \mathcal{D}_t} \ell[f(\boldsymbol{x}), y], \tag{12.3.1}$$

其中目标域的标签 y 在训练时未知，ℓ 为损失函数。

注意到，此问题也可以被看成已有的弱监督迁移学习（weakly supervised transfer learning）[13]的推广。无需源数据的迁移学习比弱监督问题更具挑战性。

12 安全和鲁棒的迁移学习

由于源域数据不可访问,因为无法直接进行分布对齐。如何解决这个问题?目前有以下两种主要思路。

(1)信息最大化(Information maximization):最大化在目标域上的信息量;

(2)特征匹配(Feature matching):通过生成模型对源域数据进行生成,然后对源域和目标域的特征进行匹配。

12.3.1 信息最大化方法

如果领域间不存在差异,那么目标域的理想状态将会呈现何种形态?在一个平衡的分类数据集上,它将会与 one-hot 编码非常相似、但彼此各不相同。简而言之,所有目标域样本既是多样的、又是具有判别性的:在每个样本上的预测必须尽可能多样,才能产生所有可能的分类结果;另一方面,分类结果必须是确定的。这个想法就是信息最大化方法。

信息最大化方法(IM)最早在文献 [9] 中被提出,旨在最大化多样性、最小化预测的不确定性:

$$\text{IM}(\boldsymbol{x}; c) = -\sum_{i=1}^{N_c} \bar{y}_i \log \bar{y}_i + \frac{1}{N_\text{t}} \sum_{N_\text{t}} \sum_{i=1}^{N_c} y_i \log y_i$$

$$= H(\bar{\boldsymbol{y}}) - \overline{H(\boldsymbol{y})}, \tag{12.3.2}$$

其中 $\bar{y}$ 表示类别 c 上的平均输出,N_c 表示属于类别 c 的样本数量。上式的第一项 $H(\bar{y})$ 表示输出平均的熵,第二项则表示输出的熵的平均(注意它们的不同)。当第一项达到最大值时,它的值将会到达最具多样性的状态;当第二项被最小化时,它的值将达到最具确定性的状态。

后续的研究人员基于信息最大化方法开发了其他的算法用于迁移学习。文献 [33] 提出了源假设迁移(Source Hypothesis Transfer,SHOT)方法首次用于无需源域数据的迁移学习。除信息最大化外,研究人员为目标域数据引入伪标签来增强网络的预测性能。首先,SHOT 利用类似于加权 K-means 的方法获取每个类别的中心点:

$$c_k^{(0)} = \frac{\sum_{x_\text{t} \in \mathcal{X}_\text{t}} \delta(\hat{f}_\text{t}^{(k)}(x)) \hat{g}_\text{t}(x)}{\sum_{x_\text{t} \in \mathcal{X}_\text{t}} \delta(\hat{f}_\text{t}^{(k)}(x))}, \tag{12.3.3}$$

其中,δ_k 表示 softmax 输出的第 k 个元素,f 表示假设函数,g 表示特征编码器，$c_k^{(0)}$ 表示在第 0 次迭代的类中心点。然后，SHOT 利用最近中心点方法获取伪标签：

$$\hat{y}_t = \arg\min_k D(\hat{g}_t(x_t), c_k^{(0)}), \quad (12.3.4)$$

其中 $D(\cdot, \cdot)$ 为一特定距离函数，例如欧氏距离。接着，SHOT 采用迭代的方式更新中心点和伪标签以取得更好的效果。

SHOT 的作者团队在后续又扩展了其算法。他们利用半监督方法来挖掘无标签数据的知识，将目标域数据分成高熵和低熵的两个子集。其目标是从高熵的样本中将知识迁移到低熵样本中。为了达成此目标，作者采用了 MixMatch[7] 这一半监督方法。扩展的算法叫做 SHOT++ [35]。

文献 [2] 将单一源域的情形扩展到了多个源域中。为了更好地利用来自多个源域的信息，研究人员采用加权的方式赋予不同的类中心点和领域以不同的权重。文献 [57] 则扩展到了连续学习的场景中。研究人员设计了一个缓冲存储空间用来存放一部分目标域数据。之后，此部分数据连同新出现的数据共同构建在线模型。文献 [1] 则对模型加入了对抗攻击以使模型更加鲁棒。

12.3.2 特征匹配方法

与基于信息最大化的方法不同，特征匹配方法对源域和目标域的特征分布进行适配。那么，此类方法如何处理源域数据确实情况下的分布适配？此时，数据生成技术非常直接：我们总是可以利用源域模型来反向生成一些可用的源域数据。然后，利用生成的源域数据和目标域进行特征分布适配。

研究工作 [59] 设计了一个虚拟领域建模方法（Virtual Domain Modeling, VDM）。VDM 使用预训练模型的权重来生成源域数据。接着，VDM 方法在源域和目标域数据中进行分布适配。文献 [31] 提出了一种领域印象方法来生成源域数据。此方法加入了对抗训练来学习领域不变特征。文献 [22] 利用网络特征最后一层的统计信息在源域和目标域之间进行特征对齐。文献 [64] 通过模型在目标域数据上的预测来推测隐含的特征（latent feature）。在文献 [30] 中，研究人员将初始的问题定义扩展到了统一适配的问题（universal adaptation）中，使得源域和目标域不需要拥有相同的类别亦可进行迁移。

除数据生成之外，文献 [34] 将无需源域数据的迁移学习重新表述为一个异构的知识蒸馏问题，并提出了蒸馏-微调方法（Distill and Fine-tune, Dis-tune）。

Dis-tune 方法从源域模型中蒸馏知识到目标域数据，然后在目标域上进行无监督微调以适配目标域数据的分布。另一方面，由于源域数据缺失，文献 [16] 提出了一个 KD3A 的框架以利用批归一化层的统计信息进行最大均值差异度量。

12.4　基于因果关系的迁移学习

迁移学习需要依赖不同领域之间的共性假设。近年来，一系列工作考虑基于**因果关系**（Causal Relation）开展领域间共性的假设和建模。本节将介绍因果关系的一些基本概念及其在迁移学习中的应用。

12.4.1　什么是因果关系

人们可能会对什么是因果关系有自己的理解。在因果推断（Causal Inference）和因果发现（Causal Discovery）等专门研究因果关系的领域，两个变量有因果关系被定义为：对因变量进行干预（Intervention）会改变果变量，但对果变量进行干预不会改变因变量 [41,44]。此处所说的对系统中的一个变量进行干预是指，通过对当下所考虑的系统以外的机制（Mechanism）的利用或者改变所考虑系统以外的变量来改变此变量。一个系统被干预后，其中变量的联合分布会发生变化。

可以通过如下的例子 [44] 来理解这个定义。通过观察全球各个城市的海拔和平均温度的数据，人们可以知道这两个变量之间的一个观测相关性（Observational Correlation）：更高的海拔会伴随着更低的平均温度。但是两者之间是否有因果关系呢？为此，可以考虑（假想）对海拔和平均温度进行干预。例如，可以想象通过在一个城市中燃烧一个巨大的火炉来对平均温度进行干预（这个过程是通过在海拔平均温度这个系统以外的变量和过程来实现的，所以是一个干预）。但是物理世界会告诉人们，这个升温的干预并不会自动地让这个城市的海拔变低。另一方面，可以想象通过在城市地底使用一个巨大的举重机来对城市海拔进行干预（这个过程也是通过系统外的机制实现的）。而物理世界会告诉人们，这个提升海拔的干预会让城市的平均气温降低。因此，海拔是平均温度的一个因。这与人们的直觉是相符的。

另一个有趣的例子是，人们发现国民巧克力消费量和诺贝尔奖获奖数具有正相关性。但如果考虑通过强行让一个国家出台极端的巧克力消费优惠政策来干预巧克力消费量，社会规律会告诉人们，这个国家并不会有更多的诺贝尔奖获奖数；而如果通过强行让诺贝尔奖评奖委员会每年都给这个国家颁发此奖，社会规律会告诉人们，这个国家的巧克力消费量也并不会增加。因此两个变量之间并不存在一个因果关系。这也与人们的直觉相符。至于这两个变量之间为什么会有一个观测相关性，可以认为是一个国家的综合国力导致了国民巧克力消费量和诺贝尔奖获奖数的正相关性。一个比较高的巧克力消费量会让人推断（Infer）出这个国家的综合国力比较强，进而有更多的获奖数。这种两个变量之间没有直接因果性但是因为一个未被观测到的同因量（Confounder）的存在而具有的相关性称为虚伪相关性（Spurious Correlation）。另外，上述推断的过程也并不是一个因果的关系，推断的结果也依赖于数据生成的环境或领域。例如，如果巧克力消费量是通过干预得到的，那原本的推断结果就不再成立，而这个被干预的环境或领域中的推断规律也不再相同。

通过这些例子，我们有以下两点观察。

（1）因果关系包含了比观测数据（Observational Data）更多的信息[41,42,44]。无论是海拔导致（Cause）平均温度，还是平均温度导致海拔，都可以解释观测数据中"更高的海拔会伴随着更低的平均温度"的这个规律。而且，我们还需要物理世界或人类社会等所展现出来的自然规律提供额外的信息来告诉我们，当干预出现时出现什么现象才能判断出两个变量之间是否具有因果性以及因果关系的方向。另一方面，从数学形式的角度来说，我们可以把 x 导致 y 这个因果关系用联合分布的拆解形式（或称因子化形式，Factorization）$P(x,y) = P(x)P(y|x)$ 来表示，其中 $P(y|x)$ 就描述了这个因果关系的机制。而观测数据只包含了联合分布 $P(x,y)$ 的信息，却无法确定这个联合分布是要按 $P(x)P(y|x)$ 拆解还是按 $P(y)P(x|y)$ 拆解还是不应拆解，因为这三种情况都可以表达联合分布 $P(x,y)$。因果关系则可以进一步确定出这三种情况中的一种。

（2）因果关系体现了一定的自然规律或变量生成机制，例如海拔决定温度的物理规律，以及综合国力决定消费水平和教育科研水平的社会规律。可以想见，这些规律和机制各自描述了不同的自然过程或变量生成过程，因而这些规律和机制具有自治性（Autonomy）和模块性（Modularity），进而它们之间是独立的、互不影响的。这就是独立机制原则（Principle of Independent Mechanism）[44,47,48]。特别地，不同机制之间不会彼此"通知"对方自己的状态，对一个变量或机制的干预不会影响到别的机制。例如，对海拔和温度的干预都不会影响"海拔升高温度降低"这样一个机制，以及对巧克力消费量（或诺贝尔奖获奖数）的干预不会影响综合国力决定诺贝尔奖获奖数（或巧克力消费量）的机制。

12.4.2 因果关系与迁移学习

对于一个机器学习任务，如果不考虑环境和领域会发生变化，即使用机器学习系统的环境和训练它的环境为所关心的变量给出一样的联合分布（即独立同分布假设成立），那么我们就不需要考虑因果关系这一比观测相关性（即联合分布所体现的规律）更加细节的关系。例如，在没有干预的情况下，观测到一个国家的巧克力消费量很高之后，还是可以推断出这个国家倾向于产生更多的诺贝尔奖获得者。这种情况下，考虑虚伪相关性对于预测等任务还是有帮助的。

但如果环境和领域发生了变化，那么因果关系便有了用武之地，因为其给出了比联合分布更多的信息。我们可以认为环境和领域发生的变化是来源于系统外的变量或机制带来的干预，而因果关系的独立机制原则意味着没有被干预的因果机制仍然保持不变。我们称这种不变性为因果不变性（Causal Invariance）。如果我们知道一个系统中的因果关系及干预方式，那么就可以利用没有被干预的因果机制的不变性在两个环境或领域之间架起桥梁。

利用直接观测的变量之间的因果关系

Schölkopf 等人首先提出了独立机制原则和因果不变性，并基于此指出对于由变量 x 预测变量 y 的任务，它们之间不同的因果关系假设对应着不同的迁移学习场景[48,49]。对于由 x 导致 y 的情况，可认为 $P(y|x)$ 在领域之间没有发生变化，而领域间的变化来自于 $P(x)$ 的变化 [$P(y)$ 发生的变化也可归结为 $P(x)$ 的变化]。这对应着迁移学习中的自变量漂移[4] 的情况。类似地，在 y 导致 x 的情况下，$P(x|y)$ 是不变的，对应着目标漂移（Target Shift）的情况。他们在加性噪声模型（additive noise model）的假设下提出了各种情况下的一些算法。另外，他们也提出在一般预测任务中根据预测任务的方向和因果关系的方向之间的关系，将这两种情况下的任务分别称为因果学习（Causal Learning）和逆因果学习（Anticausal Learning），并分析了这对于半监督学习（Semi-supervised Learning）的意义。Zhang 等人使用核函数嵌入的方法解决了目标漂移的任务，并考

---

[4] "Covariate" 在这里指与目标变量 y 有共变关系的变量，即 x，此处可称为自变量。

虑了更一般的情况，即允许 $P(x|y)$ 按照位置尺度变换（Location-scale Transformation）的形式发生改变的情况，即条件漂移（Conditional Shift）及广义目标漂移（Generalized Target Shift）的情况[65]。Gong 等人进一步考虑了只有 x 的部分分量对应的 $P(x|y)$ 按照位置尺度变换而改变，以及 $P(x|y)$ 按照一般的函数形式变化的情况[18,19]。Rojas-Carulla 等人考虑只有 x 的部分分量对 y 有因果关系，即自变量漂移只对部分分量成立的情况[46]。他们在领域泛化及多任务学习两种任务下提出了找出并利用具有因果关系的分量的方法。由于其他分量对 y 的关系在新的领域中可以与训练领域中的关系任意的不同，他们提出只用有因果关系的分量进行预测。对于将这个做法拓展到领域自适应的任务，由于此时通常只有一个有标注数据的领域，找出具有因果关系的分量会更难，需要使用不同的方法，并且需要依赖一些假设。Bahadori 等人利用一个预训练好的预测因果作用（Causal Effect）的模型，并在训练由 x 预测 y 的模型中加大具有更大因果作用的 x 的分量的权重[6]。Shen 等人则考虑在训练时对各个数据样本加权，使得使用加权后的数据算得的一个分量与其他分量的统计相关性能够反映此变量对其他变量的平均因果作用[51]。这两个方法都需要线性模型，不过它们也被拓展到了非线性的情况，方法是学习一个与 y 具有线性关系的表示[6,21]。Magliacane 等人使用了一个称为联合因果推断（Joint causal inference）的方法来寻找具有因果关系的变量分量[40]。

学习并利用具有因果关系的隐式表示

对于传感器类数据，例如图像或语音，直接拿到的数据中各分量之间不太可能存在因果关系，而因果关系更有可能存在于具有一定语义含义的抽象的幕后因素（Latent factor）的层面上[8,29,39]。举例来说，干预图片中的一个像素，例如通过破坏照相机中图片传感器对应的感光单元，并不会改变其他像素。干预成像时的物体形状颜色、背景、光照条件等抽象的因素，图像就会发生改变，而按如上方式干预图片中的一个像素则不会影响这些幕后的因素。为考虑这些幕后因素，需要在模型中引入隐变量（Latent Variable）来为这些因素建模，而学到的隐变量则提供了数据的一个隐含表示（Latent Representation）。

基于领域不变表示的方法

基于领域不变表示（Domain-invariant Representation）的迁移学习方法考虑学到一个边缘分布在各领域上都一样的表示，并在这样的表示空间上建立一个分类器或预测器。这样的表示可认为是在一定程度上学到的各领域之间的共性，并基于此共性进行迁移。这类方法已在之前章节介绍，它们在各种实际问题中都取得了很好的效果[5]。

近年来也有一类工作不通过边缘分布的领域不变性来定义领域不变的表示及挖掘领域间的共性，而是通过在表示空间（或称隐空间）上的分类器或预测器的领域不变性来表示。这个学习目标被 Arjovsky 等人提出，称为不变风险最小化（Invariant Risk Minimization），并在领域泛化任务下提出了一个可行的优化目标函数[4]。

由 12.4.2 节所提及的例子，我们可以认为，表示幕后因素的隐变量是观测数据的"因"，所以由观测数据得到隐变量的过程是一个推断（Inference）过程。注意到这类方法在不同领域中使用了同样的表示抽取器 [Representation Extractor, 即从观测数据映射到（可以是概率式地）隐含表示的模型]，它们也隐含地假设了推断过程在各领域中是一样的。因此可称它们为基于推断不变性（Inference-invariance）的方法。

基于因果不变性的方法

虽然基于推断不变性的方法也是为了学到能够表示作为观测数据的"因"的隐变量 z，但它们是基于推断规律的不变性而做的迁移。而我们在 12.4.1 节中提到，推断的过程不一定具有因果性，它还有可能随领域的变化而变化。因此，也有一些方法考虑基于因果关系的不变性做迁移。由于具有因果性的过程是由隐变量生成观测数据 x 和 y，所以这类模型通常是生成式模型（Generative Model）。由因果不变性原则，可以认为数据的生成过程 $p(x,y|z)$ 是不随领域而变的，而领域间的不同来源于隐变量的边缘分布 $p(z)$ 的不同。在贝叶斯建模的看法下，这个分布通常被称作先验（分布）[Prior（distribution）]。

Teshima 等人利用生成机制的因果不变性处理小样本有监督领域自适应（Few-shot supervised domain adaptation）问题（需要多个源域）[58]。他们在多个源域上学到不变的生成机制，再用目标域中少量的样本调整先验以得到目标域上的预测规则[6]。Cai 等人及 Ilse 等人假设的因果关系如图 12.9（左）所示 [10,23]。他们将隐变量分成两类：一类表示由领域 d 导致的幕后因素 z_d（例如背景、颜色、风格），一类表示由标注 y 导致的幕后因素 z_y（例如形状）。这种区分可以

---

[5]近年来，也有一些文章 [15,25,67] 提出并分析了这类方法的一些问题。
[6]他们假设生成机制是一个确定性双射，在这种情况下因果不变性意味着推断不变性。

12.4 基于因果关系的迁移学习

更好地体现分别由领域变化和标注类别对 x 产生的影响，进而便于泛化到新的领域上。但他们也假设 d 和 y 及 z_d 和 z_y（在联合分布中）是独立的，这限制了他们的模型在一般数据集上的应用。Atzmon 等人对此做了一些改进，认为领域的变化来自于标注 y 及其他属性（Attribute）（可由图中 d 表示；例如颜色）的联合分布的变化，并在其中考虑了两者之间的相关性[5]。不过这些方法没有为新的领域调整先验，因而在新的领域中仍然给出与训练领域上相同的预测规则。

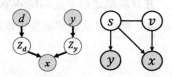

图 12.9　（左）Cai 等人[10]、Ilse 等人[23] 及 Atzmon 等人[5] 所假设的生成数据的因果关系

图 12.9（左）是 Cai 等人[10]、Ilse 等人[23] 及 Atzmon 等人[5] 所假设的生成数据的因果关系，其中 d 表示领域（或标注以外的其他属性），而 z_d 和 z_y 分别表示领域 d 和标注 y 的语义的幕后因素。图 12.9（右）是 Liu 等人[37] 和 Sun 等人[54] 所假设的生成数据生成的因果关系，其中 s 和 v 分别表示导致标注 y 的语义因素和对 y 没有因果关系的变化因素，黑色有向边表示不变的因果关系，黑色无向边表示领域特定的先验分布（允许 s 和 v 有统计相关性）。

在最近的工作中，笔者所在团队中的 Liu 等人为新的领域调整先验，并由生成机制的因果不变性得到在新领域上的推断和预测规则[37]。他们考虑了概率性的生成机制，而推断和预测规则是由贝叶斯公式所给出的后验（分布）[Posterior（distribution）] 推得的，因此先验的变化会给出与训练领域上不同的推断和预测规则。针对零样本泛化（Zero-shot Generalization）和领域自适应任务（其中只有一个训练领域），他们提出分别使用一个独立的、因而信息量更少的先验，以及利用新领域上的无监督数据去学习的方式调整先验。他们所考虑的生成数据的因果关系 [图 12.9（右）] 也稍有不同。其中的隐变量被分为表示标注 y 的语义因素 s（Semantic factor）（例如形状）和对 y 没有因果关系的变化因素 v（Variation factor）（例如背景，颜色），因此图中只有 s 指向 y。这个区分可由因果关系的定义来验证：通过改变被拍摄的物体的方式干预物体形状 s 会改变其标注 y，但通过在另一个环境下拍摄同样的物体的方式干预背景 v 并不会改变物体形状 s 进而不会改变标注 y。与图 12.9（左）的不同之处是 s 与 y 的因果关系的方向。如果 y 表示类别的干净的真值，那么两者都可被解释（取决于认为数据是由给定的类别生成的，还是类别是从数据或其幕后因素标注出来的）；但如果 y 表示一个标注过程的结果，那么 s 导致 y 会更合理一些，因为通过为标注过程加入噪声的方式干预 y 并不会改变形状等语义因素 s。他们证明了在适当条件下，语义因素 s 是可以从单个训练领域中识别出来的，并且给出了零样本泛化误差的界以及领域自适应中迁移成功的保证。Sun 等人将这个模型和方法拓展到领域泛化任务上，并显式地建模了先验随领域变化的规律[54]。在这种多个训练领域的情况下，s 和 v 都可以从训练数据中识别出来。

12.5 小结

本章从不同方面介绍了迁移学习的另一重要问题：安全性和鲁棒性。事实上，安全性和鲁棒性的定义非常广泛，本章仅能代表其万分之一。具体而言，本章通过以下三个方面进行介绍：微调框架抵制预训练模型的攻击继承性、使用联邦学习和无需源域数据的迁移学习保护数据隐私，以及基于因果关系实现更鲁棒的迁移学习。这些课题均对构建一个安全鲁棒的迁移学习不可或缺、且目前尚处于活跃的研究阶段。除此之外，与安全性和鲁棒性有关的其他课题还包括攻击的可迁移性、神经风格迁移以及异常检测。有兴趣的读者可持续关注相关的研究进展。

参考文献

[1] Agarwal, P., Paudel, D. P., Zaech, J.-N., and Van Gool, L. (2022). Unsupervised robust domain adaptation without source data. In *Proceedings of the IEEE/CVF Winter Conference on Applications of Computer Vision*, pages 2009–2018.

[2] Ahmed, S. M., Raychaudhuri, D. S., Paul, S., Oymak, S., and Roy-Chowdhury, A. K. (2021). Unsupervised multi-source domain adaptation without access to source data. In *Proceedings of the IEEE/CVF Conference on Computer Vision and Pattern Recognition*, pages 10103–10112.

[3] Arivazhagan, M. G., Aggarwal, V., Singh, A. K., and Choudhary, S. (2019). Federated learning with personalization layers. *arXiv preprint arXiv:1912.00818*.

[4] Arjovsky, M., Bottou, L., Gulrajani, I., and Lopez-Paz, D. (2019). Invariant risk

minimization. *arXiv preprint arXiv:1907.02893*.

[5] Atzmon, Y., Kreuk, F., Shalit, U., and Chechik, G. (2020). A causal view of compositional zero-shot recognition. *Advances in Neural Information Processing Systems*, 33.

[6] Bahadori, M. T., Chalupka, K., Choi, E., Chen, R., Stewart, W. F., and Sun, J. (2017). Causal regularization. *arXiv preprint arXiv:1702.02604*.

[7] Berthelot, D., Carlini, N., Goodfellow, I., Papernot, N., Oliver, A., and Raffel, C. (2019). Mixmatch: A holistic approach to semi-supervised learning. *arXiv preprint arXiv:1905.02249*.

[8] Besserve, M., Shajarisales, N., Schölkopf, B., and Janzing, D. (2018). Group invariance principles for causal generative models. In *International Conference on Artificial Intelligence and Statistics*, pages 557–565. PMLR.

[9] Bridle, J. S., Heading, A. J., and MacKay, D. J. (1991). Unsupervised classifiers, mutual information and'phantom targets'. In *Advances in neural information processing systems (NIPS)*.

[10] Cai, R., Li, Z., Wei, P., Qiao, J., Zhang, K., and Hao, Z. (2019). Learning disentangled semantic representation for domain adaptation. In *Proceedings of the Conference of IJCAI*, volume 2019, page 2060. NIH Public Access.

[11] Chen, Y., Lu, W., Wang, J., Qin, X., and Qin, T. (2021). Federated learning with adaptive batchnorm for personalized healthcare. *IEEE Transactions on Big Data (TBD)*.

[12] Chen, Y., Qin, X., Wang, J., Yu, C., and Gao, W. (2020). Fedhealth: A federated transfer learning framework for wearable healthcare. *IEEE Intelligent Systems*, 35(4): 83–93.

[13] Chidlovskii, B., Clinchant, S., and Csurka, G. (2016). Domain adaptation in the absence of source domain data. In *Proceedings of the 22nd ACM SIGKDD International Conference on Knowledge Discovery and Data Mining*, pages 451–460.

[14] Chin, T.-W., Zhang, C., and Marculescu, D. (2021). Renofeation: A simple transfer learning method for improved adversarial robustness. In *Proceedings of the IEEE/ CVF Conference on Computer Vision and Pattern Recognition workshops*, pages 3243–3252.

[15] Chuang, C.-Y., Torralba, A., and Jegelka, S. (2020). Estimating generalization under distribution shifts via domain-invariant representations. In *International Conference on Machine Learning*, pages 1984–1994. PMLR.

[16] Feng, H.-Z., You, Z., Chen, M., Zhang, T., Zhu, M., Wu, F., Wu, C., and Chen, W. (2021). Kd3a: Unsupervised multi-source decentralized domain adaptation via knowledge distillation. In *International conference on machine learning (ICML)*.

[17] Gao, D., Liu, Y., Huang, A., Ju, C., Yu, H., and Yang, Q. (2019). Privacy-preserving heterogeneous federated transfer learning. In *2019 IEEE International Conference on Big Data (Big Data)*, pages 2552–2559. IEEE.

[18] Gong, M., Zhang, K., Huang, B., Glymour, C., Tao, D., and Batmanghelich, K. (2018). Causal generative domain adaptation networks. *arXiv preprint arXiv:1804.04333*.

[19] Gong, M., Zhang, K., Liu, T., Tao, D., Glymour, C., and Schölkopf, B. (2016). Domain adaptation with conditional transferable components. In *International Conference on Machine Learning*, pages 2839–2848.

[20] Guo, X., Yao, Q., Tu, W., Chen, Y., Dai, W., and Yang, Q. (2018). Privacy-preserving transfer learning for knowledge sharing. *arXiv preprint arXiv:1811.09491*.

[21] He, Y., Shen, Z., and Cui, P. (2019). Towards non-i.i.d. image classification: A dataset and baselines. *arXiv preprint arXiv:1906.02899*.

[22] Hou, Y. and Zheng, L. (2020). Source free domain adaptation with image translation. *arXiv preprint arXiv:2008.07514*.

[23] Ilse, M., Tomczak, J. M., Louizos, C., and Welling, M. (2020). DIVA: Domain invariant variational autoencoders. In *Medical Imaging with Deep Learning*, pages 322–348. PMLR.

[24] Ji, Y., Zhang, X., Ji, S., Luo, X., and Wang, T. (2018). Model-reuse attacks on deep learning systems. In *Proceedings of the 2018 ACM SIGSAC conference on computer and communications security*, pages 349–363.

[25] Johansson, F. D., Sontag, D., and Ranganath, R. (2019). Support and invertibility in domain-invariant representations. In *AISTATS*, pages 527–536.

[26] Ju, C., Gao, D., Mane, R., Tan, B., Liu, Y., and Guan, C. (2020). Federated transfer learning for eeg signal classification. *arXiv preprint arXiv:2004.12321*.

[27] Kairouz, P., McMahan, H. B., Avent, B., Bellet, A., Bennis, M., Bhagoji, A. N., Bonawitz, K., Charles, Z., Cormode, G., Cummings, R., et al. (2021). Advances and open problems in federated learning. *Foundations and Trends® in Machine Learning*, 14(1–2): 1–210.

[28] Khodak, M., Balcan, M.-F. F., and Talwalkar, A. S. (2019). Adaptive gradient-based meta-learning methods. In *Advances in Neural Information Processing Systems*, volume 32, pages 5917–5928.

[29] Kilbertus, N., Parascandolo, G., and Schölkopf, B. (2018). Generalization in anticausal learning. *arXiv preprint arXiv:1812.00524*.

[30] Kundu, J. N., Venkat, N., Babu, R. V., et al. (2020). Universal source-free domain adaptation. In *Proceedings of the IEEE/CVF Conference on Computer Vision and Pattern Recognition*, pages 4544–4553.

[31] Kurmi, V. K., Subramanian, V. K., and Namboodiri, V. P. (2021). Domain impression: A source data free domain adaptation method. In *Proceedings of the IEEE/CVF Winter Conference on Applications of Computer Vision*, pages 615–625.

[32] Li, T., Sahu, A. K., Zaheer, M., Sanjabi, M., Talwalkar, A., and Smith, V. (2020). Federated optimization in heterogeneous networks. In *Proceedings of Machine Learning and Systems 2020, MLSys 2020, Austin, TX, USA, March 2-4, 2020*. mlsys.org.

[33] Liang, J., Hu, D., and Feng, J. (2020). Do we really need to access the source data? source hypothesis transfer for unsupervised domain adaptation. In *International Conference on Machine Learning*, pages 6028–6039. PMLR.

[34] Liang, J., Hu, D., He, R., and Feng, J. (2021a). Distill and fine-tune: Effective adaptation from a black-box source model. *arXiv preprint arXiv:2104.01539*.

[35] Liang, J., Hu, D., Wang, Y., He, R., and Feng, J. (2021b). Source data-absent unsupervised domain adaptation through hypothesis transfer and labeling transfer. *IEEE Transactions on Pattern Analysis and Machine Intelligence*.

[36] Lim, W. Y. B., Luong, N. C., Hoang, D. T., Jiao, Y., Liang, Y.-C., Yang, Q., Niyato, D., and Miao, C. (2020). Federated learning in mobile edge networks: A comprehensive survey. *IEEE Communications Surveys & Tutorials*, 22(3): 2031–2063.

[37] Liu, C., Sun, X., Wang, J., Li, T., Qin, T., Chen, W., and Liu, T.-Y. (2020). Learning causal semantic representation for out-of-distribution prediction. *arXiv preprint arXiv:2011.01681*.

[38] Liu, Y., Chen, T., and Yang, Q. (2018). Secure federated transfer learning. *arXiv preprint arXiv:1812.03337*.

[39] Lopez-Paz, D., Nishihara, R., Chintala, S., Schölkopf, B., and Bottou, L. (2017). Discovering causal signals in images. In *Proceedings of the IEEE Conference on Computer Vision and Pattern Recognition*, pages 6979–6987.

[40] Magliacane, S., van Ommen, T., Claassen, T., Bongers, S., Versteeg, P., and Mooij, J. M. (2018). Domain adaptation by using causal inference to predict invariant conditional distributions. In *Advances in Neural Information Processing Systems*, pages 10846–10856.

[41] Pearl, J. (2009). *Causality*. Cambridge university press.

[42] Pearl, J. et al. (2009). Causal inference in statistics: An overview. *Statistics surveys*, 3: 96–146.

[43] Peng, X., Usman, B., Kaushik, N., Hoffman, J., Wang, D., and Saenko, K. (2017). Visda: The visual domain adaptation challenge. *arXiv preprint arXiv:1710.06924*.

[44] Peters, J., Janzing, D., and Schölkopf, B. (2017). *Elements of causal inference: foundations and learning algorithms*. MIT press.

[45] Rezaei, S. and Liu, X. (2020). A target-agnostic attack on deep models: Exploiting security vulnerabilities of transfer learning. In *International conference on learning representations (ICLR)*.

[46] Rojas-Carulla, M., Schölkopf, B., Turner, R., and Peters, J. (2018). Invariant models for causal transfer learning. *The Journal of Machine Learning Research*, 19(1):1309–1342.

[47] Schölkopf, B. (2019). Causality for machine learning. *arXiv preprint arXiv:1911.10500*.

[48] Schölkopf, B., Janzing, D., Peters, J., Sgouritsa, E., Zhang, K., and Mooij, J. M. (2012). On causal and anticausal learning. In *International Conference on Machine Learning (ICML 2012)*, pages 1255–1262. International Machine Learning Society.

[49] Schölkopf, B., Janzing, D., Peters, J., and Zhang, K. (2011). Robust learning via cause-effect models. *arXiv preprint arXiv:1112.2738*.

[50] Sharma, S., Xing, C., Liu, Y., and Kang, Y. (2019). Secure and efficient federated transfer learning. In *2019 IEEE International Conference on Big Data (Big Data)*, pages 2569–2576. IEEE.

[51] Shen, Z., Cui, P., Kuang, K., Li, B., and Chen, P. (2018). Causally regularized learning with agnostic data selection bias. In *2018 ACM Multimedia Conference on Multimedia Conference*, pages 411–419. ACM.

[52] Smith, V., Chiang, C.-K., Sanjabi, M., and Talwalkar, A. (2017). Federated multi-task learning. In *Proceedings of the 31st International Conference on Neural Information Processing Systems*, pages 4427–4437.

[53] Sun, B. and Saenko, K. (2016). Deep coral: Correlation alignment for deep domain adaptation. In *ECCV*, pages 443–450.

[54] Sun, X., Wu, B., Liu, C., Zheng, X., Chen, W., Qin, T., and Liu, T.-y. (2020). Latent causal invariant model. *arXiv preprint arXiv:2011.02203*.

[55] Szegedy, C., Liu, W., Jia, Y., Sermanet, P., Reed, S., Anguelov, D., Erhan, D., Vanhoucke, V., and Rabinovich, A. (2015). Going deeper with convolutions. In *Proceedings of the IEEE conference on computer vision and pattern recognition*, pages 1–9.

[56] T Dinh, C., Tran, N., and Nguyen, T. D. (2020). Personalized federated learning with moreau envelopes. In *Advances in Neural Information Processing Systems*, volume 33.

[57] Taufique, A. M. N., Jahan, C. S., and Savakis, A. (2021). Conda: Continual unsupervised domain adaptation. *arXiv preprint arXiv:2103.11056*.

[58] Teshima, T., Sato, I., and Sugiyama, M. (2020). Few-shot domain adaptation by causal mechanism transfer. In *Proceedings of the 37th International Conference on*

Machine Learning, ICML 2020, 13-18 July 2020, Virtual Event, volume 119 of *Proceedings of Machine Learning Research*, pages 9458–9469.

[59] Tian, J., Zhang, J., Li, W., and Xu, D. (2021). Vdm-da: Virtual domain modeling for source data-free domain adaptation. *arXiv preprint arXiv:2103.14357*.

[60] Wang, B., Yao, Y., Viswanath, B., Zheng, H., and Zhao, B. Y. (2018). With great training comes great vulnerability: Practical attacks against transfer learning. In *27th {USENIX} Security Symposium ({USENIX} Security 18)*, pages 1281–1297.

[61] Xu, J., Glicksberg, B. S., Su, C., Walker, P., Bian, J., and Wang, F. (2021). Federated learning for healthcare informatics. *Journal of Healthcare Informatics Research*, 5(1): 1–19.

[62] Yang, Q., Liu, Y., Cheng, Y., Kang, Y., Chen, T., and Yu, H. (2019). Federated learning. *Synthesis Lectures on Artificial Intelligence and Machine Learning*, 13(3): 1–207.

[63] Yeganeh, Y., Farshad, A., Navab, N., and Albarqouni, S. (2020). Inverse distance aggregation for federated learning with non-iid data. In *Domain Adaptation and Representation Transfer, and Distributed and Collaborative Learning*, pages 150–159. Springer.

[64] Yeh, H.-W., Yang, B., Yuen, P. C., and Harada, T. (2021). Sofa: Source-data-free feature alignment for unsupervised domain adaptation. In *Proceedings of the IEEE/CVF Winter Conference on Applications of Computer Vision*, pages 474–483.

[65] Zhang, K., Schölkopf, B., Muandet, K., and Wang, Z. (2013). Domain adaptation under target and conditional shift. In *International Conference on Machine Learning*, pages 819–827.

[66] Zhang, Z., Li, Y., Wang, J., Liu, B., Li, D., Chen, X., Guo, Y., and Liu, Y. (2022). Remos: Reducing defect inheritance in transfer learning via relevant model slicing. In *The 44th International Conference on Software Engineering*.

[67] Zhao, H., Des Combes, R. T., Zhang, K., and Gordon, G. (2019). On learning invariant representations for domain adaptation. In *International Conference on Machine Learning*, pages 7523–7532.

13 复杂环境中的迁移学习

真实的应用环境往往是动态变化的。算法也理应如此。我们需要开发新的迁移学习算法以应对持续变化的应用环境。在现代的基于深度神经网络的迁移学习中，数据是最重要的资源之一。因此，我们根据数据复杂性的特点介绍复杂环境下的迁移学习。本章将介绍其中的一些研究课题和研究现状，抛砖引玉，为读者讲述复杂环境中如何进行迁移学习。

本章的组织安排如下。在 13.1 节中，我们介绍非均衡数据中的迁移学习。13.2 节介绍多源迁移学习，即源域数据来自多个源头。13.3 节中描述开放集迁移学习，即源域和目标域数据有不同的类别空间。13.4 节介绍时间序列迁移学习，侧重描述面对持续非离散的时序数据如何进行迁移。最后，13.5 节介绍在在线环境中如何进行迁移学习。

13.1 类别非均衡的迁移学习

类别的非均衡性是普适计算环境动态变化性的一个重要体现。许多应用中都存在着类别非均衡性问题。例如，在图 13.1(a) 所示的跌倒检测应用中（跌倒检测为二分类任务），当跌倒和非跌倒的样本所占比例分别为 90% 和 10% 时（方便起见，分别称之为大类和小类），传统的分类模型会倾向于学习大类数据中蕴含的信息，而忽略小类样本的重要性。简而言之，当训练数据中不同类别的样本所占的比例存在较大悬殊时，分类模型的效果会受到很大的影响，使得模型严重不平衡、在小类数据上的分类能力被削弱。同时，非均衡的分类也是机器学习中的一个重要问题，许多相关工作[4,13,15,18,20,23,24,37–39]均对此问题进行了广泛的研究。

13.1 类别非均衡的迁移学习

此问题在迁移学习中同样存在。来自佛罗里达大西洋大学的研究者们通过在不均衡数据上的实验,证明了当类别非均衡性增大时迁移学习算法的精度会受到很大影响[45]。由于迁移学习强调从若干个不同数据分布的领域中学习知识,而类别分布是领域数据分布的一种重要体现,因此,类别非均衡性问题在迁移学习中变得更为重要。

例如,在图 13.1(b) 中,源域和目标域均包含两个类别的、服从不同概率分布的数据。图中的类别 2(即浅色柱状图、分布图中的浅色点)在源域中所占比例大大低于其在目标域中所占比例。红色类别(两柱状图中左侧类别)则服从相反的规律。此时,如果从源域中迁移知识到目标域,由于源域中蓝色类别所占比例太小,则很可能由于源域知识不足而发生负迁移[29],即使用迁移的效果反而未超过不使用迁移的效果。实际中有诸多类似的场景,如在跌倒检测、室内定位、文本分类等应用中,极易出现某一类别所占比例过大的现象。

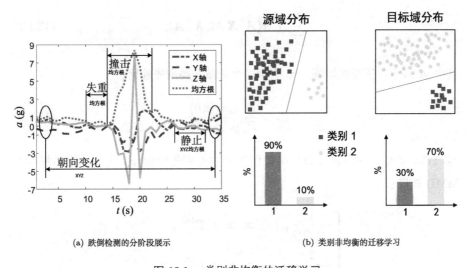

(a) 跌倒检测的分阶段展示 (b) 类别非均衡的迁移学习

图 13.1 类别非均衡的迁移学习

近年来一些工作注意到了类别不均衡的迁移学习。Al-Stouhi 等人利用迁移学习来帮助类别不均衡数据进行学习,但是其关注点并不是解决迁移学习中的不均衡问题[1]。Weiss 等人通过在若干个流行的迁移方法上针对不均衡数据进行实验,证明了当类别不均衡性增大时迁移学习算法的表现会越来越差[45]。滑铁卢大学的研究者提出的方法学习特定样本的权重[19];东京理工大学提出了一种深度的过采样框架 [2];多重集特征学习(Multiset Feature Learning,MFL)由武汉大学的研究者提出，用以学习判别式特征[46]；哈尔滨工业大学的研究者使用加权平均最大差异来构建目标域的源引用集，然后使用了深度神经网络[50]，考虑到了将源域和目标域的条件分布差异进行最小化；文献 [17] 侧重于解决有标签情况下的不均衡分类问题。

文献 [43] 提出了**基于类别适配的平衡迁移方法 BDA**（Balanced Distribution Adaptation）进行类别不均衡的迁移学习。BDA 的核心思想是，在可再生核希尔伯特空间（Reproducing Kernel Hilbert Space, RKHS）中减小源域和目标域的概率分布差异，同时最大化数据的散度。在此过程中，BDA 根据迁移特征变换的效果，动态重构两个领域中每个类别所占的比例，然后使用分类期望最大化（Classification EM）算法来高效地求解相应的迁移学习模型。

BDA 从 TCA 方法[28]中得到启发，也采用了 MMD 距离作为分布度量差异。其核心优化目标如下（参照 5.2 节）：

$$\sum_{c=1}^{C} \beta_c \, \mathrm{tr}(\boldsymbol{A}^\mathrm{T} \boldsymbol{X} \boldsymbol{M}_c \boldsymbol{X}^\mathrm{T} \boldsymbol{A}), \tag{13.1.1}$$

其中 $\boldsymbol{A}$ 表示特征变换矩阵，β_c 表示两个领域的**类别先验比**：

$$\beta_c = \frac{P_\mathrm{t}(y_t = c; \theta)}{P_\mathrm{s}(y_s = c; \theta)}. \tag{13.1.2}$$

与 TCA 类似，在求解 BDA 时我们将上述类别先验比 β_c 代入，构建相应的 MMD 矩阵：

$$(\boldsymbol{M}_c)_{ij} = \begin{cases} \dfrac{1}{(N_\mathrm{s}^{(c)})^2}, & \boldsymbol{x}_i, \boldsymbol{x}_j \in \mathcal{D}_\mathrm{s}^{(c)} \\[6pt] \dfrac{1}{(N_\mathrm{t}^{(c)})^2}, & \boldsymbol{x}_i, \boldsymbol{x}_j \in \mathcal{D}_\mathrm{t}^{(c)} \\[6pt] -\dfrac{\beta_c}{N_\mathrm{s}^{(c)} N_\mathrm{t}^{(c)}}, & \begin{cases} \boldsymbol{x}_i \in \mathcal{D}_\mathrm{s}^{(c)}, \boldsymbol{x}_j \in \mathcal{D}_\mathrm{t}^{(c)} \\ \boldsymbol{x}_i \in \mathcal{D}_\mathrm{t}^{(c)}, \boldsymbol{x}_j \in \mathcal{D}_\mathrm{s}^{(c)} \end{cases} \\[6pt] 0, & \text{otherwise} \end{cases} \tag{13.1.3}$$

BDA 方法实现简单，但是效果出众，解决了迁移学习领域少有人关注的类别不均衡问题。BDA 在图像分类、跌倒检测、字符识别等非均衡性类别任务中，均取得了很好的效果，更多细节请参考文献 [43]。我们也希望今后能够有更多的研究工作关注非均衡问题，取得更好的效果。

13.2 多源迁移学习

本书的主要部分介绍的迁移学习模式均为从一个源域迁移知识到另一个源域；即使有多个源域，我们也常常会进行源域选择（参照本书 2.3 节），以选择出与目标域性质最相似、分布最接近的数据领域完成迁移。一个非常直接的扩展是：若有多个源域，即使每个源域与目标域均有不同程度的相似度，则仍然可以被用来进行知识迁移。现实生活中可用的源域也并非只有一个，这也就出现了**多源迁移学习**的问题。与此对应，我们可以将前面介绍的迁移方法称为单源迁移。

例如，在构建 ImageNet 数据集 [8] 时，设计者往往从不同渠道获取图片。单源迁移常用的数据集 Office-31 [32] 包含 3 个领域，Office-Home [41] 包含 4 个领域，但是单源迁移往往只从中分别选择一个源域和一个目标域。实际上，我们可以利用除目标域之外的所有领域进行知识迁移，因此多源迁移更符合真实场景。

单源迁移通常只考虑两个领域之间领域偏移（Domain shift）的问题，而多源迁移需要考虑多个领域之间领域偏移的问题，如图 13.2 所示。多源迁移场景的数据分布更为复杂，而简单地将不同领域的数据合并成一个领域并不能取得最优的效果；反而由于不同领域数据之间的差异性，可能会导致负迁移。因此，多源迁移也是一个更具挑战性的方向。

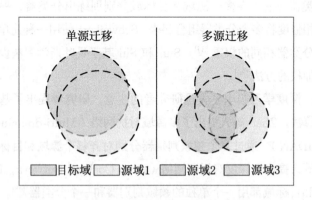

图 13.2 单源迁移与多源迁移

多源迁移也有相应的理论支持。Crammer 等人提出了多源迁移的期望损失的边界条件为多源迁移奠定了理论基础[7]。Mansour 等人证明了一个理想的目标假设（Hypothesis）可以表示为多个源域假设的加权分布[26]。

在介绍具体的多源迁移的方法之前，先简单介绍多源迁移的问题定义。

定义 13.1 多源迁移学习（Multi-source transfer learning） 给定由 N 个源域构成的源域集合 $\mathcal{D} = \{\mathcal{D}_i\}_{i=1}^{N}$，其中每个源域 $\mathcal{D}_i = \{(x_j^i, y_j^i)\}_{j=1}^{N_i}$，一个目标域 $\mathcal{D}_t = \{\mathcal{D}_t^l \cup \mathcal{D}_t^u\}$，其中 $\mathcal{D}_t^l$ 和 $\mathcal{D}_t^u$ 分别表示有标签和无标签的目标域数据，$\mathcal{D}_t^l = \{x_j^l, y_j^l\}_{j=1}^{N_l}, \mathcal{D}_t^u = \{x_j^u\}_{j=1}^{N_u}$。$N_l, N_u$ 分别表示目标域有标签和无标签数据的数量。多源迁移学习的目标就是要从多个训练源域中学习一个判别函数 f 使其在无标签目标域上具有最小的损失。

按照目标域是否有标签数据，多源迁移可以被分为半监督多源迁移学习[34]和无监督多源迁移学习[55]。多源迁移学习旨在使用这 N 个源域来帮助目标域任务进行学习。当 $N = 1$ 时，多源迁移退化为单源迁移的场景。

传统的多源迁移学习方法大致可以分为基于特征的方法和组合分类器的方法。这两种方法的基本思路如下。

基于特征的方法改变多个领域的特征表示，使之更好地表示多个领域的公共特征。换言之，此类方法旨在使得多个源域和目标域的特征空间尽量接近。为达到此效果，可以做以下两个方面的尝试：（1）移除源域中和目标域特征分布差异较大的样本或者根据相似度给源域样本加权[35]，（2）通过映射函数将不同领域数据映射到同一个特征空间以最小化不同领域特征间的差异，从而达到拉近特征分布的效果[11]。

组合分类器方法则在多个源域和目标域分别训练出分类器，根据不同源域和目标域的相似度将多个分类器组合起来。Schweikert 使用一种简单的组合方法给每个源域分类器相同的权重[34]。Sun 和 Shi 基于贝叶斯学习法设计了一种给源域分类器加权的方法[36]。

近年来，深度学习吸引了大量研究者的注意，研究者提出了基于深度学习的多源迁移算法。Zhao 等人提出了多源域对抗网络（Multi-domain Adversarial Network，MDAN），通过多个领域判别器分别对齐每个源域和目标域特征的分布[53]。Xu 等人提出了深度鸡尾酒网络（Deep Cocktail Network，DCTN），针对每个源域和目标域都用一个单独的领域判别器和一个分类器[48]。领域判别器用于对齐特征分布，分类器输出预测的概率分布。DCTN 基于领域判别器的输出，还设计了一种多个分类器投票的方法。Peng 等人提出了一种 M³SDA 的方法，在考虑源域和目标域之间对齐的同时还对齐不同源域的特征分布[31]。上述的深度多源迁移方法尝试将所有源域和目标域数据映射到同一个特征空间，在同一个特征空间中对齐不同领域的特征分布。Zhu 等人认为单源迁移通过特征对齐的手段无法完全消除领域分布差异的影响，那么在多源迁移中，在同一个特征空间尝试消除所有领域间的分布差异是更困难的[55]。因此，Zhu 等人提出了一种新的框架 MFSAN，将不同源域提取到不同特征空间，在不同特征空间分别对齐源域和目标域的特征分布，并且提出了一种一致性正则化项，可以约束多个分类器对同一个样本的输出，使得它们更加接近。

综上，多源迁移的整体框架可以表示为

$$\mathcal{L}_{\text{cls}} + \mathcal{L}_{\text{da}} + \mathcal{L}_{\text{reg}}, \tag{13.2.1}$$

其中 $\mathcal{L}_{\text{cls}}$ 表示分类损失，$\mathcal{L}_{\text{da}}$ 表示自适应损失，其需要考虑源域和目标域的特征对齐，以及不同源域之间的特征对齐。$\mathcal{L}_{\text{reg}}$ 表示正则化项，对多个分类器或者特征提取器做进一步限制，比如一致性正则化项[55]。

毫无疑问，多个源域包含的可以迁移的知识通常比单个源域更丰富。同时，研究表明多源迁移比单源迁移能达到更好的效果。现在迁移学习算法通常面临效果不够好，无法达到落地要求的问题，利用多个源域可以提升迁移的效果，或许是迁移学习落地的一条可行之路。研究者在进行多源迁移时，要特别注意多源知识带来的不确定性以及由于领域知识的冲突可能带来的负迁移影响。

13.3 开放集迁移学习

本节介绍近几年兴起的热门研究领域：开放集迁移学习。

现有的迁移学习针对的都是一个"封闭"的任务。具体而言，源域和目标域中包含的类别是完全一样的：源域有几类，目标域便有几类。显然，这只是理想状态下的迁移学习场景。在真正的环境中，源域和目标域往往只会共享部分类的信息，甚至源域和目标域之间完全不存在公共类别。我们将源域和目标域的类别完全相同的场景称为**封闭集**（Closed Set），源域和目标域共享一部分类别的场景称为**开放集**（Open Set），源域和目标域完全不共享任何类别的场景，称为**全开放集**（Full-open Set）。很显然，由封闭集到开放集，再到全开放集，问题逐渐由简单到复杂，针对的场景也越来越复杂。

图 13.3 简要描述了上述介绍的三种场景。

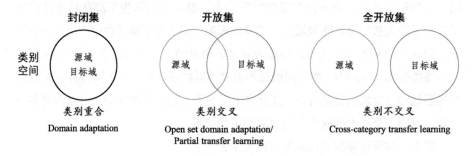

图 13.3　从全封闭集到全开放集的迁移学习类别空间示意图

由于这些场景主要关注源域和目标域的类别空间，而通常假定其特征空间一致（显然特征空间不一致是此问题的另一种扩展形式，我们在这里不作讲解）。因此，我们以类别空间 $\mathcal{Y}$ 和 $\mathcal{Y}$ 的关系来描述这三种场景：

- 封闭集：$\mathcal{Y} = \mathcal{Y}$。
- 开放集：$\mathcal{Y} \neq \mathcal{Y}$，且 $\mathcal{Y} \cap \mathcal{Y} \neq \emptyset$。其中 $\emptyset$ 表示空集。
- 全开放集：$\mathcal{Y} \neq \mathcal{Y}$，且 $\mathcal{Y} \cap \mathcal{Y} = \emptyset$。

现有的工作对于开放集的定义尚未完全统一。例如，我们采用的定义与文献 [30] 的一致，文献 [33] 提出了开放集的概念，但并未允许在源域中有与目标域类别不一致的样本可被访问。开放集迁移学习的核心是确定源域和目标域类别的对应关系。由于源域和目标域仅共享一部分类别，因此，如何利用这些公共类别的相似性来确定源域中与目标域最相似的那些样本和类别便成为一个难点。文献 [30] 提出利用离群点检测的方法来排除源域中与目标域类别不同的样本，文献 [33] 用类别概率来表示权重。文献 [12] 从理论和算法上均给出了一些证明。

最近，文献 [49] 认为在开放集迁移学习中，已有的研究在目标域未知样本在特征空间中与决策边界接近时，容易产生误分类的后果。为了克服此挑战，研究人员提出联合部分最优传输（Joint Partial Optimal Transport，JPOT）的方法（图 13.4）进行开放集迁移学习。JPOT 方法不仅最大限度地利用源域的判别知识，同时也利用目标域未知类别的判别性。JPOT 方法利用所提出的部分判别性原型完备损失来达到类内间距最小化、类间间距最大化的目标。同时，JPOT 方法可以通过反向传播来估计未知类别的均值的方差。JPOT 方法是第一个针对开放集迁移学习的最优传输方法，在公开数据集上取得了优秀的表现。

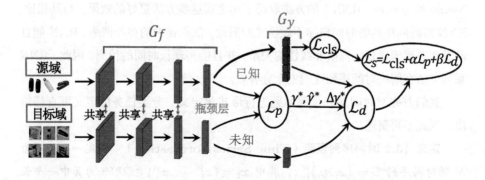

图 13.4　联合部分最优传输方法（JPOT）[49]。

相关工作还有很多，不可能一一列举。毫无疑问，未来的迁移学习应当是全开放的场景，这也在激励着研究者们不断朝着这个目标迈进。

13.4　时间序列迁移学习

本书的绝大部分篇幅都在描述迁移学习算法，因此假定任务均为图像分类。然而，实际应用中并非只有图像这一种数据类型，实际的任务也并非只有分类。本节介绍时间序列数据上的迁移学习方法。特别地，我们将介绍迁移学习应用于时间序列的回归和分类任务。由于此类研究目前还较少，因此，未来有很高的研究和应用价值。

时间序列（Time Series）在日常生活中有着广泛的应用，如天气预测[42]、健康数据分析[22]，以及交通情况预测[5]等实际问题均需要对时间序列进行建模。所谓时间序列，指的是按照时间、空间或其他定义好的顺序形成的一条序列数据。由于时间的连续性，不难想象，时间序列数据会随着时间动态变化。特别地，时间序列的一些统计信息（例如均值、方差等）会随着时间动态变化。统计学通常将此类时间序列称为非平稳时间序列（Non-stationary Time Series）。

为解决此问题，传统方法通常基于马尔可夫假设进行建模，即时间序列上的每个观测仅依赖于它的前一时刻的观测。依据此假设，隐马尔可夫模型、动态贝叶斯网络、卡尔曼滤波法，以及其他统计模型如自回归移动平均模型（Autoregressive Integrated Moving Average Model, ARIMA）等都在时间序列预测上取得了良好的效果。最近几年随着深度学习的兴起,基于循环神经网络(Recurrent Neural Networks,RNN)的方法取得了比之前这些方法更好的效果。与其相比,RNN 对时间序列的时间规律不做显式的假设,依靠强大的神经网络,RNN 能自动发现并建模序列中高阶非线性的关系,并且能实现长时间的预测。因此,RNN 系列方法在解决时间序列建模上十分有效。

我们首先对时间序列预测问题进行形式化定义。分类任务的定义可直接给出,因此不再赘述。

定义 13.2 时间序列预测(Time Series Forecasting) 给定一个长度为 N 的时间序列 $\mathcal{D} = \{x_i, y_i\}_{i=1}^{N}$,其中 $x_i = (x_i^1, \cdots, x_i^n) \in \mathbb{R}^{p \times n}$ 为其中一个长度为 n、维度为 p 的样本,且 $y_i = (y_i^1, \cdots, y_i^d)$ 为其 d 维数据标签。显然,在普通的单值预测问题中 $d = 1$。我们的目标是学习一个预测模型 $\mathcal{M}$,使其在数据 $\hat{x} = \{x_i\}_{i=N+1}^{\leqslant N+\tau}$ 上进行 τ 步预测,以求得预测标签 $\hat{y}_i = (\hat{y}_i^1, \cdots, \hat{y}_d) \in \mathbb{R}^{d \times \tau}$。

那么,时间序列中存在迁移学习问题吗?迁移学习如何应用于时间序列建模?

先回答第一个问题:时间序列中存在迁移学习问题吗?

我们注意到,非平稳时间序列的最大特性便是其动态变化的统计特征。故其数据分布也在动态变化着。在此情形下,RNN 模型尽管能够捕获一些局部的时间相关性,但是对于一个预测问题而言,对测试数据一无所知。此问题与传统的图像分类等问题并不相同:试想,时间序列建模要求我们预测未来(例如根据最近一周的天气预测未来的天气),因此未来的数据是不可知的;而在图像分类时,我们可以获取测试数据的图片。因此,此问题与第 11 章介绍的领域泛化问题非常相似。RNN 在面对未知的数据分布时很可能会发生模型漂移(Model shift)现象。因此,对时间序列进行迁移学习的主要任务就是构建一个时间无关(Temporally-invariant)的模型用于未知数据和任务。

此问题无法直接应用本书介绍的迁移方法。首先,时间序列的数据分布具有连续性。由于每个时刻的数据分布都在改变,因此需要找到一种方法将连续的分布差异变成离散的、可计算的分布差异,同时又能最大限度地捕获整个时间序列的分布特性,以便最大化后续的迁移效果。其次,即使上一步骤能够完成,现有的迁移方法均为基于卷积神经网络的分类问题而设计,也无法直接用于 RNN 模型。由于上述两个挑战的存在,我们需要研究特别的算法来完成时间序列的迁移学习。

13.4.1 AdaRNN：用于时间序列预测的迁移学习

给定图 13.5 所示的数据情况。数据分布 $P(x)$ 在不同的阶段 A,B,C 均不同。特别地，对于未知的测试数据而言，其分布与训练数据的分布也不相同。条件概率分布 $P(y|x)$ 通常被认为是不变的。例如，在股票预测问题中，市场的波动导致边缘概率分布 $P(x)$ 发生改变；而经济规律 $P(y|x)$ 则通常是不变的。由于所有的数据并非独立同分布，因此本书之前提出的方法显然会面临弱泛化性的问题[21]。

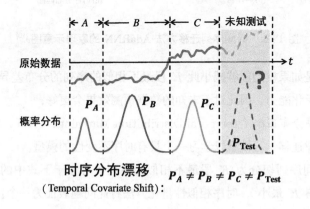

图 13.5　时间序列的时序分布漂移现象示意图

文献 [10] 提出了针对时间序列进行建模的 **AdaRNN** 方法（Adaptive RNNs）。AdaRNN 方法首先将时间序列中分布动态改变的现象定义为**时序分布漂移**（Temporal Covariate Shift，TCS）问题，并提出有效的方法来解决此问题。TCS 现象如图 13.5 所示。AdaRNN 方法为研究时间序列建模提供了一个全新的数据分布的视角。

定义 13.3 时序分布漂移（Temporal Covariate Shift）　给定一个由 K 段组合成的时间序列 $\mathcal{D} = \{\mathcal{D}_1, \cdots, \mathcal{D}_K\}$，其中每一段 $\mathcal{D}_j = \{\bm{x}_j, \bm{y}_j\}_{j=N_j}^{N_j+1}$，时间序列总长度为 $N = \sum_{j=1}^{K} N_j$，并且规定 $N_0 = 0$。当 $P(\mathcal{D}_i) \neq P(\mathcal{D}_j), \forall 1 \leqslant i \neq j \leqslant K$ 时，则发生时序分布漂移现象。

为解决时序分布漂移问题，AdaRNN 方法设计了如图 13.6 所示的两个重要步骤：

（1）时序相似性量化（Temporal Distribution Characterization，TDC）将时间序列中连续的数据分布情形进行量化以将其分为 K 段分布最不相似的序

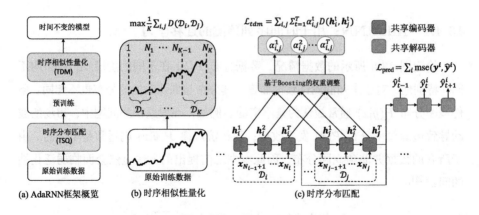

图 13.6　时间序列迁移方法 AdaRNN 的原理示意图[10]

列。其假设是如果模型能够减小此 K 段最不相似的序列的分布差异，则模型将具有最强的泛化能力。因此对于未知的数据预测效果会更好；

（2）时序分布匹配（Temporal Distribution Matching，TDM）为上述 K 段时间序列构建迁移学习模型以学习一个具有时序不变性的模型。

为将时间序列切分为 K 段最不相似的序列（对应于下式中的求最大值操作、同时使得 K 最小），时序相似性量化方法将此问题表征为一个优化问题：

$$\max_{0<K\leqslant K_0} \max_{N_1,\cdots,N_K} \frac{1}{K} \sum_{1\leqslant i\neq j\leqslant K} D(\mathcal{D}_i,\mathcal{D}_j)$$
$$\text{s.t. } \forall i, \Delta_1 < N_i < \Delta_2; \sum_{i=1}^{K} N_i = N, \tag{13.4.1}$$

其中 D 是相似度度量函数，Δ_1、Δ_2 和 K_0 是为了避免无意义的解而预先定义好的参数。上述优化问题可以用动态规划算法（Dynamic Programming）或贪心算法高效求解。

得到 K 段最不相似的序列后，时序分布匹配方法设计了一种类似于领域泛化的方法学习得到最优的模型参数 $\theta^\star$。特别地，为了在迁移过程中不损失时序相关性，AdaRNN 方法提出要动态度量 RNN 单元中每个时间状态的重要性，将其用 α 表示。此时，迁移过程中每个时间状态对整个训练过程的重要性可被动态地进行学习。该学习过程表示为

$$\theta^\star, \alpha^\star = \arg\min_{\theta,\alpha} \mathcal{L}_{\text{pred}}(\theta) + \lambda \sum_{1\leqslant i,j\leqslant K} \mathcal{L}_{\text{tdm}}(\boldsymbol{H}_i, \boldsymbol{H}_j; \alpha_{i,j}, \theta), \tag{13.4.2}$$

其中 $\mathcal{L}_{\text{tdm}}(\boldsymbol{H}_i, \boldsymbol{H}_j)$ 为 K 段序列中任意两段 $\boldsymbol{H}_i, \boldsymbol{H}_j$ 的分布差异：

$$\mathcal{L}_{\text{tdm}}(\boldsymbol{H}_i, \boldsymbol{H}_j) = \sum_{t=1}^{T} \alpha_{i,j}^t D(\boldsymbol{h}_i^t, \boldsymbol{h}_j^t), \qquad (13.4.3)$$

其中，$\boldsymbol{h}_i^t$ 和 $\boldsymbol{h}_j^t$ 表示第 t 时刻的隐藏层特征。

之后，AdaRNN 方法提出了基于 Boosting 的方法来学习模型参数，并且其可以直接将 RNN 框架替换为 Transformer 从而提高使用 Transformer 进行时间序列预测的精度[40]，我们不再赘述。

13.4.2　DIVERSIFY：用于时间序列分类的迁移学习

本节介绍将 AdaRNN 的思想用于时间序列的端到端分类问题的研究工作：**DIERSIFY**[25]。

在图像领域的领域泛化研究通常假设不同领域的领域标签（domain label）是已知的（图 13.7(a)）。然后我们便能利用此领域信息来构建具有强泛化能力的模型。然而，如图 13.7(b) 所示，时间序列数据中并不存在领域信息。这将会使已有的依赖领域信息的领域泛化方法失效，如图 13.7(c) 所示。

为了学习时间序列的通用表征，研究人员提出了用 DIVERSIFY 算法刻画时间序列中隐藏的分布。具体而言，此方法设计了一个最小-最大的对抗游戏以便将时间序列切分成若干隐藏的子领域来最大化它们的分布差异，即最坏情况下的分布情形；另一方面减小最坏情况下的分布差异以学习领域不变的特征。此多样性广泛存在于非平稳的时间序列中。例如，不同人的数据天然具有不同的数据分布。另外，研究人员发现，即使一个人的数据也存在多种不同的数据分布：它依然能够被分成多个隐藏分布。例如，图 13.7(d) 展示了 DIVERSIFY 算法能够有效刻画隐藏的数据分布。

图 13.8 描述了 DIVERSIFY 算法的流程，其中第（2）～（4）步可以迭代进行。

（1）输入及预处理：此步骤采用滑动窗口策略来将整个训练数据分成若干大小固定的小窗口。此时我们采用的假设是一个窗口的数据是最小的数据单元；

（2）细粒度特征更新：此步骤使用算法中提出的伪领域–类别方法进行进度训练；

13 复杂环境中的迁移学习

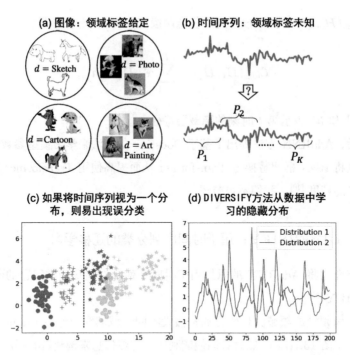

图 13.7 DIVERSIFY 算法的示意图：(a) 图像数据的领域泛化有着显式的领域标签。(b) 时间序列中，领域标签是未知的。(c) 如果我们将时间序列数据当作同一领域，那么子领域将会面临误分类的情形（不同的颜色和形状代表不同的类别和领域）。(d) 最后，DIVERSIFY 方法可以有效地刻画时间序列中隐藏的分布

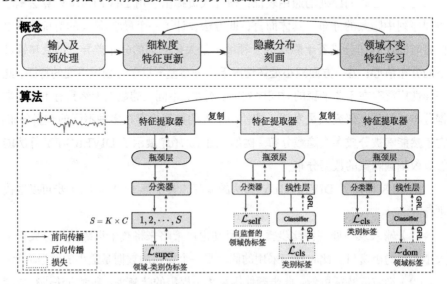

图 13.8 DIVERSIFY 算法的流程示意[25]

（3）隐藏分布刻画：此步骤旨在对每个样本刻画其隐藏分布。然而最大化隐藏分布的差异以达到多样性的目的；

（4）领域不变特征学习：此步骤使用伪领域标签通过对抗训练，学习领域不变特征，以生成具有强泛化性的模型。

DIVERSIFY 算法在诸如压力检测、语音命令识别、人体行为识别等多个不同的时间序列分类任务上均达到了最好的表现。更多的细节可以关注文献 [25]。

时间序列是日常生活中的重要数据类型。期待未来会有更多的研究工作开发出更好的算法将时间序列的迁移学习做得更好。

13.5 在线迁移学习

本书在 1.4 节介绍迁移学习的不同分类方法时曾介绍过离线（Offline）与在线（Online）迁移学习的场景。本书的绝大部分内容均隶属于离线方式，即模型以离线的方式进行模型的训练。具体而言，离线方式下的源域和目标域数据在训练开始前都是已经给出的，然后可以通过一些迁移学习算法进行模型的训练。这也是许多机器学习算法的训练方式。

而在线方式则有所不同：在真实的应用场景中，数据往往是以在线的方式一点一点源源不断到来的。更一般的，源域数据可以被提前收集好，而目标域上的数据在特定情形下无法全部收集到，只能以流的方式（Stream）进行传输。例如，快手和抖音等短视频应用等均需要根据用户的选择实时推荐感兴趣的视频；哔哩哔哩等弹幕网站也需要实时对用户的弹幕或评论进行情感分析；自动驾驶需要时刻应对变化的环境等。现实世界往往是不停地变化而训练数据无法被提前收集，这就需要模型能够在流式数据上具有较好的适应和迁移能力。

这种场景就是**在线迁移学习**（Online Transfer Learning，OTL）。在线迁移学习和机器学习中的在线学习（Online Learning）[16] 这个场景密切相关。二者的相同点都是训练数据是源源不断到来的；不同点在于在线学习考虑的是一个数据领域上的数据动态变化，而在线迁移学习是存在源域和目标域两个域的数据的情况下对目标域数据的分布变化进行考量。

与离线迁移相比，针对在线迁移学习相关的研究工作目前还相对较少。Steven Hoi 等人于 ICML 2010 上发表了在线迁移学习的第一篇工作 OTL，对在线迁移学习进行了全面定义 [54]。假设存在一个提前收集好的源域 $D_s = \{(\boldsymbol{x}_i^s, y_i^s)\}_{i=1}^{N_s}$

和在源域上学习出的分类 f_s，作者假设源域和目标域上的分类器均为线性模型，其中源域分类器为 $f_s = \text{sign}(\boldsymbol{v}^\mathrm{T}\boldsymbol{x})$，$\boldsymbol{v}$ 为待学习权重。源域分类器可以通过一些已有的在线学习算法（例如 PA 算法[6] 等）或传统的机器学习算法（例如 SVM 等）进行学习。为了和目标域分类器形式统一，作者采用 PA 算法[6] 进行源域分类器的学习。在目标域上，存在一个以在线方式到来的目标域样本 $D_t = \{(\boldsymbol{x}_t, y_t)|t = 1, 2, \cdots, T\}$，其中 t 为时刻，T 为时刻总数。在线迁移学习的目标是学习一个目标域上的分类器 f，使得对于时刻 t 的样本 $\boldsymbol{x}_t$，分类器的输出为 $f(\boldsymbol{x}_t) = \text{sign}(\boldsymbol{w}_t^\mathrm{T}\boldsymbol{x}_t)$，其中 $\boldsymbol{w}$ 为待学习权重。

为了从源域中迁移知识到目标领域中，OTL 方法基于集成学习策略来有效地组合两个分类器。作者引入了两个权重参数 $\alpha_{1,t}$ 和 $\alpha_{2,t}$。在 t 时刻对目标域上的样本 $\boldsymbol{x}_t$，预测其标签为

$$\hat{y}_t = \text{sign}(\alpha_{1,t}\Pi(\boldsymbol{v}^\mathrm{T}\boldsymbol{x}_t) + \alpha_{2,t}\Pi(\boldsymbol{w}_t^\mathrm{T}\boldsymbol{x}_t)), \tag{13.5.1}$$

其中 $\Pi(z) = \max(0, \min(1, \frac{z+1}{2}))$。在模型进行学习之前，初始化权重为 $\alpha_{1,1} = \alpha_{2,1} = \frac{1}{2}$。在模型学习过程中，除了更新目标域分类器参数 $\boldsymbol{w}_{t+1}$，也更新这两个预测函数的权重：

$$\alpha_{1,t+1} = \frac{\alpha_{1,t}s_t(\boldsymbol{v})}{\alpha_{1,t}s_t(\boldsymbol{v}) + \alpha_{2,t}s_t(\boldsymbol{w}_t)}, \quad \alpha_{2,t+1} = \frac{\alpha_{1,t}s_t(\boldsymbol{w}_t)}{\alpha_{1,t}s_t(\boldsymbol{v}) + \alpha_{2,t}s_t(\boldsymbol{w}_t)}, \tag{13.5.2}$$

其中 $s_t(\boldsymbol{v}) = \exp\{-\eta l^*(\Pi(u^T\boldsymbol{x}_t), \Pi(y_t))\}$，并且 $l^*(z, y) = (z-y)^2$ 是损失函数。对于目标域分类器，作者采用经典的在线学习算法——PA 算法[6] 进行目标域分类器的更新：对于样本 $\boldsymbol{x}_t$，其预测损失为 $l_t = [1 - y_t\boldsymbol{w}_t^\mathrm{T}\boldsymbol{x}_t]_+$，如果 $l_t > 0$，则更新模型参数，更新的表达式为

$$\boldsymbol{w}_{t+1} = \boldsymbol{w}_t + \tau_t y_t \boldsymbol{x}_t, \tau_t = \min\{C, l_t/\|x_t\|^2\}, \tag{13.5.3}$$

其中 C 是需要输入的超参数。除了在同构场景下的学习算法，文献 [54] 还设计在异构场景下的模型学习算法并且进行了算法的理论分析。

Wu 等人将上述单源场景扩展到有多个源域的情形[47]，同样是以带权分类器集成的方式构建最终的分类器。此外还有一些研究关注在线迁移学习在一些领域的应用，包括在线特征选择[44]、物体追踪[14]、强化迁移学习[52]、图文检

索 [51] 和概念漂移 [27] 等。

之前的方法关注于如何从源域中迁移知识到目标域领域中，而在迁移学习中，能否顺利进行迁移的一个很重要的影响因素是两个域之间的分布差异。在迁移学习中，通常假设源域数据来自分布 $P(\boldsymbol{x},y)$，目标域数据来自分布 $Q(\boldsymbol{x},y)$，并且 $P(\boldsymbol{x},y) \neq Q(\boldsymbol{x},y)$。根据经典的迁移学习理论 [3] 可知，两个域之间的分布差异越小，模型在目标域上的泛化性能越好。而之前的方法并没有关注域之间的分布差异。针对这个问题，南京大学的 Du 等人提出了一个在线迁移学习算法，使得可以在线降低分布差异的同时，进行模型的学习 [9]。考虑多个源域的场景，假设有 n 个源域数据 $D_{s_1}, D_{s_2}, \cdots, D_{s_n}$，其中第 i 个源域为 $D_{s_i} = \{(\boldsymbol{x}_j, y_j)\}_{j=1}^{n_{s_i}}$。在目标域上，作者假设存在两种数据，第一种是提前可以收集好的无标注数据 $D_t^u = \{\boldsymbol{x}_i\}_{i=1}^{n_u}$，另一种是以在线的形式到来的有标签数据 $D_t^l = \{(\boldsymbol{x}_j, y_j)\}_{j=1}^{T}$。和文献 [54] 不同，作者在本方法中考虑多分类问题，记类别总数为 K。该算法的目标是在学习目标域分类器的同时，学习多个映射矩阵 $\boldsymbol{A}_i, i = 1, 2, \cdots, n$，通过这些映射矩阵将源域和目标域的数据映射到新空间下，从而降低两个域之间的分布差异。

该算法分为离线和在线两阶段。在离线阶段，为了给这些映射矩阵获得一个好的初始化，作者采用联合分布自适应算法，将其学习出的映射矩阵作为初始化映射矩阵。联合分布自适应的学习是在离线阶段进行的，其以源域数据和目标域无标注数据作为输入。在获得初始映射矩阵后，作者将源域数据映射到相应的新空间下，映射之后的数据为 $\boldsymbol{X}_{s_i}^p = A_i \boldsymbol{X}_{s_i}$。基于映射之后的数据，作者采用多类 PA 算法 [6] 在源域数据上学习出 n 个源域分类器 $f_{s_i}, i = 1, 2, \cdots, n$。

在在线阶段 t 时刻，收到的样本为 $\boldsymbol{x}_t$，首先通过在离线阶段学习出的映射矩阵将样本映射到相应新空间下，对于第 i 个映射矩阵，映射之后的目标域数据为 $\boldsymbol{x}_t^{p_i} = A_i x_t$。和文献 [54] 中的方法不同，本方法是在映射后的多个空间上分别进行目标域分类器的学习，因此在目标域上存在 n 个分类器 $f_{t_i}, i = 1, 2, \cdots, n$。与文献 [54] 的方法类似，作者同样是基于集成的方式从源域中迁移知识，记第 i 个源域分类器的权重为 u_i，第 i 个目标域分类器的权重为 v_i。对于该样本的预测输出为

$$\boldsymbol{F}_t = \sum_{i=1}^{n}(u_i f_{s_i}^t(\boldsymbol{x}_t^{p_i}) + v_i f_{t_i}^t(\boldsymbol{x}_t^{p_i})), \hat{y}_t = \arg\max_k F_t^k, \tag{13.5.4}$$

其中 F_t 是一个 K 维的向量，F_t^k 表示在第 k 维上的输出。作者同样通过预测误差进行权重的更新，并且采用多类 PA 算法 [6] 进行目标域模型的更新。

除此之外，文献 [9] 还提出以在线的方式更新映射矩阵，从而可以进一步降低两个域之间的差异。实验效果表明，在考虑数据分布差异后，可以显著提升模型的迁移效果。

在线迁移学习有很强的应用需求，期待在未来有更多的研究工作出现。

13.6 小结

本章介绍了复杂环境中的迁移学习研究。特别地，我们展示了五种复杂环境：数据非平衡性，多源数据，类别开放性，时间序列，以及在线学习。每个研究课题在当下均是热点话题，正经历活跃的研究过程。由于篇幅限制，我们无法介绍所有的相关工作，感兴趣的读者可以持续跟踪最新的进展。

参考文献

[1] Al-Halah, Z., Rybok, L., and Stiefelhagen, R. (2016). Transfer metric learning for action similarity using high-level semantics. *Pattern Recognition Letters*, 72: 82–90.

[2] Ando, S. and Huang, C. Y. (2017). Deep over-sampling framework for classifying imbalanced data. *arXiv preprint arXiv:1704.07515*.

[3] Ben-David, S., Blitzer, J., Crammer, K., Kulesza, A., Pereira, F., and Vaughan, J. W. (2010). A theory of learning from different domains. *Machine learning*, 79(1-2): 151–175.

[4] Chawla, N. V., Bowyer, K. W., Hall, L. O., and Kegelmeyer, W. P. (2002). Smote: synthetic minority over-sampling technique. *Journal of artificial intelligence research*, 16: 321–357.

[5] Choi, E., Bahadori, M. T., Sun, J., Kulas, J., Schuetz, A., and Stewart, W. (2016). Retain: An interpretable predictive model for healthcare using reverse time attention mechanism. In *NeurIPS*, pages 3504–3512.

[6] Crammer, K., Dekel, O., Keshet, J., Shalev-Shwartz, S., and Singer, Y. (2006). Online passive-aggressive algorithms. *Journal of Machine Learning Research*, 7(Mar): 551–585.

[7] Crammer, K., Kearns, M., and Wortman, J. (2008). Learning from multiple sources. *JMLR*, 9(Aug): 1757–1774.

[8] Deng, J., Dong, W., Socher, R., Li, L.-J., Li, K., and Fei-Fei, L. (2009). Imagenet: A large-scale hierarchical image database. In *2009 IEEE conference on computer vision and pattern recognition*, pages 248–255. Ieee.

[9] Du, Y., Tan, Z., Chen, Q., Zhang, Y., and Wang, C. (2020). Homogeneous online transfer learning with online distribution discrepancy minimization. In *ECAI*.

[10] Du, Y., Wang, J., Feng, W., Pan, S., Qin, T., Xu, R., and Wang, C. (2021). Adarnn: Adaptive learning and forecasting of time series. In *Proceedings of the 30th ACM International Conference on Information & Knowledge Management*, pages 402–411.

[11] Duan, L., Tsang, I. W., Xu, D., and Chua, T.-S. (2009). Domain adaptation from multiple sources via auxiliary classifiers. In *ICML*, pages 289–296.

[12] Fang, Z., Lu, J., Liu, F., Xuan, J., and Zhang, G. (2019). Open set domain adaptation: Theoretical bound and algorithm. *arXiv preprint arXiv:1907.08375*.

[13] Ganganwar, V. (2012). An overview of classification algorithms for imbalanced datasets. *International Journal of Emerging Technology and Advanced Engineering*, 2(4): 42–47.

[14] Gao, C., Sang, N., and Huang, R. (2012). Online transfer boosting for object tracking. In *Pattern Recognition (ICPR), 2012 21st International Conference on*, pages 906–909. IEEE.

[15] He, H. and Garcia, E. A. (2009). Learning from imbalanced data. *IEEE Transactions on knowledge and data engineering*, 21(9): 1263–1284.

[16] Hoi, S. C., Sahoo, D., Lu, J., and Zhao, P. (2018). Online learning: A comprehensive survey. *arXiv preprint arXiv:1802.02871*.

[17] Hsiao, P.-H., Chang, F.-J., and Lin, Y.-Y. (2016). Learning discriminatively reconstructed source data for object recognition with few examples. *IEEE Transactions on Image Processing*, 25(8): 3518–3532.

[18] Huang, C., Li, Y., Change Loy, C., and Tang, X. (2016). Learning deep representation for imbalanced classification. In *Proceedings of the IEEE conference on computer vision and pattern recognition*, pages 5375–5384.

[19] Huang, J., Smola, A. J., Gretton, A., Borgwardt, K. M., Schölkopf, B., et al. (2007). Correcting sample selection bias by unlabeled data. *Advances in neural information processing systems*, 19: 601.

[20] Kriminger, E., Principe, J. C., and Lakshminarayan, C. (2012). Nearest neighbor distributions for imbalanced classification. In *The 2012 International Joint Conference on Neural Networks (IJCNN)*, pages 1–5. IEEE.

[21] Kuznetsov, V. and Mohri, M. (2014). Generalization bounds for time series prediction with non-stationary processes. In *ALT*, pages 260–274. Springer.

[22] Lai, G., Chang, W.-C., Yang, Y., and Liu, H. (2018). Modeling long-and short-term temporal patterns with deep neural networks. In *SIGIR*, pages 95–104.

[23] Li, S., Wang, Z., Zhou, G., and Lee, S. Y. M. (2011). Semi-supervised learning for imbalanced sentiment classification. In *Twenty-Second International Joint Conference on Artificial Intelligence*.

[24] Liu, X.-Y., Wu, J., and Zhou, Z.-H. (2008). Exploratory undersampling for class-imbalance learning. *IEEE Transactions on Systems, Man, and Cybernetics, Part B (Cybernetics)*, 39(2): 539–550.

[25] Lu, W., Wang, J., Chen, Y., and Sun, X. (2022). Generalized representation learning for time series classification. In *International conference on machine learning*.

[26] Mansour, Y., Mohri, M., and Rostamizadeh, A. (2009). Domain adaptation with multiple sources. In *NeuIPS*, pages 1041–1048.

[27] McKay, H., Griffiths, N., Taylor, P., Damoulas, T., and Xu, Z. (2019). Online transfer learning for concept drifting data streams. In *BigMine@ KDD*.

[28] Pan, S. J., Tsang, I. W., Kwok, J. T., and Yang, Q. (2011). Domain adaptation via transfer component analysis. *IEEE TNN*, 22(2): 199–210.

[29] Pan, S. J. and Yang, Q. (2010). A survey on transfer learning. *IEEE TKDE*, 22(10): 1345–1359.

[30] Panareda Busto, P. and Gall, J. (2017). Open set domain adaptation. In *Proceedings of the IEEE International Conference on Computer Vision*, pages 754–763.

[31] Peng, X., Bai, Q., Xia, X., Huang, Z., Saenko, K., and Wang, B. (2019). Moment matching for multi-source domain adaptation. In *ICCV*, pages 1406–1415.

[32] Saenko, K., Kulis, B., Fritz, M., and Darrell, T. (2010). Adapting visual category models to new domains. In *ECCV*, pages 213–226. Springer.

[33] Saito, K., Yamamoto, S., Ushiku, Y., and Harada, T. (2018). Open set domain adaptation by backpropagation. In *Proceedings of the European Conference on Computer Vision (ECCV)*, pages 153–168.

[34] Schweikert, G., Rätsch, G., Widmer, C., and Schölkopf, B. (2009). An empirical analysis of domain adaptation algorithms for genomic sequence analysis. In *NeuIPS*, pages 1433–1440.

[35] Sun, Q., Chattopadhyay, R., Panchanathan, S., and Ye, J. (2011). A two-stage weighting framework for multi-source domain adaptation. In *NeuIPS*, pages 505–513.

[36] Sun, S.-L. and Shi, H.-L. (2013). Bayesian multi-source domain adaptation. In *2013 International Conference on Machine Learning and Cybernetics*, volume 1, pages 24–28. IEEE.

[37] Sun, Y., Kamel, M. S., Wong, A. K., and Wang, Y. (2007). Cost-sensitive boosting for classification of imbalanced data. *Pattern Recognition*, 40(12): 3358–3378.

[38] Sun, Y., Wong, A. K., and Kamel, M. S. (2009). Classification of imbalanced data: A review. *International Journal of Pattern Recognition and Artificial Intelligence*, 23(04): 687–719.

[39] Tang, Y., Zhang, Y.-Q., Chawla, N. V., and Krasser, S. (2009). Svms modeling for highly imbalanced classification. *IEEE Transactions on Systems, Man, and Cybernetics, Part B (Cybernetics)*, 39(1): 281–288.

[40] Vaswani, A., Shazeer, N., Parmar, N., Uszkoreit, J., Jones, L., Gomez, A. N., Kaiser, Ł., and Polosukhin, I. (2017). Attention is all you need. *Advances in neural information processing systems*, 30.

[41] Venkateswara, H., Eusebio, J., Chakraborty, S., and Panchanathan, S. (2017). Deep hashing network for unsupervised domain adaptation. In *Proceedings of the IEEE Conference on Computer Vision and Pattern Recognition*, pages 5018–5027.

[42] Vincent, L. and Thome, N. (2019). Shape and time distortion loss for training deep time series forecasting models. In *NeurIPS*, pages 4189–4201.

[43] Wang, J., Chen, Y., Hao, S., et al. (2017). Balanced distribution adaptation for transfer learning. In *ICDM*, pages 1129–1134.

[44] Wang, J., Zhao, P., Hoi, S. C., and Jin, R. (2013). Online feature selection and its applications. *IEEE Transactions on Knowledge and Data Engineering*, 26(3): 698–710.

[45] Weiss, K. R. and Khoshgoftaar, T. M. (2016). Investigating transfer learners for robustness to domain class imbalance. In *2016 15th IEEE International Conference on Machine Learning and Applications (ICMLA)*, pages 207–213. IEEE.

[46] Wu, F., Jing, X.-Y., Shan, S., Zuo, W., and Yang, J.-Y. (2017a). Multiset feature learning for highly imbalanced data classification. In *Thirty-First AAAI Conference on Artificial Intelligence*.

[47] Wu, Q., Zhou, X., Yan, Y., Wu, H., and Min, H. (2017b). Online transfer learning by leveraging multiple source domains. *Knowledge and Information Systems*, 52(3): 687–707.

[48] Xu, R., Chen, Z., Zuo, W., Yan, J., and Lin, L. (2018). Deep cocktail network: Multi-source unsupervised domain adaptation with category shift. In *CVPR*, pages 3964–3973.

[49] Xu, R., Liu, P., Zhang, Y., Cai, F., Wang, J., Liang, S., Ying, H., and Yin, J. (2020). Joint partial optimal transport for open set domain adaptation. In *International Joint Conference on Artificial Intelligence*, pages 2540–2546.

[50] Yan, H., Ding, Y., Li, P., Wang, Q., Xu, Y., and Zuo, W. (2017). Mind the class weight bias: Weighted maximum mean discrepancy for unsupervised domain adaptation. *arXiv preprint arXiv:1705.00609*.

[51] Yan, Y., Wu, Q., Tan, M., and Min, H. (2016). Online heterogeneous transfer learning by weighted offline and online classifiers. In *European Conference on Computer Vision*, pages 467–474. Springer.

[52] Zhan, Y. and Taylor, M. E. (2015). Online transfer learning in reinforcement learning domains. *arXiv preprint arXiv:1507.00436*.

[53] Zhao, H., Zhang, S., Wu, G., Moura, J. M., Costeira, J. P., and Gordon, G. J. (2018). Adversarial multiple source domain adaptation. In *NeuIPS*, pages 8559–8570.

[54] Zhao, P. and Hoi, S. C. (2010). Otl: A framework of online transfer learning. In *Proceedings of the 27th international conference on machine learning (ICML-10)*, pages 1231–1238.

[55] Zhu, Y., Zhuang, F., and Wang, D. (2019). Aligning domain-specific distribution and classifier for cross-domain classification from multiple sources. In *AAAI*, volume 33, pages 5989–5996.

14 低资源学习

本章讨论低资源学习（Low-resource Learning）这一与迁移学习有密切联系的研究领域。低资源学习指的是训练数据极其稀少、甚至没有标注数据或训练资源稀少的情况。此时进行传统机器学习甚至微调将变得不再可行。对于计算资源稀少的情况，我们将介绍低资源情况下的迁移学习模型压缩；对于标注数据稀少的情况，我们介绍三种学习范式：半监督学习、元学习、以及自监督学习。当迁移学习在不同领域取得持续成功之时，它与其他学习范式的结合通常可以比单独的迁移学习方法产生更好的效果。我们将陆续介绍这些学习范式的问题定义、代表算法，以及可能的应用。

本章内容的组织安排如下。首先，我们在 14.1 节介绍低资源场景下的迁移学习模型压缩。然后，14.2 节介绍半监督学习。之后，14.3 节介绍元学习的有关知识。接着，14.4 节介绍自监督学习。最后，14.5 节对本章内容进行了总结。

14.1 迁移学习模型压缩

近年来，机器学习和迁移学习模型都变得越来越庞大，已有的方法均假设在计算资源充足的情况下进行建模。然而，在一个低资源场景中，计算资源受到限制，此时，应该如何部署迁移学习模型？为了在此情景中进行建模学习，一种常用的手段便是模型压缩（Model Compression）。

模型压缩方法主要包括网络量化[41,63]，权重剪枝[16,17,32]，以及低秩近似[8,15]等方法。特别是通道的剪枝（Channel Pruning）[17,32]，作为权重剪枝的一大类方法并不需要特殊的硬件和软件设备便可实现。它可以将不重要的通道剪去，从而成为模型压缩的常用方法。

然而，我们并不能简单地将通道剪枝用于迁移学习的模型压缩。理由有二。首先，已有的压缩方法通常只适用于有监督学习问题，而迁移学习问题通常具有小数据、大量无标签数据的特点。其次，即使我们可以人为获取一些标注数据，直接将已有的压缩方法应用于迁移学习方法中会导致负迁移。

本节将介绍第一个对迁移学习模型进行压缩的工作：**迁移通道裁剪**（Transfer Channel Pruning，TCP）[57,58]。

如图 14.1 所示，TCP 方法可以在裁剪那些不重要的通道的同时减小源域和目标域的分布差异，从而进行迁移学习模型压缩。因此，TCP 可以减小负迁移的影响并且能够在目标域上取得具有竞争力的表现。简而言之，TCP 方法是一个通用的、准确的、高效的迁移学习模型压缩方法，并且可以很简单地被已有的深度学习代码实现。TCP 方法首先通过基础模型构建来建立基础的深度迁移学习模型。基础模型用标准的领域自适应方式进行微调。然后，TCP 利用迁移通道评估来评价所有网络层不同通道的重要性。特别地，卷积层将会在这一步被有选择地进行通道剪枝。然后，TCP 方法利用迭代的形式调整剪枝结果，以达到精确率和计算开销（FLOPs）之间的平衡。

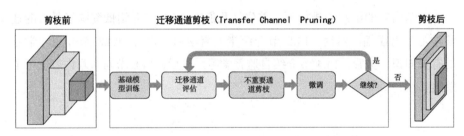

图 14.1　迁移通道裁剪方法 TCP 的示意图 [58]

准确而言，TCP 方法旨在保留模型有用信息的同时、裁剪 K 个最不重要的通道。我们用 $L(\mathcal{D}_s, \mathcal{D}_t, \boldsymbol{W})$ 表示损失函数，$\boldsymbol{W}'$ 表示最终裁剪的权重。在初始阶段，$\boldsymbol{W} = \boldsymbol{W}'$。我们需要在裁剪掉第 l 层的通道 $\mathbf{a}_{l,i}$ 后最小化此损失。这可以被计算为

$$|\Delta L(\mathbf{a}_{l,i})| = |L(\mathcal{D}_s, \mathcal{D}_t, \mathbf{a}_{l,i}) - L(\mathcal{D}_s, \mathcal{D}_t, \mathbf{a}_{l,i} = 0)|. \tag{14.1.1}$$

为了最小化 $\Delta L(\mathbf{a}_{l,i})$,TCP 提出了迁移通道评估方法来计算通道的重要性。根据泰勒展开定理,函数 $f(x)$ 在点 $x=a$ 处可以被计算为

$$f(x) = \sum_{p=0}^{P} \frac{f^{(p)}(a)}{p!}(x-a)^p + R_p(x), \tag{14.1.2}$$

其中 p 表示 $f(x)$ 在点 $x=a$ 处的 p 阶导数,最后一项 $R_p(x)$ 则表示 p 阶余项。为了近似 $\Delta L(\mathbf{a}_{l,i})$,我们利用 $\mathbf{a}_{l,i}=0$ 处的一阶泰勒展开:

$$f(\mathbf{a}_{l,i}=0) = f(\mathbf{a}_{l,i}) - f'(\mathbf{a}_{l,i}) \cdot \mathbf{a}_{l,i} + \frac{|\mathbf{a}_{l,i}|^2}{2} \cdot f''(\xi), \tag{14.1.3}$$

其中 $\xi \in [0,1]$,且 $\frac{|\mathbf{a}_{l,i}|^2}{2} \cdot f''(\xi)$ 是拉格朗日形式的余项。在实际计算中由于此项需要大量计算,TCP 并未对此项进行计算。回到公式 (14.1.1),我们得到如下形式:

$$L(\mathcal{D}_s, \mathcal{D}_t, \mathbf{a}_{l,i}=0) = L(\mathcal{D}_s, \mathcal{D}_t, \mathbf{a}_{l,i}) - \frac{\partial L}{\partial \mathbf{a}_{l,i}} \cdot \mathbf{a}_{l,i}. \tag{14.1.4}$$

通过联合公式 (14.1.1) 和 (14.1.4),我们得到 TCP 的判别标准 G:

$$G(\mathbf{a}_{l,i}) = |\Delta L(\mathbf{a}_{l,i})| = \left| \frac{\partial L}{\partial \mathbf{a}_{l,i}} \cdot \mathbf{a}_{l,i} \right|, \tag{14.1.5}$$

这表示激活值和损失函数乘积的绝对值。在具有 N 个元素的批次样本中,$\mathbf{a}_{l,j}$ 被计算为

$$\mathbf{a}_{l,i} = \frac{1}{N} \sum_{n=1}^{N} \frac{1}{h_l \times w_l} \sum_{p=1}^{h_l} \sum_{q=1}^{w_l} \mathbf{a}_{l,i}^{p,q}. \tag{14.1.6}$$

考虑本书第 9 章介绍的深度迁移方法,例如 DDC [52],我们用 L_{cls} 和 L_{transfer} 分别表示分类和迁移的损失,则 G 最终被计算为

$$G(\mathbf{a}_{l,i}) = \left| \frac{\partial L_{\text{cls}}(\mathcal{D}_s, \mathbf{W})}{\partial \mathbf{a}_{l,i}^s} \cdot \mathbf{a}_{l,i}^s + \beta \frac{\partial L_{\text{mmd}}(\mathcal{D}_s, \mathcal{D}_t, \mathbf{W})}{\partial \mathbf{a}_{l,i}^t} \cdot \mathbf{a}_{l,i}^t \right|, \tag{14.1.7}$$

其中 $\mathbf{a}_{l,i}^s$ 和 $\mathbf{a}_{l,i}^t$ 分别表示源域和目标域数据的激活值。如此,TCP 方法便完成了迁移学习的模型压缩。

14.2 半监督学习

本书已花大量篇幅对领域自适应问题进行了详细介绍。解决领域自适应问题的基本方法是将源域有标签的知识迁移到目标域的无标签样本中。事实上，此学习范式与一种基础的学习范式非常类似：**半监督学习**（Semi-supervised Learning，SSL）[6,64]。经过多年的发展，半监督学习取得了长足的进步。本章将介绍半监督学习的基本知识。特别地，我们只介绍现代的采用深度网络的半监督代表方法。通过本章的介绍，我们希望能够为迁移学习和半监督学习建立桥梁，从而可以结合两者以达到更好的效果。

正如其名字所指出的，半监督学习旨在使用少量有标签和大量无标签的数据训练模型。如图 14.2 所示，在半监督学习中，无标签样本的数量比有标签样本多得多。

■ 有标签数据：类别 +1
▲ 有标签数据：类别 -1
● 无标签数据

图 14.2 半监督学习中的二分类问题

我们给出如下的半监督学习的问题定义。

定义 14.1 半监督学习（Semi-supervised Learning） 用 $\mathcal{D}_l = \{(x_b, y_b) : b \in [N_l]\}$ 和 $\mathcal{D}_u = \{u_b : b \in [N_u]\}$[1] 分别表示少量有监督样本和大量无监督样本的训练数据，其中 N_l 和 N_u 分别表示两部分数据的样本数。半监督学习的目标是学习一个分类器 f_θ 使得其在未知的测试数据上达到最小的误差。

半监督学习的学习目标可以被表示为如下的形式：

$$\mathcal{L}_{\text{ssl}} = \mathcal{L}_s + w \mathcal{L}_u, \tag{14.2.1}$$

其中 $\mathcal{L}_s$ 和 $\mathcal{L}_u$ 分别表示有标签和无标签的损失，w 是一个可调超参数。

不难发现，半监督学习中最具挑战性的部分便是设计无监督部分的损失 $\mathcal{L}_u$。

本节介绍现代半监督学习方法，即基于深度神经网络的半监督方法。根据综述文章 [37] 的描述，半监督学习算法主要分为以下几类。

---
[1] $[N] := \{1, 2, \ldots, N\}$。

- 一致性正则化（Consistency Regularization）：通过对网络的扰动进行约束来学习有泛化能力的特征表达。
- 伪标签（Pseudo Labeling）：一种利用无标签数据的伪标签进行自训练（Self-training）的方式。
- 生成模型（Generative Model）：使用生成模型生成与无标签数据部分相同的分布以便进行知识迁移。
- 基于图的方法（Graph-based Methods）：将有标签数据和无标签数据的分布视为图上的节点，利用标签传播算法（label propagation）进行学习。

由于一致性正则化和伪标签方法在近年的研究中颇为流行，因此我们将仅介绍此两种方法。

读者或许会注意到公式 (14.2.1) 与本书在 3.3 节介绍过的迁移学习算法统一框架具有极高的相似度。这再一次印证了二者的密切联系。

事实上，一些研究人员在不同的研究成果中对无监督领域自适应和半监督学习进行了尝试性的结合。文献 [5] 认为一个单一的框架将会对半监督学习、无监督领域自适应、半监督领域自适应同等有效。为此，研究人员提出了名为 AdaMatch 的算法，在半监督学习领域的 FixMatch[47] 算法基础上加入分布适配和伪标签置信度计算。AdaMatch 算法对上述三种学习情形均有不错的表现。另一项研究工作则指出半监督学习可以被视为无监督领域自适应问题的特例[62]。因此，他们认为可以利用一个半监督算法来解决无监督领域自适应问题。之后，文献 [29] 使用了一种修改的半监督方法中的自训练策略用于无监督领域自适应问题，产生了不错的效果。

总结来看，半监督学习和无监督领域自适应问题具有密切联系。在真实应用中，二者的结果或许会带来意想不到的效果。

14.2.1 一致性正则化方法

一致性正则化又被称为一致性训练。此类方法基于聚类假设：学习得到的分类边界必须位于低密度的区域。因此，如果一种无标签数据和其扰动（perturbation）的距离很近，通常它们的标签也一致。

图 14.3 以一个代表方法 Ⅱ-model[10] 为例展示了一致性正则化方法的训练过程。给定一个输入 $x \in D_u$，我们对其进行数据增强操作。常用的增强操作包括修改输入数据或给网络 f_θ 加入 Dropout 操作。然后，一致性正则化将会约束

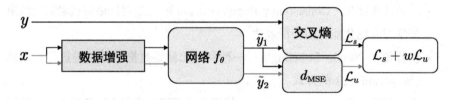

图 14.3　一致性正则化方法的示意图，以 Π-model 为例

正常样本和增强后的样本的输出一致。用 $\tilde{y}_1 = f_\theta(x)$ 和 $\tilde{y}_2 = f_\theta(x)$ 表示原始数据和增强数据的输出，则一致性正则化方法的无监督部分损失可以被表示为

$$\mathcal{L}_u = \frac{1}{|D_u|} \sum_{x \in D_u} d_{\text{MSE}}(\tilde{y}_1, \tilde{y}_2), \tag{14.2.2}$$

其中 d_{MSE} 为平均平方损失。很自然地，我们可以将此损失改成其他度量。

之后的工作与 Π-model 的出发点一致，但增加了更多的改动。文献 [10] 对 Π-model 进行了扩展，研究人员称其为时序集成（temporal ensembling）。研究人员认为 Π-model 的训练并不高效，因为每个原始数据和其增广数据均需要进行网络损失的计算，导致计算量翻倍；另外，基于一个数据及其增强进行网络训练并不稳定。时序集成方法在时间维度上对所有的样本预测进行汇总（aggregation）。对于一个训练目标 $\tilde{y}$，其通过指数滑动平均（Exponential moving average, EMA）生成其汇总 y_{ema}：

$$y_{\text{ema}} = \alpha y_{\text{ema}} + (1 - \alpha)\tilde{y}, \tag{14.2.3}$$

其中，α 为指数滑动平均的参数。通过此方式，该算法仅需计算一次损失，因此比原始的 Π-model 更加高效。

与时序集成方法类似，Mean Teacher 方法[49] 并未对输出进行指数滑动平均，而是对模型参数进行平均：

$$\theta'_t = \alpha \theta'_{t-1} + (1 - \alpha)\theta_t, \tag{14.2.4}$$

其中 θ_t 为在时刻 t 时的模型参数。

文献 [31] 提出了虚拟对抗训练（Virtual Adversarial Training, VAT）方法。VAT 方法从对抗攻击中获得启发，使用输入的扰动来学习一个强泛化的模型。特别地，研究人员对输入数据加入一个扰动 r_{adv}，然后训练网络最小化其与原始数据的差异：

$$\mathcal{L}_u = \frac{1}{|D_u|} \sum_{x \in D_u} d_{\text{MSE}}(f_\theta(x), f_\theta(x + r_{\text{adv}})), \qquad (14.2.5)$$

其中，扰动 r_{adv} 基于梯度下降在有噪音的输入环境中进行计算。

文献 [38] 提出对同一网络使用不同的 Dropout 来作为隐式约束。文献 [53] 提出了插值一致性训练（Interpolation Consistency Training，ICT）方法来约束经过 Mixup 后的数据的输出和输出的 Mixup 之间的差异：

$$\mathcal{L}_u = \frac{1}{|D_u|} \sum_{x \in D_u} d_{\text{MSE}}(f_\theta(\text{Mix}_\lambda(x_i, x_j)), \text{Mix}_\lambda(f_\theta(x_i), f_\theta(x_j))), \qquad (14.2.6)$$

其中 Mix_λ 表示 Mixup 函数 [60]，λ 为其参数。文献 [56] 提出一种无监督数据增强（unsupervised data augmentation，UDA）方法来对输入数据进行增强，进而进行一致性正则化训练。

一致性正则化方法是一个通用的半监督训练框架，越来越多的方法采用此框架达到更好的半监督学习效果。

14.2.2 伪标签和阈值法

伪标签法 [25] 是一种经典的自训练方法。伪标签法直接使用无标签数据的概率输出作为其伪标签，使得无标签数据也可以参与训练。其中的关键是生成高置信度的伪标签使得无标签数据可以以很高的置信度被选中。

图 14.4 使用 FlexMatch 方法 [59] 作为示例展示了一种基于伪标签和阈值方法的半监督学习算法。来自 Google 的 FixMatch [47] 方法利用带有强数据增强的一致性正则化达到最好性能。对于无标签数据，FixMatch 首先使用弱增强生成人工标签。这些标签可以被用作强增强数据的学习目标。FixMatch 方法的训练损失可以表示为

$$\frac{1}{\mu B} \sum_{b=1}^{\mu B} \mathbb{1}(\max(p_m(y|\omega(u_b))) > \tau) H(\hat{p}_m(y|\omega(u_b)), p_m(y|\Omega(u_b))), \qquad (14.2.7)$$

其中，B 为无标签数据的一个批次大小，μ 为无标签数据与有标签数据之比值，μ_b 是无标签数据的一部分。Ω 为强数据增强操作，ω 为弱增强操作。$p_m(\cdot)$ 为伪标签，$H(\cdot, \cdot)$ 为交叉熵。τ 为一个预定义的阈值，用来筛选那些高于置信度的无

标签数据参与训练。

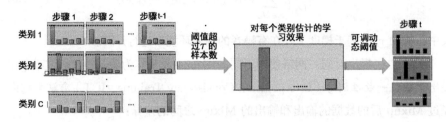

图 14.4　半监督学习方法 FlexMatch 示意图 [59]

接着，研究人员在 NeurIPS 2021 会议上提出了 FlexMatch 算法 [59] 进行半监督学习。FlexMatch 算法从课程学习（Curriculum Learning）[4] 中得到启发，设计了课程伪标签（Curriculum Pseudo Labeling）方法进行伪标签的自适应使用。研究人员认为，不同的类别应该具有不同的学习阈值，而非固定的阈值。因此，FlexMatch 提出的可调动态阈值被表示为

$$\sigma_t(c) = \sum_{n=1}^{N} \mathbb{1}(\max(p_{m,t}(y|u_n)) > \tau) \cdot \mathbb{1}(\arg\max(p_{m,t}(y|u_n) = c). \quad (14.2.8)$$

其中，$\sigma_t(c)$ 反映了类别 c 在时刻 t 的学习效果。$p_{m,t}(y|u_n)$ 表示模型在时刻 t 对无标签数据 u_n 的预测结果，N 为无标签数据的总数。然后，$\sigma_t(c)$ 被用来计算可调阈值：

$$\mathcal{T}_t(c) = \frac{\sigma_t(c)}{\max_c \sigma_t} \cdot \tau. \quad (14.2.9)$$

与 FixMatch 算法相比，FlexMatch 算法对阈值的计算更加准确，且有不错的半监督学习效果。不仅如此，FlexMatch 的课程伪标签模块可以被集成到其他基于阈值的方法如 UDA [56] 和伪标签法 pseudo labeling [25] 中，大大增强其算法的表现。FlexMatch 算法也有着更快的收敛速度。

另外，FlexMatch 工作的研究人员还开源了一个统一的基于 PyTorch 框架的半监督学习库 TorchSSL²，使得学术界和工业界统一、公平、公开的半监督研究成为了可能。

最近，文献 [55] 认为已有的半监督方法或者需要一个固定的阈值（如 FixMatch），或者需要一种人工指定的调整阈值方法。已有的方法均无法正确反映

---

²请见链接 14-1。

无标签数据的分布情况。研究人员提出了 FreeMatch 方法，以一种自适应的方式（Self-adaptive）对无标签数据的阈值进行调整。FreeMatch 方法包含两个层面的阈值调整：全局层面和类别层面。全局的阈值 τ_t 被调整的方式为

$$\tau_t = \begin{cases} \dfrac{1}{C}, & \text{if } t=0, \\ \lambda \tau_{t-1} + (1-\lambda)\dfrac{1}{\mu B}\sum_{b=1}^{\mu B}\max(q_b), & \text{otherwise.} \end{cases} \quad (14.2.10)$$

其中 $\lambda \in (0,1)$ 为指数滑动平均的动量衰减参数。

类别的阈值则以一种类别自适应的方式对全局阈值进行改动以考虑类别间多样性。FreeMatch 在每个类别 c 上计算模型输出的期望来估计学习状态：

$$\tilde{p}_t(c) = \begin{cases} \dfrac{1}{C}, & \text{if } t=0, \\ \lambda \tilde{p}_{t-1}(c) + (1-\lambda)\dfrac{1}{\mu B}\sum_{b=1}^{\mu B} q_b(c), & \text{otherwise.} \end{cases} \quad (14.2.11)$$

其中，$\tilde{p}_t = [\tilde{p}_t(1), \tilde{p}_t(2), \cdots, \tilde{p}_t(C)]$ 为包含所有 $\tilde{p}_t(c)$ 的列表。将全局和类别阈值进行整合，FreeMatch 最终的阈值被调整为

$$\begin{aligned} \tau_t(c) &= \text{MaxNorm}(\tilde{p}_t(c)) \cdot \tau_t \\ &= \dfrac{\tilde{p}_t(c)}{\max\{\tilde{p}_t(c) : c \in [C]\}} \cdot \tau_t, \end{aligned} \quad (14.2.12)$$

其中 MaxNorm 表示最大规范化操作（Maximum Normalization，即 $x' = \frac{x}{\max(x)}$）。最终，FreeMatch 算法在第 t 次迭代的无监督损失被表示为

$$\mathcal{L}_u = \dfrac{1}{\mu B}\sum_{b=1}^{\mu B} \mathbb{1}(\max(q_b) > \tau_t(\arg\max(q_b))) \cdot \mathcal{H}(\hat{q}_b, Q_b). \quad (14.2.13)$$

FreeMatch 在公开数据集上取得了比 FixMatch 和 FlexMatch 更好的效果。更重要的是，FreeMatch 并不需要预先定义的阈值，因此给未来半监督的研究提供了经验。

本节对半监督学习算法的介绍告一段落。对其他半监督学习算法感兴趣的读者，请参考相关的综述 [37] 进行学习。

14.3 元学习

本节介绍另一类与迁移学习有密切联系的学习范式：元学习（Meta-learning）。迁移学习侧重于从源域将知识迁移到目标域，元学习则侧重于从众多任务中学习通用的知识。因此，它们的目标是相似的。二者的不同之处是问题定义和学习策略。

让我们回想 8.2 节介绍的预训练–微调方法：迁移学习可以被表示为

$$\theta^* = \arg\min_{\theta} \mathcal{L}(\theta|\theta_0, \mathcal{D}), \tag{14.3.1}$$

其中 θ_0 是历史任务的模型参数。那么除了预训练–微调之外，还有其他的学习目标吗？

元学习就是另一种不同的学习策略。**元学习**（很多情况下也被称为 Learning to Learn）是一种非常有效的学习模式。与迁移学习的目标类似，元学习也强调从相关的任务上学习经验以帮助新任务的学习。

二者的不同点是，元学习是一种更为通用的模式，其核心在于"元知识"（Meta-knowledge）的表征和获取。可以理解为，这种元知识是一大类任务上所具有的通用知识，是通过某种学习方式可以获得的，其在这类任务上所具有非常强大的表征能力，因此可以被泛化到更多的任务上。

为了获取元知识，元学习通常假定我们可以获取一些任务，它们采样自任务分布 $P(\mathcal{T})$。假设可以从这个任务分布中采样出 M 个源任务，表示为 $\mathcal{D}_{\text{src}} = \left\{ \left(\mathcal{D}_{\text{src}}^{\text{train}}, \mathcal{D}_{\text{src}}^{\text{val}} \right)^{(i)} \right\}_{i=1}^{M}$，其中两项分别表示在一个任务上的训练集和验证集。通常，在元学习中，它们又被称为支持集（Support set）和查询集（Query set）。

我们将学习元知识的过程称为**元训练**过程，它可以形式化地表示为

$$\phi^{\star} = \arg\max_{\phi} \log P\left(\phi | \mathcal{D}_{\text{src}}\right), \tag{14.3.2}$$

其中的 ϕ 表示元知识学习过程中的参数。

为了验证元知识的效果，元学习定义了一个**元测试**过程：从任务分布中采样 Q 个任务构成元测试所需的数据，表示为 $\mathcal{D}_{\text{tar}} = \left\{ \left(\mathcal{D}_{\text{tar}}^{\text{train}}, \mathcal{D}_{\text{tar}}^{\text{test}} \right)^{(i)} \right\}_{i=1}^{Q}$。于是，在元测试过程时便可以将学到的元知识应用于相应的元测试数据来训练真正的

任务模型：
$$\theta^{\star(i)} = \arg\max_{\theta} \log P\left(\theta | \phi^*, \mathcal{D}_{\text{tar}}^{\text{train}\,(i)}\right). \tag{14.3.3}$$

令 θ 表示模型待学习参数，则元学习被表示为

$$\begin{aligned}\theta^* &= \text{Learn}(\mathcal{S}_{\text{mte}}; \phi^*) \\ &= \text{Learn}(\mathcal{S}_{\text{mte}}; \text{MetaLearn}(\mathcal{S}_{\text{mtrn}})),\end{aligned} \tag{14.3.4}$$

其中 $\phi^* = \text{MetaLearn}(\mathcal{S}_{\text{mtrn}})$ 表示元训练集 $\mathcal{S}_{\text{mtrn}}$。此参数将会被用来学习模型在元测试集 $\mathcal{S}_{\text{mte}}$ 上的模型参数 θ^*。两个函数 $\text{Learn}(\cdot)$ 和 $\text{MetaLearn}(\cdot)$ 可以由不同的元学习算法所实现，构成一个两段的优化问题。元学习问题的梯度下降可以表示为

$$\theta = \theta - \alpha \frac{\partial(\ell(\mathcal{S}_{\text{mte}}; \theta) + \beta\ell(\mathcal{S}_{\text{mtrn}}; \phi))}{\partial \theta}, \tag{14.3.5}$$

其中 α 和 β 分别表示外层和内层的学习率。

值得注意的是，上式中我们是针对每个任务自适应地训练其参数，也就完成了泛化的过程。

元学习的主要研究工作围绕着对元知识的表征和学习展开。如果我们用 $P_\theta(y|x, S)$ 表示模型由训练数据 S 获取的元知识，则根据元知识表征的不同，一种通用的分类方法可将元学习方法分为以下三类：

（1）基于模型的元学习方法。此类方法用另一个神经网络从若干任务中学习得到元知识，此时 $P_\theta(y|x, S) = f_\theta(x, S)$。

（2）基于度量的元学习方法。此类方法假设元知识通过学习有意义的度量来获取，此时 $P_\theta(y|x, S) = \sum_{(x_i, y_i) \in S} k_\theta(x, x_i) y_i$，其中 $k(\cdot, \cdot)$ 为一种度量相似度的核函数。

（3）基于优化的元学习方法。此类方法通过梯度下降等优化措施渐进地从多个任务中学习公共的元知识。此时，$P_\theta(y|x, S) = f_{\theta(S)}(x)$。

元学习与机器学习中的许多概念都有一些联系和区别，分述如下：

- 迁移学习。迁移学习强调从已有任务中学习新任务的思维。与元学习相比，迁移学习更强调的是这种学习问题，而元学习更侧重于学习方法。二者并非完全相等，这取决于看待问题的角度。许多情况下二者的终极目标是一致的。

- 领域自适应和领域泛化。领域自适应和领域泛化这两种学习模式是迁移学习的子集。与元学习的显著区别是，二者没有元目标，即没有双重（Bi-level）优化的过程。
- 终身学习和持续学习。终身学习（Lifelong Learning）和持续学习（Continual Learning）强调在一个任务上连续不断地学习，而元学习则侧重于在多个任务上学习通用的知识，有显著区别。
- 多任务学习。多任务学习（Multi-task Learning）指从若干个相关的任务中联合学习出最终的优化目标。元学习中的任务是不确定的，而多任务中的任务就是要学习的目标。
- 超参数优化。严格来说，超参数优化（Hyperparameter Optimization）侧重学习率、网络架构等参数的设计，它是元学习的一个应用场景。

14.3.1 基于模型的元学习方法

本节介绍基于模型的元学习方法。这种方法假设训练数据中获取的元知识可以自然地由另一个神经网络进行学习表征，因此也被称为基于黑盒（Black-box）或基于记忆的元学习方法。其核心在于直接利用元学习的思路：从若干任务中学习历史的经验。那么，要想从这若干任务中学习结果和参数用于未来的数据，很直接的想法是将这些任务的学习结果的参数存储起来，输入另一个神经网络中学习。

这类方法将训练数据 S 中的元知识表征为

$$P_\theta(y|x,S) = f_\theta(x,S), \qquad (14.3.6)$$

其中 θ 为待学习的元参数，由另一个网络 f 在构造的历史任务上进行学习。

基于模型的元学习方法的主要思想如图 14.5 所示。从历史任务中学习超参数 ϕ，然后将学到的 ϕ 应用于元测试数据，如此反复，系统的性能便会越来越好。

一种经典的基于模型的元学习方法是**记忆增强的神经网络**（Memory-augmented Neural Networks, MANN）[43]。MANN 直接从历史任务的结果中学习。在训练当前的任务时，MANN 将上一个任务的标签也一并输入。这样做的好处是通过神经网络建立上下文任务的直接联系，使得网络直接利用历史经验学习。

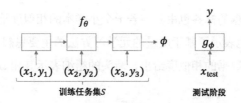

图 14.5　基于模型的元学习方法

除了可以直接从历史任务的学习结果中学习元知识，文献 [42] 提出了从历史任务的优化过程中学习元知识的方法。该工作利用一个 LSTM 结构，很自然地从历史任务中承载经验进行表征。

深度网络优化的核心就是梯度下降，因此，该工作直接从历史任务中学习有利的超参数，使得学习到的网络超参数能够有强泛化能力。文献 [14] 提出了超网络（Hypernetworks）的概念，使得网络结构的超参数的设计可以自动进行。另一方面，梯度下降的过程能不能被学习到？答案是能。通过从历史任务的梯度下降中学习，文献 [1] 提出了从历史任务中学习梯度更新规则的元学习方法。

基于模型的元学习方法还有很多，其思想非常通用。从标签到损失函数，从梯度下降规则到优化器设计，均可以用来进行元学习。例如，Google 最近的工作 Meta Pseudo Label[39] 假设神经网络训练过程中的交叉熵损失函数可以被自适应地学习，因此构建了相应的元学习网络，取得了比传统损失函数更好的效果。文献 [27] 通过元学习对有噪声的训练数据进行自适应学习。

14.3.2　基于度量的元学习方法

本节介绍基于度量的元学习方法。此类方法假设元知识可以由历史数据的相似性获得，又可以被称为基于相似性的学习方法。

这类方法将训练数据 S 中的元知识表征为

$$P_\theta(y|x,S) = \sum_{(x_i,y_i)\in S} k_\theta(x,x_i)y_i, \qquad (14.3.7)$$

其中 $k(\cdot,\cdot)$ 为一种度量相似度的核函数，例如余弦相似度等。

从核函数的视角来看，此类方法非常容易理解。网络的主要目的是从训练数据中学习彼此的相似度关系。这样，对于给定的新数据，在预测其标签时，标签就可以由新数据与训练数据的相似度关系来给出。通常，历史任务通过小样本的方式构造，则新数据的标签也由其与若干个小样本的相似度给出。

图 14.6 形象地表示了基于度量的元学习方法的主要思想。其中，测试数据的标签由其与训练数据的相似度给出，箭头的粗细表示其相似程度。

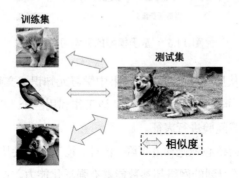

图 14.6　基于度量的元学习方法示意图

文献 [54] 提出了一种名为 **Matching Network** 的相似度网络。这种网络在每个元任务的学习阶段均学习验证数据与若干个小样本训练数据的相似度关系。在 Matching Network 中，测试数据 x 的标签 $\hat{y}$ 由其与 k 个样本的相似度函数 $a(\cdot,\cdot)$ 给出：

$$\hat{y} = \sum_{i=1}^{k} a\left(\bar{x}, x_i\right) y_i, \tag{14.3.8}$$

其中相似度函数被定义为一种由余弦相似度构成的 softmax 函数：

$$a\left(\boldsymbol{x}, \boldsymbol{x}_i\right) = \frac{\exp\left(\cos\left(f(\boldsymbol{x}), g\left(\boldsymbol{x}_i\right)\right)\right)}{\sum_{j=1}^{k} \exp\left(\cos\left(f(\boldsymbol{x}), g\left(\boldsymbol{x}_j\right)\right)\right)}. \tag{14.3.9}$$

类似的思想出现在后来的 Prototypical Network（ProtoNet）[46] 中。ProtoNet 的思想非常容易理解，其采取了一种类似于 KNN 的方法：在学习阶段，计算每个类别的中心点特征表达（嵌入，Embedding）。继而，新数据的标签由新数据距离这些类别中心点的综合距离给出。如果用 f_θ 表示网络中特征学习的部分，则类别 c 的类别中心特征表达可以表示为

$$\boldsymbol{v}_c = \frac{1}{|S_c|} \sum_{(\boldsymbol{x}_i, y_i) \in S_c} f_\theta\left(\boldsymbol{x}_i\right), \tag{14.3.10}$$

其中 S_c 表示属于类别 c 的所有样本集合。新数据的标签可以被计算为

$$P(y=c|\boldsymbol{x}) = \text{softmax}\left(-d_\phi\left(f_\theta(\boldsymbol{x}), \boldsymbol{v}_c\right)\right) = \frac{\exp\left(-d_\phi\left(f_\theta(\boldsymbol{x}), \boldsymbol{v}_c\right)\right)}{\sum_{c' \in \mathcal{C}} \exp\left(-d_\phi\left(f_\theta(\boldsymbol{x}), \boldsymbol{v}_{c'}\right)\right)}, \tag{14.3.11}$$

其中 $d_\phi(\cdot,\cdot)$ 表示任意的距离函数，如欧氏距离等。

后来，文献 [48] 提出了 Relation Network 来学习样本之间的距离度量，文献 [7] 利用多个任务进行度量学习。相关的工作此处不再赘述。

14.3.3 基于优化的元学习方法

本节介绍基于优化的元学习方法。与之前介绍的基于模型和基于度量的方法不同，基于优化的元学习方法假设可以从大量任务的学习过程中通过梯度下降来获得通用的元知识。此类方法近年来获得了极大的关注度。

这类方法通常将元知识表示为

$$P_\theta(y|x,S) = f_{\theta(S)}(x). \tag{14.3.12}$$

请注意，这里的 $f_{\theta(S)}(x)$ 与之前基于模型方法的 $f_\theta(x,S)$ 极易混淆。它们的区别是，在基于模型的方法中，$f_\theta(S)$ 表示的是另一个学习网络，而在本节介绍的基于优化的方法中，待学习的元知识参数 $\theta(S)$ 被放到了网络的下标处，表明其是可以直接通过优化习得的。

Finn 等人在 2017 年的 ICML 大会上提出了 Model-Agnostic Meta-learning（MAML）方法 [12]，开启了基于优化的元学习方法全新的篇章。MAML 尝试从若干个训练任务中通过梯度下降学习一种通用的知识。MAML 方法的学习过程如图 14.7 所示。

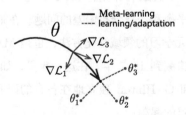

图 14.7　MAML 方法的学习过程示意图 [12]

令 ϕ 为最终学习的超参数，θ^i 为训练过程中第 i 个任务对应的参数，MAML 首先在采样的 n 个任务上以学习率 γ 计算这些任务的梯度：

14　低资源学习

$$\theta^i = \theta^i - \gamma \nabla_\phi l(\phi). \tag{14.3.13}$$

然后，对于查询集计算每个任务的损失：

$$L(\phi) = \sum_{i=1}^{n} l^i(\theta^i). \tag{14.3.14}$$

最后利用梯度下降、以学习率 η 优化超参数 ϕ：

$$\phi \leftarrow \phi - \eta \nabla_\phi L(\phi). \tag{14.3.15}$$

上面的过程其实完成了一种学习通用知识的过程。MAML 并不关心模型在训练过程中在某个特定任务上的表现，而是关心在所有任务上的平均表现。这好比在寻找一个对所有任务平均都有益的学习状态，然后 MAML 再基于查询集对此学习状态进行更新。循环以上过程，MAML 就能学习到在大多数任务上较通用的元知识。

MAML 开启了基于优化的元学习方法之先河，后续有大量的相关工作扩展了 MAML。例如，Reptile[34] 试图将 MAML 在学习每个任务的参数时的梯度更新过程重复多次。文献 [40] 指出原始 MAML 存在的问题是需要很大的存储空间来存储每个任务的梯度信息、计算又很费时，因而提出一个称为 implicit MAML（iMAML）的方法来进行优化。iMAML 的核心是不依赖计算过程直接达到最终的结果。实现方式是用一个 l_2 正则项来约束旧参数和新参数的距离。文献 [28] 提出了 Meta-SGD，使其可以同时学习初始化参数、学习率和梯度更新方向等。

也有一些工作应用 MAML 来解决其他问题。例如，文献 [21] 将 MAML 扩展到了无监督表征学习中；文献 [33] 则将 MAML 与贝叶斯框架进行集成，在统一的表征中解决类别不平衡和任务分布偏差的问题。在第 11 章中我们曾经介绍过的 MLDG[26] 等基于元学习的领域泛化方法，也是 MAML 思想的成功应用。

元学习的历史可以追溯到 1987 年。在这一年里，如今深度学习领域的两位泰斗 J. Schmidhuber 和 G. Hinton 独立地在各自的研究中提出了类似的概念，后来被广泛认为是元学习的起源：

- J. Schmidhuber 提出了元学习的整体形式化框架，提出了一种 Self-referential Learning 模式[44]。在这个模式中，神经网络可以接收它们自己的权重作为输入来输出目标权重。另外，模型可以自己通过进化算法来自我学习。
- G. Hinton 提出了快权重（Fast weights）和慢权重（Slow weights）的概

念[18]。在算法迭代过程中，慢权重获取知识较慢，而快权重可以更快地获取知识。这一过程的核心是，快权重可以回溯慢权重的值，从而进行全局性指导。

这两项工作都直接推动了元学习的产生。从今天的视角来看，J. Schmidhuber 的版本更像是元学习的形式化定义，而 G. Hinton 的版本更像是定义了元学习的二重优化过程。

后来，Bengio 分别在 1990 和 1995 年提出了通过元学习的方式来学习生物学习规则[3]，而 J. Schmidhuber 继续在他后续的工作中探索 Self-referential Learning；S. Thrun 在 1998 年的工作中首次介绍了学习学习的概念，并将其表示为实现元学习的一种有效方法[51]；S. Hochreiter 等人首次在 2001 年的研究中用神经网络来进行元学习[20]。

14.4 自监督学习

半监督学习和元学习方法利用其他可能的任务或无标签数据学习原始的任务。本节介绍另一种与迁移学习有密切联系的学习范式：**自监督学习**（Self-supervised Learning）[23]。

自监督学习的研究近来取得了长足的进步，在计算机视觉、时间序列分析、自然语言处理、语音识别等方面均有广泛的应用。例如，自然语言处理中的经典模型 BERT[9] 便是基于自监督学习的思想构造不同的自监督任务而进行训练；语音识别领域的 Wav2Vec 系列模型[2,45] 也借鉴了自监督学习的思想。

为什么要使用自监督学习？简而言之，因为有标签的数据总是有限的，而收集大量有标签数据的过程是耗时且昂贵的。

使用自监督学习还有另一个原因：预训练。由于大规模的数据集通常缺乏大量高质量的数据标注而无法进行有监督训练，因此，自监督学习便可以利用这些大规模的无标签数据学习通用的特征表达。然后，学习到的预训练模型便可迁移到下游任务中。此情形在计算机视觉、自然语言处理和语音识别等领域中被广泛使用：人们通常使用自监督预训练的模型例如 BERT[9] 和 Wav2Vec[2,45] 等用于自己的任务。

目前尚无统一的自监督学习定义。通常，如果我们为了完成主任务而构造了不同于主任务的辅助任务，便可以称为自监督学习。

本节将介绍以下两类自监督方法。

（1）构造辅助任务（Constructing Pretext Tasks）：构造若干个不同于主任务的辅助任务可以帮助主任务的学习。此类方法非常简单、直接、有效。

（2）对比自监督学习（Contrastive Self-supervised Learning）：通过度量锚点（anchor）、正样本和负样本之间的距离进行自监督学习以获得通用的特征表达。

14.4.1 构造辅助任务

自监督学习侧重于构造不同的辅助任务来帮助完成主任务。此类方法可以被表示为

$$\mathcal{L}_{\text{self-super}} = \mathcal{L}_{\text{main}} + \mathcal{L}_{\text{aux}}, \tag{14.4.1}$$

其中 $\mathcal{L}_{\text{main}}$ 表示主任务的损失，$\mathcal{L}_{\text{aux}}$ 表示辅助任务的损失。注意到这两个任务通常是不同的，并且辅助任务的标签是由特定构造规则生成的。因此我们也将这些生成的标签称为伪标签（注意其与上一节半监督学习中的伪标签并不相同）。此过程如图 14.8 所示。

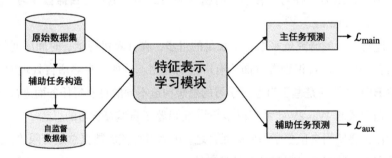

图 14.8　自监督学习示意图

因此，自监督学习主要的挑战是如何设计这些辅助任务。为什么这种方式可以获得成功？通常，自监督学习假设两种任务之间具有相关性，因此它们的特征学习模块可以共享。我们可以将此考虑为一个多任务学习场景：两个或两个以上的任务共享了相同的部分网络结构，因此它们可以彼此促进。自监督学习与多任务学习的不同之处则是多任务学习中的任务是显式给定的，而自监督学习需要用户自己构造辅助任务。

14.4 自监督学习

事实上，如何构造辅助任务也尚未有标准。我们需要从自己的应用出发、借助领域知识完成构造。文献 [13] 构造了预测图片旋转角度的辅助任务：对于任意一张无标签图片样本，我们可以轻易地对其旋转不同的角度：$0°, 90°, 180°, 270°$。然后，将此分类任务作为主任务的辅助任务进行联合训练：网络在学习主任务的同时，也要训练如何区分其旋转。文献 [11] 构造了预测图片块（patch）的相对位置的辅助任务。类似地，文献 [35] 对于图像分类任务构造了解决 Jigsaw 谜题的辅助任务。

对于非图像任务，我们仍然可以利用数据的属性进行自监督任务的构造。文献 [61] 针对多维时间序列数据构造了这样的辅助任务：给数据加入不同的数据增强，如加噪音、枚举、转置及拉伸等，如图 14.9 所示。然后，研究人员设计了辅助任务的分类任务，让模型学习数据属于哪一种增广数据。此操作极大地增强了模型的泛化能力，在异常检测中取得了不错的进展。

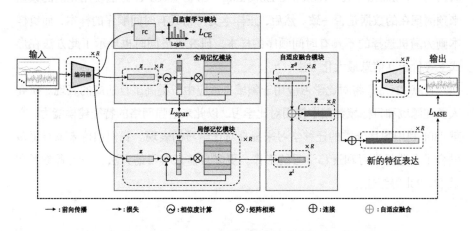

图 14.9　文献 [61] 中时间序列自监督任务的构造与应用

除此之外，也有其他的辅助任务，如染色、视频生成、聚类等，我们无法一一列举，感兴趣的读者可以在综述 [23] 中找到更多方法。

14.4.2　对比自监督学习

对比学习通过构造锚点样本、正样本和负样本之间的关系来学习表征。核心思想是限制锚点样本与负样本之间的距离远大于其与正样本之间的距离。形式上而言，对任意锚点样本 x，我们用 x^+ 和 x^- 分别表示其正样本和负样本。注

意，这里正样本或负样本指的是与锚点样本是否相似。此时，学习目标为

$$\text{Score}(f(x), f(x^+)) \gg \text{Score}(f(x), f(x^-)), \tag{14.4.2}$$

其中，$\text{Score}(\cdot,\cdot)$ 为一可定制的相似度函数，例如互信息、余弦相似度或者向量内积等。例如，一种流行的对比学习目标函数为

$$\mathcal{L}_N = -\mathbb{E}_X \left[\log \frac{\exp\left(f(x)^\text{T} f(x^+)\right)}{\exp\left(f(x)^\text{T} f(x^+)\right) + \sum_{j=1}^{N-1} \exp\left(f(x)^\text{T} f(x_j)\right)} \right]. \tag{14.4.3}$$

文献 [19] 提出了一种名为 Deep InfoMax 的算法来预测一对全局特征和局部特征是否来自相同的图片。此时，锚点样本为全局特征，正样本为来自同一图片的局部特征，负样本则为来自不同图片的局部特征。文献 [36] 提出了对比预测编码（Constrastive Predictive Encoding，CPC）。CPC 方法使用先前的数据来预测现在的数据是否一致。然后，正样本为严格具有时间顺序的样本，而负样本则为随机选择的不具有时间顺序的样本。研究人员同时也展示了此方法在形式上等价于互信息最大化方法。

文献 [24, 50] 将对比学习应用于领域自适应中，提高了自适应的表现。研究人员在源域和目标域数据中使用对比学习，以此来增强网络的特征建模能力。文献 [30] 利用图片分类的迁移学习来提高对比学习的表现。我们期待未来有更多融合了自监督学习和迁移学习的工作。更多自监督学习的方法，请读者参考文献 [22, 23] 等综述。

14.5 小结

本章围绕低资源学习这一主题介绍了三种与迁移学习有密切联系的学习范式：半监督学习、元学习，以及自监督学习。我们还介绍了用于低资源硬件条件的迁移学习模型压缩。值得注意的是，所有的研究课题均不是独立于其他课题的。它们有着紧密联系：我们或者可以用迁移学习来帮助其他领域获得成功，或者也可以借用其他领域的思想方法来帮助提高迁移学习的表现。善于发现并利用其可结合之处将是此类研究的重点。

参考文献

[1] Andrychowicz, M., Denil, M., Gomez, S., Hoffman, M. W., Pfau, D., Schaul, T., Shillingford, B., and De Freitas, N. (2016). Learning to learn by gradient descent by gradient descent. In *Advances in neural information processing systems*, pages 3981–3989.

[2] Baevski, A., Zhou, H., Mohamed, A., and Auli, M. (2020). wav2vec 2.0: A framework for self-supervised learning of speech representations. *arXiv preprint arXiv:2006.11477*.

[3] Bengio, Y., Bengio, S., and Cloutier, J. (1990). *Learning a synaptic learning rule.* Citeseer.

[4] Bengio, Y., Louradour, J., Collobert, R., and Weston, J. (2009). Curriculum learning. In *Proceedings of the 26th annual international conference on machine learning*, pages 41–48.

[5] Berthelot, D., Roelofs, R., Sohn, K., Carlini, N., and Kurakin, A. (2021). Adamatch: A unified approach to semi-supervised learning and domain adaptation. *arXiv preprint arXiv:2106.04732*.

[6] Bishop, C. M. (2006). *Pattern recognition and machine learning.* springer.

[7] Chen, G., Zhang, T., Lu, J., and Zhou, J. (2019). Deep meta metric learning. In *Proceedings of the IEEE International Conference on Computer Vision*, pages 9547–9556.

[8] Denton, E. L., Zaremba, W., Bruna, J., LeCun, Y., and Fergus, R. (2014). Exploiting linear structure within convolutional networks for efficient evaluation. *Advances in neural information processing systems*, 27.

[9] Devlin, J., Chang, M.-W., Lee, K., and Toutanova, K. (2018). Bert: Pre-training of deep bidirectional transformers for language understanding. In *NAACL*.

[10] Diba, A., Fayyaz, M., Sharma, V., Karami, A. H., Arzani, M. M., Yousefzadeh, R., and Van Gool, L. (2017). Temporal 3d convnets: New architecture and transfer learning for video classification. *arXiv preprint arXiv:1711.08200*.

[11] Doersch, C., Gupta, A., and Efros, A. A. (2015). Unsupervised visual representation learning by context prediction. In *Proceedings of the IEEE international conference on computer vision*, pages 1422–1430.

[12] Finn, C., Abbeel, P., and Levine, S. (2017). Model-agnostic meta-learning for fast adaptation of deep networks. In *Proceedings of the 34th International Conference on Machine Learning-Volume 70*, pages 1126–1135. JMLR. org.

[13] Gidaris, S., Singh, P., and Komodakis, N. (2018). Unsupervised representation learning by predicting image rotations. *arXiv preprint arXiv:1803.07728*.

[14] Ha, D., Dai, A., and Le, Q. V. (2016). Hypernetworks. *arXiv preprint arXiv: 1609.09106*.

[15] Han, S., Mao, H., and Dally, W. J. (2015a). Deep compression: Compressing deep neural networks with pruning, trained quantization and huffman coding. *arXiv preprint arXiv:1510.00149*.

[16] Han, S., Pool, J., Tran, J., and Dally, W. (2015b). Learning both weights and connections for efficient neural network. *Advances in neural information processing systems*, 28.

[17] He, Y., Zhang, X., and Sun, J. (2017). Channel pruning for accelerating very deep neural networks. In *Proceedings of the IEEE international conference on computer vision*, pages 1389–1397.

[18] Hinton, G. E. and Plaut, D. C. (1987). Using fast weights to deblur old memories. In *Proceedings of the ninth annual conference of the Cognitive Science Society*, pages 177–186.

[19] Hjelm, R. D., Fedorov, A., Lavoie-Marchildon, S., Grewal, K., Bachman, P., Trischler, A., and Bengio, Y. (2018). Learning deep representations by mutual information estimation and maximization. In *International Conference on Learning Representations*.

[20] Hochreiter, S., Younger, A. S., and Conwell, P. R. (2001). Learning to learn using gradient descent. In *International Conference on Artificial Neural Networks*, pages 87–94. Springer.

[21] Hsu, K., Levine, S., and Finn, C. (2018). Unsupervised learning via meta-learning. *arXiv preprint arXiv:1810.02334*.

[22] Jaiswal, A., Babu, A. R., Zadeh, M. Z., Banerjee, D., and Makedon, F. (2021). A survey on contrastive self-supervised learning. *Technologies*, 9(1): 2.

[23] Jing, L. and Tian, Y. (2020). Self-supervised visual feature learning with deep neural networks: A survey. *IEEE TPAMI*.

[24] Kang, G., Jiang, L., Yang, Y., and Hauptmann, A. G. (2019). Contrastive adaptation network for unsupervised domain adaptation. In *Proceedings of the IEEE/CVF Conference on Computer Vision and Pattern Recognition*, pages 4893–4902.

[25] Lee, D.-H. et al. (2013). Pseudo-label: The simple and efficient semi-supervised learning method for deep neural networks. In *Workshop on challenges in representation learning, ICML*, volume 3, page 896.

[26] Li, D., Yang, Y., Song, Y.-Z., and Hospedales, T. M. (2018). Learning to generalize: Meta-learning for domain generalization. In *Thirty-Second AAAI Conference on Artificial Intelligence*.

[27] Li, J., Wong, Y., Zhao, Q., and Kankanhalli, M. S. (2019). Learning to learn from noisy labeled data. In *Proceedings of the IEEE Conference on Computer Vision and Pattern Recognition*, pages 5051–5059.

[28] Li, Z., Zhou, F., Chen, F., and Li, H. (2017). Meta-sgd: Learning to learn quickly for few-shot learning. *arXiv preprint arXiv:1707.09835*.

[29] Liu, H., Wang, J., and Long, M. (2021). Cycle self-training for domain adaptation. *arXiv preprint arXiv:2103.03571*.

[30] Lu, Y., Jha, A., and Huo, Y. (2021). Contrastive learning meets transfer learning: A case study in medical image analysis. *arXiv preprint arXiv:2103.03166*.

[31] Miyato, T., Maeda, S.-i., Koyama, M., and Ishii, S. (2018). Virtual adversarial training: a regularization method for supervised and semi-supervised learning. *IEEE transactions on pattern analysis and machine intelligence*, 41(8): 1979–1993.

[32] Molchanov, P., Tyree, S., Karras, T., Aila, T., and Kautz, J. (2017). Pruning convolutional neural networks for resource efficient inference. In *International conference on learning representations (ICLR)*.

[33] Na, D., Lee, H. B., Kim, S., Park, M., Yang, E., and Hwang, S. J. (2019). Learning to balance: Bayesian meta-learning for imbalanced and out-of-distribution tasks. *arXiv preprint arXiv:1905.12917*.

[34] Nichol, A., Achiam, J., and Schulman, J. (2018). On first-order meta-learning algorithms. *arXiv preprint arXiv:1803.02999*.

[35] Noroozi, M. and Favaro, P. (2016). Unsupervised learning of visual representations by solving jigsaw puzzles. In *European conference on computer vision*, pages 69–84. Springer.

[36] Oord, A. v. d., Li, Y., and Vinyals, O. (2018). Representation learning with contrastive predictive coding. *arXiv preprint arXiv:1807.03748*.

[37] Ouali, Y., Hudelot, C., and Tami, M. (2020). An overview of deep semi-supervised learning. *arXiv preprint arXiv:2006.05278*.

[38] Park, S., Park, J., Shin, S.-J., and Moon, I.-C. (2018). Adversarial dropout for supervised and semi-supervised learning. In *Thirty-Second AAAI Conference on Artificial Intelligence*.

[39] Pham, H., Xie, Q., Dai, Z., and Le, Q. V. (2020). Meta pseudo labels. *arXiv preprint arXiv:2003.10580*.

[40] Rajeswaran, A., Finn, C., Kakade, S. M., and Levine, S. (2019). Meta-learning with implicit gradients. In *Advances in Neural Information Processing Systems*, pages 113–124.

[41] Rastegari, M., Ordonez, V., Redmon, J., and Farhadi, A. (2016). Xnor-net: Imagenet classification using binary convolutional neural networks. In *European conference on computer vision*, pages 525–542. Springer.

[42] Ravi, S. and Larochelle, H. (2016). Optimization as a model for few-shot learning. In *ICLR*.

[43] Santoro, A., Bartunov, S., Botvinick, M., Wierstra, D., and Lillicrap, T. (2016). Meta-learning with memory-augmented neural networks. In *ICML*, pages 1842–1850.

[44] Schmidhuber, J. (1987). Evolutionary principles in self-referential learning. *On learning how to learn: The meta-meta-··· hook.) Diploma thesis, Institut f. Informatik, Tech. Univ. Munich*, 1(2).

[45] Schneider, S., Baevski, A., Collobert, R., and Auli, M. (2019). wav2vec: Unsupervised pre-training for speech recognition. *arXiv preprint arXiv:1904.05862*.

[46] Snell, J., Swersky, K., and Zemel, R. S. (2017). Prototypical networks for few-shot learning. In *NeurIPS*.

[47] Sohn, K., Berthelot, D., Li, C.-L., Zhang, Z., Carlini, N., Cubuk, E. D., Kurakin, A., Zhang, H., and Raffel, C. (2020). Fixmatch: Simplifying semi-supervised learning with consistency and confidence. In *NeurIPS*.

[48] Sung, F., Yang, Y., Zhang, L., Xiang, T., Torr, P. H., and Hospedales, T. M. (2018). Learning to compare: Relation network for few-shot learning. In *Proceedings of the IEEE Conference on Computer Vision and Pattern Recognition*, pages 1199–1208.

[49] Tarvainen, A. and Valpola, H. (2017). Mean teachers are better role models: Weight-averaged consistency targets improve semi-supervised deep learning results. In *Proceedings of the 31st International Conference on Neural Information Processing Systems*, pages 1195–1204.

[50] Thota, M. and Leontidis, G. (2021). Contrastive domain adaptation. In *Proceedings of the IEEE/CVF Conference on Computer Vision and Pattern Recognition*, pages 2209–2218.

[51] Thrun, S. and Pratt, L. (1998). Learning to learn: Introduction and overview. In *Learning to learn*, pages 3–17. Springer.

[52] Tzeng, E., Hoffman, J., Zhang, N., Saenko, K., and Darrell, T. (2014). Deep domain confusion: Maximizing for domain invariance. *arXiv preprint arXiv:1412.3474*.

[53] Verma, V., Kawaguchi, K., Lamb, A., Kannala, J., Solin, A., Bengio, Y., and Lopez-Paz, D. (2022). Interpolation consistency training for semi-supervised learning. *Neural Networks*, 145: 90–106.

[54] Vinyals, O., Blundell, C., Lillicrap, T., Wierstra, D., et al. (2016). Matching networks for one shot learning. In *Advances in neural information processing systems*, pages 3630–3638.

[55] Wang, Y., Chen, H., Heng, Q., Hou, W., Savvides, M., Shinozaki, T., Wu, Z., Bhiksha, R., and Wang, J. (2022). Freematch: self-adaptive thresholding for semi-supervised learning. In *Technical report*.

[56] Xie, Q., Dai, Z., Hovy, E., Luong, T., and Le, Q. (2020). Unsupervised data augmentation for consistency training. *Advances in Neural Information Processing Systems*, 33.

[57] Yu, C., Wang, J., Chen, Y., and Qin, X. (2019a). Transfer channel pruning for compressing deep domain adaptation models. *International Journal of Machine Learning and Cybernetics*, 10(11): 3129–3144.

[58] Yu, C., Wang, J., Chen, Y., and Wu, Z. (2019b). Accelerating deep unsupervised domain adaptation with transfer channel pruning. In *2019 International Joint Conference on Neural Networks (IJCNN)*, pages 1–8. IEEE.

[59] Zhang, B., Wang, Y., Hou, W., Wu, H., Wang, J., Okumura, M., and Shinozaki, T. (2021a). Flexmatch: Boosting semi-supervised learning with curriculum pseudo labeling. *Advances in Neural Information Processing Systems*, 34.

[60] Zhang, H., Cisse, M., Dauphin, Y. N., and Lopez-Paz, D. (2018). mixup: Beyond empirical risk minimization. In *ICLR*.

[61] Zhang, Y., Wang, J., Chen, Y., Yu, H., and Qin, T. (2022). Adaptive memory networks with self-supervised learning for unsupervised anomaly detection. *IEEE Transactions on Knowledge and Data Engineering*.

[62] Zhang, Y., Zhang, H., Deng, B., Li, S., Jia, K., and Zhang, L. (2021b). Semi-supervised models are strong unsupervised domain adaptation learners. *arXiv preprint arXiv:2106.00417*.

[63] Zhou, A., Yao, A., Guo, Y., Xu, L., and Chen, Y. (2017). Incremental network quantization: Towards lossless cnns with low-precision weights. In *International conference on learning representations (ICLR)*.

[64] 周志华 (2016). 机器学习. 清华大学出版社.

第 III 部分
迁移学习的应用与实践

15 计算机视觉中的迁移学习实践

今天，大多数深度学习算法、课程、入门讲座等均使用计算机视觉任务作为评测标准。例如，作为深度学习领域入门的经典"Hello World"范例，MNIST手写体分类和 ImageNet 挑战赛等均为经典数据集，极大地促进了深度学习的发展。

图像分类任务并不像语音识别和机器翻译等任务一样需要学习人员拥有太多的领域知识，因此我们能够更多地关注于算法本身，对于入门来说相对友好。这也是本书绝大多数算法示例均采用图像数据的原因之一。不仅本书，其他机器学习书籍也采用了图像分类作为示例。

本章将实现基于迁移学习的目标检测和神经风格迁移。特别地，我们展示预训练–微调方法的有效性。

15.1 目标检测

15.1.1 任务与数据

图像分类是计算机视觉中的标准任务，它要求判断一张给定的图片是否属于一个给定的类别。目标检测要求模型不仅可以对图片进行分类，还需要检测图片中物体的位置和其在整个图片中的范围。更进一步，实例分割可以将物体具体的像素进行分类。

图 15.1 展示了这些任务的不同之处。我们看到从分类到分割任务，任务逐渐变得越来越难。为了简单起见，我们介绍如何应用迁移学习进行目标

15 计算机视觉中的迁移学习实践

检测。

分类（Classification）

检测（Detection）

分割（Segmentation）

图 15.1　图像分类、目标检测和实例分割示意图（图片来自 PASCAL-VOC 2012 数据集）

我们使用 PASCAL-VOC 2012 数据集[1]。此数据集来源于 PASCAL-VOC 2012 目标检测挑战赛，主要为目标检测和示例分割服务。与图像分类不同，下载此数据集之后，它包含每张图片的标注，包括目标类别和检测框。

本节内容的完整代码可以在以下链接[2]中找到。

15.1.2　加载数据

尽管 PyTorch 框架有自带的 VOC 数据集加载函数，但并不能很好地处理检测框和面积等因素。因此，为了更好地进行定制，我们编写了自己的数据集加载类。注意为了示例的高效性，我们仅加载前 200 张图片，相关代码如下。

数据集类

```
1  class VOC(torch.utils.data.Dataset):
2      def __init__(self, root_path, transforms):
3          self.root =  root_path
4          self.transforms = transforms
5          self.imgs = list(sorted(os.listdir(os.path.join(self.root, "
                JPEGImages"))))[:200]
6          self.masks = list(sorted(os.listdir(os.path.join(self.root, "
                Annotations"))))[:200]
7  
8      def __getitem__(self, idx):
9          img_path = os.path.join(self.root, "JPEGImages", self.imgs[
```

---
[1]请见链接 15-1。
[2]请见链接 15-2。

```
10            annot_path = os.path.join(self.root, "Annotations", self.
                  masks[idx])
11            img = Image.open(img_path).convert("RGB")
12
13            tree = ET.parse(annot_path)
14            root = tree.getroot()
15
16            boxes = []
17
18            for neighbor in root.iter('bndbox'):
19                xmin = int(neighbor.find('xmin').text)
20                ymin = int(neighbor.find('ymin').text)
21                xmax = int(neighbor.find('xmax').text)
22                ymax = int(neighbor.find('ymax').text)
23
24                boxes.append([xmin, ymin, xmax, ymax])
25
26            num_objs = len(boxes)
27
28
29            # convert everything into a torch.Tensor
30            boxes = torch.as_tensor(boxes, dtype=torch.float32)
31            # there is only one class
32            labels = torch.ones((num_objs,), dtype=torch.int64)
33
34            image_id = torch.tensor([idx])
35            area = (boxes[:, 3] - boxes[:, 1]) * (boxes[:, 2] - boxes[:,
                  0])
36            iscrowd = torch.zeros((num_objs,), dtype=torch.int64)
37            target = {}
38            target["boxes"] = boxes
39            target["labels"] = labels
40            target["image_id"] = image_id
41            target["area"] = area
```

```
42          target['iscrowd'] = iscrowd
43
44          if self.transforms is not None:
45              img, target = self.transforms(img, target)
46
47          return img, target
48
49      def __len__(self):
50          return len(self.imgs)
```

然后，我们利用 PyTorch 的 dataloader 函数将数据集类别转化为 dataloader 对象。

数据加载函数

```
1  def get_transform(train):
2      transforms = []
3      transforms.append(T.ToTensor())
4      if train:
5          transforms.append(T.RandomHorizontalFlip(0.5))
6      return T.Compose(transforms)
7
8  def load_data(root_path):
9      dataset = VOC(root_path, get_transform(train=True))
10     dataset_test = VOC(root_path, get_transform(train=False))
11
12     indices = torch.randperm(len(dataset)).tolist()
13     dataset = torch.utils.data.Subset(dataset, indices[:-50])
14     dataset_test = torch.utils.data.Subset(dataset_test, indices
           [-50:])
15
16     loader_tr = torch.utils.data.DataLoader(
17         dataset, batch_size=args.batchsize, shuffle=True, num_workers
           =4,
18         collate_fn=utils.collate_fn)
19
20     loader_te = torch.utils.data.DataLoader(
```

```
21         dataset_test, batch_size=args.batchsize * 2, shuffle=False,
               num_workers=4,
22         collate_fn=utils.collate_fn)
23     return loader_tr, loader_te
```

15.1.3 模型

在 torchvision 自带的模型库中有大量的用于目标检测的预训练模型。为简单起见，我们使用 Faster R-CNN 架构[1] 配合 ResNet-50 网络作为模型的基础架构。为方便对比，我们加载未经过 ImageNet 预训练和经过预训练的模型。

加载预训练模型

```
1  def get_model_detection(n_class, pretrain=True):
2      from torchvision.models.detection.faster_rcnn import
            FastRCNNPredictor
3      # load a pre-trained model
4      model = torchvision.models.detection.fasterrcnn_resnet50_fpn(
            pretrained=pretrain)
5      num_classes = n_class
6      in_features = model.roi_heads.box_predictor.cls_score.in_features
7      # replace the pre-trained head with a new one
8      model.roi_heads.box_predictor = FastRCNNPredictor(in_features,
            num_classes)
9      return model
```

然后，我们通过控制参数 pretrain=True 或 False 来控制是否需要使用预训练模型。

15.1.4 训练和测试

为了简单起见，我们使用了 PyTorch 官方提供的训练和评测函数：train_one_epoch 和 evaluate。因此，我们的训练和测试代码如下。

15 计算机视觉中的迁移学习实践

训练和测试代码

```
1   def train(loaders, model, device):
2       params = [p for p in model.parameters() if p.requires_grad]
3       optimizer = torch.optim.SGD(params, lr=args.lr,
4                           momentum=args.momentum, weight_decay=
                                    args.weight_decay)
5       lr_scheduler = torch.optim.lr_scheduler.StepLR(optimizer,
            step_size=3, gamma=0.1)
6
7       for epoch in range(args.nepoch):
8           # train for one epoch (using pytorch's own function)
9           train_one_epoch(model, optimizer, loaders['tr'], device,
                epoch, print_freq=10)
10          # update the learning rate
11          lr_scheduler.step()
12          # evaluation (also using pytorch's own function)
13          evaluate(model, loaders['te'], device=device)
```

我们使用或不使用预训练模型来进行训练。结果分别展示在图 15.2 和 15.3 中。我们观察到不经过预训练的模型性能（用 AP：average precision 来评测）仅比 0 稍高，而采用预训练模型的结果为 0.368，这显示了迁移学习的有效性。注意到我们仅训练了 10 个迭代。更好的结果可以通过训练更多次数和采用更好的基础网络来实现。

```
IoU metric: bbox
 Average Precision  (AP) @[ IoU=0.50:0.95 | area=   all | maxDets=100 ] = 0.017
 Average Precision  (AP) @[ IoU=0.50      | area=   all | maxDets=100 ] = 0.070
 Average Precision  (AP) @[ IoU=0.75      | area=   all | maxDets=100 ] = 0.003
 Average Precision  (AP) @[ IoU=0.50:0.95 | area= small | maxDets=100 ] = 0.001
 Average Precision  (AP) @[ IoU=0.50:0.95 | area=medium | maxDets=100 ] = 0.009
 Average Precision  (AP) @[ IoU=0.50:0.95 | area= large | maxDets=100 ] = 0.027
 Average Recall     (AR) @[ IoU=0.50:0.95 | area=   all | maxDets=  1 ] = 0.020
 Average Recall     (AR) @[ IoU=0.50:0.95 | area=   all | maxDets= 10 ] = 0.102
 Average Recall     (AR) @[ IoU=0.50:0.95 | area=   all | maxDets=100 ] = 0.218
 Average Recall     (AR) @[ IoU=0.50:0.95 | area= small | maxDets=100 ] = 0.080
 Average Recall     (AR) @[ IoU=0.50:0.95 | area=medium | maxDets=100 ] = 0.111
 Average Recall     (AR) @[ IoU=0.50:0.95 | area= large | maxDets=100 ] = 0.305
```

图 15.2　不采用预训练模型的目标检测结果

```
IoU metric: bbox
 Average Precision  (AP) @[ IoU=0.50:0.95 | area=   all | maxDets=100 ] = 0.368
 Average Precision  (AP) @[ IoU=0.50      | area=   all | maxDets=100 ] = 0.664
 Average Precision  (AP) @[ IoU=0.75      | area=   all | maxDets=100 ] = 0.401
 Average Precision  (AP) @[ IoU=0.50:0.95 | area= small | maxDets=100 ] = 0.093
 Average Precision  (AP) @[ IoU=0.50:0.95 | area=medium | maxDets=100 ] = 0.294
 Average Precision  (AP) @[ IoU=0.50:0.95 | area= large | maxDets=100 ] = 0.488
 Average Recall     (AR) @[ IoU=0.50:0.95 | area=   all | maxDets=  1 ] = 0.208
 Average Recall     (AR) @[ IoU=0.50:0.95 | area=   all | maxDets= 10 ] = 0.473
 Average Recall     (AR) @[ IoU=0.50:0.95 | area=   all | maxDets=100 ] = 0.496
 Average Recall     (AR) @[ IoU=0.50:0.95 | area= small | maxDets=100 ] = 0.236
 Average Recall     (AR) @[ IoU=0.50:0.95 | area=medium | maxDets=100 ] = 0.454
 Average Recall     (AR) @[ IoU=0.50:0.95 | area= large | maxDets=100 ] = 0.602
```

图 15.3　采用预训练模型的目标检测结果

15.2　神经风格迁移

不同于分类、检测和分割等任务，神经风格迁移（Neural style transfer）任务是一种生成任务。它通过训练生成与给定图片具有相同风格的图片。因此，风格迁移是一种将图片从一种风格迁移到另一种风格的迁移学习任务生成任务。此类任务在现实生活中有广泛应用，如照片编辑、视频剪辑和人工智能艺术创作等。本节将实现一个简单的风格迁移任务。

实现风格迁移的核心是计算内容损失（content loss）和风格损失（style loss）。内容损失是生成图片与源图片之间的差异。风格损失则是由生成图片与风格参考图片的格拉姆矩阵（Gram matrix，即图片的风格表示）距离进行计算。

15.2.1　数据加载

我们将加载两张图片：源图片和目标图片。源图片也称为内容图片（content image），而目标图片包含了我们想要的目标风格。代码如下所示。

数据加载

```
1  def load_images(src_path, tar_path):
2      transform = transforms.Compose([
3          transforms.ToTensor(),
```

```
4            transforms.Normalize(mean=(0.485, 0.456, 0.406),
5                                  std=(0.229, 0.224, 0.225))])
6      img_src, img_tar = Image.open(src_path), Image.open(tar_path)
7      img_src = img_src.resize((224, 224))
8      img_tar = img_tar.resize((224, 224))
9      img_src = transform(img_src).unsqueeze(0).cuda()
10     img_tar = transform(img_tar).unsqueeze(0).cuda()
11     return img_src, img_tar
```

我们使用如下的内容和风格图片[3]。

内容图片　　　　　　　风格图片

图 15.4　内容图片和风格图片

15.2.2　模型

使用 VGG-19 模型作为基础模型，选择该模型的一些卷积层进行特征提取。这些特征将会在接下来被用于计算内容和风格损失。

加载模型

```
1  class VGGNet(nn.Module):
2      def __init__(self):
3          super(VGGNet, self).__init__()
4          self.vgg = torchvision.models.vgg19(pretrained=not args.
               no_pretrain).features
5          self.conv_layers = ['0', '5', '10', '19', '28']
6
7      def forward(self, x):
```

[3] 由链接 15-3 网站下载

15.2 神经风格迁移

```
 8      features = []
 9      for name, layer in self.vgg._modules.items():
10          x = layer(x)
11          if name in self.conv_layers:
12              features.append(x)
13      return features
```

15.2.3 训练

训练的代码如下所示。注意我们每 500 步生成一次图像。

训练模型

```
 1  def train(model, imgs):
 2      img_src, img_tar = imgs['src'], imgs['tar']
 3      # Initialize a target image with the content image
 4      target = img_src.clone().requires_grad_(True)
 5
 6      optimizer = torch.optim.Adam([target], lr=args.lr, betas=[0.5,
            0.999])
 7      for epoch in range(args.nepoch):
 8
 9          fea_tar, fea_cont, fea_style = model(target), model(img_src),
                model(img_tar)
10
11          loss_sty, loss_con = 0, 0
12          for f_tar, f_con, f_sty in zip(fea_tar, fea_cont, fea_style):
13
14              loss_con += torch.mean((f_tar - f_con)**2)
15
16              _, c, h, w = f_tar.size()
17              f_tar = f_tar.view(c, h * w)
18              f_sty = f_sty.view(c, h * w)
19
20              f_tar = torch.mm(f_tar, f_tar.t())
21              f_sty = torch.mm(f_sty, f_sty.t())
```

```
22
23              loss_sty += torch.mean((f_tar - f_sty)**2) / (c * h * w)
24
25          loss = loss_con + args.w_style * loss_sty
26          optimizer.zero_grad()
27          loss.backward()
28          optimizer.step()
29
30          if (epoch+1) % args.log_interval == 0:
31              print(f'Epoch [{epoch+1}/{args.nepoch}], loss_con: {
                    loss_con.item():.4f}, loss_sty: {loss_sty.item():.4f}
                    ')
32
33          if (epoch+1) % args.sample_step == 0:
34              # Save the generated image
35              denorm = transforms.Normalize((-2.12, -2.04, -1.80),
                    (4.37, 4.46, 4.44))
36              img = target.clone().squeeze()
37              img = denorm(img).clamp_(0, 1)
38              torchvision.utils.save_image(img, 'pretrain-output-{}.png
                    '.format(epoch+1))
```

图 15.5 展示了使用或不使用预训练模型的结果。我们发现采用预训练模型后,生成的图片与目标风格更加接近,这说明了迁移学习的有效性。当然,如果加入更多训练技巧,便可获得更好的结果。

未使用预训练  使用预训练

图 15.5 未使用和使用预训练模型的风格迁移结果

参考文献

[1] Ren, S., He, K., Girshick, R., and Sun, J. (2015). Faster r-cnn: Towards real-time object detection with region proposal networks. *Advances in neural information processing systems*, 28.

16 自然语言处理中的迁移学习实践

近年来，自然语言处理获得了长足的发展。特别地，预训练技术已成为自然语言处理的基础技术之一。本章将介绍如何使用预训练的语言模型进行句子分类。完整的代码可以在链接 16-1 中找到。

除 PyTorch 之外，Huggingface 公司的 Transformers[1] 代码库对于自然语言处理任务十分流行。因此，本章也采用此代码库进行展示。读者可以直接在自己的命令行中输入 `pip install transformers datasets` 来安装必要的包。

16.1 情绪分类任务及数据集

我们使用 TweetEval 数据集 [1] 来进行情绪分类。TweetEval 包含七种 Twitter 上的不同异构任务，均为多分类任务。我们使用其中的情绪分类任务。该任务包含了 4 种情绪：生气（anger）、喜悦（joy）、乐观（optimism）以及悲伤（sadness）。图 16.1 展示了数据集内容。

图 16.1 TweetEval dataset 的情绪识别数据展示

---

[1]请见链接 16-2。

16.1 情绪分类任务及数据集

我们采用以下函数加载此数据集并对其进行解析（tokenize）。

加载及解析数据

```
1  def load_data():
2      dataset = load_dataset('tweet_eval', 'emotion')
3      return dataset
4
5  def tokenizer(data):
6      tokenizer = AutoTokenizer.from_pretrained(args.model)
7      def tokenize_function(examples):
8          return tokenizer(examples["text"], padding="max_length",
                  truncation=True)
9      tok_data = data.map(tokenize_function, batched=True)
10     return tok_data
```

然后，我们调用这两个函数加载并解析数据。

加载并解析数据

```
1  dataset = load_data()
2  tok_data = tokenizer(dataset)
3  print(tok_data)
```

这生成如下的数据集统计信息（图 16.2）。我们观察到训练、验证及测试集分别包含 3257、1421、和 374 个句子。

```
DatasetDict({
    train: Dataset({
        features: ['text', 'label', 'input_ids', 'token_type_ids', 'attention_mask'],
        num_rows: 3257
    })
    test: Dataset({
        features: ['text', 'label', 'input_ids', 'token_type_ids', 'attention_mask'],
        num_rows: 1421
    })
    validation: Dataset({
        features: ['text', 'label', 'input_ids', 'token_type_ids', 'attention_mask'],
        num_rows: 374
    })
})
```

图 16.2 数据集统计信息

我们额外编写数据后处理函数得到最终的 dataloader。

后处理

```
1  def post_process(tok_data):
2      tok_data = tok_data.remove_columns(["text"])
3      tok_data = tok_data.rename_column("label", "labels")
4      tok_data.set_format("torch")
5  
6      loader_tr = DataLoader(tok_data["train"], shuffle=True,
           batch_size=args.batchsize)
7      loader_eval = DataLoader(tok_data["validation"], batch_size=args.
           batchsize)
8      loader_te = DataLoader(tok_data['test'], batch_size=args.
           batchsize)
9      loaders = {"train": loader_tr, 'eval': loader_eval, 'test':
           loader_te}
10     return loaders
```

16.2 模型

本章使用 BERT[2] 模型作为预训练模型。特别地，我们采用 bert-base-cased 模型。其可以从 Hugginface 的模型库中直接下载。

我们编写如下的函数进行模型加载，使得可以加载经过预训练和未经预训练的模型。

加载 BERT 模型

```
1  def load_model(pretrain=True):
2      if pretrain:
3          model = AutoModelForSequenceClassification.from_pretrained(
               args.model, num_labels=args.nclass)
4      else:
5          from transformers import BertConfig,
               BertForSequenceClassification
6          config = BertConfig.from_pretrained(args.model, num_labels=
               args.nclass)
```

```
7        model = BertForSequenceClassification(config)
8    return model
```

16.3 训练和测试

BERT 模型的微调与图像数据类似。我们在训练集上进行训练，然后在验证集上进行模型验证。最后，我们在测试集上对其进行测试。

训练和测试

```
1   def train(model, optimizer, loaders):
2       num_epochs = args.nepochs
3       num_training_steps = num_epochs * len(loaders['train'])
4       lr_scheduler = get_scheduler(
5           name="linear", optimizer=optimizer, num_warmup_steps=0,
               num_training_steps=num_training_steps
6       )
7       best_acc = 0
8       for e in range(num_epochs):
9           model.train()
10          for batch in loaders['train']:
11              batch = {k: v.cuda() for k, v in batch.items()}
12              outputs = model(**batch)
13              loss = outputs.loss
14              loss.backward()
15
16              optimizer.step()
17              lr_scheduler.step()
18              optimizer.zero_grad()
19          eval_acc = eval(model, loaders['eval'])
20          print(f'Epoch: [{e}/{num_epochs}] loss: {loss:.4f}, eval_acc:
               {eval_acc:.4f}')
21          if eval_acc > best_acc:
22              best_acc = eval_acc
23              torch.save(model.state_dict(), 'bestmodel.pkl')
```

```
24      # final test on test loader
25      test_acc = eval(model, loaders['test'], 'bestmodel.pkl')
26      print(f'Test accuracy: {test_acc:.4f}')
27
28  def eval(model, dataloader, model_path=None):
29      metric = load_metric('accuracy')
30      if model_path:
31          model.load_state_dict(torch.load(model_path))
32      model.eval()
33      for batch in dataloader:
34          batch = {k: v.cuda() for k, v in batch.items()}
35          with torch.no_grad():
36              outputs = model(**batch)
37
38          logits = outputs.logits
39          predictions = torch.argmax(logits, dim=-1)
40          metric.add_batch(predictions=predictions, references=batch["labels"])
41
42      res = metric.compute()
43      return res['accuracy']
```

16.4 预训练 – 微调

图 16.3 展示了采用或不采用预训练模型的结果。我们看到，使用预训练模型后，测试集的结果是 78.11%，然而未经预训练的结果却只有 39.27%，这说明了迁移学习的有效性。同理，我们可以在 Huggingface 的其他数据和任务中进行迁移学习。在通常情况下，预训练–微调可以提高模型在下游任务的表现。

```
Epoch: [0/10] loss: 1.2667, eval_acc: 0.4278
Epoch: [1/10] loss: 0.8052, eval_acc: 0.4278
Epoch: [2/10] loss: 0.7809, eval_acc: 0.4278
Epoch: [3/10] loss: 0.8460, eval_acc: 0.4278
Epoch: [4/10] loss: 1.3815, eval_acc: 0.4278
Epoch: [5/10] loss: 0.8546, eval_acc: 0.4278
Epoch: [6/10] loss: 0.7317, eval_acc: 0.4278
Epoch: [7/10] loss: 0.9262, eval_acc: 0.4278
Epoch: [8/10] loss: 1.5129, eval_acc: 0.4278
Epoch: [9/10] loss: 0.8377, eval_acc: 0.4278
Test accuracy: 0.3927
```

(a) 未采用预训练模型的结果

```
Epoch: [0/10] loss: 0.8117, eval_acc: 0.7701
Epoch: [1/10] loss: 0.0752, eval_acc: 0.7674
Epoch: [2/10] loss: 0.0026, eval_acc: 0.7594
Epoch: [3/10] loss: 0.0009, eval_acc: 0.7647
Epoch: [4/10] loss: 0.0157, eval_acc: 0.7807
Epoch: [5/10] loss: 0.0013, eval_acc: 0.7888
Epoch: [6/10] loss: 0.0010, eval_acc: 0.7701
Epoch: [7/10] loss: 0.0008, eval_acc: 0.7647
Epoch: [8/10] loss: 0.0007, eval_acc: 0.7674
Epoch: [9/10] loss: 0.0008, eval_acc: 0.7701
Test accuracy: 0.7811
```

(b) 采用预训练模型的结果

图 16.3　迁移学习在自然语言处理任务上的结果

参考文献

[1] Barbieri, F., Camacho-Collados, J., Anke, L. E., and Neves, L. (2020). Tweeteval: Unified benchmark and comparative evaluation for tweet classification. In *Findings of the Association for Computational Linguistics: EMNLP 2020*, pages 1644–1650.

[2] Devlin, J., Chang, M.-W., Lee, K., and Toutanova, K. (2018). Bert: Pre-training of deep bidirectional transformers for language understanding. In *NAACL*.

17 语音识别中的迁移学习实践

语音识别任务中也有着迁移学习的广泛应用：跨领域（Cross-domain）语音识别与跨语言（Cross-lingual）语音识别。本章介绍如何使用 PyTorch 和 ESPNet[1] 代码库实现基于迁移学习的语音识别。注意到为了使 ESPNet 更易使用，我们集成了一个 docker 开发环境：`jindongwang/espnet:all11`，以便读者可以直接调用。我们也编写了一个精简版 ESPNet 以简化学习过程：请见链接 17-2。

17.1 跨领域语音识别

跨领域语音识别在现实生活中有着广泛的使用场景：录音设备、说话环境、说话人的年龄、说话风格、口音等均有所有不同，而收集所有情境下的大量有标记数据将是耗时的。因此，为了进行鲁棒的语音识别，我们需要构建跨领域的语音识别模型。

本节实现跨领域语音识别的方法 CMatch（Character-level Distribution Matching）[3]。特别地，我们不仅实现在语音识别中的 MMD 和对抗损失，也实现 CMatch 方法的核心，即基于字符进行分布匹配的策略。完整的代码可以参考链接 17-3。

语音识别模型的常用损失函数可以被表示为

$$\mathcal{L}_{\text{ASR}} = (1-\lambda)\mathcal{L}_{\text{ATT}} + \lambda\mathcal{L}_{\text{CTC}}, \tag{17.1.1}$$

其中 $\mathcal{L}_{\text{ATT}}$ 和 $\mathcal{L}_{\text{CTC}}$ 分别表示注意力损失和 CTC（Connectionist Temporal Clas-

---
[1]请见链接 17-1。

sification）损失。此两种损失可以简单地由 ESPNet 的 transformer 代码进行实现。因此我们在这里不再赘述。

加入迁移学习损失后，整体的训练损失表示为

$$\mathcal{L}_{\text{Total}} = \mathcal{L}_{\text{ASR}} + \gamma \mathcal{L}_{\text{Transfer}}, \tag{17.1.2}$$

其中 $\mathcal{L}_{\text{Transfer}}$ 表示迁移学习的损失。

迁移学习损失基于 Transformer 的编码器最后一层的特征进行计算。因此，我们可以对特征进行适配，从而完成迁移。

17.1.1 语音识别中的迁移损失

我们将会省略 MMD 或 CORAL 损失的具体实现（9.6 节提供了详细实现过程）。我们更关心如何将其集成到 ESPNet 提供的 transformer 结构中。最重要的步骤便是 forward 函数，我们要确保其包含了来自两个领域的数据。例如，给定输入 src_hs_pad 和 tgt_hs_pad 包含源域和目标域特征，我们实现对抗损失。

对抗损失

```
1  def adversarial_loss(self, src_hs_pad, tgt_hs_pad, alpha=1.0):
2      loss_fn = torch.nn.BCELoss()
3      src_hs_pad = ReverseLayerF.apply(src_hs_pad, alpha)
4  
5      tgt_hs_pad = ReverseLayerF.apply(tgt_hs_pad, alpha)
6      src_domain = self.domain_classifier(src_hs_pad).view(-1, 1) # B,
           T, 1
7      tgt_domain = self.domain_classifier(tgt_hs_pad).view(-1, 1) # B,
           T, 1
8      device = src_hs_pad.device
9      src_label = torch.ones(len(src_domain)).long().to(device)
10     tgt_label = torch.zeros(len(tgt_domain)).long().to(device)
11     domain_pred = torch.cat([src_domain, tgt_domain], dim=0)
12     domain_label = torch.cat([src_label, tgt_label], dim=0)
13     uda_loss = loss_fn(domain_pred, domain_label[:, None].float()) #
           B, 1
```

```
14      return uda_loss
```

我们也可以以类似的方式将 CORAL 和 MMD 损失进行集成。

17.1.2 CMatch 算法实现

计算概率 $P(Y|X)$ 要求对每个输入都要获得其标签，这在 CMatch 算法中被称为帧级别的标签。输入 x 被 Transformer 编码器 f 进行特征提取，即 $f(x) \in \mathbb{R}^{N \times D}$，其中 N 表示帧数，D 表示特征维度。Transformer 的解码器将会使用 CTC 输出 M 个标签。然而，这与之前的 N 个输入并不匹配：$N \neq M$。因此，为计算条件概率分布 $P(Y|X)$ 而获取其帧级别的标签 y 具有一定挑战性。注意此挑战在源域和目标域中均存在。此问题也与图像分类完全不同：在图像分类问题中，N 与 M 是一一对应的 [5]。

要想进行帧级标签分配，首先我们需要获得较为准确的标签对齐。这里我们介绍了如图 17.1 所示的 3 种方法：CTC 强制对齐，动态帧平均，以及伪 CTC 标签方法。可以看出，CTC 强制对齐是通过预训练的 CTC 模块，在计算每条文本对应的最可能的 CTC 路径（插入重复和 Blank 符号）后分配到每个语音帧上，这个方法相对准确但是计算代价较高；动态帧平均则是将语音帧平均分配到每个字符上，这个方法需要基于源域和目标域语速均匀的假设；而伪 CTC 标签的方法，通过利用已经在源域上学习得较好的 CTC 模块外加基于置信度的过滤（如图中的 t, e, p 等），兼顾了高效和准确性。

$$\hat{Y}_n = \arg\max_{Y_n} P_{\text{CTC}}(Y_n|X_n), \quad 1 \leqslant n \leqslant N. \tag{17.1.3}$$

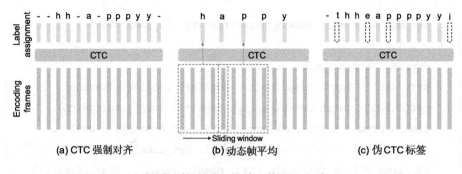

图 17.1　三种帧级别标签分配方法。符号 "-" 表示 `<blank>`

帧级别的标签对齐代码如下。

帧级别的标签对齐

```
1   def get_enc_repr(self,
2                    src_hs_pad,
3                    src_hlens,
4                    tgt_hs_pad,
5                    tgt_hlens,
6                    src_ys_pad,
7                    tgt_ys_pad,
8                    method,
9                    src_ctc_softmax=None,
10                   tgt_ctc_softmax=None):
11      src_ys = [y[y != self.ignore_id] for y in src_ys_pad]
12      tgt_ys = [y[y != self.ignore_id] for y in tgt_ys_pad]
13      if method == "frame_average":
14          def frame_average(hidden_states, num):
15              # hs_i, B T F
16              hidden_states = hidden_states.permute(0, 2, 1)
17              downsampled_states = torch.nn.functional.
                    adaptive_avg_pool1d(hidden_states, num)
18              downsampled_states = downsampled_states.permute(0, 2,
                    1)
19              assert downsampled_states.shape[1] == num, f"{
                    downsampled_states.shape[1]}, {num}"
20              return downsampled_states
21          src_hs_downsampled = frame_average(src_hs_pad, num=
                src_ys_pad.size(1))
22          tgt_hs_downsampled = frame_average(tgt_hs_pad, num=
                tgt_ys_pad.size(1))
23          src_hs_flatten = src_hs_downsampled.contiguous().view(-1,
                self.adim)
24          tgt_hs_flatten = tgt_hs_downsampled.contiguous().view(-1,
                self.adim)
25          src_ys_flatten = src_ys_pad.contiguous().view(-1)
```

```
26              tgt_ys_flatten = tgt_ys_pad.contiguous().view(-1)
27          elif method == "ctc_align":
28              src_ys = [y[y != -1] for y in src_ys_pad]
29              src_logits = self.ctc.ctc_lo(src_hs_pad)
30              src_align_pad = self.ctc_aligner(src_logits, src_hlens,
                    src_ys)
31              src_ys_flatten = torch.cat([src_align_pad[i, :src_hlens[i
                    ]].view(-1) for i in range(len(src_align_pad))])
32              src_hs_flatten = torch.cat([src_hs_pad[i, :src_hlens[i],
                    :].view(-1, self.adim) for i in range(len(src_hs_pad)
                    )]) # hs_pad: B, T, F
33              tgt_ys = [y[y != -1] for y in tgt_ys_pad]
34              tgt_logits = self.ctc.ctc_lo(tgt_hs_pad)
35              tgt_align_pad = self.ctc_aligner(tgt_logits, tgt_hlens,
                    tgt_ys)
36              tgt_ys_flatten = torch.cat([tgt_align_pad[i, :tgt_hlens[i
                    ]].view(-1) for i in range(len(tgt_align_pad))])
37              tgt_hs_flatten = torch.cat([tgt_hs_pad[i, :tgt_hlens[i],
                    :].view(-1, self.adim) for i in range(len(tgt_hs_pad)
                    )]) # hs_pad: B, T, F
38          elif method == "pseudo_ctc_pred":
39              assert src_ctc_softmax is not None
40              src_hs_flatten = torch.cat([src_hs_pad[i, :src_hlens[i],
                    :].view(-1, self.adim) for i in range(len(src_hs_pad)
                    )]) # hs_pad: B * T, F
41              src_hs_flatten_size = src_hs_flatten.shape[0]
42              src_confidence, src_ctc_ys = torch.max(src_ctc_softmax,
                    dim=1)
43              src_confidence_mask = (src_confidence > self.
                    pseudo_ctc_confidence_thr)
44              src_ys_flatten = src_ctc_ys[src_confidence_mask]
45              src_hs_flatten = src_hs_flatten[src_confidence_mask]
46
47              assert tgt_ctc_softmax is not None
48              tgt_hs_flatten = torch.cat([tgt_hs_pad[i, :tgt_hlens[i],
```

```
                    :].view(-1, self.adim) for i in range(len(tgt_hs_pad)
                    )]) # hs_pad: B * T, F
49          tgt_hs_flatten_size = tgt_hs_flatten.shape[0]
50          tgt_confidence, tgt_ctc_ys = torch.max(tgt_ctc_softmax,
                    dim=1)
51          tgt_confidence_mask = (tgt_confidence > self.
                    pseudo_ctc_confidence_thr)
52
53          tgt_ys_flatten = tgt_ctc_ys[tgt_confidence_mask]
54          tgt_hs_flatten = tgt_hs_flatten[tgt_confidence_mask]
55          # logging.warning(f"Source pseudo CTC ratio: {
                    src_hs_flatten.shape[0] / src_hs_flatten_size:.2f}; "
                    \
56          #           f"Target pseudo CTC ratio: {tgt_hs_flatten.
                    shape[0] / tgt_hs_flatten_size:.2f}")
57          return src_hs_flatten, src_ys_flatten, tgt_hs_flatten,
                    tgt_ys_flatten
```

字符级别的分布匹配可以表示为

$$\mathcal{L}_{\text{cmatch}} = \frac{1}{|\mathcal{C}|} \sum_{c \in \mathcal{C}} \text{MMD}(\mathcal{H}_k, X_S^c, X_T^c), \tag{17.1.4}$$

其中 X_S^c，X_T^c 表示源域和目标域的类别 c 的样本，$\mathcal{C}$ 表示所有字符集。注意到我们对源域和目标域都采用了 CTC 伪标签，而不是其真实标签。在实际实现中，CMatch 输入由 Transformer 编码器所提取的特征。CMatch 的损失实现如下。

CMatch 损失

```
1  def cmatch_loss_func(self, n_classes,
2                      src_features, src_labels,
3                      tgt_features, tgt_labels):
4      assert src_features.shape[0] == src_labels.shape[0]
5      assert tgt_features.shape[0] == tgt_labels.shape[0]
6      classes = torch.arange(n_classes)
7      def src_token_idxs(c):
```

```
 8          return src_labels.eq(c).nonzero().squeeze(1)
 9      src_token_idxs = list(map(src_token_idxs, classes))
10      def tgt_token_idxs(c):
11          return tgt_labels.eq(c).nonzero().squeeze(1)
12      tgt_token_idxs = list(map(tgt_token_idxs, classes))
13      assert len(src_token_idxs) == n_classes
14      assert len(tgt_token_idxs) == n_classes
15      loss = torch.tensor(0.0).cuda()
16      count = 0
17      for c in classes:
18          if c in self.non_char_symbols or src_token_idxs[c].shape
                [0] < 5 or tgt_token_idxs[c].shape[0] < 5:
19              continue
20          loss = loss + adapt_loss(src_features[src_token_idxs[c]],
21                                   tgt_features[tgt_token_idxs[c
                                     ]],
22                                   adapt_loss='mmd_linear')
23          count = count + 1
24      loss = loss / count if count > 0 else loss
25      return loss
```

17.1.3 实验及结果

我们采用 Libri-Adapt 数据集 [4] 进行实验。Libri-Adapt 数据集是为语音识别的无监督领域自适应任务所设计的数据集。此数据集基于 Librispeech-clean-100 语料进行构建，包含 4 个合成的环境背景噪声（干净、下雨、刮风及大笑）、采用 6 种麦克风进行录制、由 3 种口音构成（en-us、en-gb、en-in）。由于口音数据集尚未完全开源，因此我们采用美式口音作为主要数据集。

我们以跨设备的语音识别示例，结果如表 17.1 所示。我们发现基于迁移学习的方法大大提高了跨语言语音识别的表现。在这些方法中，CMatch 取得了最好的效果。

另外，我们增加一些可视化实验对迁移效果进行分析。如图 17.2 所示，未采用字符级对齐的图 (a) 中有很多未能对齐的样例：{a, b, c, g, h, l, r, v, w, y}; 而这些字母在图 (b) 的 CMatch 算法中则得到了很好的对齐。这表明在跨领域语音识别中采用字符级别的分布对齐的有效性。

表 17.1 跨设备语音识别的词错误率（Word error rate，WER）

Task	Source-only	MMD	ADV	CMatch
M → P	23.87	20.87	21.11	**20.38**
M → R	25.21	22.21	22.27	**21.77**
P → M	31.15	27.22	28.29	**26.17**
P → R	23.99	21.90	21.74	**20.43**
R → M	32.45	28.27	29.95	**27.77**
R → P	23.48	21.09	21.23	**20.58**
Average	26.69	23.59	24.10	**22.85**

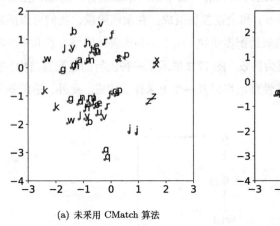
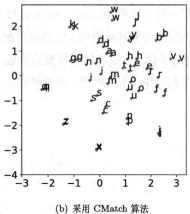

(a) 未采用 CMatch 算法　　(b) 采用 CMatch 算法

图 17.2　两个领域的字符在经过 CMatch 算法后得到了更好的对齐

17.2　跨语言语音识别

跨语言的语音识别是另一个重要的研究场景。与跨领域应用相比，跨语言的语音识别面临更多挑战。例如，不同的语言通常具有不同的发音形式、说话人、语言字典等。另外，世界上大约有 7000 种已知语言。由于不同语言的用户数量有着巨大差异，因此，许多语言均面临着有标记训练数据不足的挑战。这些语言被称为低资源语言。

为了解决低资源语言的语音识别问题，迁移学习在其中发挥着重要作用。一个标准的方式便是在丰富的多语言语料上进行预训练，然后在目标低资源语言上进行微调。然而，由于低资源语言的有标记数据数量稀少、而当前流行的基于 Transformer 的语音模型的可训练参数量又非常庞大，因此，直接进行微调极易造成过拟合的问题。

本章介绍基于适配器（Adapter）的跨语言语音识别。我们通过对标准的 Transformer 结构插入适配器模块可以进行少参数、低资源的语音识别。

我们将仅展示重点的代码和算法模块。完整代码可以参见链接 17-4。

17.2.1 适配器模块

适配器是一种可以被嵌入编码器和解码器中的可添加组件。适配器主要由层归一化（layer normalization）和全连接层组成。在微调阶段，我们可以固定预训练模型的基础架构，仅训练适配器模块。由于其相比整体网络有着非常少的参数量，因此，这样的训练更为高效。图 17.3 展示了一种流行的适配器结构，它由层归一化、下采样层、非线性激活层以及一个上采样层构成。此外，适配器中

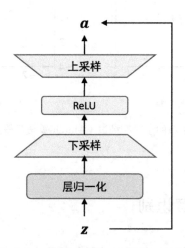

图 17.3 适配器（adapter）模块的结构

还存在一个残差连接（residual connection）使得适配器可以保持原始的特征保持不变。

适配器可以被形式化表示为

$$\mathbf{a}^l = \mathrm{Adapter}(\mathbf{z}^l) = \mathbf{z}^l + \mathbf{W}_u^l \mathrm{ReLU}(\mathbf{W}_d^l(\mathrm{LN}(\mathbf{z}^l))), \tag{17.2.1}$$

其中，$\mathbf{z}^l$ 表示第 l 层的输出，LN 表示层归一化。$\mathbf{W}_u$ 和 $\mathbf{W}_d$ 分别为上采样和下采样的权重参数。适配器模块的代码如下。

适配器模块

```
1  class Adapter(torch.nn.Module):
2      def __init__(self, adapter_dim, embed_dim):
3          super().__init__()
4          self.layer_norm = LayerNorm(embed_dim)
5          self.down_project = torch.nn.Linear(embed_dim, adapter_dim,
               False)
6          self.up_project = torch.nn.Linear(adapter_dim, embed_dim,
               False)
7  
8      def forward(self, z):
9          normalized_z = self.layer_norm(z)
10         h = torch.nn.functional.relu(self.down_project(normalized_z))
11         return self.up_project(h) + z
```

17.2.2　基于适配器进行跨语言语音识别

适配器模块的训练过程如算法 17.1 所示。值得注意的是，基于适配器的语音识别与其他基于适配器应用的不同之处是，语音识别应用需要对未知的目标语音训练语言特异（language-specific）的分类器头（head）。然而，直接在低资源的目标数据上训练将容易造成过拟合问题。因此，我们采用一种两阶段的训练方式：首先训练语言特异的分类器，然后训练语言特异的适配器。

17 语音识别中的迁移学习实践

算法 17.1　基于适配器进行跨语言语音识别
输入：预训练模型 M，目标语言 L

1: 固定 M 的主干结构参数。
2: **第一阶段**：
3: 随机初始化目标语言的头 H_L。
4: 使用标准的语音识别损失优化 H_L。
5: **第二阶段**：
6: 初始化语言特异的适配器 A_L 并将其嵌入主干网络中。
7: **while** 不收敛 **do**
8: 　使用语音识别损失训练 A_L。
9: **end while**
10: 返回原始模型 M，目标语言头 H_L，以及适配器 A_L。

17.2.3　算法：MetaAdapter 和 SimAdapter

我们介绍两种基于适配器模型进行跨语言语音识别的方法。这两种算法可以以显式或隐式的方式更好地挖掘多个源语言的关系，以此帮助对低资源语言进行建模。这两种算法分别称为 MetaAdapter 和 SimAdapter 算法（参见算法 17.2 和算法 17.3）。

算法 17.2　MetaAdapter 学习算法
输入：预训练模型 M，源语言 $\{S_1, \cdots, S_N\}$，目标语言 L_T。

1: 在源语言上分别训练语言特异的头 H_i。
2: 初始化 MetaAdapter A_L。
3: **while** 元学习尚未结束 **do**
4: 　使用公式 (17.2.2) 优化 A。
5: **end while**
6: 在目标语言 L_T 上训练目标语言头 H_L。
7: 使用语音识别损失对 MetaAdapter A_L 进行微调。
8: 返回原始模型 M，目标语言头 H_L，以及适配器 A_L

MetaAdapter 算法受到元学习算法 MAML（参照本书 14.3 节）[2] 的启发。MetaAdapter 通过挖掘已有源语言之间的隐藏知识来将知识迁移到目标语言上。特别地，MetaAdapter 的元学习优化目标为

算法 17.3 SimAdapter 学习算法

输入：预训练模型 M，源语言 $\{S_1, \cdots, S_N\}$，目标语言 L_T。

1: 训练适配器 A_S
2: 初始化 SimAdapter 的层。
3: **while** 未完成 **do**
4: 使用注意力方程优化相应的层。
5: **end while**
6: 返回原始模型 M，目标语言头 H_L，以及适配器 A_L

$$\theta_a = \theta_a - \mu \sum_{i=1}^{N} \nabla_{\theta_a} \mathcal{L}_{S_i^{\mathrm{val}}}(f_{\theta_a - \epsilon \nabla_{\theta_a} \mathcal{L}_{S_i^{\mathrm{tr}}}(f_{\theta_a})}), \tag{17.2.2}$$

其中 μ 为元学习的步长，ϵ 为快速适配的学习率，L 则为语音识别损失。

与 MetaAdapter 相反，SimAdapter 通过显式建模不同源语言的关系（即线性关系）进行迁移学习。SimAdapter 使用注意力机制学习不同源语言的关系：

$$\mathrm{SimAdapter}(\mathbf{z}, \mathbf{a}_{\{S_1, S_2, \cdots, S_N\}}) = \sum_{i=1}^{N} \mathrm{Attn}(\mathbf{z}, \mathbf{a}_{S_i}) \cdot (\mathbf{a}_{S_i} \mathbf{W}_V), \tag{17.2.3}$$

其中 SimAdapter($\cdot$) 和 Attn($\cdot$) 分别表示 SimAdapter 和注意力操作。特别地，注意力操作可以被计算为

$$\mathrm{Attn}(\mathbf{z}, \mathbf{a}) = \mathrm{Softmax}\left(\frac{(\mathbf{z}\mathbf{W}_Q)(\mathbf{a}\mathbf{W}_K)^\top}{\tau}\right), \tag{17.2.4}$$

其中 τ 为温度控制变量，$\mathbf{W}_Q, \mathbf{W}_K, \mathbf{W}_V$ 为注意力矩阵。注意到当 $\mathbf{W}_Q, \mathbf{W}_K$ 被随机初始化时，$\mathbf{W}_V$ 使用全 1 的角矩阵进行初始化，余下的矩阵部分则用很小的权重 ($1e-6$) 填充，最后返回适配器的特征，

17.2.4 结果与讨论

我们采用 Common Voice 5.1 数据集[1] 进行实验，结果如表 17.2 所示。结果表明，所有的基于适配器的结构都能取得不错的语音识别结果。它们的组合（SimAdapter+）能取得最好的效果。

表 17.2 跨语言语音识别的词错误率

目标语言	DNN/HMM	Trans.(B)	Trans.(S)	Head	Full-FT	Full-FT+L2	Part-FT	Adapter	SimAdapter	MetaAdapter	SimAdapter+
Romanian (ro)	70.14	97.25	94.72	63.98	53.90	52.74	52.92	48.34	47.37	**44.59**	47.29
Czech (cs)	63.15	48.87	51.68	75.12	34.75	35.80	54.66	37.93	35.86	37.13	**34.72**
Breton (br)	-	97.88	92.05	82.80	61.71	61.75	66.24	58.77	**58.19**	58.47	59.14
Arabic (ar)	69.31	75.32	74.88	81.70	47.63	50.09	58.49	47.31	47.23	46.82	**46.39**
Ukrainian (uk)	77.76	64.09	67.89	82.71	**45.62**	46.45	66.12	50.84	48.73	49.36	47.41
AVG	-	76.68	76.24	77.26	48.72	49.37	59.69	48.64	47.48	47.27	**46.99**
Weighted AVG	-	72.28	72.50	77.54	46.72	47.50	59.43	47.38	46.08	46.12	**45.45**

参考文献

[1] Ardila, R., Branson, M., Davis, K., Kohler, M., Meyer, J., Henretty, M., Morais, R., Saunders, L., Tyers, F., and Weber, G. (2020). Common voice: A massively-multilingual speech corpus. In *Proceedings of The 12th Language Resources and Evaluation Conference*, pages 4218–4222.

[2] Finn, C., Abbeel, P., and Levine, S. (2017). Model-agnostic meta-learning for fast adaptation of deep networks. In *Proceedings of the 34th International Conference on Machine Learning-Volume 70*, pages 1126–1135. JMLR. org.

[3] Hou, W., Wang, J., Tan, X., Qin, T., and Shinozaki, T. (2021). Cross-domain speech recognition with unsupervised character-level distribution matching. In *Interspeech*.

[4] Mathur, A., Kawsar, F., Berthouze, N., and Lane, N. D. (2020). Libri-adapt: a new speech dataset for unsupervised domain adaptation. In *ICASSP 2020-2020 IEEE International Conference on Acoustics, Speech and Signal Processing (ICASSP)*, pages 7439–7443. IEEE.

[5] Zhu, Y., Zhuang, F., Wang, J., Ke, G., Chen, J., Bian, J., Xiong, H., and He, Q. (2020). Deep subdomain adaptation network for image classification. *IEEE Transactions on Neural Networks and Learning Systems*.

18 行为识别中的迁移学习实践

基于传感器的人体行为识别[2]在人们的日常生活中有着广泛的应用。行为识别使得识别人们每天的不同活动成为了可能，并且可以以一种普适的方式对人的活动进行追踪。本章实现基于迁移学习的跨领域行为识别并在公开数据集上进行验证。

本章的完整代码可以在链接 18-1 中获取。

18.1 任务与数据集

行业识别可以被视为一种特殊的分类问题。为了构建一个跨领域的行为识别问题，我们按照文献[4]的建议构建跨位置行为识别实验。跨位置行为识别指传感器被放置于不同的身体部位时，我们要利用在 A 位置建立的模型去识别 B 位置的行为，此应用在日常生活中非常普遍。由于不同行为的重点部位不同，因此，跨位置行为识别可能帮助识别特定的运动疾病。除此之外，我们永远无法构建一个将所有身体部位进行建模的机器学习模型，因此考虑从已有的身体部位迁移知识到新的身体部位是合理且必要的。

本章使用 UCI Daily and Sports Activity dataset（DSADS）[1]进行实验。DSADS 数据集包含从 8 个实验对象上采集的 19 种运动行为，其中传感器被放置于 5 个身体部分：右臂（right arm, RA）、左臂（left arm, LA）、身体（torso, T）、右腿（right leg, RL）和左腿（left leg, LL）。每个位置放置 3 个传感器：加速度计、陀螺仪、磁力计。采集的 19 种行为对应 19 种类别。

为了全面进行迁移学习实验，我们将进行两大类实验：源域选择和迁移学习。源域选择指的是给定一个身体部位的数据作为待识别目标数据，我们需要从已有的身体部位（有标注）数据中选择一个与目标数据最为相似的领域作为源域；然后进行迁移学习。特别地，我们将进行非深度和深度迁移学习。

18.2 特征提取

在进行迁移之前，首先要进行特征提取，以使得输入数据符合模型的要求。对于特征提取，按照文献 [3] 的方式，对于三轴的加速度、陀螺仪、磁力计数据，根据公式 $a = \sqrt{x^2+y^2+z^2}$ 来进行三轴运动信息的合成。此时，每个传感器将只包含一轴的合成信息。本小节将采样频率统计为 50Hz，滑动窗口的大小固定为 2 秒。然后，对于每个身体部位上的每个传感器，提取包括均值、方差等在内的时域特征和包括幅度在内的频域特征共 27 维特征。表 18.1 展示了对于每个传感器提取的 27 维特征。由于每个身体部位包含 3 个传感器，因此，每个身体部位包含 $27 \times 3 = 81$ 维特征。

表 18.1 对每个传感器提取的特征

特征序号	特征	描述
1	均值	一个窗口内的平均值
2	标准差	一个窗口内的标准差
3	最小值	一个窗口内的最小值
4	最大值	一个窗口内的最大值
5	众数	一个窗口内出现频率最高的值
6	范围	一个窗口内最大值减去最小值
7	过平均值率	数据比均值大的比例
8	直流	直流分量
9-13	谱最值	傅里叶变换后的前 5 个峰值
14-18	频率	前 5 个峰值的频率
19	能量	范数的平均
20-23	4 种形状特征	傅里叶变换后的均值、标准差、偏度、和峰度
24-27	4 种幅值	均值、标准差、偏度、和峰度

由于进行特征提取的代码相对繁琐，因此我们不提供此部分代码。这部分代码可以在链接[1] 中找到。同时，我们直接提供提好特征的数据集，读者可以在此

---

[1]请见链接 18-2。

链接[2]中下载。

18.3 源域选择

首先,进行源域选择。特别地,按照文献 [4] 的启发,实现两种度量领域差异的方式:A-distance 和余弦相似度。这两种距离与文献 [4] 中描述的运动和语义特征密切相关。

为了计算 A-distance,需要构建一个线性分类器来判断一个领域的数据是否是源域或目标域,此部分代码如下所示。此距离将会接收两个领域的数据作为输入,然后输入二者的距离。

A-distance

```python
def proxy_a_distance(source_X, target_X, verbose=False):
    """
    Compute the Proxy-A-Distance of a source/target representation
    """
    nb_source = np.shape(source_X)[0]
    nb_target = np.shape(target_X)[0]

    if verbose:
        print('PAD on', (nb_source, nb_target), 'examples')

    C_list = np.logspace(-5, 4, 10)

    half_source, half_target = int(nb_source/2), int(nb_target/2)
    train_X = np.vstack(
        (source_X[0:half_source, :], target_X[0:half_target, :]))
    train_Y = np.hstack((np.zeros(half_source, dtype=int),
                         np.ones(half_target, dtype=int)))

    test_X = np.vstack((source_X[half_source:, :], target_X[
        half_target:, :]))
    test_Y = np.hstack((np.zeros(nb_source - half_source, dtype=int),
```

---

[2]请见链接 18-3。

18.3 源域选择

```
21                        np.ones(nb_target - half_target, dtype=int))) 
22
23      best_risk = 1.0
24      for C in C_list:
25          clf = svm.SVC(C=C, kernel='linear', verbose=False)
26          clf.fit(train_X, train_Y)
27
28          train_risk = np.mean(clf.predict(train_X) != train_Y)
29          test_risk = np.mean(clf.predict(test_X) != test_Y)
30
31          if verbose:
32              print('[ PAD C = %f ] train risk: %f  test risk: %f' %
33                    (C, train_risk, test_risk))
34
35          if test_risk > .5:
36              test_risk = 1. - test_risk
37
38          best_risk = min(best_risk, test_risk)
39
40      return 2 * (1. - 2 * best_risk)
```

为了计算余弦相似度，我们使用 scikit-learn 包中提供的函数。

余弦相似度

```
1  def cosine_sim(source_X, target_X, w_source=1, w_target=1):
2      return pairwise.cosine_similarity(source_X * w_source, target_X *
           w_target).mean()
```

编写一个函数，综合考虑身体部分相似性和已有距离进行选择。

源域选择函数

```
1  def source_selection(target_pos='RA'):
2      # weights given by human, for the semantic similarity
3      weights = [.2, .5, .15, .15] if args.target == 'RA' else [.5, .2,
           .15, .15]
4      d_tar = get_data_by_position('dsads', target_pos)
```

343

```
5      x_tar = d_tar[0]
6      t = body_parts['dsads'].copy()
7      t.remove(target_pos)
8      d_src_list = [get_data_by_position('dsads', item) for item in t]
9      print('Source candidates:', [item for item in t])
10     a_dist = [calc_dist.proxy_a_distance(
11         x_tar, item[0]) for item in d_src_list]
12     cos_dist = [1 - (calc_dist.cosine_sim(x_tar, d_src_list[i]
13                     [0]).mean() * weights[i])
                        for i in range(len(
                        d_src_list))]
14     total_dist = np.array(a_dist) + np.array(cos_dist)
15     print(f'Distance to target: ', total_dist)
16     return total_dist, d_src_list, d_tar, t
```

编写数据加载代码和主函数后，可以得到如图 18.1 所示的运行结果。可以发现，与右臂（RA）最相似的部位是左臂（LA），这也是符合常识的。接着，最相似的部位是身体，与右臂最不相似的部位是双腿。

```
Target position: RA
Source candidates: ['T', 'LA', 'RL', 'LL']
Distance to target:  [2.82912063 2.57120088 2.87486247 2.8735273 ]
Source sorted positions:  ['LA', 'T', 'LL', 'RL']
The best source to target is: LA
```

图 18.1　源域选择结果

18.4　使用 TCA 方法进行非深度迁移学习

获取最相似的源数据后，便可以进行跨领域的行为识别迁移学习。为了对比，我们使用简单的 KNN 分类器为基准分类器。然后，使用 TCA 方法与其对比，TCA 方法的代码可以在 5.4 节中找到。因此，本节在此省略此部分代码。

KNN 分类器

```
1   def knn(self, verbose=False):
2       from sklearn.neighbors import KNeighborsClassifier
```

```
3        best_acc, best_k = 0, 0
4        for k in [1, 3, 5]:
5            clf = KNeighborsClassifier(n_neighbors=k)
6            clf.fit(self.x_src, self.y_src)
7            ypred = clf.predict(self.x_tar)
8            acc = accuracy_score(ypred, self.y_tar)
9            if verbose:
10               print(f'K: {k}, acc: {acc}')
11           if acc > best_acc:
12               best_acc = acc
13               best_k = k
14       print(f'Best acc: {best_acc}, K: {best_k}')
```

图 18.2 展示了 KNN 和 TCA 方法的迁移学习精度分别为 66.07% 和 70.49%。这说明了运用 TCA 方法进行迁移学习的有效性，也说明了在现实的跨位置行为识别中，迁移学习有着重要的作用。

```
Classification using KNN...
Algo: knn:
Best acc: 0.6607456140350877, K: 1
Classification using TCA+KNN...
Acc of TCA: 0.7049342105263158
```

图 18.2　KNN 和 TCA 方法用于跨位置行为识别的结果

18.5　深度迁移学习用于跨位置行为识别

除 TCA 方法之外，本小节利用深度迁移学习实现行为识别。注意到，深度方法应输入数据的原始特征而非本章的提取特征。为了与 TCA 方法进行对比，我们也将提取后的特征作为原始输入。本书的联邦学习实践部分将涵盖直接输入原始数据的深度迁移学习，感兴趣的读者可将其作为参考。

首先，我们使用 PyTorch 进行数据加载。注意到标准的 PyTorch dataloader 是为图像数据构建的，因此必须对其进行修改以适应行为数据。我们继承其基础的 `Dataset` 类来编写自己的数据集，然后，使用一个 `dataloder` 来承载数据集。

PyTorch 加载行为数据

```
1   class DSADS27(torch.utils.data.Dataset):
2       def __init__(self, data):
3           self.samples = data[:, :405]
4           self.labels = data[:, -2]
5   
6       def __getitem__(self, index):
7           sample, target = self.samples[index], self.labels[index]
8           # from sklearn.preprocessing import StandardScaler
9           # sample = StandardScaler().fit_transform(sample)
10          return sample, target
11  
12      def __len__(self):
13          return len(self.samples)
14  
15  
16  def load_27data(batch_size=100):
17      root_path = '/D_data/jindwang/Dataset_PerCom18_STL'
18      data = io.loadmat(os.path.join(root_path, 'dsads'))['data_dsads']
19      from sklearn.model_selection import train_test_split
20      data_train, data_test = train_test_split(data, test_size=.1)
21      data_train, data_val = train_test_split(data_train, test_size=.2)
22      train_set, test_set, val_set = DSADS27(
23          data_train), DSADS27(data_test), DSADS27(data_val)
24      train_loader, test_loader, val_loader = torch.utils.data.
            DataLoader(train_set, batch_size=batch_size, shuffle=True,
            drop_last=True), torch.utils.data.DataLoader(
25          test_set, batch_size=batch_size * 2, shuffle=False, drop_last
                =False), torch.utils.data.DataLoader(val_set, batch_size=
                batch_size, shuffle=False * 2, drop_last=False)
26      return train_loader, val_loader, test_loader
```

之后，我们定义一个卷积神经网络进行行为识别。正如文献 [2] 所提到的，卷积神经网络可以用来识别那些具有重复特征的行为。

18.5 深度迁移学习用于跨位置行为识别

行为识别网络结构

```python
class TNNAR(nn.Module):
    def __init__(self, n_class=19):
        super(TNNAR, self).__init__()
        self.n_class = n_class

        self.conv1 = nn.Sequential(
            nn.Conv2d(in_channels=9, out_channels=16, kernel_size=(1,
                1)),
            nn.BatchNorm2d(16),
            nn.ReLU(),
            nn.MaxPool2d(kernel_size=(2, 1))
        )
        self.conv2 = nn.Sequential(
            nn.Conv2d(in_channels=16, out_channels=32, kernel_size
                =(1, 1)),
            nn.BatchNorm2d(32),
            nn.ReLU(),
            nn.MaxPool2d(kernel_size=(2, 1))
        )
        self.fc1 = nn.Sequential(
            nn.Linear(32 * 2, 100),
            nn.ReLU()
        )
        self.fc2 = nn.Sequential(
            nn.Linear(100, self.n_class)
        )

    def forward(self, x):
        x = self.conv1(x)
        x = self.conv2(x)
        x = x.reshape(-1, 32 * 2)
        x = self.fc1(x)
        fea = x
        out = self.fc2(x)
```

```
33
34          return fea, out
35
36      def predict(self, x):
37          _, out = self.forward(x)
38          return out
```

最后，与本书 9.6 节实现的 DDC、DCORAL 和 DSAN 等方法类似，我们可以将这些损失加入网络中进行训练，代码如下。

深度迁移学习用于行为识别训练代码

```
1   def train_da(model, loaders, optimizer, mode='ratola'):
2       best_acc = 0
3       criterion = nn.CrossEntropyLoss()
4       for epoch in range(args.nepochs):
5           model.train()
6           total_loss = 0
7           correct = 0
8           for (src, tar) in zip(loaders[0][0], loaders[1][0]):
9               xs, ys = src
10              xt, yt = tar
11              xs = xs[:, 81:162] if mode == 'ratola' else xs[:,
                    243:324]
12              xt = xt[:, 162:243] if mode == 'ratola' else xt[:,
                    324:405]
13              xs, ys, xt, yt = xs.float().cuda(), ys.long().cuda() - 1,
                    xt.float().cuda(), yt.float().cuda() - 1
14              # data, label = data[:,243:324].float().cuda(), label.
                    long().cuda() - 1
15              xs, xt = xs.view(-1, 9, 9, 1), xt.view(-1, 9, 9, 1)
16              # data = data.view(-1, 9, 9, 1)
17              fs, outs = model(xs)
18              ft, _ = model(xt)
19              loss_cls = criterion(outs, ys)
20              mmd = MMD_loss(kernel_type='rbf')(fs, ft) if args.loss ==
                    'mmd' else CORAL_loss(fs, ft)
```

```
21              # mmd =
22              loss = loss_cls + args.lamb * mmd
23              optimizer.zero_grad()
24              loss.backward()
25              optimizer.step()
26
27              total_loss += loss.item()
28              _, predicted = torch.max(outs.data, 1)
29              correct += (predicted == ys).sum()
30          train_acc = float(correct) / len(loaders[0][0].dataset)
31          train_loss = total_loss / len(loaders[0])
32          val_acc = test(model, loaders[1][1])
33          test_acc = test(model, loaders[1][2])
34          if best_acc < val_acc:
35              best_acc = val_acc
36          print(f'Epoch: [{epoch:2d}/{args.nepochs}] loss: {train_loss
                :.4f}, train_acc: {train_acc:.4f}, val_acc: {val_acc:.4f
                }, test_acc: {test_acc:.4f}')
37      print(f'Best acc: {best_acc}')
38
39
40
41  def test(model, loader, model_path=None):
42      if model_path:
43          model.load_state_dict(torch.load(model_path))
44      model.eval()
45      correct = 0
46      with torch.no_grad():
47          for data, label in loader:
48              data, label = data.float().cuda(), label.long().cuda() -
                    1
49              data = data[:, 162:243] if args.mode == 'ratola' else
                    data[:, 324:405]
50              data = data.view(-1, 9, 9, 1)
51              pred = model.predict(data)
```

```
52              _, predicted = torch.max(pred.data, 1)
53              correct += (predicted == label).sum()
54      acc = float(correct) / len(loader.dataset)
55      return acc
```

运行上述训练代码，得到深度迁移学习的分类精度为 **76.10%**。此结果大大领先于上一节的 TCA 方法，这说明了使用深度迁移学习的巨大作用。

```
Epoch: [88/100] loss: 2.0316, train_acc: 0.9258, val_acc: 0.7570, test_acc: 0.0000
Epoch: [89/100] loss: 2.0258, train_acc: 0.9299, val_acc: 0.6845, test_acc: 0.0000
Epoch: [90/100] loss: 2.0224, train_acc: 0.9281, val_acc: 0.6681, test_acc: 0.0000
Epoch: [91/100] loss: 2.1256, train_acc: 0.9275, val_acc: 0.6900, test_acc: 0.0000
Epoch: [92/100] loss: 2.0875, train_acc: 0.9264, val_acc: 0.7022, test_acc: 0.0000
Epoch: [93/100] loss: 2.2059, train_acc: 0.9190, val_acc: 0.6967, test_acc: 0.0000
Epoch: [94/100] loss: 2.1516, train_acc: 0.9272, val_acc: 0.6979, test_acc: 0.0000
Epoch: [95/100] loss: 2.2596, train_acc: 0.9178, val_acc: 0.6955, test_acc: 0.0000
Epoch: [96/100] loss: 2.2050, train_acc: 0.9210, val_acc: 0.7004, test_acc: 0.0000
Epoch: [97/100] loss: 2.0424, train_acc: 0.9269, val_acc: 0.7278, test_acc: 0.0000
Epoch: [98/100] loss: 2.0086, train_acc: 0.9292, val_acc: 0.7174, test_acc: 0.0000
Epoch: [99/100] loss: 2.1478, train_acc: 0.9261, val_acc: 0.6937, test_acc: 0.0000
Load model...
Best acc: 0.7609649122807017
```

图 18.3　使用深度迁移学习进行跨位置行为识别结果

参考文献

[1] Barshan, B. and Yüksek, M. C. (2014). Recognizing daily and sports activities in two open source machine learning environments using body-worn sensor units. *The Computer Journal*, 57(11): 1649–1667.

[2] Wang, J., Chen, Y., Hao, S., Peng, X., and Hu, L. (2019). Deep learning for sensor-based activity recognition: A survey. *Pattern Recognition Letters*, 119: 3–11.

[3] Wang, J., Chen, Y., Hu, L., Peng, X., and Yu, P. S. (2018a). Stratified transfer learning for cross-domain activity recognition. In *2018 IEEE International Conference on Pervasive Computing and Communications (PerCom)*.

[4] Wang, J., Zheng, V. W., Chen, Y., and Huang, M. (2018b). Deep transfer learning for cross-domain activity recognition. In *proceedings of the 3rd International Conference on Crowd Science and Engineering*, pages 1–8.

19 医疗健康中的联邦迁移学习实践

联邦学习的目标是在不访问隐私数据的前提下构建机器学习模型以便从不同的客户数据中学习知识。如本书 12.2 节所述，联邦学习的基础算法为 FedAvg 算法[3]。然而，FedAvg 算法无法处理数据非独立同分布的情况。因此，研究人员提出了 FedAP[2] 等算法进行个性化联邦学习。

本章基于一个医疗健康应用，实现基础的 FedAvg 算法和个性化联邦学习算法 FedAP。完整的代码可以在链接 19-1 获取。

19.1 任务与数据集

MedMNIST[5,6] 是一个与 MNIST 数据集有相同格式的标准医疗健康数据集，包含了 12 个 2D 数据集和 6 个 3D 数据集。这些数据集涵盖了主要的医疗数据模态（如 X 光、CT、电极数据等）。这些数据集可以构建不同的机器学习任务（二分类、多分类、回归、多标签等），数据量也从 100 张到 10 万张不等。数据集中的所有 2D 图片均为 28 像素×28 像素的大小、3D 图片均为 28 像素×28 像素×28 像素的大小。

本节使用 MedMNIST 数据集中的 OrganCMNIST[1,4] 为例实现联邦学习。OrganCMNIST 数据集是腹部 CT 图片，包含了 11 个类别、23660 张图片。图 19.1 展示了 OrganCMNIST 数据的情况。

尽管 OrganCMNIST 数据集是一个图像数据集，其存储格式却是 npz 格式，因此，我们需要将文件转化成图片，进而进行使用。以下代码展示了如何将 OrganCMNIST 数据进行转化。

19 医疗健康中的联邦迁移学习实践

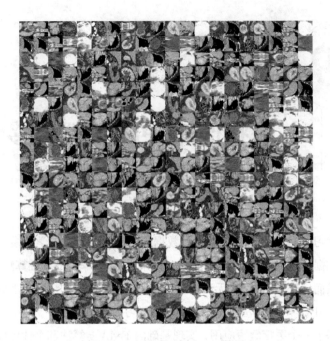

图 19.1　OrganCMNIST 数据

MedMnist 数据加载

```
1  def get_data_medmnist(filename):
2      data=np.load(filename)
3      train_data=np.vstack((data['train_images'],data['val_images'],
           data['test_images']))
4      y=np.hstack((np.squeeze(data['train_labels']),np.squeeze(data['
           val_labels']),np.squeeze(data['test_labels'])))
5      return train_data,y
6
7  class MedMnistDataset(Dataset):
8      def __init__(self, filename):
9          self.data,self.targets=get_data_medmnist(filename)
10         self.targets=np.squeeze(self.targets)
11         self.data=torch.Tensor(self.data)
12         self.data=torch.unsqueeze(self.data,dim=1)
13
14     def __len__(self):
15         return len(self.targets)
```

```
16
17      def __getitem__(self, idx):
18          return self.data[idx], self.targets[idx]
```

由于 OrganCMNIST 数据集仅包含来自于一个数据源的数据，我们需要将其划分为不同的部分来模拟联邦学习中不同的客户端。最简单的方式则是随机将所有数据划分为 n_clients 份，其中 n_clients 表示客户端的数量。然而，此划分方式使得不同的客户端都有着相同的数据分布，这在实际情况中并不成立。真实环境中，不同的医院、地区、病人等应该有不同的数据分布，因此，按照文献 [7] 的说明对数据进行非独立同分布的划分。

非独立同分布数据划分

```
1   def build_non_iid_by_dirichlet(random_state, indices2targets,
        non_iid_alpha, num_classes, num_indices, n_workers):
2       n_auxi_workers = 10
3       assert n_auxi_workers <= n_workers
4       random_state.shuffle(indices2targets)
5
6       from_index = 0
7       splitted_targets = []
8       num_splits = math.ceil(n_workers / n_auxi_workers)
9       split_n_workers = [
10          n_auxi_workers
11          if idx < num_splits - 1
12          else n_workers - n_auxi_workers * (num_splits - 1)
13          for idx in range(num_splits)
14      ]
15      split_ratios = [_n_workers / n_workers for _n_workers in
            split_n_workers]
16      for idx, ratio in enumerate(split_ratios):
17          to_index = from_index + int(n_auxi_workers / n_workers *
                num_indices)
18          splitted_targets.append(
19              indices2targets[
20                  from_index : (num_indices if idx == num_splits - 1
```

```
                    else to_index)
21              ]
22          )
23          from_index = to_index
24
25      idx_batch = []
26      for _targets in splitted_targets:
27          _targets = np.array(_targets)
28          _targets_size = len(_targets)
29          _n_workers = min(n_auxi_workers, n_workers)
30          n_workers = n_workers - n_auxi_workers
31
32          min_size = 0
33          while min_size < int(0.50 * _targets_size / _n_workers):
34              _idx_batch = [[] for _ in range(_n_workers)]
35              for _class in range(num_classes):
36                  idx_class = np.where(_targets[:, 1] == _class)[0]
37                  idx_class = _targets[idx_class, 0]
38
39                  try:
40                      proportions = random_state.dirichlet(
41                          np.repeat(non_iid_alpha, _n_workers)
42                      )
43                      proportions = np.array(
44                          [
45                              p * (len(idx_j) < _targets_size /
                                  _n_workers)
46                              for p, idx_j in zip(proportions,
                                  _idx_batch)
47                          ]
48                      )
49                      proportions = proportions / proportions.sum()
50                      proportions = (np.cumsum(proportions) * len(
                          idx_class)).astype(int)[:-1]
51                      _idx_batch = [
```

```
52                      idx_j + idx.tolist()
53                  for idx_j, idx in zip(
54                      _idx_batch, np.split(idx_class,
                          proportions)
55                  )
56              ]
57              sizes = [len(idx_j) for idx_j in _idx_batch]
58              min_size = min([_size for _size in sizes])
59          except ZeroDivisionError:
60              pass
61      idx_batch += _idx_batch
62  return idx_batch
```

其中超参数 non_iid_alpha 控制非独立同分布的情况。

准备好数据之后便可构建模型，我们使用简单的 CNN 网络来实现，代码如下。

联邦学习基础模型

```
1  class lenet5v1(nn.Module):
2      def __init__(self):
3          super(lenet5v1, self).__init__()
4          self.conv1 = nn.Conv2d(1, 6, 5)
5          self.bn1=nn.BatchNorm2d(6)
6          self.relu1 = nn.ReLU()
7          self.pool1 = nn.MaxPool2d(2)
8          self.conv2 = nn.Conv2d(6, 16, 5)
9          self.bn2=nn.BatchNorm2d(16)
10         self.relu2 = nn.ReLU()
11         self.pool2 = nn.MaxPool2d(2)
12         self.fc1 = nn.Linear(256, 120)
13         self.relu3 = nn.ReLU()
14         self.fc2 = nn.Linear(120, 84)
15         self.relu4 = nn.ReLU()
16         self.fc3 = nn.Linear(84, 11)
17         self.relu5 = nn.ReLU()
```

```
18
19      def forward(self, x):
20          fealist=[]
21          y = self.conv1(x)
22          fealist.append(y.clone().detach())
23          y=self.bn1(y)
24          y = self.relu1(y)
25          y = self.pool1(y)
26          y = self.conv2(y)
27          y=self.bn2(y)
28          fealist.append(y.clone().detach())
29          y = self.relu2(y)
30          y = self.pool2(y)
31          y = y.view(y.shape[0], -1)
32          y = self.fc1(y)
33          y = self.relu3(y)
34          y = self.fc2(y)
35          y = self.relu4(y)
36          y = self.fc3(y)
37          y = self.relu5(y)
38          return y,fealist
```

19.2 联邦学习基础算法 FedAvg

FedAvg[3] 通过对不同客户端模型的梯度信息汇总来更新服务器模型,从而避免直接访问原始数据。FedAvg 的实现如下。

FedAvg 算法

```
1  def FedAvg(args, models, train_loaders, optimizers, loss_funs,
       client_weights):
2      for a_iter in range(args.rounds):
3          for wi in range(args.local_epochs):
4              for client_idx in range(args.client_num):
5                  model, train_loader, optimizer = models[client_idx],
```

```
                         train_loaders[client_idx], optimizers[client_idx]
6                loss_fun = loss_funs[client_idx]
7                train(model, train_loader, optimizer,
8                     loss_fun, args.client_num, args.device)
9
10       server_model, models = communication(
11           args, server_model, models, client_weights)
```

19.2.1 客户端更新

我们给出客户端更新的代码。

客户端更新

```
1  def train(model, train_loader, optimizer, loss_fun, client_num,
      device):
2      model.train()
3      for x,y in train_loader:
4          optimizer.zero_grad()
5          x = x.to(device).float()
6          y = y.to(device).long()
7          output,_ = model(x)
8
9          loss = loss_fun(output, y)
10         loss.backward()
11         optimizer.step()
```

19.2.2 服务器端更新

我们给出服务器端更新的代码。

服务器端更新

```
1  def communication(server_model, models, client_weights):
2      with torch.no_grad():
3          for key in server_model.state_dict().keys():
4              if 'num_batches_tracked' in key:
```

```
5                server_model.state_dict()[key].data.copy_(models[0].
                     state_dict()[key])
6            else:
7                temp = torch.zeros_like(server_model.state_dict()[key
                     ])
8                for client_idx in range(len(client_weights)):
9                    temp += client_weights[client_idx] * models[
                         client_idx].state_dict()[key]
10               server_model.state_dict()[key].data.copy_(temp)
11               for client_idx in range(len(client_weights)):
12                   models[client_idx].state_dict()[key].data.copy_(
                         server_model.state_dict()[key])
13       return server_model, models
```

19.2.3 结果

每个客户端的模型结果如图 19.2 所示。我们观察到，由于不同的客户端数据有不同的复杂度，因此它们的结果差异很大，20 个客户端的平均结果为 78.36%，这个结果对医疗应用来说并不是特别好。

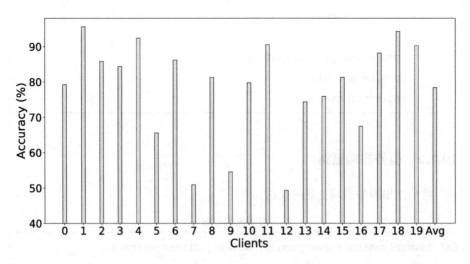

图 19.2　FedAvg 算法在 OrganCMNIST 数据集上的运行结果

19.3 个性化联邦学习算法 FedAP

本小节实现个性化联邦学习算法 FedAP。

19.3.1 相似度矩阵计算

我们展示如何利用一个预训练模型计算相似度。

相似度矩阵计算

```python
1   def getwasserstein(m1,v1,m2,v2,mode='nosquare'):
2       w=0
3       b1=len(m1)
4       for i in range(b1):
5           tw=0
6           tw+=(np.sum(np.square(m1[i]-m2[i])))
7           tw+=(np.sum(np.square(np.sqrt(v1[i])- np.sqrt(v2[i]))))
8           if mode=='square':
9               w+=tw
10          else:
11              w+=math.sqrt(tw)
12      return w
13  
14  def get_weight_matrix1(args,bnmlist,bnvlist,client_weights):
15      client_num=len(bnmlist)
16      weight_m=np.zeros((client_num,client_num))
17      for i in range(client_num):
18          for j in range(client_num):
19              if i==j:
20                  weight_m[i,j]=0
21              else:
22                  tmp=getwasserstein(bnmlist[i],bnvlist[i],bnmlist[j],
                        bnvlist[j])
23                  if tmp==0:
24                      weight_m[i,j]=100000000000000
25                  else:
```

```
26              weight_m[i,j]=1/tmp
27      weight_s=np.sum(weight_m,axis=1)
28      weight_s=np.repeat(weight_s,client_num).reshape((client_num,
            client_num))
29      weight_m=(weight_m/weight_s)*(1-args.model_momentum)
30      for i in range(client_num):
31          weight_m[i,i]=args.model_momentum
32      return weight_m
33
34  def get_weight_preckpt(args,avgmeta,preckpt,trainloadrs,
        client_weights,device='cuda'):
35      model=lenet5v1().to(device)
36      model.load_state_dict(torch.load(preckpt)['state'])
37      model.eval()
38      bnmlist1,bnvlist1=[],[]
39      for i in range(args.n_clients):
40          with torch.no_grad():
41              for data,_ in trainloadrs[i]:
42                  data=data.to(device).float()
43                  _,fea=model(data)
44                  nl=len(data)
45                  tm,tv=[],[]
46                  for item in fea:
47                      if len(item.shape)==4:
48                          tm.append(torch.mean(item,dim=[0,2,3]).detach
                                ().to('cpu').numpy())
49                          tv.append(torch.var(item,dim=[0,2,3]).detach
                                ().to('cpu').numpy())
50                      else:
51                          tm.append(torch.mean(item,dim=0).detach().to(
                                'cpu').numpy())
52                          tv.append(torch.var(item,dim=0).detach().to('
                                cpu').numpy())
53                  avgmeta.update(nl,tm,tv)
54          bnmlist1.append(avgmeta.getmean())
```

19.3 个性化联邦学习算法 FedAP

```
55      bnvlist1.append(avgmeta.getvar())
56      weight_m=get_weight_matrix1(args,bnmlist1,bnvlist1,client_weights
        )
57      return weight_m
```

19.3.2 服务器端通信

FedAvg 算法与 FedAP 算法的不同之处是客户端模型在服务器端的汇总方式。下面我们展示了 FedAP 算法如何在服务器端进行通信。注意，FedAP 算法保留每个客户端本地的批归一化参数、在服务器端利用相似度矩阵进行汇总。

FedAP 服务器端通信

```
1  def AdaFed_commun(args,server_model,models,weight_m,sharew='no'):
2      client_num=len(models)
3      tmpmodels=[]
4      for i in range(client_num):
5          tmpmodels.append(copy.deepcopy(models[i]).to(args.device))
6      with torch.no_grad():
7          for cl in range(client_num):
8              for key in server_model.state_dict().keys():
9                  temp = torch.zeros_like(server_model.state_dict()[key
                   ], dtype=torch.float32)
10                 for client_idx in range(client_num):
11                     temp += weight_m[cl,client_idx] * tmpmodels[
                       client_idx].state_dict()[key]
12                 server_model.state_dict()[key].data.copy_(temp)
13                 if ('bn' not in key) or (sharew=='yes'):
14                     models[cl].state_dict()[key].data.copy_(
                       server_model.state_dict()[key])
15     return models
```

19.3.3 结果

使用 FedAP 算法后，每个客户端和所有客户端平均的结果如图 19.3 所示。我们可以看到 FedAP 算法取得了比 FedAvg 算法更好的结果（仅在第 11 个客户端稍差）。FedAP 算法结果的平均精度为 **92.02%**，比 FedAvg 算法领先了 14%。这显示了个性化联邦学习算法的有效性。

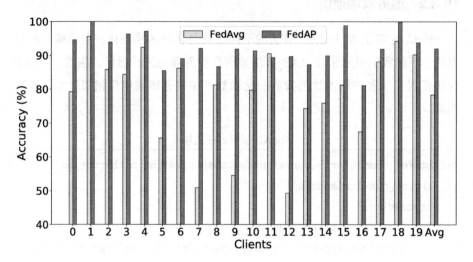

图 19.3 FedAP 算法在 OrganCMNIST 数据集上的效果

参考文献

[1] Bilic, P., Christ, P. F., Vorontsov, E., Chlebus, G., Chen, H., Dou, Q., Fu, C.-W., Han, X., Heng, P.-A., Hesser, J., et al. (2019). The liver tumor segmentation benchmark (lits). *arXiv preprint arXiv:1901.04056*.

[2] Chen, Y., Lu, W., Wang, J., Qin, X., and Qin, T. (2021). Federated learning with adaptive batchnorm for personalized healthcare. *arXiv preprint arXiv:2112.00734*.

[3] McMahan, B., Moore, E., Ramage, D., Hampson, S., and y Arcas, B. A. (2017). Communication-efficient learning of deep networks from decentralized data. In *Artificial Intelligence and Statistics*, pages 1273–1282. PMLR.

[4] Xu, X., Zhou, F., Liu, B., Fu, D., and Bai, X. (2019). Efficient multiple organ localization in ct image using 3d region proposal network. *IEEE transactions on medical imaging*, 38(8): 1885–1898.

[5] Yang, J., Shi, R., and Ni, B. (2021a). Medmnist classification decathlon: A lightweight automl benchmark for medical image analysis. In *IEEE 18th International Symposium on Biomedical Imaging (ISBI)*, pages 191–195.

[6] Yang, J., Shi, R., Wei, D., Liu, Z., Zhao, L., Ke, B., Pfister, H., and Ni, B. (2021b). Medmnist v2: A large-scale lightweight benchmark for 2d and 3d biomedical image classification. *arXiv preprint arXiv:2008.#TODO*.

[7] Yurochkin, M., Agarwal, M., Ghosh, S., Greenewald, K., Hoang, N., and Khazaeni, Y. (2019). Bayesian nonparametric federated learning of neural networks. In *International Conference on Machine Learning*, pages 7252–7261. PMLR.

20 回顾与展望

迁移学习对于解决机器学习中有标签数据稀少和非独立同分布等问题至关重要。本书由机器学习的基本概念出发，引出迁移学习；基于迁移学习的三大基础问题：何时迁移、何处迁移以及如何迁移，全面介绍了迁移学习的基础和现代迁移学习的诸多算法与情景。

具体而言，"如何迁移"是本书的重点。围绕此问题，我们介绍了诸多技术：样本权重法、特征变换迁移法、预训练–微调方法、深度迁移学习和对抗迁移学习。接着，本书展示了迁移学习的一些前沿研究方向：迁移学习的泛化性、安全和鲁棒性、复杂环境中的迁移学习以及低资源学习等。我们不止步于迁移学习，而是尝试用迁移学习之外的学习范式，包括半监督学习、元学习和自监督学习来更全面地理解迁移学习。本书在绝大多数的算法讲解章节均配有经典算法的代码实现，并且在本书最后一部分配有特定应用场景的代码实践，以帮助读者尽快入门迁移学习。

读者应该注意的是，迁移学习尽管近年来取得了丰硕的成果，但其依然是一个活跃的领域、有大量的问题未很好解决。作为本书的结束章节，本章简要介绍一些迁移学习领域较新的研究成果。并且，管中窥豹，展望迁移学习未来可能的研究方向。

1. 融合人类经验的迁移

机器学习的目的是让机器从众多的数据中发掘知识，从而可以指导人的行为。似乎"全自动"是我们的终极目标。理想中的机器学习系统似乎应完全不依赖于人的干预、靠算法和数据便能完成所有的任务。Google 公司发布的 AlphaZero[5] 就实现了此种愿景：算法完全不依赖于人提供知识，从零开始掌握围棋知识，最终打败人类围棋冠军。随着机器学习的发展，似乎人的角色也会越来越不重要。

然而，在目前看来，机器想完全不依赖于人的经验，就必须付出巨大的时间和计算代价。普通人也许根本无法掌握这样的能力。那么，如果在迁移学习中加入人的经验，是否可以大幅度提高算法的训练水平？

来自斯坦福大学的研究人员就实践了这一想法[6]。研究人员提出了一种无须人工标注的神经网络，对视频数据进行分析预测，目标是用神经网络预测扔出的枕头的下落轨迹。不同于传统的神经网络需要大量标注的情况，该方法完全不使用人工标注。取而代之的是，将人类的知识，即"抛出的物体往往会沿着抛物线的轨迹进行运动"，赋予神经网络。实验表明，在网络中加入抛物线这一基本的先验知识会极大地促进网络的训练。并且，最终会取得比单纯依赖无监督算法本身更好的效果。

我们认为将机器智能与人类经验结合起来的迁移学习应该是未来的发展方向之一。期待这方面有更多的研究成果发表。

2. 迁移强化学习

Google 公司的 AlphaGo 系列在围棋方面的成就让强化学习这一术语变得炙手可热。DeepMind 针对生命科学领域蛋白质折叠问题所开发的 AlphaFold 系列[1] 也采用了包括强化学习在内的一系列方法，取得了巨大进展。用深度神经网络来进行强化学习也理所当然地成为了研究热点之一。不同于传统的机器学习需要大量的标签才可以训练学习模型，强化学习采用的是边获得样例边学习的方式。特定的反馈函数决定了算法的最优决策。

深度强化学习同时也面临着重大的挑战：没有足够的训练数据。在此问题上，迁移学习却可以利用其他数据上训练好的模型帮助训练。尽管迁移学习已经被应用于强化学习[2,3,7]，但其发展空间依然很大。强化学习在自动驾驶、机器人、路径规划等领域正发挥着越来越重要的作用。我们期待未来有更多的研究成果可以问世。

3. 迁移学习的可解释性

深度学习取得众多突破性成果的同时，其可解释性不强却始终是一个尚未被解决的问题。现有的深度学习方法还停留在"黑盒子"阶段，无法产生足够有说服力的解释。同样的，迁移学习也有这个问题。尽管我们已从因果关系的角度在 12.4 节介绍了基于因果关系的迁移方法，但可解释性领域仍然有待研究。即使世间万物都有联系，它们更深层次的关系也尚未得到探索。领域之间的相似性也正如同海森堡"测不准原理"一般无法给出有效的结论。为什么领域 A 和领

域 B 更相似,而和领域 C 较不相似?目前也只是停留在经验阶段,缺乏有效的理论证明。

4. 迁移学习系统

机器学习和人工智能学科是为了现实世界的问题应运而生的,其璀璨的学术研究成果,也最终要回归应用、回归生活,改变我们的衣、食、住、行。迁移学习作为机器学习和人工智能的研究领域,也不应该仅停留在学术领域,同样应该服务于我们的生活。从另一方面讲,好的学术研究是试验田,最终应让那些经过考验的好方法应用于日常生活中。

现阶段对于迁移学习的研究绝大多数均围绕着算法和应用两部分展开。这也是本书主要介绍的两大部分内容。显然,云端融合的迁移学习系统是算法和应用的桥梁,它使得每个人都可以成为研究成果的受益者,而非专业人士才能使用。因此,我们在本书的最后这一小节特别强调,构建一个健康的、安全的、易用的迁移学习系统,对于迁移学习的发展至关重要。

举例而言,一个云端融合的迁移学习系统可以进行基于移动设备的人体行为识别[4]。图 20.1 展示了此系统的框架结构。系统由设备端和服务器端组成。设备端通过数据采集,将数据储存到服务器端进行分析和建模。该系统以行为识别为研究对象,使用智能手机作为数据采集设备,采集人体运动过程中的惯性信

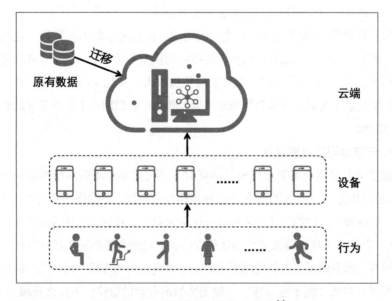

图 20.1　云端融合的迁移学习系统[4]。

息。服务器端采用高性能主机进行处理、分析和建模。同时，因为设备采集的行为数据有限，系统利用已有数据进行迁移学习，和新采集的数据一起训练迁移学习模型。

当然，该系统只是一个原型系统、离真正应用还尚有一段距离。另一方面，由于联邦学习系统本身就是针对数据受限条件下的机器学习问题而生的，因此，很多联邦迁移学习系统也在一些大企业如微众银行、平安科技等实现了落地。这显然是一个极好的趋势。我们也期待未来会有更多的应用实现机器学习和迁移学习的落地。只有将先进的算法和精准的应用结合到一个能真正落地的系统，迁移学习才能迎来更加辉煌的未来。

参考文献

[1] AlQuraishi, M. (2019). Alphafold at casp13. *Bioinformatics*, 35(22): 4862–4865.

[2] Da Silva, F. L. and Costa, A. H. R. (2019). A survey on transfer learning for multiagent reinforcement learning systems. *Journal of Artificial Intelligence Research*, 64: 645–703.

[3] Gamrian, S. and Goldberg, Y. (2019). Transfer learning for related reinforcement learning tasks via image-to-image translation. In *International Conference on Machine Learning*, pages 2063–2072.

[4] Qin, X., Chen, Y., Wang, J., and Yu, C. (2019). Cross-dataset activity recognition via adaptive spatial-temporal transfer learning. *Proceedings of the ACM on Interactive, Mobile, Wearable and Ubiquitous Technologies*, 3(4): 1–25.

[5] Silver, D., Schrittwieser, J., Simonyan, K., Antonoglou, I., Huang, A., Guez, A., Hubert, T., Baker, L., Lai, M., Bolton, A., et al. (2017). Mastering the game of go without human knowledge. *Nature*, 550(7676): 354.

[6] Stewart, R. and Ermon, S. (2017). Label-free supervision of neural networks with physics and domain knowledge. In *AAAI*, pages 2576–2582.

[7] Taylor, M. E. and Stone, P. (2009). Transfer learning for reinforcement learning domains: A survey. *Journal of Machine Learning Research*, 10(Jul): 1633–1685.

附录

常用度量准则

度量不仅是机器学习和统计学等学科中使用的基础手段,也是迁移学习中的重要工具。它的核心就是衡量两个数据域的差异。计算两个向量(点、矩阵)的距离和相似度是许多机器学习算法的基础,有时候一个好的距离度量就能决定算法最后的结果好坏。比如 KNN 分类算法就对距离非常敏感。本质上就是找一个变换使得源域和目标域的距离最小(相似度最大)。所以,相似度和距离度量在机器学习中非常重要。

这里给出常用的度量手段,它们都是迁移学习研究中非常常见的度量准则。对这些准则有很好的理解,可以帮助我们设计出更加好用的算法。用一个简单的式子来表示,度量就是描述源域和目标域这两个领域的距离 $D(\mathcal{D}_\mathrm{s}, \mathcal{D}_\mathrm{t})$。

下面我们从距离和相似度度量准则几个方面进行简要介绍。

常见的几种距离

欧氏距离

定义在两个向量(空间中的两个点)上:点 x 和点 y 的欧氏距离为

$$d_{\mathrm{Euclidean}} = \sqrt{(x-y)^\mathrm{T}(x-y)}. \tag{1}$$

闵可夫斯基距离

Minkowski distance,两个向量(点)的 p 阶距离:

$$d_{\mathrm{Minkowski}} = (\|x-y\|^p)^{1/p}, \tag{2}$$

当 $p=1$ 时就是曼哈顿距离，当 $p=2$ 时就是欧氏距离。

马氏距离

定义在两个向量（两个点）上，这两个数据在同一个分布里。点 $\boldsymbol{x}$ 和点 $\boldsymbol{y}$ 的马氏距离为

$$d_{\text{Mahalanobis}} = \sqrt{(\boldsymbol{x}-\boldsymbol{y})^{\text{T}}\Sigma^{-1}(\boldsymbol{x}-\boldsymbol{y})}, \tag{3}$$

其中，Σ 是这个分布的协方差。当 $\Sigma = \boldsymbol{I}$ 时，马氏距离退化为欧氏距离。

余弦相似度

衡量两个向量的相关性（夹角的余弦）。向量 $\boldsymbol{x},\boldsymbol{y}$ 的余弦相似度为

$$\cos(\boldsymbol{x},\boldsymbol{y}) = \frac{\boldsymbol{x}\cdot\boldsymbol{y}}{|\boldsymbol{x}|\cdot|\boldsymbol{y}|}. \tag{4}$$

互信息

定义在两个概率分布 X,Y 上，$x\in X, y\in Y$。它们的互信息为

$$I(X;Y) = \sum_{x\in X}\sum_{y\in Y} p(x,y) \log \frac{p(x,y)}{p(x)p(y)}. \tag{5}$$

相关系数

皮尔逊相关系数

衡量两个随机变量的相关性。随机变量 X,Y 的 Pearson 相关系数为

$$\rho_{X,Y} = \frac{\text{Cov}(X,Y)}{\sigma_X \sigma_Y}, \tag{6}$$

其中，Cov() 表示协方差，σ 表示标准差。

理解：协方差矩阵除以标准差之积。

范围：$[-1,1]$，绝对值越大表示（正/负）相关性越大。

附录

Jaccard 相关系数

对两个集合 X, Y,判断他们的相关性,借用集合的手段:

$$J = \frac{X \cap Y}{X \cup Y}. \tag{7}$$

理解:两个集合的交集除以并集。

扩展:Jaccard 距离 $= 1 - J$。

KL 散度与 JS 距离

KL 散度和 JS 距离是迁移学习中被广泛应用的度量手段。

KL 散度

Kullback-Leibler divergence,又叫做相对熵,衡量两个概率分布 $P(x), Q(x)$ 的距离:

$$D_{\text{KL}}(P\|Q) = \sum_{i=1} P(x) \log \frac{P(x)}{Q(x)}. \tag{8}$$

这是一个非对称距离:$D_{\text{KL}}(P\|Q) \neq D_{\text{KL}}(Q\|P)$.

JS 距离

Jensen-Shannon divergence,基于 KL 散度发展而来,是对称度量:

$$\text{JSD}(P\|Q) = \frac{1}{2} D_{\text{KL}}(P\|M) + \frac{1}{2} D_{\text{KL}}(Q\|M), \tag{9}$$

其中 $M = \frac{1}{2}(P + Q)$。

最大均值差异 MMD

最大均值差异(Maximum Mean Discrepancy,MMD)是迁移学习中使用频率最高的度量。MMD 度量在再生希尔伯特空间中两个分布的距离,是一种核学习方法。对于两个分别有着 n_1 和 n_2 个元素的随机变量集合而言,两个随机变量的 MMD 距离为

$$\mathrm{MMD}^2(X,Y) = \left\| \frac{1}{n_1}\sum_{i=1}^{n_1}\phi(\boldsymbol{x}_i) - \frac{1}{n_2}\sum_{j=1}^{n_2}\phi(\boldsymbol{y}_j) \right\|_{\mathcal{H}}^2, \tag{10}$$

其中 $\phi(\cdot)$ 是映射, 用于把原变量映射到再生核希尔伯特空间 (Reproducing Kernel Hilbert Space, RKHS) [4] 中。具体细节请参考 5.2 节。

Principal Angle

Principal Angle 将两个分布映射到高维空间 (Grassman Manifold) 中, 求这两堆数据的对应维度的夹角之和。Principal Angle 对于两个矩阵 $\boldsymbol{x},\boldsymbol{y}$, 计算方法: 首先正交化 (用 PCA) 两个矩阵, 然后计算如下:

$$\mathrm{PA}(\boldsymbol{x},\boldsymbol{y}) = \sum_{i=1}^{\min(m,n)} \sin\theta_i, \tag{11}$$

其中 m,n 分别是两个矩阵的维度, θ_i 是两个矩阵第 i 个维度的夹角, $\Theta = \{\theta_1,\theta_2,\cdots,\theta_t\}$ 是两个矩阵 SVD 后的角度:

$$\boldsymbol{x}^\mathrm{T}\boldsymbol{y} = \boldsymbol{U}(\cos\Theta)\boldsymbol{V}^\mathrm{T}. \tag{12}$$

$\mathcal{A}$-distance

$\mathcal{A}$-distance 是一个很简单却很有用的度量。文献 [2] 介绍了此距离, 它可以用来估计不同分布之间的差异性。具体细节请参考本书 7.1 节。$\mathcal{A}$-distance 被定义为建立一个线性分类器来区分两个数据领域的 hinge 损失 (也就是进行二类分类的 hinge 损失)。它的计算方式是, 首先在源域和目标域上训练一个二分类器 h, 使得这个分类器可以区分样本是来自于哪一个领域。我们用 err(h) 来表示分类器的损失, 则 $\mathcal{A}$-distance 定义为

$$\mathcal{A}(\mathcal{D}_\mathrm{s},\mathcal{D}_\mathrm{t}) = 2(1 - 2\mathrm{err}(h)). \tag{13}$$

Hilbert-Schmidt Independence Criterion

希尔伯特-施密特独立性系数 (Hilbert-Schmidt Independence Criterion)

用来检验两组数据的独立性：

$$\text{HSIC}(X,Y) = \text{trace}(HXHY), \tag{14}$$

其中 X,Y 是两堆数据的 kernel 形式。

Wasserstein Distance

Wasserstein Distance 是一套用来衡量两个概率分布之间距离的度量方法。该距离在一个度量空间 (M,ρ) 上定义，其中 $\rho(x,y)$ 表示集合 M 中两个实例 x 和 y 的距离函数，比如欧几里得距离。两个概率分布 $\mathbb{P}$ 和 $\mathbb{Q}$ 之间的 p-th Wasserstein distance 可以被定义为

$$W_p(\mathbb{P},\mathbb{Q}) = \left(\inf_{\mu \in \Gamma(\mathbb{P},\mathbb{Q})} \int \rho(x,y)^p \mathrm{d}\mu(x,y) \right)^{1/p}, \tag{15}$$

其中 $\Gamma(\mathbb{P},\mathbb{Q})$ 是在集合 $M \times M$ 内所有的以 $\mathbb{P}$ 和 $\mathbb{Q}$ 为边缘分布的联合分布。著名的 Kantorovich-Rubinstein 定理表示当 M 是可分离的时候，第一 Wasserstein distance 可以等价地表示成一个积分概率度量（integral probability metric）的形式：

$$W_1(\mathbb{P},\mathbb{Q}) = \sup_{\|f\|_L \leqslant 1} \mathbb{E}_{x \sim \mathbb{P}}[f(x)] - \mathbb{E}_{x \sim \mathbb{Q}}[f(x)], \tag{16}$$

其中 $\|f\|_L = \sup |f(x) - f(y)|/\rho(x,y)$ 并且 $\|f\|_L \leqslant 1$ 称为 1− 利普希茨条件。详细的细节请参考本书 6.3 节。

迁移学习常用数据集

表 20.1 收集了迁移学习领域常用的数据集[1]。这些数据集的详细介绍和下载地址在 GitHub 的迁移学习仓库上可以找到。我们还在该仓库上提供了一些常用算法的实验结果。

---

[1]注：表格中"特征数"一栏为空值并不表示此数据集没有特征，而是此数据集大多采用原始数据作为输入，故没有显式的特征文件。

表 20.1　迁移学习相关的公开数据集统计信息

序号	数据集	类型	样本数	特征数	类别数
1	USPS	字符识别	1,800	256	10
2	MNIST	字符识别	2,000	256	10
3	PIE	人脸识别	11,554	1,024	68
4	COIL20	对象识别	1,440	1,024	20
5	Office-31	对象识别	4,110	/	31
6	Office+Caltech	对象识别	2,533	800	10
7	Caltech	图像分类	1,415	4,096	5
8	VOC2007	图像分类	3,376	4,096	5
9	LabelMe	图像分类	2,656	4,096	5
10	SUN09	图像分类	3,282	4,096	5
11	ImageCLEF-DA	图像分类	1,800	/	12
12	Office-Home	图像分类	15,538	/	65
13	Amazon Review	文本分类	2,000	/	2
14	Reuters-21578	文本分类	4,771	/	3
15	OPPORTUNITY	行为识别	701,366	27	4
16	DSADS	行为识别	2,844,868	27	19
17	PAMAP2	行为识别	1,140,000	27	18
18	Stanford Dogs	图像分类	12,000	/	120
19	CUB-200-2011	图像分类	11,788	/	200
20	Stanford Cars	图像分类	16,185	/	196
21	Food-101	图像分类	100K	/	101
22	Flower-102	图像分类	7,169	/	102
23	FGVC-Aircraft	图像分类	10,000	/	102

手写体识别图像数据集

　　MNIST 和 USPS 是两个通用的手写体识别数据集，它们被广泛地应用于机器学习算法评测。USPS 数据集包括 7,291 张训练图片和 2,007 张测试图片，图片大小为 16 像素 ×16 像素。MNIST 数据集包括 60,000 张训练图片和 10,000 张测试图片，图片大小为 28 像素 ×28 像素。USPS 和 MNIST 数据集分别服从显著不同的概率分布，两个数据集都包含 10 个类别，每个类别是 1 ~ 10 之间的某个字符。

由 MNIST 和 USPS 可以构建一对迁移学习任务：MNIST → USPS 和 USPS → MNIST。

对象识别数据集

COIL20 包含 20 个类别共 1,440 张图片；每个类别包括 72 张图片，每张图片拍摄时对象水平旋转 5 度（共 360 度）。每幅图片大小为 32 像素 ×32 像素，表征为 1,024 维的向量。实验中将该数据集划分为两个不相交的子集 COIL1 和 COIL2：COIL1 包括位于拍摄角度为 $[0°, 85°] \cup [180°, 265°]$（第一、三象限）的所有图片；COIL2 包括位于拍摄角度为 $[90°, 175°] \cup [270°, 355°]$（第二、四象限）的所有图片。这样，子集 COIL1 和 COIL2 的图片因为拍摄角度不同而服从不同的概率分布。

基于 COIL20 可以构建一对迁移学习任务：COIL1 → COIL2 和 COIL2 → COIL1。

Office-31 是视觉迁移学习的主流基准数据集，包含 Amazon（A，在线电商图片）、Webcam（W，网络摄像头拍摄的低解析度图片）、DSLR（D，单反相机拍摄的高解析度图片）这 3 个对象领域，共有 4,110 张图片 31 个类别标签。Caltech-256 是对象识别的基准数据集，包括 1 个对象领域 Caltech（C），共有 30,607 张图片 256 个类别标签。

单纯基于 Office-31 数据集可以构建 6 个迁移学习任务：$A \to W, A \to D, D \to A, D \to W, W \to A, W \to D$。取 Office-31 和 Caltech-256 数据集的 10 个公共类别，则可以构造出 12 个迁移学习任务：$A \to D, A \to C, \cdots, C \to W$。

图像分类数据集

大规模图像分类数据集包含了来自 5 个域的图像数据：ImageNet（I）、VOC 2007（V）、SUN（S）、LabelMe（L）以及 Caltech（C）。它们包含 5 个类别的图像数据：鸟、猫、椅子、狗、人。对于每个域的数据，均使用 DeCaf[5] 进行特征提取，并取第 6 层的特征作为实验使用，简称 DeCaf6 特征。每个样本有 4096 个维度。这些数据集可以构造 20 个迁移学习任务：$I \to C, \cdots, S \to L$。

图像识别数据集 ImageCIEF-DA 来自 ImageCLEF 2014 年的领域自适应竞赛。它由 3 个数据领域组成：Caltech-256（C），ImageNet ILSVRC 2012（I），以及

Pascal VOC 2012（P）。每个领域包含 600 张图片，12 个类别的信息。任意两个领域都可以构成一组迁移学习任务 $C \to I, C \to P, I \to C, I \to P, P \to C, P \to I$。

图像识别数据集 Office-Home [7] 是一个新的迁移学习评测数据集，它由 15,588 张图片组成，分为 4 个领域：Artistic images（Ar），Clip Art（Cl），Product images（Pr），和 Real-World images（Rw）。每个领域的数据都包含了 65 个类别的信息，均来自办公或家庭环境。每两个领域都可以构成一组迁移学习任务：$Ar \to Cl, \cdots, Rw \to Pr$。

表格中最后的 Stanford Dogs 等 6 个数据集均为进行计算机视觉领域微调的公开数据集，其拥有不同数量的样本和类别，在微调的研究中使用广泛。

通用文本分类数据集

Reuters-21578 是一个较难的文本数据集，包含多个大类和子类。其中最大 3 个大类为 orgs，people 和 place。基于这些类别可构造 6 个跨领域文本分类任务：$orgs \to people, people \to orgs, orgs \to place, place \to orgs, people \to place, place \to people$。

Amazon Review [3] 是迁移学习文本分类的标准数据集。它包含四个数据领域：Kitchen appliances（K），DVDs（D），Books（B）和 Electronics（E）。这些数据分别来自对这四种商品的评论信息。每个领域有 1000 个正面评价，1000 个负面评价。在任意两种领域中都可以进行迁移学习，共可以构造 12 个迁移学习任务：$K \to D, K \to E, \cdots, E \to B$。

行为识别公开数据集

行为识别数据集 PAMAP2（P）[6] 一共包含了 18 种不同的日常行为数据（例如走路、骑车、踢足球等），由 9 个用户进行数据收集工作。三个传感器被放置于身体的 3 个位置：右臂、胸口、和脚踝。此数据集包含了 3 个惯性传感器和 1 个心率传感器。PAMAP2 数据集的作用是进行行为识别和强度估计，以及数据处理、分割、特征提取和分类等。在进行数据采集时，每个用户都要遵循数据采集协议，按照要求进行相应的行为。行为识别数据集 UCI DSADS（D）[1] 由 8 名用户重复进行 19 种日常和运动行为进行数据采集。DSADS 包含了 3 轴传感器（加速度计、陀螺仪、磁力计），放置于用户的 5 个身体位置（两臂、两腿、躯干）。传感器采样率为 25Hz。每个行为持续 5 分钟。此数据集用来评测行为识别算法的分类精度和特征提取方面的表现。OPPORTUNITY 数据集包含 4 个用户在智能家居中的多种不同层次的行为。

每个数据集内部均可由不同的身体部位数据构造不同的迁移学习任务；取三个数据集的公共类别，则可构造出 6 个迁移学习任务：$O \rightarrow D, \cdots, P \rightarrow D$。这些数据集更详细的信息请参考文献 [8]。

相关期刊会议

迁移学习仍然是一个蓬勃发展的研究领域。最近几年，在顶级期刊和会议上，越来越多的研究者开始发表文章，不断提出迁移学习的新方法，不断开拓迁移学习的新应用领域。

在这里，我们对迁移学习相关的国际期刊和会议作一小结，以方便初学者寻找合适的论文，这些期刊会议可以在表 20.2 中找到。注意，我们罗列的结果不代表这些期刊、会议的排名，未能罗列的期刊和会议仍然有很多，本表格仅供参考。

表 20.2 迁移学习相关的期刊和会议

序号	简称	全称	领域
		国际期刊	
1	JMLR	Journal of Machine Learning Research	机器学习
2	MLJ	Machine Learning Journal	机器学习
3	AIJ	Artificial Intelligence Journal	人工智能
4	TKDE	IEEE Transactions on Knowledge and Data Engineering	数据挖掘
5	TIST	ACM Transactions on Intelligent Science and Technology	数据挖掘
6	PAMI	IEEE Transactions on Pattern Analysis and Machine Intelligence	计算机视觉
7	IJCV	International Journal of Computer Vision	计算机视觉
8	TIP	IEEE Transactions on Image Processing	计算机视觉
9	PR	Pattern Recognition	模式识别
10	PRL	Pattern Recognition Letters	模式识别

续表

序号	简称	全称	领域
国际会议			
1	ICML	International Conference on Machine Learning	机器学习
2	NeurIPS	Annual Conference on Neural Information Processing System	机器学习
3	ICLR	International Conference on Learning Representation	机器学习
4	IJCAI	International Joint Conference on Artificial Intelligence	人工智能
5	AAAI	AAAI conference on Artificial Intelligence	人工智能
6	KDD	ACM SIGKDD Conference on Knowledge Discovery and Data Mining	数据挖掘
7	ICDM	IEEE International Conference on Data Mining	数据挖掘
8	CVPR	IEEE Conference on Computer Vision and Pattern Recognition	计算机视觉
9	ICCV	IEEE International Conference on Computer Vision	计算机视觉
10	ECCV	European Conference on Computer Vision	计算机视觉
11	WWW	International World Wide Web Conferences	文本、互联网
12	CIKM	International Conference on Information and Knowledge Management	文本分析
13	ACMMM	ACM International Conference on Multimedia	多媒体

迁移学习资源汇总

- GitHub 上最流行的迁移学习资料库（文章/资料/代码/数据）：链接 A-1
- 迁移学习视频教程：链接 A-2
- 知乎专栏"机器有颗玻璃心"中《小王爱迁移》系列：链接 A-3，用浅显易懂的语言深入讲解经典 + 最新的迁移学习文章
- 迁移学习与领域自适应公开数据集：链接 A-4

参考文献

[1] Barshan, B. and Yüksek, M. C. (2014). Recognizing daily and sports activities in two open source machine learning environments using body-worn sensor units. *The Computer Journal*, 57(11):1649–1667.

[2] Ben-David, S., Blitzer, J., Crammer, K., Pereira, F., et al. (2007). Analysis of representations for domain adaptation. In *NIPS*, volume 19.

[3] Blitzer, J., McDonald, R., and Pereira, F. (2006). Domain adaptation with structural correspondence learning. In *EMNLP*, pages 120–128.

[4] Borgwardt, K. M., Gretton, A., Rasch, M. J., Kriegel, H.-P., Schölkopf, B., and Smola, A. J. (2006). Integrating structured biological data by kernel maximum mean discrepancy. *Bioinformatics*, 22(14):e49–e57.

[5] Donahue, J., Jia, Y., et al. (2014). Decaf: A deep convolutional activation feature for generic visual recognition. In *ICML*, pages 647–655.

[6] Reiss, A. and Stricker, D. (2012). Introducing a new benchmarked dataset for activity monitoring. In *Wearable Computers (ISWC), 2012 16th International Symposium on*, pages 108–109. IEEE.

[7] Venkateswara, H., Eusebio, J., Chakraborty, S., and Panchanathan, S. (2017). Deep hashing network for unsupervised domain adaptation. In *Proceedings of the IEEE Conference on Computer Vision and Pattern Recognition*, pages 5018–5027.

[8] Wang, J., Chen, Y., Hu, L., Peng, X., and Yu, P. S. (2018). Stratified transfer learning for cross-domain activity recognition. In *2018 IEEE International Conference on Pervasive Computing and Communications (PerCom)*.